建筑施工技术

Jianzhu Shigong Jishu

主 编/董迎霞
主 审/李丛巧

人民交通出版社股份有限公司
China Communications Press Co., Ltd.
北京

内 容 提 要

本书是中等职业教育建筑工程施工专业的核心课程教学用书。根据中等职业学校教学特点，结合产业发展实际，将行动导向、工作过程系统化、任务驱动等理念应用到本书编写内容中，教材从研究各工种工程的施工原理入手，侧重新技术、新材料、新构造、新工艺的介绍，把解决工程中的具体问题作为教材内容的核心，紧密围绕学生可能从事的技术工作及管理岗位的工作，重点阐述各工种工程的施工工艺、施工方法。

本书适合中等职业学校建筑工程相关专业教学使用，也可作为应用型本科院校、五年制高职建筑工程施工专业及建筑工程造价专业学生学习用书，还可作为施工现场建筑工程施工技术型人员的培训或自学用书。

本书的具体栏目设计如下：

导读：引领模块，表述本模块的主要内容。

学习目标：让学生明确学习目标，并根据学习目标检查自己的学习情况。

知识准备：以"必须够用"为度，全面介绍完成任务所必需的相关知识和基本技能。

案例：采用实际工程中的真实案例，帮助学生巩固书中相关理论知识点的学习。

任务要求：巩固学习任务的手段，通过完成任务要求促进学习目标的实现。

任务拓展：拓展本次任务中没有涉及的但与本任务相关的知识，为有潜力的学生创造学习空间，满足学生个性化发展需要。

模块内容归纳总结：将各任务中的重要知识点进行归纳、整理，帮助学生课后复习。

图书在版编目(CIP)数据

建筑施工技术/董迎霞主编. —北京：人民交通出版社股份有限公司，2016.8
ISBN 978-7-114-10786-3

Ⅰ. ①建… Ⅱ. ①董… Ⅲ. ①建筑工程 – 工程施工 – 中等专业学校 – 教材 Ⅳ. ①TU74

中国版本图书馆 CIP 数据核字(2013)第 161759 号

书　　名：	建筑施工技术
著 作 者：	董迎霞
责任编辑：	刘彩云　吴燕伶
出版发行：	人民交通出版社
地　　址：	(100011)北京市朝阳区安定门外外馆斜街 3 号
网　　址：	http://www.ccpress.com.cn
销售电话：	(010)59757973
总 经 销：	人民交通出版社股份有限公司发行部
经　　销：	各地新华书店
印　　刷：	北京盈盛恒通印刷有限公司
开　　本：	787×1092　1/16
印　　张：	30.75
字　　数：	665 千
版　　次：	2016 年 8 月　第 1 版
印　　次：	2016 年 8 月　第 1 次印刷
书　　号：	ISBN 978-7-114-10786-3
定　　价：	55.00 元

(有印刷、装订质量问题的图书由本公司负责调换)

学 习 导 读

　　建筑施工技术是建筑工程施工专业的核心课程,是一门综合性很强的课程,与建筑力学、建筑材料、建筑测量、建筑构造、建筑结构、地基与基础、建筑施工组织与管理、建筑工程造价等课程密切相关。因此,学好以上这些相关课程,掌握和运用这些课程的理论知识和操作技能,是掌握和学好建筑施工技术的保障。

　　建筑施工技术课程具有较强的实践性。为了获得解决施工现场施工技术、施工管理方面问题的能力,学习中必须坚持理论与实践相结合的学习方法。除了掌握课堂讲授的基础理论、基本知识和基本施工方法外,还应深入了解国家的有关标准、规范等知识;重视认识实习、生产实习、课程设计、技能训练、综合实训等实践环节,做到学以致用。

　　在学习本课程的过程中,可以通过教师的讲授,现场的参观,实训基地的动手操作,网络学习等学习方式了解各主要工种工程的施工工艺、施工方法和施工中的关键环节,将施工技术方面的知识进行融会贯通,并能在实际工程中灵活应用,具有解决一般建筑工程施工技术的初步能力。

前　言

本书是建筑工程施工专业的一门主干专业课程用书,是针对中等职业学校建筑工程施工专业生源的现状,结合建筑工程施工就业岗位对就业人员能力的要求进行编写。

建筑施工技术课程主要讲解各工种工程的施工原理、施工工艺和施工方法,具有实践性强、综合性高、社会性广、新技术发展快、施工方法更新快等特点,必须结合施工实际,运用相关学科的理论基础知识,才能正确掌握本课程。

本教材在编写中,内容上尽量符合施工现场的实际需要,理论知识以"必需、适用为度",强调实践操作能力的培养,教材在结合建筑工程施工技术基本理论编写的同时,增加了工程案例以及施工实训内容,强调了保证施工质量、质量验收、安全生产的措施等。

通过本课程的学习,学生应达到了解建筑工程施工的基本理论知识和一般施工方法;掌握主要工种的施工程序、施工工艺、施工方法;熟练掌握工程质量的标准和施工安全技术措施。

本书共分7个模块,每个模块设导读和学习目标。导读表述本模块的主要内容,学习目标让学生明确学习重点。每个模块包括若干个任务,每个任务按知识准备、案例、任务要求、任务拓展进行编写。

本教材的编写人员具有多年的工程实践经历及建筑工程施工的教学经验,因此在编写内容上更具有实用性,便于现场施工技术人员参考。本教材由齐齐哈尔铁路工程学校董迎霞老师担任主编,负责模块一、模块三的编写及全书的统稿和修改工作;李自龙老师担任副主编,负责模块四、模块五的编写;翟秋颖老师担任副主编,负责模块六任务一至任务六、模块七任务一至任务二的编写;赵东红老师参编,负责模块二任务一至任务五的编写;袁贺宇参编,负责模块二任务六至任务九、模块六任务七至任务八、模块七任务三至任务四的编写;全书由李丛巧老师主审。

本书在编写过程中得到了各界同仁的大力支持,在此表示诚挚的谢意。

由于编者的水平有限,书中难免有不足之处,恳切希望读者批评指正。

目 录

模块一 职业情境建立 …………………………………………………………… 1
    任务一 步入建筑工程施工技术 …………………………………………… 1
    任务二 学习建筑施工现场的技术活动 …………………………………… 12
    职业情境建立模块归纳总结 ………………………………………………… 22

模块二 基础工程施工 …………………………………………………………… 25
    任务一 学会场地平整 ……………………………………………………… 25
    任务二 学会土方开挖 ……………………………………………………… 33
    任务三 学会基坑支护与地基加固 ………………………………………… 54
    任务四 学会基础工程施工 ………………………………………………… 62
    任务五 学会土方回填与压实 ……………………………………………… 84
    任务六 学习地下连续墙施工 ……………………………………………… 90
    任务七 学习土层锚杆与土钉墙施工 ……………………………………… 99
    任务八 学习识读地质勘察报告 …………………………………………… 109
    任务九 基础工程施工实训 ………………………………………………… 119
    基础工程施工模块归纳总结 ………………………………………………… 119

模块三 主体结构工程——砌体工程施工 …………………………………… 124
    任务一 学会砖砌体施工 …………………………………………………… 124
    任务二 学会脚手架施工 …………………………………………………… 142
    任务三 学会砌块砌体施工 ………………………………………………… 155
    任务四 学会毛石砌体施工 ………………………………………………… 165
    任务五 学会砌体工程冬期施工 …………………………………………… 171
    任务六 主体结构工程——砌体工程施工实训 …………………………… 173
    主体结构工程——砌体工程施工模块归纳总结 …………………………… 174

模块四 主体结构工程——钢筋混凝土工程施工 …………………………… 176
    任务一 学会模板工程施工 ………………………………………………… 177
    任务二 学会钢筋工程施工 ………………………………………………… 192
    任务三 学会混凝土工程施工 ……………………………………………… 219
    任务四 学会预应力混凝土施工 …………………………………………… 253
    任务五 主体结构工程——钢筋混凝土工程施工实训 …………………… 277
    主体结构工程——钢筋混凝土工程施工模块归纳总结 …………………… 277

模块五 防水工程施工 ………………………………………………………… 279
    任务一 学会建筑工程屋面防水施工 ……………………………………… 280

  任务二 学会建筑工程地下防水施工 …… 296
  任务三 学会建筑工程厕浴间防水施工 …… 311
  任务四 防水工程施工实训 …… 321
  防水工程施工模块归纳总结 …… 322

模块六 建筑装饰工程施工 …… 324
  任务一 学会抹灰工程施工 …… 324
  任务二 学会饰面板(砖)工程施工 …… 335
  任务三 学会楼地面工程施工 …… 346
  任务四 学会吊顶与隔墙工程施工 …… 364
  任务五 学会门窗工程施工 …… 375
  任务六 学会裱糊、涂饰工程施工 …… 385
  任务七 学会节能保温工程及幕墙工程施工 …… 396
  任务八 建筑装饰工程施工实训 …… 410
  建筑装饰工程施工模块的归纳总结 …… 411

模块七 结构安装工程施工 …… 413
  任务一 学习起重机械与设备 …… 413
  任务二 学会单层工业厂房结构安装 …… 430
  任务三 学会钢结构工程施工 …… 456
  任务四 结构安装工程施工实训 …… 482
  结构安装工程施工模块归纳总结 …… 482

参考文献 …… 484

模块一 职业情境建立

导读

掌握建筑施工技术及其应用,首先应了解建筑产品的特点和建筑产品生产活动所特有的规律性。施工技术是在建筑产品生产的过程中形成并得到应用和发展的,是现代科学技术和建筑产品生产实践相结合的产物。本模块将带领大家了解建筑产品及其生产过程中所用到的标准、规范,同时还要了解建筑施工的项目管理和施工现场的技术活动。

学习目标

(1)了解建筑施工技术的研究对象、任务与学习方法。
(2)熟悉建筑工程施工质量验收统一标准与施工质量验收规范。
(3)了解现代建筑施工技术的发展及建筑产品及其生产特点。
(4)熟悉建筑施工项目管理的内容。
(5)掌握施工组织设计、施工方案、施工平面图的设计、施工图纸会审、技术交底、设计变更与技术核定、工程测量记录、隐蔽工程质量检查记录、材料检验、技术档案与技术资料管理的作用、内容。

任务一 步入建筑工程施工技术

知识准备

建筑业是国民经济的一个重要产业,它为各行各业的发展提供各种功能和用途的建筑物,它消耗大量的钢材、水泥、地方性建筑材料和其他国民经济部门的多种产品,它带动了机械制造业、交通运输业甚至服务业等各个行业的发展。随着我国改革开放政策的深入贯彻,建筑业的支柱作用日益得到发挥。

一、建筑施工技术的研究对象、任务与学习方法

(一)建筑施工技术的研究对象和任务

建筑安装工程在基本建设中占有重要的地位,约占基本建设总投资的60%,完成基本建设的任务,首先要出色地完成建筑安装工程的施工任务。

建筑安装工程的施工是一个复杂的过程。为了研究方便,也为了便于组织施工,常将建筑施工划分为若干个分部和分项工程。一般建筑工程按专业性质、建筑部位划分为地基与基础工程、主体结构工程、建筑屋面工程、建筑装饰装修工程以及给排水、采暖、电气、智能、通风与空调和电梯等分部工程,按施工工种不同分为土石方工程、砌筑工程、钢筋混凝土工程、预应力

混凝土工程、结构安装工程、屋面和地下防水工程、装饰工程等。

建筑施工技术就是以工种工程为对象,研究在各种不同的自然条件和施工条件下,各工种工程的施工规律、施工工艺方法、质量措施和安全技术措施,即根据工程具体条件选择合理的施工方案,运用先进的生产技术,达到控制工程造价、缩短工期、保证工程质量、保证施工安全和降低工程成本的目的,经济合理地完成建筑工程的施工任务。

(二)建筑施工技术课程的学习方法

建筑施工技术是一门综合性较强的专业技术课程,它与建筑工程测量、建筑材料、建筑识图与构造、建筑力学、建筑结构、建筑机械、建筑电工、建筑施工组织、建筑工程造价等学科知识密切相关。要学好建筑施工技术课,必须重视上述课程的学习,采用理论联系实际的学习方法,除了掌握基础理论、基本知识和基本施工方法外,还要了解国内外施工技术的发展情况,重视课程设计、现场教学、认识实习、生产实习和技能训练等实践环节,做到融会贯通,学以致用。

二、建筑工程施工质量验收统一标准与施工质量验收规范

在学习本课程的过程中,还应深入了解国家的有关标准、规范等知识。目前我国常用的标准有四类,分别是国家标准(GB)(见图1-1)、地方标准(DB)(见图1-2)、国家推荐性标准(GB/T)、行业标准(JG、JC、YB、JT等)(见图1-3)和企业标准(QB)(见图1-4)。对强制性国家标准,任何技术(或产品)不得低于其规定的要求;对推荐性国家标准,表示可执行其他标准的要求;对地方标准或企业标准,表示所制定的技术要求应高于国家标准。

图1-1 国家标准　　　　　　　图1-2 地方标准

图1-3　行业标准　　　　　图1-4　企业标准

国家颁发的《建筑工程施工质量验收统一标准》(GB 50300—2013)和相应的各专业施工验收规范是国家的统一技术标准,是全国建筑界所有人员应共同遵守的准则。

《建筑工程施工质量验收统一标准》(GB 50300—2013)和各专业工程施工质量验收规范,以统一建筑工程施工质量的验收方法、质量标准和程序来保证建筑工程质量验收工作的质量,前者是对建筑工程施工质量验收的统一规定,后者是对各专业工程的质量要求,建筑工程的质量验收由两者共同来完成。

(一)《建筑工程施工质量验收统一标准》(GB 50300—2013)

(1)施工现场质量管理应有相应的施工技术标准,健全的质量管理体系、施工质量检验制度和综合施工质量水平考核制度。

(2)建筑工程应按下列规定进行施工质量控制:

①建筑工程采用的主要材料、半成品、成品、建筑构配件、器具和设备,应进行现场验收。凡涉及安全、功能的有关产品,应按各专业工程质量验收规范规定进行复验,并应经监理工程师(建设单位技术负责人)检查认可。

②各工序应按施工技术标准进行质量控制,每道工序完成后,应进行检查。

③相关各专业工种之间,应进行交接检验,并形成记录。未经监理工程师(建设单位技术负责人)检查认可,不得进行下道工序施工。

(3)建筑工程施工质量应按下列要求进行验收:

①建筑工程质量应符合其标准和相关专业验收规范的规定。

②建筑工程施工应符合工程勘察、设计文件的要求。

③参加工程施工质量验收的各方人员应具备规定的资格。

④工程质量的验收均应在施工单位自行检查评定的基础上进行。

⑤隐蔽工程在隐蔽前应由施工单位通知有关单位进行验收,并应形成验收文件。

⑥涉及结构安全的试块、试件以及有关材料,应按规定进行见证取样检测。

⑦检验批的质量应按主控项目和一般项目验收。

⑧对涉及结构安全和使用功能的重要分部工程应进行抽样检测。

⑨承担见证取样检测及有关结构安全检测的单位应具有相应资质。

⑩工程的观感质量应由验收人员通过现场检查,并应共同确认。

(二)施工质量验收规范

各专业工程的施工质量验收规范的主要内容包括总则、术语、基本规定、分项工程施工质量验收标准和程序等。建筑工程各专业工程施工质量验收规范必须填写,与《建筑工程施工质量验收统一标准》(GB 50300—2013)配合使用,由两者共同完成建筑工程施工质量的整体验收。

三、建筑产品及其生产特点

建筑产品分为建筑物和构筑物两大类。建筑物一般是指人们可以直接在其内部进行生产和生活的建筑产品,而人们不能直接在内部进行生产和生活的建筑产品则称为构筑物(如烟囱、水池、水塔)。建筑产品本身及其生产过程都具有与其他工业产品不同的特点。

(一)建筑产品的特点

1. 建筑产品的固定性

各种建筑物和构筑物,在一个地方建造后不能移动,只能在建造的地方供长期使用,它直接与作为基础的土地连接起来。在许多情况下,这些产品本身甚至就是土地不可分割的一部分,如油田、地下铁道和水库等。这种固定性是建筑产品与其他生产部门的物质产品相区别的一个重要特点。

2. 建筑产品的多样性

建筑产品根据不同的用途、不同的地区,可以建筑不同形式的房屋和构筑物,这就表现出建筑产品的多样性。建筑业的每一个建筑产品,都需要一套单独的设计图纸,而在建造时,根据各地区的施工条件,采用不同的施工方法和施工组织。即使采用同一种设计图纸重复建造的建筑产品,由于地形、地质、水文、气候等自然条件的影响,以及交通、材料资源等社会条件的不同,在建造时,往往也需要对设计图纸、施工方法和施工组织等做出相应的改变。建筑产品的这个特点使得建筑业生产的每个产品都具有其个体性。

3. 建筑产品的体积庞大

建筑产品为人们提供生活和生产的活动空间,或满足某些其他使用要求。建造一个建筑产品需要大量的建筑材料、半成品、构件和配件。因此,一般的建筑产品要占用大量的土地和空间。没有任何其他工业产品可以与建筑产品比体积。

4. 建筑产品的生产周期长

建筑产品的生产周期是指建设项目或单项工程在建设过程中所耗用的时间。即从开始施工起,到全部建成投产或交付使用、发挥效益时所经历的时间。建筑产品与一般工业产品比较,其生产周期较长。有的建设项目,少则1~2年,多则3~4年,5~6年,甚至上十年。因此,必须科学地组织建筑生产,不断缩短生产周期,尽快提高投资效益。

(二)建筑产品生产的特点

1. 建筑产品生产的流动性

建筑产品地点的固定性决定了产品生产的流动性。在建筑产品的生产中,工人及其使用的机具和材料等不仅要随着建筑产品建造地点的不同而流动,而且还要在建筑产品的不同部位流动。施工企业不仅要在不同地区进行机构迁移或流动施工,而且在施工项目的施工准备阶段,还要编制周密的施工组织设计,划分施工区段或施工段,使流动生产的工人及其使用的机具和材料相互协调配合,使建筑产品的生产连续均衡地进行。

2. 建筑产品生产的单件性

建筑产品地点的固定性和类型的多样性决定了产品生产的单件性。每个建筑产品应在国家或地区的统一规划内,根据其使用功能,在选定的地点上单独设计和单独施工。即使是选用标准设计、通用构件或配件,由于建筑产品所在地区的自然、技术和经济条件的不同,其施工组织和施工方法等也要因地制宜,根据施工时间和施工条件而确定。这些因素使各建筑产品生产具有单件性。

3. 建筑产品生产的地区性

由于建筑产品的固定性决定了使用的同一建筑产品因其建筑地点不同,也会受到建设地区的自然、技术、经济和社会条件的约束,从而使其建筑形式、结构、装饰设计、材料和施工组织等均不一样。因此,建筑产品生产具有地区性。

4. 建筑产品的生产周期长

建筑产品的固定性和体形庞大的特点决定了建筑产品具有较长的生产周期。因为建筑产品体形庞大,最终建筑产品的建成必然耗费大量的人力、物力和财力。同时,建筑产品的生产过程还要受到工艺流程和生产程序的制约,各专业、工种间必须按照合理的施工顺序进行配合和衔接。再加上建筑产品地点的固定性,使施工活动的空间具有局限性,从而决定建筑产品生产具有生产周期长、占用流动资金大的特点。

5. 建筑产品生产的露天作业多

建筑产品地点的固定性和体形庞大的特点,使建筑产品不可能在工厂、车间内直接进行生产,即使建筑产品生产达到高度的工业化水平,仍然需要在施工现场内进行总装配后,才能形成最终建筑产品。

6. 建筑产品生产的高空作业多

由于建筑产品体形庞大,特别是随着城市现代化的进展,高层建筑物的施工任务日益增多,建筑产品生产高空作业多的特点日益明显。

7. 建筑产品的生产协作单位多

建筑产品生产涉及面广,在建筑企业内部,要在不同时期和不同建筑产品上组织多专业、多工种的综合作业。在建筑企业的外部,需要不同种类的专业施工企业以及城市规划、土地征用、勘察设计、公安消防、公用事业、环境保护、质量监督、科研试验、交通运输、银行财务、物资供应等单位和主管部门协作配合。

四、现代建筑施工技术的发展

建筑业在国民经济中占有举足轻重的地位,近年来我国建筑业发展迅猛,建筑施工技术发展的成就列举如下。

(1)大型工业建筑、高层民用建筑和公共建筑施工具有成套成熟的施工技术。

上海环球金融大厦(见图1-5),高492m,101层,建成后成为当时世界上第一摩天大楼。上海金茂大厦(见图1-6),总高420.5m,地上88层,地下3层,若再加金茂大厦上尖塔的楼层共有93层,基坑面积近2万m^2,基坑开挖深度为20m,承台厚4m,工程结构设计独特,由上海建工(集团)总公司总承包,大厦采用了超高层建筑史上首次运用的最新结构技术,整幢大楼垂直偏差仅2cm,楼顶部的晃动不到半米,可以保证在12级大风下不倒。

图1-5 上海环球金融大厦

图1-6 上海金茂大厦

(2)地基处理和基础工程中推广应用了钻孔灌注桩、旋喷桩、压力注浆桩、大直径挖孔桩、夯扩桩、振冲法、深层搅拌法、强夯法和化学加固法等方法。大型深基坑支护方面推广了地下连续墙与"逆作法"结合应用、土层锚杆支护等方法。

图1-7~图1-10分别为钢板桩、灌注桩、地下连续墙和逆作法施工图。

图1-7 钢板桩施工

图1-8 灌注桩施工

图1-9　地下连续墙施工

图1-10　逆作法施工

（3）钢筋混凝土工程中推广应用了大模板（见图1-11）、早拆模板体系、爬模（见图1-12）、滑模（见图1-13）和台模（见图1-14）。

（4）粗钢筋电渣压力焊（见图1-15）、钢筋气压焊（见图1-16）和机械连接。

（5）泵送混凝土施工（见图1-17）、喷射混凝土施工、高性能混凝土施工等。

（6）预应力混凝土（见图1-18）工程采用了高效的后张有黏结、无黏结工艺及整体预应力结构。

图1-11　大模板施工

图1-12　爬模施工

图1-13　滑模施工

图1-14　台模施工

图1-15　钢筋电渣压力焊

图1-16　钢筋气压焊

图1-17　泵送混凝土施工

(7)钢结构工程中采用了高层钢结构技术、空间钢结构技术、轻钢结构技术、钢一混凝土组合结构技术、高强螺栓连接技术和钢结构防护技术等。

图1-19和图1-20分别为轻钢结构厂房施工图和多层钢结构房屋施工图。

图1-18 预应力混凝土施工　　图1-19 轻钢结构厂房施工　　图1-20 多层钢结构房屋施工

此外,在墙体改革、构件制作、大型结构整体吊装、先进的施工仪器与机械设备和建筑装饰等各方面,均开发应用了许多新的材料和新的施工技术,有力地推动了我国建筑施工技术的发展,一大批单项施工技术甚至赶上或超过了发达国家,取得了令世人瞩目的成就。

五、建筑施工项目管理

（一）工程建设的协作单位

(1)建设单位——也称业主单位或项目业主,是指建设工程项目的投资主体或投资者,也是建设项目管理的主体。建设单位主要履行提出建设规划和提供建设用地及建设资金的责任。

(2)勘察单位——是指已通过建设行政主管部门资质审查且从事工程测量、水文地质和岩土工程等工作的单位。业主通过招标确定勘察单位,勘察单位对地质条件、水文条件以及环境、交通运输和资源量进行调查。

(3)设计单位——是指经过建设行政主管部门资质审查且从事建设工程可行性研究、建设工程设计和工程咨询等工作的单位。业主通过招标确定设计单位,设计单位依据建设项目的目标,对其技术、经济、资源、环境等条件进行综合分析,在勘察的基础上设计图纸,包括初步设计、施工图设计以及相关的工艺设计。

(4)监理单位——为实施承包合同,由业主组建或选择监理单位,并依据合同对承包商的生产(进度、质量、投资和安全)进行监督和管理,协调施工单位和业主的关系。

(5)施工单位——是指由相关专业人员组成的、具有相应资质的、进行生产活动的企事业单位。具体指总承包单位或分包单位、专业承包单位、劳务分包单位,负责建筑产品的制作、加工和生产。

(6)供应单位——是指材料供应、成品半成品供应、构配件供应和周转材料供应等单位。

(7)建设工程质量安全监督站——负责对本地区建设工程质量进行监督管理。受理建设项目质量监督注册,巡查施工现场工程建设各方主体的质量行为及工程实体质量,核查参建人员的资格,监督工程竣工验收。负责辖区内建设工程施工现场的安全监督检查。负责建设工程施工现场安全生产专项检查的组织协调工作。参与建设工程施工安全事故的调查及应急突发事件的处理。

由于施工工作涉及面广,协作单位多,工程建设除了依靠施工单位本身的努力以外,还要取得各协作单位的大力支持,分工负责,统一步调。

(二)工程项目的划分

(1)建设项目——是指在一个总体设计或初步设计范围内,由一个或几个单项工程所组成,经济上实行统一核算,行政上实行统一管理的工程项目。其组成按照建设项目分解管理的需要可分解为单项工程、单位工程(子单位工程)、分部工程(子分部工程)、分项工程和检验批。

(2)单项工程——是建设项目的组成部分,具有独立的设计文件,建成后可以独立发挥生产能力或使用效益。在工业建设中,各个生产车间、辅助车间、公用系统、办公楼和仓库等,民用建筑的教学楼、图书馆、学生宿舍和职工住宅等都是单项工程。

(3)单位工程——具备独立施工条件并能形成独立使用功能的建筑物及构筑物为一个单位工程。建筑规模较大的单位工程,可将其能形成独立使用功能的部分作为一个子单位工程。

(4)子单位工程——子单位工程是《建筑工程施工质量验收统一标准》(GB 50300—2013)提出的新概念,应注意与单位工程的区别。

①《建筑工程施工质量验收统一标准》(GB 50300—2013)规定,对于建筑规模较大的单位工程,可将其能形成独立使用功能的部分划分为一个子单位工程,即一个单位工程可由两个或两个以上具有独立使用功能的子单位工程组成。如一个单位工程由塔楼和群房组成,可将塔楼与群房划分为两个子单位工程,分别进行质量验收。

②子单位工程应在开工前预先确定,在施工组织设计中具体划定,并应采取技术措施,既要确保后验收的子单位工程顺利施工,又要保证先验收的子单位工程的使用功能达到设计要求。

(5)分部工程——根据建筑部位及专业性质将一个单位工程划分为几个部分。一般情况下,一个单位工程最多可分为地基与基础、主体结构、建筑装修装饰、建筑屋面、建筑给水、排水及采暖、建筑电气、智能建筑、通风与空调及电梯九大分部工程。当分部工程较大或较复杂时,可按材料种类、施工特点、施工顺序、专业系统和类别等划分成若干子分部工程。

(6)分项工程——是由一个分部工程按主要工种、材料、施工工艺和设备类别等划分而来,可由一个或若干个检验批组成。

(7)检验批——按同一生产条件或按规定的方式汇总起来供检验使用,由一定数量样本组成。检验批只做检验,不做评定。

检验批是工程质量验收的基本单元。检验批通常按下列原则划分:

①检验批内质量均匀一致,抽样应符合随机性和真实性的原则。

②贯彻过程控制的原则,按施工次序、便于质量验收和控制关键工序的需要划分检验批。

(三)建筑施工阶段的划分

施工单位从接受施工任务到工程竣工验收,一般可分为施工任务、施工规划、施工准备、组织施工和竣工验收五个阶段。其内容如下。

1. 施工任务阶段

施工单位一般通过参加社会公开投标而中标获得施工任务。中标通知书发出30天内施工单位必须同建设单位签订施工合同。施工合同是建设单位与施工单位根据《中华人民共和国经济合同法》、《建筑安装工程承包合同条例》以及有关规定而签订的具有法律效力的文件。双方必须严格履行合同,任何一方违约给对方造成经济损失,都要负法律责任并进行赔偿。

2. 施工规划阶段

企业与建设单位签订施工合同后,施工总承包单位在调查研究、分析资料的基础上,应拟订施工规划,编制施工组织设计,部署施工力量,安排施工总进度,确定主要工程项目的施工方案,规划整个施工现场,统筹安排,做好全面施工规划。

3. 施工准备阶段

施工准备工作主要包括:技术准备、物资准备、劳动组织准备、施工现场准备和场外准备;建立现场管理机构,组织图纸会审,开展技术培训,编制和报批单位工程施工组织设计、施工图预算和施工预算;组织材料、构配件的生产、加工和运输,组织施工机具进场,搭设临时建筑物,调遣施工队伍,拆迁原有建筑物,搞好"三通一平"(通水、通电、通道路和平整场地),进行场地勘测和建筑物定位放线等准备工作。完成上述施工准备工作后,施工单位即可向主管部门提交开工报告。

4. 组织施工阶段

组织施工阶段必须在开工报告批准后方可实施。施工单位必须严格按照设计图纸的要求,采用施工组织规定的方法和技术措施,完成全部的单项、单位、分部、分项工程施工任务。这个过程决定了建筑产品的质量、成本以及建筑施工企业的经济效益。因此,在施工中要跟踪检查,使施工工程进度、工程质量和工程成本得到控制,达到预期目标。

5. 竣工验收阶段

竣工验收、交付使用是对工程项目进行全面检查验收,在此阶段要绘制竣工图,将有关建筑物合理使用、维护、改建、扩建的参考文件和资料提交建设单位,入档备查、备用。

(四)建筑施工的原则

1. 先进的施工技术与科学的施工管理相结合

先进的施工技术是保证工程质量的手段,科学的管理是缩短工期、降低工程成本、获得最大效益的途径。

2. 合理安排施工顺序

施工顺序是指各分部(分项)工程或施工过程之间施工的先后顺序。确定施工顺序时,既要考虑施工客观规律、工艺顺序,又要考虑各工种在时间与空间上最大限度的衔接。

(1)先进行施工准备,后进行正式施工。

(2)先进行全场性工程施工,后进行各单项工程或单位工程施工。

平整场地、铺设管线、架设电缆和修筑道路等全场性工程应先进行施工,以便为后续工程施工提供供电、供水和场内运输条件,有利于文明施工和节省临时设施费用。

(3)先进行地下工程施工,后进行地面工程施工,地下工程应按先深后浅的顺序进行施工。

(4)主体结构工程施工在前,围护工程、装饰工程施工在后。

(5)管线工程应按先场外、后场内的顺序进行施工。

3. 科学安排冬、雨期施工项目,保证全年生产的连续性和均衡性

将适合冬、雨期施工的施工项目作为储备工程,将其安排在冬、雨期进行施工,以增加全年施工作业天数,尽量做到全面均衡和连续施工。

4. 合理布置施工现场

尽量减少施工现场临时设施,合理储备物资,缩短物资运输距离,减少物资的二次搬运;尽量利用施工现场原有的房屋和道路为施工服务,最大限度降低工程成本。

5. 充分利用现有机械设备,注重提高机械化程度

6. 尽量采用地方资源

建筑产品生产需要大量的建筑材料、成品、半成品和构(配)件等各种物资,要尽量采用地方资源,以缩短运距;还应选择经济合理的运输方式、运输工具和运输线路,使运输费用降至最低。

案 例

某院校计划建设新校区,委托设计院进行主教学楼、食堂、图书馆、宿舍和实训楼的设计。在主教学楼施工时,主要进行了土方开挖、桩基础、砖墙、钢筋混凝土梁板柱、抹灰、墙砖、涂料、屋面防水、电气、水暖通风、空调的施工。

问题:请按建设项目的复杂程度对新校区进行项目划分。

任 务 要 求

练一练:

1. 我国的建筑标准分为( )、( )、地方标准、( )。
2. 建筑施工划分为( )、( )、( )、( )、( )五个阶段。

想一想:

1. 建筑施工应遵循什么基本原则?为什么要遵循这些原则?

2. 建筑产品的生产过程有哪些主要特点?

任 务 拓 展

通过各种方式了解2008年北京奥运会主体育场"鸟巢"及国家游泳中心"水立方"的建筑形式、使用材料和施工方法等基本情况。

任务二　学习建筑施工现场的技术活动

 知识准备

施工现场的技术活动内容十分广泛,贯穿于工程施工的始终,渗透于现场生产管理的全过程。其基本内容如下。

一、施工组织设计的编制

施工组织设计是指导拟建工程项目进行施工准备和正常施工的全面性技术经济文件,是对拟建工程在人力和物力、时间和空间、技术和组织等方面所做的合理安排,是编制施工预算、实行项目管理的依据。

(一)施工组织设计的分类

施工组织设计根据作用、性质、编制对象和阶段的不同,一般可分为施工组织总设计、单位工程施工组织设计和分部(分项)工程施工组织设计。

(二)施工组织设计的任务

(1)根据业主对建设项目的各项要求,选择经济、合理、有效的施工方案。

(2)确定合理、可行的施工进度。

(3)拟订有效的技术组织措施。

(4)采用最佳的劳动组织,确定施工中劳动力、材料、机械设备等需用量。

(5)合理布置施工现场的空间,以确保全面高效地完成最终建筑产品。

(三)施工组织设计的内容

施工组织设计的内容决定于它的任务和作用。任何施工组织设计,必须具有以下相应的基本内容:

(1)施工方法与相应的技术组织措施,即施工方案。

(2)施工进度计划。

(3)施工现场平面图。

(4)各种资源需要量及其供应。

(5)保证工程质量和安全的技术措施。

二、施工方案的选择

施工方案是施工组织设计的核心,一般包括主要分部工程的施工方法和施工机械、施工总流向和施工总顺序。

(一)施工方法和施工机械

正确地拟订施工方法和选择施工机械是施工方案的关键,它直接影响施工进度、施工质量、工程成本以及施工安全。施工方法和施工机械的选择,主要根据建筑物的建筑特征、结构形式、工程量大小、工期长短、资源供应条件、现场的水文与地质情况及环境条件等因素确定。

(1)确定施工方法

重点考虑影响整个单位工程的主要分部、分项工程的施工方法。对于采用常规工艺的分项工程,其施工方法不必详细拟订,只需提出具体要求。

对于多层民用建筑,重点是主体结构的施工方法,特别是垂直运输机械的选择。当有地下室时,应考虑土方的开挖和降水措施。对于单层装配式工业厂房,重点是预制工程和结构安装工程的施工方法。

(2)选择施工机械

首先是选择主导工程机械。如地下工程的土方机械,主体结构工程的垂直、水平运输机械,结构吊装工程的起重机械等。

在同一个工地上,应力求施工机械的型号较少,同时,应注意发挥施工单位现有机械设备的能力,如果必须增加机械设备,则尽量以租赁方式解决。

(3)方案比较

对拟选用的施工方法和施工机械,应首先提出几个可行的方案,然后通过方案比较采用技术上先进、经济上合理的方案。

施工方案的技术经济比较有定性分析和定量分析两种方法。定性分析是结合施工实际经验,对若干个施工方案的优缺点进行比较,如技术上是否可行、施工复杂程度和安全可靠性如何、劳动力和机械设备能否满足要求、是否能充分发挥现有机械的作用、保证质量的措施是否完善可靠等。而定量分析一般是从各方案的成本指标、劳动力消耗指标、主要材料消耗指标。

(二)施工总流向

施工总流向分为水平流向和竖直流向。

(1)水平流向

①从生产或使用需要考虑。一般应考虑先施工建设单位对生产或使用着急的工段或部位。

②从建筑结构特征考虑。施工技术复杂、施工进度较慢、工期较长的部位应先施工。

(2)竖直流向

对于多层建筑物,除了平面流向外,还与分层分段施工流向有关。一般应从层数多的施工段开始施工。如房屋高低层或高低跨,柱子的吊装应从高低跨并列处开始,屋面防水层施工应按先高后低的方向施工,同一屋面应由檐口向屋脊方向施工。

(三) 施工总顺序

单栋建筑物的施工总顺序一般是"先地下,后地上"、"先主体,后围护"、"先结构,后装修"、"先土建,后设备"。

三、施工平面图的设计

施工平面图是施工组织设计的重要组成部分,也是布置施工现场的依据,它是根据拟建工程的规模、施工方案、施工进度及施工生产中的需要,结合现场的具体情况和条件,对施工现场做出的规划、部署和具体安排。

(一) 资料准备

(1) 建筑总平面图。图中必须标明建设工程范围内一切拟建及已有的建筑物、构筑物的坐标位置;原有及新建的道路路宽、路面、坡度及分布情况等;地下管网的类型、管径、埋深标高和平面位置、地形的变化等。据此确定施工用仓库、加工场、临时管线及运输道路的位置,解决工地排水等问题。

(2) 水源、电源及建设区域的竖向设计资料。据此布置水、电管网,考虑土方的挖填调配。

(3) 施工总进度计划及主要建筑物、构筑物的施工方案。据此了解各工程项目的施工顺序,综合考虑场地的前期施工和后期利用,合理、有效地安排和使用建设场地。

(4) 各种施工机械、运输工具的型号、数量以及主要建筑材料、半成品等的供应与运输方式。据此确定施工中的停放位置,规划工地内部的运输线路。

(二) 设计施工总平面图应遵循的原则

(1) 在保证施工顺利进行的前提下,尽量少占施工用地。

(2) 存储材料和半成品等的仓库,应尽量布置在使用地点附近,以缩短工地内部运输的距离,减少场内二次搬运。

(3) 在保证工程顺利进行的条件下,尽量减少临时设施用量。

(4) 施工平面图布置,要符合劳动保护、技术安全和消防要求。

(三) 施工总平面图的设计内容

施工总平面图的设计内容包括运输道路布置、仓库位置布置、加工场布置、生产和生活性临时用房布置、供水管网布置、供电线路布置、现场排水系统和现场消防系统等。

(四) 单位工程施工平面图的设计步骤

确定起重机的位置→确定搅拌站、仓库、材料和构件堆场、加工厂的位置→布置运输道路→布置行政管理、文化、生活、福利用临时设施→布置水电管线→计算技术经济指标。

四、施工图纸会审

图纸会审是指施工单位在收到审查合格的施工图设计文件后,在设计交底前进行的全面细致地熟悉和审查施工图纸的活动。其目的有两方面,一是使施工单位和各参建单位熟悉设计图纸,了解工程特点和设计意图,审查施工图纸是否符合现场实际条件,解决设计与实际、土建与安装以及各专业工种之间的矛盾,以便正确无误地进行施工;二是为了解决图纸中存在的问题,减少图纸的差错,将图纸中的质量隐患消灭在萌芽之中。

(一)图纸审查的阶段划分

图纸的审查包括学习、初审、会审和综合会审四个阶段。

(1)学习阶段

施工单位的技术人员,在施工前必须认真学习、熟悉图纸,了解设计意图以及施工时要求达到的技术标准和质量标准,明确施工工艺流程、质量标准等。

(2)初审阶段

施工单位在熟悉图纸的基础上,在某专业内部组织有关人员对本专业施工图的详细细节进行审查,写出初审图纸的记录。审查前,应根据设计图的内容,确定并收集技术资料、标准、规范和规程等,做好技术保障工作。

(3)会审阶段

一般由建设单位主持,由监理单位、设计单位和施工单位参加,四方进行图纸会审,形成"图纸会审纪要",由建设单位正式行文,参加单位共同会签、盖章,作为与设计文件同时使用的技术文件、指导施工和竣工验收的依据,以及建设单位与施工单位进行工程结算的依据。

(4)综合会审阶段

综合会审是指土建与外分包单位(如设备安装、机械化吊装、挖土等专业)之间的施工图审查,并在会审基础上核对各专业之间的配合事宜。会审和综合会审也可同时进行。综合会审一般由建设单位主持。

(二)熟悉图纸的方法

熟悉图纸,一般可参考以下方法:

(1)先粗后细。就是先看平面、立面,后看剖面。

(2)先小后大。就是先看小样,后看大样,然后再看细部的做法。

(3)先建筑后结构。就是先看建筑图,后看结构图。要核对建筑图和结构图的轴线位置是否相符、有无矛盾。

(4)先一般后特殊。就是先看一般的部位和要求,然后再看特殊的部位和要求。

(5)图纸和说明结合。图纸要与设计总说明及图中的细部说明结合起来看,注意图纸和说明有无矛盾、规定是否明确、要求是否可行。

(6)阅读土建图纸与阅读安装图纸相结合。在阅读土建图时也要同时参看安装图,其目的是对照土建与设备安装在设计图纸上有无矛盾,如果土建施工人员不看安装图纸,往往会造成某些遗漏。特别是预埋件、预留孔洞等,它们的位置、尺寸更要核对清楚。要充分明确安装对土建的要求,然后才能施工。

(7)阅读图纸要与实际情况相结合。在熟悉图纸的同时,要考虑施工条件能否满足设计的要求,设计图纸与现场情况是否吻合等。通过熟悉图纸,把问题逐条记录下来,以便在会审图纸时提出并予以解决。

(三)图纸会审的重点内容

(1)设计图纸必须是设计单位正式签署的图纸,并经设计质量监督部门审查批准。

(2)研究各单位初审中提出的问题,检查图纸及说明是否齐全、是否清楚明确。

(3)核对基础图、建筑图、结构图和暖卫、电气设备图等是否齐全,基础图、建筑图、结构图和暖卫、电气设备图本身及相互之间有无错误和矛盾。

(4)审查设计计算假定和采用的处理方法是否符合实际情况,施工时工程结构是否有足够的稳定性、对安全施工有无影响。

(5)建筑物与地下工程、地下管线之间有无矛盾,地基处理和基础设计有无问题。

(6)审查设计中要求采用的新技术、新工艺、新材料、新结构和技术复杂的特殊工程以及复杂结构的技术要求能否做到。

(7)特殊材料和非标准构件的使用是否影响施工的速度和质量等。

(四)图纸会审记录

图纸会审记录主要包括提出的问题和处理意见。提出的问题由施工单位填写,处理意见由设计部门填写,最后由建设单位正式行文,参加单位共同会签、盖章。图纸会审后,所有涉及变更的资料,包括设计变更通知、修改后的图纸等,均需有文字记录,并纳入工程档案,作为施工及竣工结算的依据。

五、技术交底

技术交底是指开工前,由技术负责人向参与施工的人员进行的重要技术问题的交待,其目的是使施工人员对工程特点、技术质量要求、施工方法与措施和安全等方面,有一个较详细的了解,以便于科学地组织施工,达到提高施工质量的目的。

(一)技术交底的分工

技术交底应分级进行。

重要工程、大型工程及技术复杂的工程,由工程项目施工承包公司总工程师组织有关科室向工程项目施工的项目部和有关施工单位交底,主要依据的是公司编制的施工组织总设计。

凡由项目部编制的单位工程或分部(分项)工程施工组织设计,由工程项目技术负责人向项目部有关职能人员及施工队交底。

施工队的技术负责人向工长及职能人员进行交底,要求细致、齐全,结合具体部位,贯彻落实上级技术领导的要求以及关键部位的质量要求、操作要点及注意事项等。对于关键项目、部位以及新技术推广项目和部位,工长接受交底后应反复、细致地向施工班组交底。班组长(施工员)应向工人交底。

（二）技术交底的方法

技术交底可分为口头交底、书面交底和样板交底等几种主要方法。一般各级交底工作应以书面交底为主，口头交底为辅。书面交底应由交、接双方签字归档。对于重要的、复杂的工程中的主要项目，应以样板交底辅助书面、口头交底表达不清楚的问题。样板交底，包括做法、质量要求、工序搭接以及成品保护等内容。

（三）技术交底的内容

(1)图纸交底：目的是使施工人员了解施工工程的设计特点、做法要求、抗震处理和使用功能等，以便掌握设计的关键，认真按图施工。

(2)施工组织设计交底：是将施工组织设计的全部内容向施工人员交代，使其掌握工程特点、施工部署、任务划分、施工方法、施工进度、平面布置和各项管理措施等。

(3)设计变更交底：是将设计变更的结果向施工人员和管理人员做统一说明。

(4)分项工程技术交底：是各级技术交底的关键。主要内容包括施工工艺、技术安全措施、质量标准、施工进度要求、新结构、新材料、新工艺和工程的特殊要求等。

实际施工中，由于每一项施工任务情况不一，操作也有难易，如果是一般工程或工人较熟练的施工项目，只需准备一些简要的操作交底和措施要求即可；如果是特殊工程或新工艺、新技术，就必须认真、细致地交底，在交底前要充分做好准备工作。

六、设计变更与技术核定

建筑安装工程施工基本原则之一是必须严格按设计图纸进行施工。尽管设计单位有较严格的设计审批制度，设计图纸经过各方会审，但由于建筑施工条件变化大，不可预见的因素多，因此仍然会出现变更原设计图纸的情况。

建设单位提出新设计要求或设计者修改施工图时，由设计单位签发《设计变更通知单》，主送建设（监理）单位，抄送施工单位，而施工单位若要求对施工图做某些变更，则应主动出面与设计单位协商，在征得同意后（重要的设计变更也需征得建设单位的同意并签字确认），由施工单位技术负责人填写技术核定单并一式若干份经设计单位同意并签字确认后，发送建设（监理）单位，抄送设计单位。设计变更通知单和技术核定单都应视为施工图的组成部分，是施工的正式依据，在工程完工后，作为工程结算和编制竣工图的依据，归入工程技术档案。

七、工程测量记录

（一）工程测量定位记录

包括定位依据、定位方法、定位过程、闭合差调整、高程（标高）、示意图。

（二）标高及轴线测量记录

1. 检测项目

(1)民用建筑：标高抄测有基坑（槽）底抄测记录、基础顶面施工抄测记录、楼层标高抄测记录;轴线抄测有基础轴线检测记录、楼层墙体轴线检测记录。

（2）工业建筑:标高抄测有基坑抄测记录、基础杯口底标高抄测记录、牛腿标高抄测记录、柱顶标高抄测记录、吊车梁顶面抄测记录、设备基础底抄测记录、顶标高抄测记录等;轴线抄测有基础（包括设备基础）轴线检测记录、吊车梁中心线检测记录。

2. 填写内容及要求

（1）工程名称、施工图号、基准点名称编号、坐标和标高,检测项目（如基底标高抄测、柱轴线检测等）、检测评定（指抄测误差与设计要求检测结果是否在允许范围内）。

（2）示意图。按建筑物轴线绘制单线条平面图,注明轴线、抄测点位置及编号。

（3）编制检测记录表。按实测需要绘制表格,内容包括楼层、点或轴线编号、允许偏差值、实测值和检测日期。

（4）所有检测、复测需有技术负责人及监理（建设单位代表）签字盖章。

（三）沉降观测记录

1. 需要观测沉降的建筑工程

（1）在不均匀或软弱地基（主要由淤泥、淤泥质土、冲填土、杂质土或其他高压缩性土层构成的地基）上的较重要建筑物。

（2）因地基变形或局部失稳而使结构产生裂缝或破损,需研究处理的建筑物;结构上为一体但分期施工的建筑物;斜坡上的大型建筑物;地质条件复杂、沉降差异敏感、偏重较明显的建筑物。

（3）设计或规范要求做沉降观测的工程。

2. 填写内容及要求

（1）沉降观测,从工程开始施工即应确定水准基点和观测点,由基础顶至主体工程完成逐层或隔层分荷载阶段进行观测。

（2）根据建筑物和构筑物的平面图绘制观测点位置、标高,根据水准点测量出每个观测点高程,记入"沉降量观测记录"。

（3）根据沉降观测结果绘制出沉降量、地基荷载与延续时间三者之间的关系曲线图。

（4）计算出建筑物或构筑物的平均沉降量、相对弯曲值和相对倾斜值。

（5）根据上述内容编写沉降观测分析报告（其中应有工程地质简要说明和工程设计简要说明）。

八、隐蔽工程质量检查记录

在施工过程中,上道工序操作完毕后,将被下道工序所掩盖,无法复查其是否符合质量要求,通常将这类工程称为隐蔽工程。把好隐蔽工程质量检查验收关,逐环节地保证工程质量,使每道工序在施工中均符合有关质量标准的规定,是确保整个工程施工质量、防止留有质量隐患的重要措施。施工验收规范要求,凡未经隐蔽工程验收或验收不合格的工程,不得进行下道工序的施工。隐蔽工程检查记录内容应做到简明、齐全,数据准确、可靠,经过参加检查的有关人员复查盖章认证。

(一)需要进行隐蔽验收的分部(分项)工程

地基与基础工程隐蔽工程检查记录(人工地基、重锤夯实地基、强夯地基、砖石基础、钢筋混凝土预制打入桩、混凝土灌注桩、锚杆支护工程);主体工程隐蔽工程质量检查记录(砖石及砌块砌体工程、混凝土结构工程、吊装工程、网架结构工程);装饰工程隐蔽工程质量检查记录(地面做法隐蔽工程、厨房、卫生间地面渗漏试验记录);屋面隐蔽工程检查记录。

(二)记录内容

一般包括验收项目、验收部位、图纸编号、试验报告编号、验收时间、说明或附图和验收意见。

九、材料检验

建筑材料、构配件、金属制品和设备质量的好坏直接影响建筑产品的优劣。因此,企业应建立和健全材料试验及检验制度,配备人员和必要的检测仪器设备,技术部门要把好材料检验关。

(一)对技术部门、各级检验试验机构及施工技术人员的要求

(1)工作中,要遵守国家有关技术标准、规范和设计要求,遵守有关操作规程,提出准确可靠的数据,确保试验、检验工作的质量。

(2)各级检验试验机构,应按规定对材料进行抽样检查,提供数据,存入工程档案。所使用的仪器仪表和量具等,要做好检修和校验工作。

(3)施工技术人员在施工中应经常检查各种材料的质量和使用情况,禁止在施工中使用不符合质量要求的材料、半成品和成品,并确定处理办法。

(二)钢筋(型钢)试(化)验

(1)钢筋必须有原始出厂合格证或试验报告单,并按有关标准的规定抽取试样做物理性能试验。

(2)若无出厂合格证原件时,其抄件应由供货单位提供,并要注明原件编号及单位、抄件人,由抄件单位签字盖章。若为复印件,则必须由供货单位在复印件上注明供货单位负责人,并加盖公章。

(3)钢筋在使用过程中发现脆断或物理性能显著不正常或焊接性能不良时,应进行化学成分试验。

(4)若钢筋二次复试不合格或钢筋焊接试验不合格,按有关规程规定,由技术负责人进行处理。

(5)钢筋(型钢)合格证及试验报告,在施工前应由技术负责人签署意见后,钢筋(型钢)方可使用。

(三)水泥试(化)验

(1)所有进场的水泥,均必须有出厂合格证(包括厂家名称、品种、等级、出厂日期和试验

(2)水泥进场后,必须进行复试。

(3)对于水泥出厂超过3个月(快硬硅酸盐水泥为1个月),对水泥质量有怀疑,或进口水泥均必须进行复试,并按其复试结果使用。

(4)水泥复试结果(3d强度)出来后,应由工程技术负责人和监理工程师签署意见。

(四)砂、石试验

(1)砂、石、轻骨料使用前,应按产地、品种、规格批量取样进行试验。

(2)砂、石试验报告,应由工程技术负责人和监理工程师签署意见。

(五)砖、砌块试(化)验

(1)应有出厂质量证明书(检测内容包括厂名、商标、批号、产品标记、生产日期)。

(2)进场后应进行复试。

(3)试验报告,应由工程技术负责人和监理工程师签署意见。

(六)防水、保温隔热材料试(化)验

(1)防水、保温隔热材料,应有材料出厂质量证明书,并进行复试。

(2)试验报告应由工程技术负责人和监理工程师签署意见。

(七)土工试验报告

(1)试验范围,包括素土、软土、砂、碎石、基础回填土、土方回填土、地坪回填土。

(2)试验报告应由工程技术负责人和监理工程师签署意见。

十、技术档案与技术资料管理

建立工程技术档案是为了系统地积累施工技术经济资料,保证各项工程交工后的合理使用,并为今后维护、改造和扩建提供依据。

施工技术部门必须从工程准备开始就建立工程技术档案,汇集整理有关资料,并把这项工作贯穿整个施工过程,直到工程交工验收结束。

为完整地保存和科学地管理技术档案,充分发挥技术资料在生产建设中的作用,国务院颁布了《科学技术档案工作条例》。凡是列入技术档案的技术文件、资料,都必须经有关技术负责人正式审定。所有的资料、文件都必须如实地反映情况,不得擅自修改、伪造或事后补做。工程技术档案,必须严加管理,不得遗失损坏,人员调动时要办理交接手续。工程技术档案的内容分为以下三个部分。

(一)第一部分(有关建筑物合理使用、维护、改建、扩建的参考文件资料,竣工时提交建设单位保存)

(1)施工许可证、地质勘探资料。

(2)永久水准点的坐标位置,建筑物、构筑物及其基础深度等测量记录。

(3)竣工工程一览表(竣工工程名称、位置、结构层次、面积或规格等)。

(4)图纸会审记录、设计变更通知单和技术核定单。

(5)隐蔽工程验收记录(包括打桩、试桩、吊装记录等)。

(6)材料、构件和设备的质量合格证明(包括出厂证明、质量保证书)。

(7)成品及半成品出厂证明及检验记录。

(8)工程质量事故调查和处理记录。

(9)土建施工必要的试验、检验记录,包括混凝土及砂浆试块强度记录;混凝土抗渗试验资料;土的干密度试验资料(制部位图存档);材料耐酸、耐碱试验记录等。

(10)设备安装及暖气、卫生、电气、通风工程施工试验记录。

(11)施工记录,一般包括以下内容:

①地基处理记录。

②工程质量事故、安全事故处理记录。

③预制构件吊装记录。

④新技术、新工艺及特殊施工项目的有关记录,如滑模、升板工程的偏差记录等。

⑤预应力构件现场施工及张拉记录。

⑥构件荷载试验记录等。

(12)建筑物、构筑物的沉降和变形观测记录。

(13)未完工程的中间交工验收记录。

(14)由施工单位和设计单位提出的建筑物、构筑物使用注意事项文件。

(15)其他有关该项工程的技术决定。

(16)竣工验收证明。

(17)竣工图。

(二)第二部分(为了积累经验,由施工单位保存的技术资料)

(1)施工组织设计、施工设计和施工经验总结。

(2)本单位初次采用的或施工经验不足的新结构、新技术、新材料的试验研究资料和施工操作专题经验总结。

(3)技术革新建议的试验采用、改进记录。

(4)重大质量事故或安全事故情况、原因分析及补救措施记录。

(5)有关的重要技术决定和技术管理的经验总结。

(6)施工日志等。

(三)第三部分(大型临时设施档案)

内容包括工棚、食堂、仓库、围墙、铁丝网、变压器、水电管线的总平面布置图和施工图,临时设施有关结构构件计算书,必要的施工记录等。

案 例

某一大型技术复杂的施工项目,实施项目监理,在深基坑施工时,工程设计单位将由其技术负责人编制好的技术交底书提交建设单位,经建设单位工程负责人审查后实施。

问题:试分析以上做法有哪些不妥?

任 务 要 求

练一练:

1. 技术交底的内容包括( )、( )、设计变更交底、( )。
2. 测量记录包括( )、( )、( )。

想一想:

1. 施工现场的技术活动包括哪些内容?
2. 图纸审查分为哪几个阶段?

任 务 拓 展

请同学们通过调查或观看视频,了解项目部是如何对施工项目进行施工技术交底的。

职业情境建立模块归纳总结

任务一　步入建筑工程施工技术

一、建筑施工技术的研究对象、任务与学习方法

建筑施工技术是以工种工程为对象,研究其在各种不同的自然条件和施工条件下,各工种工程的施工规律、施工工艺方法、质量措施和安全技术措施。要重视本学科其他专业课程的学习,并采用理论联系实际的学习方法。

二、建筑工程施工质量验收统一标准与施工质量验收规范

国家颁发的《建筑工程施工质量验收统一标准》(GB 50300—2013)和相应的各专业施工验收规范是国家的统一技术标准,是全国建筑界所有人员应共同遵守的准则。

三、建筑产品及其生产特点

建筑产品具有固定性、多样性、生产周期长和体积庞大等特点,建筑产品生产时具有流动性、单件性、地区性、生产周期长、高空作业多、露天作业多、协作单位多等特点。

四、现代建筑施工技术的发展

建筑业在国民经济中占有举足轻重的地位,近年来我国建筑业发展迅猛。

五、建筑施工项目管理

(1)工程建设的协作单位:建设单位、勘察单位、设计单位、监理单位、建设工程质量安全监督站、供应单位、施工单位。

（2）工程项目的划分：建设项目、单项工程、单位工程、子单位工程、分部工程、检验批、分项工程。

（3）建筑施工阶段的划分：施工任务阶段、施工规划阶段、施工准备阶段、组织施工阶段和竣工验收阶段。

（4）建筑施工的原则：先进的施工技术与科学的施工管理相结合，合理安排施工顺序，科学安排冬、雨期施工项目，保证全年生产的连续性和均衡性，合理布置施工现场，充分利用现有机械设备，注重提高机械化程度，尽量采用地方资源。

任务二　学习建筑施工现场的技术活动

一、施工组织设计的编制

内容包括施工组织设计的分类、施工组织设计的任务和施工组织设计的内容。

二、施工方案的选择

内容包括施工方法和施工机械、施工总流向和施工总顺序。

三、施工平面图的设计

内容包括资料准备、设计施工总平面图应遵循的原则、施工总平面图的设计内容、单位工程施工平面图的设计步骤。

四、施工图纸会审

内容包括图纸审查的阶段划分、熟悉图纸的方法、图纸会审的重点内容和图纸会审记录。

五、技术交底

内容包括技术交底的分工、技术交底的方法和技术交底的内容。

六、设计变更与技术核定

设计变更与技术核定都是变更原设计图纸，设计变更是由设计单位或建设单位提出，技术核定是由施工单位提出。

七、工程测量记录

内容包括工程测量定位记录、标高及轴线测量记录、沉降观测记录。

八、隐蔽工程质量检查记录

在施工过程中，上道工序操作完毕后，将被下道工序所掩盖，无法复查其是否符合质量要求，通常将这类工程称为隐蔽工程。把好隐蔽工程质量检查验收关，逐环节的保证工程质量，使每道工序在施工中均符合有关质量标准的规定，是确保整个工程施工质量、防止留有质量隐患的重要措施。

九、材料检验

建筑材料、构配件、金属制品和设备质量的好坏,直接影响建筑产品的优劣。因此,企业应建立和健全材料试验及检验制度,配备人员和必要的检测仪器设备,技术部门要把好材料检验关。

十、技术档案与技术资料管理

建立工程技术档案是为了系统地积累施工技术经济资料,保证各项工程交工后的合理使用,并为今后维护、改造和扩建提供依据。

模块二　基础工程施工

 导读

土地是建筑物的载体,建筑物施工前必须先平整施工场地、修筑土方边坡、开挖并调配土方,然后才能进行基础施工、土方回填与压实。只有了解土方工程的种类和施工特点、土的工程分类和工程性质、基础的分类及施工方法,才能更顺利完成地基与基础工程的施工。

 学习目标

(1)了解土建施工中常见的土方工程,包括:土方工程施工特点;场地平整;基坑、基槽的开挖与回填、土方运输;熟悉土的工程分类和工程性质;掌握土方工程量计算。

(2)了解土方工程施工机械的性能、特点,会合理选择土方施工机械。

(3)了解土方边坡与土壁支护,熟悉规范对放坡的有关规定。

(4)了解基础的类型,掌握各种基础的施工工艺。

(5)能进行基坑开挖施工方案、基础施工方案的编制。

任务一　学会场地平整

知识准备

场地平整是将需进行建筑范围内的自然地面,通过人工或机械挖填平整改造成为设计所需要的平面,以便进行现场平面布置和文明施工。场地平整是工程开工前的一项重要内容,进行场地平整工程前,首先要了解土方工程的特点及土的工程性质,之后施工人员应到现场进行勘察,了解场地地形、地貌和周围环境;然后根据建筑总平面图及规划,了解并确定现场平整场地的大致范围,通过抄平测量,计算出该场地按设计要求平整所需挖土和回填的土方量,做好土方平衡调配,减少重复挖运,以节约运费。

一、土方工程的施工特点

土方工程的工程量大,施工工期长,劳动强度大,施工条件复杂,天气变化对施工的影响大。土方开挖的难易程度取决于土质条件和地下水位的深浅等。

图2-1、图2-2分别为土方开挖和土方边坡开挖。

土方工程的工程量大,体现在很多方面。如建筑工地的场地平整,土方工程量可达数百万立方米以上,施工面积达数十平方公里。大型基坑的开挖,有的深达30多米,应尽可能采用机械化施工。

土方工程多为露天作业,受气候、水文、地质等影响较大,难以确定的因素较多。因此在土方工程施工前,应做好施工组织设计,对现场进行踏勘,掌握土的种类和工程性质、施工工期、质量要求、施工条件以及场地原有地下管线、电缆、地下构筑物埋设分布情况等;收集施工区域的地形图、地质、水文、气象等资料,作为合理拟订施工方案、选择施工方法、选择施工机械和组织施工的依据。施工中应做好各项准备工作,如计算土方量,设计边坡或土壁支撑,进行施工排水或降水设计,选择土方机械、运输工具并计算其需要量。施工前还应完成场地清理、地表水排除和测量放线等工作。

图 2-1 土方开挖

图 2-2 土方边坡开挖

二、土的工程分类

土的种类繁多,其工程性质直接影响土方工程施工方法的选择、劳动量的消耗和工程费用。

土的分类方法很多,作为建筑工程地基的土,根据土的颗粒大小可分为岩石、碎石土、砂土、粉土、黏性土和人工填土。以上各类土又可进行更详细的分类,具体见《土方与爆破工程施工及验收规范》(GB 50201—2012)。根据土的开挖难易程度,土的工程分类可分为松软土、普通土、坚土等八大类。前四类为普通土,后四类为坚石,如表2-1所示。

土的工程分类　　　　　　表2-1

土的分类	土的级别	土的名称	开挖方法及工具
一类土（松软土）	Ⅰ	砂;亚砂土;冲积砂土层;种植土泥炭(淤泥)	用锹、锄头挖掘
二类土（普通土）	Ⅱ	亚黏土;潮湿的黄土;夹有碎石、卵石的砂;种植土、填筑土及亚砂土	用锹、锄头挖掘,少许用镐翻松
三类土（坚土）	Ⅲ	软及中等密实黏土;重亚黏土;干黄土及含碎石、卵石的黄土;亚黏土;压实的填筑土	主要用镐挖掘,少许用锹、锄头挖掘,部分用撬棍挖掘
四类土（沙砾坚土）	Ⅳ	重黏土及含碎石、卵石的黏土;粗卵石;密实的黄土;天然级配砂石;软泥炭岩及蛋白石	先用镐、撬棍挖掘,然后用锹挖掘,部分用锲子和大锤挖掘
五类土（软石）	Ⅴ~Ⅵ	硬石炭纪黏土;中等密实的页岩;泥灰岩;白垩土;胶结不紧的砾岩;软的石灰岩	用镐或撬棍、大锤挖掘,部分使用爆破方法

续上表

土的分类	土的级别	土的名称	开挖方法及工具
六类土（次坚石）	Ⅶ~Ⅸ	泥灰岩；砂岩；砾岩；坚实的页岩；泥炭岩；密实的石灰岩；风化花岗岩；片麻岩	用爆破的方法开挖，部分用镐开挖
七类土（坚石）	Ⅹ~Ⅷ	大理岩；辉绿岩；玢岩；粗、中粒花岗岩；坚实的白云岩；砂岩；砾岩；片麻岩；石灰岩；风化痕迹的安山岩；玄武岩	用爆破的方法开挖
八类土（特坚石）	ⅩⅣ~ⅩⅥ	安山岩；玄武岩；花岗片麻岩；坚实的细粒花岗岩；闪长岩；石英岩；辉长岩；辉绿岩；玢岩	用爆破的方法开挖

（一）岩石

凡饱和单轴抗压强度不小于30MPa的岩石为硬质岩石，如花岗岩、闪长岩、玄武岩、石英岩等。

凡饱和单轴抗压强度小于30MPa的岩石为软质岩石，如页岩、黏土岩、绿泥石岩、云母片岩等。

岩石是良好的地基，但不均匀性较大，且岩石起伏状况往往不易查清。在作桩尖持力层时，应特别注意。

（二）碎石类土

碎石类土是指粒径大于2mm且颗粒含量超过全重的50%以上的土。碎石类土根据颗粒级配及形状分为漂石土、块石土、卵石土、碎石土、圆砾土和角砾土。

碎石类土根据密实度分为密实土、中密土、稍密土。

（三）砂土

砂土是指粒径大于2mm且颗粒含量不超过全重的50%，塑性指数I_p不大于3的土。

砂土根据颗粒级配分为砾砂、粗砂、中砂、细砂和粉砂。

砂土密实度的测定可根据贯入度试验判定，分为密实、中密、稍密和松散。

（四）黏性土

黏性土是指具有黏性和可塑性，塑性指数I_p大于3的土。

黏性土如按土的沉积年代划分，可分为老黏土、一般黏性土、新近沉积黏性土三种。

黏性土的现场鉴别可采用搓条法、刀切法等方法。

另外，根据土的特性，还可分出软土、人工填土、黄土、膨胀土、红黏土及冻土等特殊性土。

三、土的组成

土由土颗粒、水和空气组成，一般把它们叫作土的固相、液相和气相。这三部分之间的比例关系是不断变化的。三者之间的比例不同，所反映的物理状态也不同，如干燥、湿润、密实、稍密或松散。这些物理指标对评价土的工程性质，进行土的工程分类具有重要意义。

土的三相物质是混合分布的，为研究阐述方便，用土的三相图（见图2-3）把土的固体颗粒、水、空气各自划分开来。一般用土的三相图来掌握土的组成。

图中符号:m——土的总质量($m = m_s + m_w$)(kg);

m_s——土中固体颗粒的质量(kg);

m_w——土中水的质量(kg);

V——土的总体积($V = V_a + V_w + V_s$)(m³);

V_a——土中空气体积(m³);

V_w——土中水所占的体积(m³);

V_s——土中固体颗粒体积(m³);

V_v——土中孔隙体积($V_v = V_a + V_w$)(m³)。

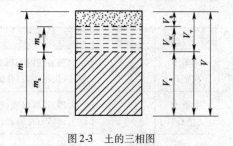

图2-3 土的三相图

四、土的物理性质

土的物理性质是确定地基处理方案和制订施工方案的重要依据,对土方工程的稳定性、施工方法、工程量和工程造价都有影响。

(一)土的天然含水率

土的天然含水率表示土的干湿程度,即土中水的质量与固体颗粒质量之比,用百分数表示。

$$w = (m_w / m_s) \times 100\% \tag{2-1}$$

土的含水率测定方法:把土样称量后放入烘箱内进行烘干,温度在100~105℃,直至质量不再减少为止,进行称量。第一次称量为含水状态土的质量G_1,第二次称量为烘干后土的质量G_2,利用公式可计算出土的含水率。

土的含水率表示土的干湿程度,土的含水率在5%以内,称为干土;土的含水率在5%~30%以内,称为潮湿土;土的含水率大于30%,称为湿土。

(二)土的天然密度和干密度

土在天然状态下单位体积的质量,称为土的密度。

$$\rho = m / V \tag{2-2}$$

干密度是土的固体颗粒质量与总体积的比值。

$$\rho_d = m_s / V \tag{2-3}$$

土的密度一般用环刀法测定,用一个体积已知的环刀切入土样中,上下端用刀削平,称出质量,减去环刀的质量,与环刀的体积相比,即得到土的天然密度。不同的土,密度不同。密度越大,土越密实,强度越高,压缩变形越小。

(三)土的孔隙比和孔隙率

孔隙比是土的孔隙体积与固体体积的比值。

$$e = V_V / V_s \tag{2-4}$$

孔隙率是土的孔隙体积与总体积的比值,用百分数表示。

$$n = V_V / V \times 100\% \tag{2-5}$$

(四)土的可松性和可松性系数

天然土经开挖后,体积因松散而增加,虽经振动夯实,仍然不能完全复原,这种性质称为土的可松性。

土的可松性的大小用可松性系数表示,分为最初可松性系数 K_s 和最终可松性系数 K'_s。

$$K_s = V_2/V_1 \tag{2-6}$$

$$K'_s = V_3/V_1 \tag{2-7}$$

式中:K_s, K'_s——土的最初、最终可松性系数;

V_1——土天然状态下的体积;

V_2——土挖出后在松散状态下的体积;

V_3——土经压(夯)实后的体积。

在土方工程中,K_s 是用于计算挖方工程量、装运车辆及挖土机械生产效率的重要参数,K'_s 是计算填方所需挖方工程量的重要参数。可以说,土的最初可松性系数和最终可松性系数对土方平衡调配以及基坑开挖时留弃土方量及运输工具的选择有直接影响。

土的可松性系数见表 2-2。

土的可松性系数 表 2-2

土的类别	K_s	K'_s	土的类别	K_s	K'_s
一类土	1.08~1.17	1.01~1.03	四类土	1.26~1.45	1.06~1.20
二类土	1.14~1.24	1.02~1.05	五类土	1.30~1.50	1.10~1.30
三类土	1.24~1.30	1.04~1.07	六类土	1.45~1.50	1.28~1.30

(五)土的渗透系数

土的渗透系数 K 表示单位时间内水穿透土层的能力,用 m/d 表示。根据渗透系数不同,土可分为透水性土(如砂土)和不透水性土(如黏土)。土的渗透系数影响施工降水与排水的速度。

土的渗透系数见表 2-3。

土的渗透系数表 表 2-3

土的名称	渗透系数(m/d)	土的名称	渗透系数(m/d)
黏土	<0.005	中砂	5.00~20.00
亚黏土	0.005~0.10	均质中砂	35~50
轻亚黏土	0.10~0.50	粗砂	20~50
黄土	0.25~0.50	圆砾石	50~100
粉砂	0.50~1.00	卵石	100~500
细砂	1.005~5.00		

五、场地平整的计算

(一)定义

建筑场地通常按总平面图竖向设计要求设置在一个高程平面或几个不同高程平面上,

所以土方工程施工时,必须对建设场地进行平整。场地平整就是将高低不平的天然地面改造成设计的平坦地面,是指±30cm以内的土方的挖、填、找平工作。当场地对高程无特殊要求时,一般可以根据平整前后土方量相等的原则来确定场地的设计高程,使挖土土方量和填土土方量基本一致,从而减少场地土方施工的工程量,使开挖出的土方得到合理的利用。

(二)方格网法计算场地平整土方量

1. 划分方格网

根据已有地形图,将场地划分为若干个方格。方格边长一般为20m、30m、40m,将设计高程和自然地面高程分别标注在方格网点上。

2. 计算零点标出零线

(1)计算各方格角点的施工高度。施工高度为设计地面高程与自然地面高程的差值,挖方为"−",填方为"+"。

(2)当同一方格的四个角点的施工高度全为"+"或全为"−"时,说明该方格内的土方全部为填方或全部为挖方,如果一个方格中一部分角点的施工高度为"+",而另一部分为"−"时,说明此方格中的土方一部分为填方,而另一部分为挖方,这时必定存在不挖不填的点,这样的点叫零点,把一个方格中的所有零点都连接起来,形成直线或曲线,这道线叫零线,即挖方与填方的分界线。

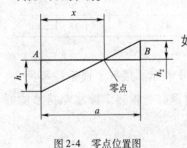

图2-4 零点位置图

计算零点的位置可根据方格角点的施工高度用几何法求出,如图2-4所示。

通过比例关系,可得零点位置公式:

$$\frac{x}{h_1} = \frac{a-x}{h_2} \tag{2-8a}$$

$$x = \frac{ah_1}{h_1 + h_2} \tag{2-8b}$$

式中:h_1、h_2——相邻两角点填、挖方施工高度(以绝对值带入)(m);

a——方格边长(m);

x——零点距角点A的距离(m)。

3. 计算土方工程量

计算场地土方量时,先求出各方格的挖、填方土方量和场地周围边坡的挖、填方土方量,把挖、填方土方量分别加起来,就得到场地挖、填方的总土方量。

(1)方格内土方量计算

场地各方格土方量计算,一般有下列三种类型。

①如图2-5所示,方格四个角点全部为挖方或填方时,其挖方或填方体积为:

$$V = \frac{a^2}{4}(h_1 + h_2 + h_3 + h_4) \tag{2-9}$$

式中：h_1、h_2、h_3、h_4——方格四个角点挖或填的施工高度，以绝对值带入(m)；

a——方格边长(m)。

②如图 2-6 所示，方格四个角点中，相邻两角点为挖方，另外两角点为填方时，其挖方和填方体积分别为：

$$V_{挖} = \frac{a^2}{4}\left(\frac{h_1^2}{h_2+h_4} + \frac{h_2^2}{h_2+h_3}\right) \tag{2-10}$$

$$V_{填} = \frac{a^2}{4}\left(\frac{h_3^2}{h_2+h_3} + \frac{h_4^2}{h_1+h_4}\right) \tag{2-11}$$

③如图 2-7 所示，方格三个角点为挖方，另一个角点为填方时，其挖方和填方体积分别为：

填方体积：

$$V_4 = \frac{a^2}{6}\frac{h_4^3}{(h_1+h_4)(h_3+h_4)} \tag{2-12}$$

挖方体积：

$$V_{1\sim 3} = \frac{a^2}{6}(2h_1 + h_2 + 2h_3 - h_4)V_4 \tag{2-13}$$

当方格的三个角点为填方，另一个角点为挖方时，与上述类型③正好相反。计算时，当计算填方土方量时，就用类型③的挖方公式；当计算挖方土方量时，就用类型③的填方公式。

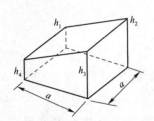 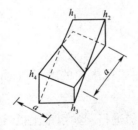 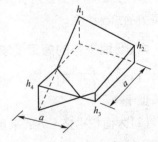

图 2-5 角点全填或全挖示意图　　图 2-6 两点填方或挖方示意图　　图 2-7 三点填方或挖方示意图

(2) 边坡土方量计算

图 2-8 是场地边坡的平面示意图，从图中可以看出，边坡的土方量可以划分为两种近似的几何形体进行计算，一种为三角棱锥体，另一种为三角棱柱体。分别计算后，然后将各分段计算的结果相加，即可求出边坡土方的挖方、填方土方量。

①三角棱锥体边坡体积

$$V = \frac{1}{3}F_1 L_1 \tag{2-14}$$

式中：L_1——边坡①的长度(m)；

F_1——边坡①的端面面积(m^2)。

$$F_1 = \frac{1}{2}mh_2 h_2 = \frac{1}{2}mh_2^2 \tag{2-15}$$

式中：h_2——角点的施工高度；
　　　m——边坡的坡度系数。

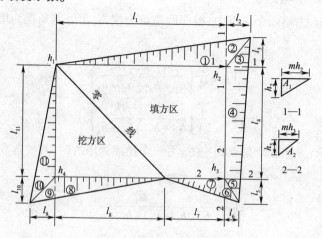

图 2-8　边坡土方量计算图

②三角棱柱体边坡体积

$$V_4 = \frac{F_3 + F_5}{2} L_4 \tag{2-16}$$

4. 计算土方总量

将挖方区和填方区所有方格计算的土方量和边坡土方量分别汇总，即得该场地平整挖方和填方的总土方量。

六、场地平整的施工要求

（1）场地平整前，必须把场地平整范围内的障碍物，如树木、电线、电杆、管道、房屋、坟墓等清理干净。

（2）大面积平整土方宜采用机械进行。如用推土机、铲运机推运平整土方；有大量挖方应用挖土机等进行。在平整过程中要交错采用压路机进行压实。

（3）平整场地的表面坡度应符合设计要求，如设计无要求时，一般应向排水沟方向做成不小于 0.2% 的坡度。

（4）引进现场的测量控制点（坐标桩、水准基点）应严加保护，防止在场地平整过程中受破坏，并应定期进行复测校核，保证其正确性。

（5）运输土方的车辆如需在场外行驶时，应用加盖车辆或采取覆盖措施，以防遗撒污染道路和环境。

（6）平整后的场地表面应逐点检查，检查点为每 100~400 m² 取 1 点，但不少于 10 点；长度、宽度和边坡均为每 20 m 取 1 点，每边不少于 1 点，其质量检验标准应符合要求。

案　例

场地平整计算完土方量后，需要对场地土方进行调配，调配原则如下：

(1)就近利用,以减少运量。

(2)由高向低调运,并应注意施工的可行性与便利性,尽可能避免和减少上坡运土。

(3)应进行远运利用与附近借土的经济合理性比较(移挖作填与借土费用的比较)。土方调配"移挖作填"固然要考虑经济运距问题,但这不是唯一的指标,还要综合考虑弃方或借方占地,赔偿青苗损失及对农业生产影响等。有时"移挖作填"虽然运距超出一些,运输费用可能稍高一些,但如能少占地,少影响农业生产,这样对整体来说也未必不是经济的。

(4)不同的土方应根据工程需要分别进行调配,以保证路基稳定和人工构造物的材料供应。

(5)进行借土和弃土土方调配前,应事先同地方商量,妥善处理。借土应结合地形、农田规划等选择借土地点,并综合考虑借土还田,整地造田等措施。弃土应不占或少占耕地,在可能条件下宜将弃土平整为可耕地,防止乱弃乱堆,或堵塞河流,损坏农田。

任 务 要 求

练一练:

1. 土一般由( )、水和( )三部分组成。

2. 在建筑施工中根据( )将土分为八类,有松软土、( )、( )、( )、软石、次坚石、坚石、特坚石。

想一想:

1. 试述土方工程的施工特点。

2. 什么是土的可松性?土的可松性对土方施工有何影响?

任 务 拓 展

请同学们查阅资料,了解土的工程性质对土方工程施工的影响。

任务二 学会土方开挖

 知识准备

施工现场三通一平完成后,就要进行土方开挖施工。开挖先要做好施工准备工作,确定施工流程、施工要点,然后采用土方施工机械配合人工清理进行施工。

一、施工准备

(1)熟悉施工图纸和地质勘察报告,掌握土层和地下水位情况,确定挖土深度和坡度以及人员组织和安排,编制挖土施工方案,并进行技术交底。

(2) 测量放线工作。

①定位：在基础施工之前，根据建筑总平面图设计要求，将拟建房屋的平面位置和零点标高在地面上固定下来。在建筑物四角设置龙门板，其他控制轴线设置龙门桩，龙门板和龙门桩一般距基槽（坑）1.5~2.0m。

②放线：房屋定位后，根据基础的宽度、土质情况、基础埋置深度及施工方法，计算确定基槽（坑）上口开挖宽度，拉通线后用石灰在地面上画出基槽（坑）开挖的上口边线，即放线。

(3) 材料准备：需要支护时，要准备支护用材料；需做局部处理或基底换填时，需准备好换填用材料，雨期施工应准备护坡用材料，冬期施工应准备基底保温覆盖材料。

(4) 机具准备：要准备好挖土机械和工具，如挖土机、机动翻斗车、水泵、铁锹、十字镐、大锤、钢钎等。

二、土方工程量计算

土方开挖前，现场技术人员要进行土方工程量计算，根据挖土工程量确定所需挖土机械、运土机械的台班数量。土方量计算要考虑土方边坡、基础施工工作面和支撑尺寸等因素。

（一）土方边坡

1. 土方边坡的概念

土方工程施工中，必须使基坑或基槽的土壁保持稳定。如果土体在外力作用下失去平衡，土壁就会塌方，发生事故，影响土方工程施工，甚至造成人员伤亡，危及附近建筑物、道路及地下设施的安全，产生严重的后果。

在土方工程施工中，为了防止塌方，保证施工安全，在基坑或基槽开挖深度超过一定限度时，土壁应做成有一定斜度的边坡，或者加临时支撑以保证土壁的稳定。

土方边坡的大小，应根据土质条件、挖方深度、地下水位、排水情况、施工方法、边坡留置时间的长短、边坡上部的荷载情况、相临建筑的情况等因素综合考虑确定。由于条件限制不能放坡或为了减少土方工程量而不放坡时，可采取技术措施，设置土壁支护以确保施工安全。土方边坡的稳定，主要是由于土体颗粒间存在摩阻力和黏结力，从而使土体具有一定的抗剪强度。当下滑力超过土体的抗剪强度时，就会产生滑坡。

基坑边坡的稳定，主要由土体的抗滑能力来保持。当土体下滑力超过抗滑力，土坡就会失去稳定而发生滑动。边坡的滑动是沿着一个面发展的，这个面叫滑动面。滑动面的位置和形状决定于土质和土层结构，如含有黏土夹层的土体因浸水而下滑时，滑动面往往沿夹层而发展，而一般均质黏性土的滑动面为圆柱形。可见土体的破坏是由剪切引起的，土体的抗滑能力实质上就是土体的抗剪能力。土体抗剪能力的大小主要决定于土的内摩擦系数与内聚力的大小。

土颗粒间不但存在抵抗滑动的摩擦力，也存在内聚力。内聚力一般由两种因素形成：一是土中水的水膜和土粒之间的分子引力；二是化合物的胶结作用。不同的土，其各自的物理性质对土体抗剪能力也有影响,如含水率增加,胶结物溶解,内聚力就会变小。因此在考虑边坡稳定时,除了从实验室得到内摩擦系数和内聚力的数据外,还应考虑施工期间气候的影响和振动的影响。

土体抗剪强度的大小与土质有关。黏性土颗粒之间,不仅具有摩阻力,而且具有黏结力,土体失稳而发生滑动时,滑动的土体将沿着滑动面整体滑动。砂性土颗粒之间只有摩阻力,没有黏结力,所以黏性土的边坡可陡些,砂性土的边坡则应平缓些。

2. 边坡坡度

土方边坡坡度的大小除与土质有关外,还与挖方深度有关,此外亦受外界因素的影响。当外界因素使土体的抗剪强度降低或土体内的切应力增加达到一定程度时,土方边坡也会失去稳定而塌方。如雨水、施工用水使土的含水量增加,从而使土体自重增加,抗剪强度降低;有地下水时,地下水在土中渗流产生一定的动水压力,会导致土体内的剪应力增加;边坡上部荷载增加,比如边坡上部大量堆土或停放机具,也会使剪应力增加等。这些都直接影响土体的稳定性,从而影响土方边坡坡度大小的取值。所以,在确定土方边坡坡度的大小时应考虑土质、挖方深度、边坡留置时间、排水情况、边坡上部荷载情况及土方施工方法等因素。

土方边坡坡度用挖方深度 H 与边坡底宽 B 之比来表示。

$$土方边坡坡度 = 1/m = H/B \tag{2-17}$$

式中,$m = B/H$,称为边坡系数。

(1) 边坡形式

土方边坡大小,应根据土质、开挖深度、开挖方法、施工工期、地下水位、坡顶荷载及气候条件等因素确定。边坡可做成直线形、折线形或阶梯形,如图 2-9 所示。

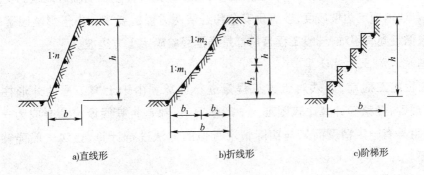

a) 直线形　　b) 折线形　　c) 阶梯形

图 2-9　土方边坡

土方边坡坡度,一般在设计文件上有规定,若设计文件上无规定,可按照《建筑地基基础工程施工质量验收规范》(GB 50202—2002) 第 6.2.3 条的规定执行。

(2) 不放坡的最大深度

规范规定,当地质条件良好、土质均匀,且地下水位低于基坑或管沟底面高程时,挖方边坡可挖成直壁而不加支撑,但深度不宜超过下列规定:

①密实、中密的砂土和碎石类土(填充物为砂土),1m。

②硬塑、可塑的轻亚黏土及亚黏土,1.25m。

③硬塑、可塑的黏土及碎石类土(填充物为黏黏土),1.5m。

④坚硬的黏土,2m。

(3)边坡坡度值

当土的湿度、土质及其他地质条件较好且地下水位低于基底时,深度5m以内不加支撑的基坑基槽或管沟,其边坡的最陡坡度见表2-4。

深度5m以内的基坑(槽)或管沟边坡的最陡坡度 表2-4

土的类别	边坡的坡度(1:m)		
	坡顶无荷载	坡顶有静载	坡顶有动载
中密的砂土	1:1.00	1:1.25	1:1.50
中密的碎石土(充填物为砂土)	1:0.75	1:1.00	1:1.25
硬塑的轻亚黏土	1:0.67	1:0.75	1:1.00
中密的碎石土(充填物为黏性土)	1:0.50	1:0.67	1:0.75
硬塑的亚黏土、黏土	1:0.33	1:0.50	1:0.67
老黄土	1:0.10	1:0.25	1:0.33
软土(经井点降水后)	1:1.00	—	—

土方开挖时,如果边坡太陡,容易造成土体失稳,发生塌方事故;如果边坡太缓,不仅会增加土方量,浪费机械动力和人力,而且占用过多的施工场地,可能影响临近建筑的使用和安全。因此,必须合理地确定边坡坡度,以满足安全和经济两方面的要求。由于影响因素较多,精确地计算边坡稳定尚有困难,一般工程目前都是根据经验确定土方边坡。

(二)基坑(槽)土方量计算

土方工程施工之前,必须对土方工程量进行计算。由于土方工程的外形往往比较复杂,而且不规则,要精确计算比较困难。一般情况下,都是将其假设或划分成为一定的几何形状,并采用具有一定精度而又与实际情况近似的方法进行计算,该法一般能够满足工程应用的需要。

1. 基坑土方量计算

基坑土方工程量计算可按立体几何中(见图2-10)的拟柱体体积公式计算,公式如下:

$$V = H/6 \times (F_1 + 4F_0 + F_2) \tag{2-18}$$

式中:H——基坑深度;

F_1、F_2——基坑上、下的底面积;

F_0——基坑中截面的面积。

图2-11为基坑开挖施工图。

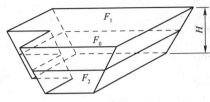

图 2-10 基坑土方量计算

图 2-11 基坑开挖

2. 基槽土方量计算

基槽和路堤的土方量计算,可以沿长度方向分段后(见图 2-12),按相同的方法计算各段的土方量,再将各段土方量相加即得总土方量。

$$V_1 = L_1/6 \times (F_1 + 4F_0 + F_2) \tag{2-19}$$

$$V = V_1 + V_2 + \cdots + V_n \tag{2-20}$$

式中：V_1——第一段的土方量；

L_1——第一段的长度；

$V_1, V_2, \cdots, V_n$——各分段的土方量。

图 2-13 为基槽开挖施工图。

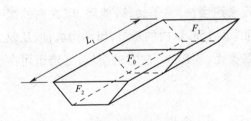

图 2-12 基槽土方量计算

图 2-13 基槽开挖

【例】 已知某基坑底长 80m,底宽 60m。场地地面标高为 176.50m,基坑底面标高为 168.50m。

【解】 基坑高度为：

$$H = 176.50 - 168.50 = 8m$$

基坑上口长度为：

$$80 + 8 \times 0.5 \times 2 = 88m$$

基坑上口宽度为：

$$60 + 8 \times 0.5 \times 2 = 68\text{m}$$
$$F_1 = 68 \times 88 = 5\,984\text{m}^2$$
$$F_2 = 60 \times 80 = 4\,800\text{m}^2$$
$$F_0 = 64 \times 84 = 5\,376\text{m}^2$$
$$V = H/6 \times (F_1 + 4F_0 + F_2)$$
$$= 8/6 \times (5\,984 + 4 \times 5\,376 + 4\,800)$$
$$= 43\,050.67\text{m}^3$$

三、土方工程机械化施工

由于土方工程量大，若全部由人工来完成，消耗的劳动量将是个庞大的数字，且工期也会拖得很长。因此，为了减轻繁重的体力劳动、提高劳动生产率、加快工程进度、降低工程成本，在组织土方工程施工时，应尽可能采用机械化施工。

土方工程施工机械的种类繁多，常用的有推土机、铲运机、装载机、平土机、松土机、单斗挖土机、多斗挖土机和各种碾压、夯实机械等。随着液压技术的发展，土方工程机械已逐步由液压传动代替机械传动。液压技术有利于土方机械向大型、大功率方向发展。

(一) 土方施工机械

1. 推土机

推土机是土方工程施工的主要机械之一，是在拖拉机上安装推土板等工作装置而成的机械。目前我国生产的推土机有红旗 100、T-120、移山 160、T-180、黄河 220、T-240 和 T-320 等数种。

推土机操纵灵活，运转方便，所需工作面较小，行驶速度快，易于转移，能爬 30°左右的缓坡，因此应用范围较广，多用于场地清理和平整，开挖深度 15m 以内的基坑，填平沟坑，以及配合铲运机、挖土机工作等。推土机可以推掘一类至四类土，能爬 30°左右的缓坡，经济运距在 100m 以内，效率最高为 60m。

(1) 推土机组成

推土机由推土刀、推架、操纵系统组成，如图 2-14、图 2-15 所示。

图 2-14　推土机组成

作业时，机械向前开行，放下推土刀切削土，碎土堆积在刀前，待逐渐积满以后，略提起推土刀，使刀刃贴着地面推移碎土，推到指定地点以后，提刀卸土，然后掉头或倒车，返回铲掘地点。在运土过程中，由于碎土会从推土刀的两端流失，其经济运距一般在100m以内。

（2）推土机类型

①按照推土刀的安装形式分固定推土刀式和回转推土刀式。

②按照行走装置形式分履带式和轮胎式。

③按照工作装置操纵系统分液压操纵式和机械操纵式。

图2-15　推土机

履带式推土机的履带板有多种形式，以适应在不同地面上行走。轮胎式推土机大多采用宽基轮胎，全轮驱动，以提高牵引性能，并改善通过性能，其接地比压为200~350kPa。履带式推土机后端一般可以装松土齿耙、绞盘和反铲装置等，可以作为其他机械的牵引车和铲运机的助铲机，故目前应用广泛。

液压操纵式推土机利用液压缸来操纵推土刀的升降，可以借助整机的部分重力，强制推土刀切土，切土力大，操纵轻便，广泛用于中小型推土；机械操纵式推土机依靠钢丝绳滑轮组操纵，只能利用推土刀的自重切土，效率较低，一般用于大型或特大型推土。

（3）推土机作业内容

①挖土深度不大的场地平整，开挖深度不大于1.5m的基坑，回填基坑和沟槽，堆筑高度在1.5m以内的路基、堤坝。

②平整其他机械卸置的土堆，推送松散的硬土、岩石和冻土。

③配合铲运机进行助铲，配合挖掘机施工，为挖土机清理余土和创造工作面。

④牵引其他无动力的土方施工机械，如拖式铲运机、松土机、羊足碾等，进行土方其他施工过程的施工。

（4）推土机铲土方法

①平整场地

一般平整场地可分两步进行，即先平整高差较大的地方，待整个区域基本平整到高差不大时，再配合测量，按标高先整平一小块，然后从已经整平的小块开始，逐刀顺序推平，同时每次重叠30~40cm直到整个区域平整完成。平整场地时应注意以下各点：

a. 切勿将推土机置于倾斜地上开始平整，否则容易造成整个平整面发生倾斜而达不到质量要求。

b. 铲土时要注意观察前方的地形，并根据发动机声音的变化来调整推土机铲刀深度。

c. 根据坐在驾驶室里的感觉来判断是否推平。如推土机行驶平稳，说明已经推平，此时铲刀位置应保持不动；如感觉推土机行驶不平稳，就应及时调整铲刀的铲土深度。

②泥泞地推土

在含水率较大的地面或雨后泥泞地上推土时,要注意防止陷车。推土量不宜过大,每刀土要一气推出。在行驶途中尽量避免停歇、换挡、转向、制动等,防止中途熄火后启动困难。

③推除硬土(路面或冻土)

排除较硬土时,应用推土机先将硬土破松。如直接用推土机推除,可将铲刀改成侧推刀,使一个刀角向下,先将土层破开,然后沿破口逐步将土层排除。

④推除块石

推土中如遇大块孤石,可以先将周围的土推掉,使孤石露出土外,再用铲刀试推,如已松动,可将铲刀插到孤石底部并往上提刀,即可将孤石清除。如遇到群石,应按边上顺序一块一块排除,当第一块排除后,可顺着石窝推第二块,直到推完为止。

2. 铲运机

铲运机是利用装在前后轮轴之间的铲运斗,在行驶中顺序进行土铲削、装载、运输和铺卸作业的铲土运输机械。它能独立完成铲、装、运、卸各个工序,还兼有一定的压实和平整土地的功能,主要用于土方填挖和场地平整,有较高的生产效率,是土方工程中应用最广的机种。

(1)铲运机组成

铲运机由铲斗(工作装置)、行走装置、操纵机构和牵引机等组成,如图2-16所示。

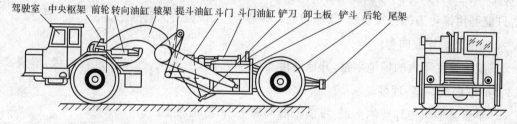

图2-16 铲运机组成

图2-17和图2-18分别为自行式铲运机和拖式铲运机。

图2-17 自行式铲运机

图2-18 拖式铲运机

(2)铲运机特点

行驶速度快、操纵灵活、运转方便、生产率高,能独立完成铲土、运土、填筑、压实等多项作业。

(3)铲运机运行路线(见图2-19)

①环形路线

对于地形起伏不大,但施工地段较短(50~100m)或填方不高的路堤、基坑及场地平整工程,宜采环形路线。

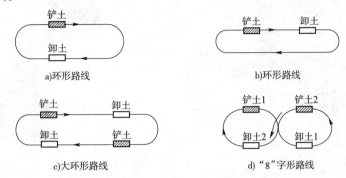

图 2-19 铲运机运行路线

②大环形路线

当填、挖交替,且相互间的距离又不大时,可采用大环形路线。这样可进行多次铲土和卸土,减少铲运机转弯次数,提高其工作效率。

③"8"字形路线

在地形起伏较大,施工地段狭长的情况下,宜采用"8"字形路线。按照这种路线运行,铲运机上、下坡时斜向行驶,所以坡度平缓,减少了转弯次数及空车行驶距离,可缩短运行时间,提高生产率。装土、运土和卸土时,按"8"字形运行,一个循环完成两次装土和卸土工序。装土和卸土在沿直线运行时进行,转弯时刚好把土装完或卸完,但两条路线间的夹角应小于60°。

3. 单斗挖土机

挖土机是用铲斗开挖和装载土方的挖掘机械,可将挖出的土就近卸掉或配备自卸汽车进行远距离卸土。挖土机按铲土斗数目有单斗挖土机和多斗挖土机之分,但多斗挖土机在土方工程中很少使用,国内也尚未定型生产。本书主要讲述单斗挖土机。

单斗挖土机是用单铲斗开挖和装载土方的挖掘机械,可将挖出的土就近卸掉或配备自卸汽车进行远距离卸土,广泛应用于开挖建筑基坑、沟槽和清除土丘等土方作业。

(1) 正铲挖土机

正铲挖掘机(简称正铲)适用于开挖一类至四类土、经爆破后的岩石和冻土。土的含水率应小于2.7%,土块粒径应小于土斗宽度的1/3。正铲挖土机挖掘力大,生产率高,主要用于开挖停机面以上的土方。工作面的高度一般不小于1.5m,工作面过低,一次挖掘不易装满铲斗,会降低生产率。如开挖高度超过挖掘机挖掘高度时,可分层开挖。正铲开挖时,应配备一定数量的自卸汽车运土。汽车行驶道路应设置在正铲斗回转半径之内,可以在同一平面,也可略高于停机面,以便正铲下沟槽挖土。正铲挖土一般用于土方量较大的工程。

正铲挖掘机的挖土特点是"前进向上,强制切土"。根据开挖路线和自卸汽车相对位置的不同,一般有两种开挖方式,即侧向开挖和正向开挖。正铲挖土机组成及实物图分别如图 2-20、图 2-21 所示。

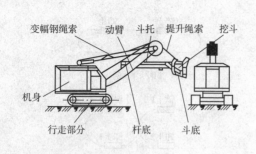

图 2-20 正铲挖土机组成

图 2-21 正铲挖土机

(2)反铲挖土机

反铲挖土机适用于开挖一类至三类的砂土或黏土,主要用于挖掘停机面以下深度不大的基坑(槽)或管沟及含水率大的土,最大挖掘深度为 4~6m,效率高的挖掘深度为 1.5~3m,对地下水位较高处也适用。反铲挖土机挖出的土方卸在基坑(槽)、管沟的两边或配备自卸汽车运走。反铲挖掘机的挖土特点是"后退向下,强制切土"。反铲挖土机工作示意图及实物图分别如图 2-22、图 2-23 所示。

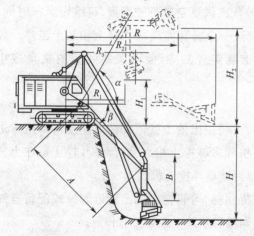

图 2-22 反铲挖土机工作示意图

图 2-23 反铲挖土机

(3)拉铲挖土机

拉铲挖土机土斗用钢丝绳悬吊在支杆上,卸土时斗齿朝下,适用于开挖一类至三类土,开挖较深较大的基坑(槽)沟渠,挖取水中泥土以及填筑路基、修筑堤坝等。因拉铲卸土时斗齿朝下,湿黏土也能卸净,因此最适于开挖含水率大的土方,但不能挖硬土。拉铲挖土机大多将土卸在基坑(槽)附近堆放,如配备自卸汽车运土,则工效较低。拉铲挖土机工作示意图及实物图分别如图 2-24、图 2-25 所示。

拉铲挖掘机的工作特点是"后退向下,自重切土"。拉铲挖土机挖土时,起重臂倾斜度应在45°以上,先挖两侧然后挖中间,分层进行,以保持边坡整齐,且距边坡的安全距离应不小于2m。

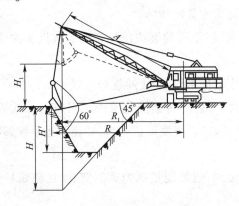

图2-24 拉铲挖土机工作示意图

图2-25 拉铲挖土机

(4)抓铲挖土机

抓铲挖土机土斗具有活瓣,用钢丝绳悬挂在支杆上。抓铲挖掘机只能开挖一类、二类土,其挖土特点是"直上直下,自重切土",挖掘能力较低。抓铲挖土机工作示意图及实物图分别如图2-26、图2-27所示。

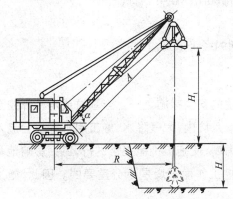

图2-26 抓铲挖土机工作示意图

图2-27 抓铲挖土机

(5)作业中的注意事项

①启动后,结合动力输出,应先使液压系统从低速到高速空载循环10~20min,无吸空等不正常噪声时工作有效。然后检查各仪表指示值,待运转正常后,再接合主离合器,进行空载运转。顺序操纵各工作机构并测试各制动器,确认正常后,方可作业。

②作业时,挖土机应保持水平,将行走机构制动住,并将履带或轮胎楔紧。

③遇较大的坚硬石块或障碍物时,应待清除后方可开挖,不得用铲斗破碎石块、冻土,或单边斗齿硬啃。

④作业时,应待机身停稳后再挖土。当铲斗未离开工作面时,不得作回转、行走等复合动作。回转制动时,应使用回转制动器,不得用反向回转作制动。

⑤作业时,各操作过程应平稳,不宜紧急制动。铲斗升降不得过猛,下降时,要避免碰撞车架或履带。

⑥斗臂在抬高及回转时,不得碰到洞壁、沟槽侧面或其他物体。

⑦向运土车辆装土时,宜降低铲斗,减小卸落高度,不得偏装或砸坏车厢。在汽车未停稳或铲斗需越过驾驶室而驾驶员未离开之前,不得装车。

⑧作业中,当液压缸伸缩将达到极限位置时,应动作平稳,防止冲撞极限块。

⑨机械运转后,禁止任何人站在铲斗中或铲臂上,且回转半径范围内不得有行人或障碍物。保养或检修挖掘及时,除检查发动机运行状态外,必须将发动机熄火,并将液压系统卸荷,铲斗落地。

⑩作业中,当需制动时,应将变速阀置于低速位置;当发现挖掘力突然变化,应停机检查,不允许在未查明原因前擅自调整分配阀压力。

(二)土方工程机械的选择

在实际施工中,土方工程机械主要依据以下几方面因素选择:

(1)基坑情况:几何尺寸大小、深浅、土质、有无地下水及开挖方式等。

(2)作业环境:占地范围,工程量大小,地上与地下障碍物等。

(3)季节情况:冬、雨期时间长短,冬期温度与雨期降水量等情况。

(4)机械配套与供应情况。

(5)施工工期长短以及选用土方机械所能达到的经济效益。

四、人工降低地下水位

施工排水和人工降低地下水位是配合基坑开挖的安全措施之一。当基坑或沟槽开挖至地下水位以下时,土的含水层被切断,地下水将不断渗入坑内,大气降水、施工用水等也会流入坑内。基坑或沟槽内的土被水浸泡后可能引起边坡坍塌,使施工不能正常进行,还会影响地基承载能力。所以,做好施工排水或降水工作,保持开挖工作面干燥是十分重要的。因此,施工前应进行降水与排水的设计。

防止地表水(雨水、施工用水、生活污水等)流入基坑,一般应充分利用现场地形地貌特征,采取在基坑周围设置排水沟、截水沟或修筑土堤等措施,并尽可能利用已有的排水设施。在基坑内采用明排水时,应设置排水沟和集水井。在基坑外降水时,应有降水范围的估算。对重要建筑物或公共设施,在降水过程中应进行监测。对不同的土质,应用不同的降水形式。降水系统施工完后,应试运转,如发现井管失效,应采取措施使其恢复正常,如无可能恢复则应报废,另行设置新的井管。降水系统运转过程中应随时检查观测孔中的水位。

基坑或沟槽降水通常有集水井降水法和井点降水法两种。无论采用何种方法,降水工作应持续到基础施工完毕并回填土后才能停止。

(一)集水井降水法

集水井降水法(见图2-28)是在基坑开挖过程中,沿坑底周围开挖排水沟,排水沟纵坡宜控制在 1‰~2‰,在坑底每隔一定距离设一个集水井,地下水通过排水沟流入集水井中,然后用水泵抽走。

集水井降水法是一种常用的简易降水方法,适用于面积较小、降水深度不大的基坑(槽)开挖工程。

(1)集水井设置

为防止基底土结构遭到破坏,在基坑开挖到接近地下水位时,沿坑底周围开挖有一定坡度的排水沟和设置一定数量的集水井。排水沟和集水井应设

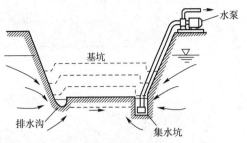

图2-28 集水井降水

置在建筑物基础底面范围以外、地下水走向的上游。根据基坑涌水量的大小、基坑平面形状和尺寸、水泵的抽水能力等确定集水井的数量和间距,一般每 20~40m 设置 1 个。

集水井的直径或宽度为 0.7~0.8m,坑的深度要始终保持低于挖土工作面 0.8~1.0m。集水井井壁用挡土板支护,井底铺碎石滤水层,以免抽水时泥沙堵塞水泵,并保证基底土结构不受扰动。

(2)水泵性能及选用

集水井降水法常用的水泵有离心泵和潜水泵。

(二)井点降水法

(1)原理与作用

当软土或土层中含有细砂、粉砂或淤泥层时,不宜采用集水井降水法,这是因为若在基坑中直接排水,地下水将产生自下而上或从边坡向基坑方向流动的动水压力,容易导致边坡塌方和产生"流砂现象",并使基底土结构遭受破坏,这种情况应考虑采用井点降水法。

井点降水是在基坑开挖前,预先在基坑四周以一定的距离埋入井点管至地下蓄水层内,在土方开挖过程中,利用抽水设备不断从井点管里抽出地下水,使地下水位降低到坑底以下,从而保证土方在干燥状态下施工。

井点降水在工程上有以下几方面的作用:

①防止挖方边坡受地下水流冲刷而引起塌方。

②使地下水位降低到坑底以下,使挖土工作面在施工中始终保持干燥状态。

③当采用板桩作为支护结构时,可减少由水压力产生的横向荷载。

④有效地防止了在细砂、粉砂土层中开挖土方时容易发生的"流砂现象"。

⑤降低地下水位可使土体固结,能使土层变得密实,增加了地基土的承载能力。

上述几点中,防治"流砂现象"是井点降水的主要目的。

采用集水井降水法开挖基坑时,当基坑开挖到地下水位以下时,有时坑底土会进入流动状态,随地下水流入基坑,这种现象称为"流砂现象"。

"流砂现象"的产生是水在土中渗流所产生的动水压力对土体作用的结果。流动中的地

下水对土颗粒产生的压力称为动水压力。动水压力的作用原理如图 2-29 所示。

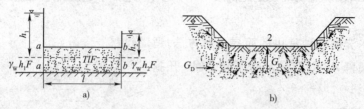

图 2-29　动水压力的作用原理

（2）分类及适用范围

降低地下水位的方法有轻型井点、喷射井点、电渗井点、管井井点、深井井点等，工程中可根据降水深度、土层渗透系数、技术设备条件等合理选用。

当渗透系数 $K<5\mathrm{m/d}$，且含水层不是碎石土类时，宜选用轻型井点装置；

当渗透系数 $K=5\sim20\mathrm{m/d}$ 时，可选用轻型井点或管井井点装置；

当渗透系数 $K>20\mathrm{m/d}$ 时，一般宜选用管井井点装置；

当渗透系数 $K<0.1\mathrm{m/d}$ 时，可在轻型井点的内侧增设一些电板，通入直流电，以加速地下水向井点管渗透，此法称为"电渗井点排水法"。

管井井点就是沿基坑每隔一定距离（20～50m）设置 1 个管井，每个管井单独用 1 台水泵不断抽水以降低地下水位。井内水位可降低 6～10m，适用于渗透系数较大、地下水量大的土层。

当降水深度较大，在管井内用一般水泵不能满足降水要求时，可改用深井泵，即"深井泵降水法"。它适用于土的渗透系数为 10～80m/d、降水深度大于 15m 的情况。

（三）轻型井点设备

轻型井点由管路系统和抽水设备两部分组成。管路系统由滤管、井点管、弯联管和总管组成。图 2-30 和图 2-31 分别为轻型井点降低地下水位示意图和施工图。

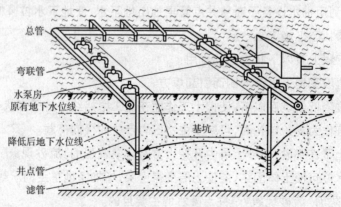

图 2-30　轻型井点降低地下水位示意图

滤管（见图 2-32）是轻型井点的进水装置，它的上端与井点管连接，长度通常为 1.0～1.2m，要求有良好的工作性能。滤管埋置于土的蓄水层中，地下水通过滤管吸入井点管并阻止泥沙进入管内；井点管是直径为 38mm 或 51mm、长度为 5～7m 的钢管，井点管上端通过弯联管与总管连接；总管是直径为 100～127mm 的无缝钢管，总管上布置有与弯联管连接的等间距短接头。

抽水设备由真空泵、离心泵和水汽分离器等组成。

图 2-31　轻型井点降低地下水位施工图

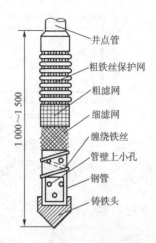

图 2-32　滤管（尺寸单位：mm）

（四）轻型井点布置

轻型井点的布置应根据基坑的平面形状及尺寸、基坑的深度、土质、地下水位的高低及流向、降水深度要求等确定。

轻型井点的布置分为平面布置和高程布置两个方面。

1. 平面布置

当基坑宽度小于 6m、降水深度不超过 5m 时，可采用单排线状井点（见图 2-33），布置在地下水上游一侧，两端延伸长度不小于基坑的宽度。

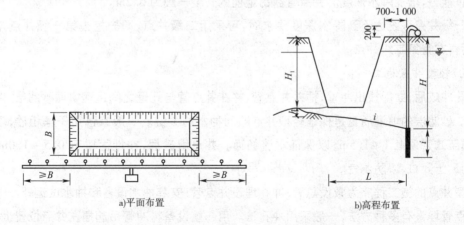

a）平面布置　　　　　　　　　b）高程布置

图 2-33　单排线状井点布置（尺寸单位：mm）

如宽度大于 6m 或土质不良时，则沿基坑两侧布置井点，即采用双排线状井点。当基坑面积较大时，采用环状井点布置（见图 2-34）。

为保证施工机械进出基坑方便,基坑地下水下游一侧不封闭。

井点管距基坑壁一般不小于1m,以防局部漏气。井点管的间距由计算或经验确定。在总管四角部位,井点管宜适当加密设置。

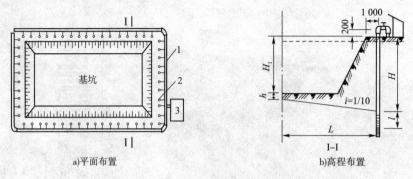

图 2-34　环状井点布置(尺寸单位:mm)

1-总管;2-井点;3-抽水设备

2. 高程布置

$$H \geqslant H_1 + h + iL \tag{2-21}$$

式中:H_1——井点管埋设面至基坑底面的距离(m);

　　　h——基坑底面至降低后的地下水位线的距离(m);

　　　i——水力坡度,单排井点取1/4,环状井点取1/10;

　　　L——井点管至基坑中心的水平距离(m)。

由上式算出的 H 值大于6m时,为了满足降水深度要求,应降低井点管管路系统的埋置面。事先挖槽降低埋置面标高,使管路系统安装在靠近原地下水位线甚至稍低于原地下水位线。此时,可设置明沟和集水井,排除事先挖槽所引起的渗水。然后再布置井点系统就能充分利用设备能力,增加降水深度。井点管露出地面的长度一般为0.2m。

当一级井点系统达不到降水深度要求时,可采用二级井点,即先挖去第一级井点排干的土,然后再布置第二级井点。

(五)轻型井点施工

井孔冲成后,立即拔出冲管,插入井点管,并在井点管与孔壁之间迅速填灌砂滤层,以防孔壁塌土。砂滤层的填灌质量是保证轻型井点顺利抽水的关键。一般宜选用干净粗砂,填灌均匀,并填至滤管顶上1~1.5m,以保证水流畅通。井点填砂后,在地面以下0.5~1.0m范围内,应用黏土封口,以防漏气。

轻型井点的施工程序为敷设总管、冲孔埋设井点管、安装抽水设备和抽水试运转。

井点管埋设有多种方法,一般采用冲孔法。用起重设备将冲管吊起插在井点位置上,然后开动高压水泵,将土冲松,冲管则边冲边沉。冲孔直径一般为300mm,以保证井管四周有一定厚度的砂滤层。冲孔深度宜比滤管底深0.5m左右,以防冲管拔出时,部分土颗粒沉于底部而触及滤管底部。井点管埋设完毕后,应接通总管与抽水设备进行试抽水,检查有无漏水、漏气,出水是否正常,有无淤塞等现象,如有异常情况,应检修好后方可使用。井点管使用时,应保证连续不断地抽水,并准备双电源,正常出水规律是"先大后小,先混后清"。

抽水时需要经常观测真空度以判断井点系统工作是否正常,真空度一般应不低于55.3~66.7kPa,并检查观测井中水位下降情况,如果有较多井点管发生堵塞影响降水效果时,应逐根用高压水反向冲洗或拔出重埋。井点降水工作结束后所留的井孔,必须用砂砾或黏土填实。

五、基坑(槽)施工要求

(一)基坑(基槽)开挖技术要求

基坑(槽)土方开挖时,主要注意以下几方面的问题:

(1)选择合理的施工机械、开挖顺序和开挖路线。
(2)土方开挖施工宜在干燥环境下作业。
(3)不宜在坑边堆置弃土或使用其他重型机械。
(4)应避免超挖。
(5)基坑开挖后,应及时做好坡面的防护工作。
(6)与原有基础保持一定距离。

(二)基坑(槽)验收

1. 检验内容

(1)核对基坑的位置、平面尺寸、坑底标高。
(2)核对基坑土质和地下水情况。
(3)核对地下物体及空洞的位置、深度、形状。

土方工程允许偏差项目见表2-5。

表2-5 土方工程允许偏差项目

项目	允许偏差(mm)					检查方法
	桩基基坑基槽管沟	挖方场地平整		排水沟	地(路)面基层	
		人工施工	机械施工			
标高	0~-50	±50	±100	0~-50	0~-50	用水准仪检查
长度宽度	>0	>0	>0	0~+100	—	用经纬仪、线和尺量检查
边坡偏陡	不应	不应	不应	不应	—	观察或用坡度尺检查
表面平整	—	—	—	—	20	用2m靠尺和楔形塞尺检查

2. 检验方法

直接观察法、轻型动力触探法。

3. 验槽目的

基槽(坑)挖至基底设计标高后,必须通知勘察、设计、监理、建设部门会同验槽,做好验槽记录,对柱基、墙角、承重墙等沉降敏感部位和受力较大的部位,应做出详细记录,如有异常部位,要会同设计等有关单位进行处理,经处理合格后签证,再进行基础工程施工。验槽是确保工程质量的关键程序之一,其目的在于检查地基是否与勘察设计资料相符合。

一般设计依据的地质勘察资料取自建筑物基础的有限几个点,无法反映钻孔之间的土质变化,只有在开挖后才能确切地了解。如果实际土质与设计地基土不符,则应由结构设计人员提出地基处理方案,处理后经有关单位签署后归档备查。

4. 验槽方法

验槽主要以施工经验观察为主,而对于基底以下的土层不可见部位,要辅以钎探、夯探配合共同完成。

(1) 观察验槽

主要观察基槽基底和侧壁土质情况、土层构成及其走向、是否有异常现象,以判断土层是否达到设计要求。观察内容主要为槽底土质、土的颜色、土的软硬和土的虚实情况。

(2) 钎探

在基槽底以下 2~3 倍基础宽度的深度范围内,土的变化和分布情况以及是否有空穴或软弱土层,需要用钎探查明。钎探是将一定长度的钢钎打入槽底以下的土层内,根据每打入一定深度的锤击次数,间接地判断地基土质的情况。打钎分人工和机械两种。

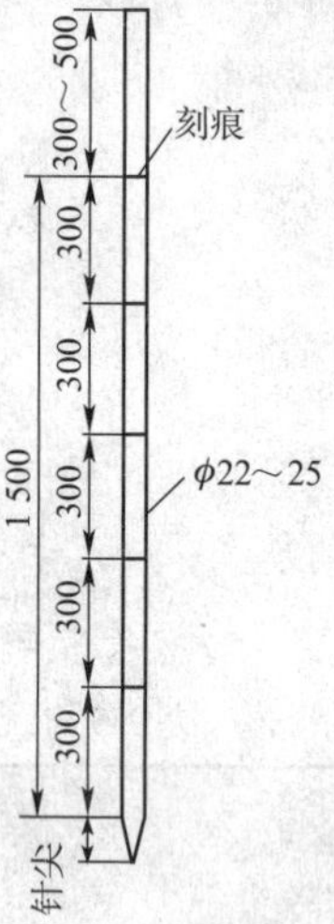

①钢钎规格和数量

人工打钎时,钢钎(见图 2-35)由直径 22~25mm 的钢筋制成,钎尖为 60°尖锥状,钎长为 1.8~2.0m。打钎用的锤重为 3.6~4.5lb[①],举锤高度约为 50~70cm。人工打钎时将钢钎垂直打入土中,并记录每打入土层 30cm 的锤击数。用打钎机打钎时,其锤重约为 10kg,锤的落距为 50cm,钢钎直径为 25mm,钎长为 1.8m。

②钎探记录和结果分析

先绘制基槽平面图,在图上根据要求确定钎探点的平面位置,钎探布置设计未规定时,可按表 2-6 执行,并依次编号制成钎探平面图。钎探时按钎探平面图标定的钎探点顺序进行,最后整理成钎探记录表。全部钎探完毕后,逐层分析研究钎探记录,逐点进行比较,将锤击数显著过多或过少的钎孔在钎探平面图上做上记号,然后再在该部位进行重点检查,如有异常情况,要认真进行处理。

图 2-35 钢钎
(尺寸单位:mm)

钎 探 排 列 表 表 2-6

槽 宽(mm)	排列方式	间 距(m)	深 度(m)
小于 800	中心一排	1.5	1.5
800~2 000	两排错开	1.5	1.5
大于 2 000	梅花形	1.5	2.0
柱基	梅花形	1.5~2.0	1.5(不短于短边)

---

① 1lb≈0.4536kg。

(3) 夯探

夯探较钎探更为简便,无需复杂的设备而是用铁夯或蛙式打夯机对基槽进行夯击,凭夯击时的声响来判断下卧后基槽的强弱或是否有土洞或暗墓。

(三) 土方工程冬期施工要求

冻土挖掘应根据冻土层的厚度和施工条件,采用机械、人工或爆破等方法进行,并应符合下列规定:

(1) 机械挖掘冻土可根据冻土层厚度按表 2-7 选用设备。

机械挖掘冻土设备选择表 表 2-7

冻土厚度(mm)	挖掘设备
<500	铲运机、挖掘机
500~1 000	松土机、挖掘机
1 000~1 500	重锤或重球

(2) 在挖方上边弃置冻土时,其弃土堆坡脚至挖方边缘的距离应为常温下规定的距离加上弃土堆的高度。

(3) 挖掘完毕的基槽(坑)应采取防止基底部受冻的措施,因故未能及时进行下道工序施工时,应在基槽(坑)底标高以上预留土层,并应覆盖保温材料。

(四) 土方开挖安全技术要求

(1) 施工前,应对施工区域内存在的各种障碍物,如建筑物、道路、沟渠、管线、防空洞、旧基础、坟墓、树木等,凡影响施工的均应拆除、清理或迁移,并在施工前妥善处理,确保施工安全。

(2) 大型土方和开挖较深的基坑工程,施工前要认真研究整个施工区域和施工场地内的工程地质和水文资料、邻近建筑物或构筑物的质量和分布状况、挖土和弃土要求、施工环境及气候条件等,编制专项施工组织设计(方案),制订有针对性的安全技术措施,严禁盲目施工。

(3) 山区施工时,应事先了解当地地形地貌、地质构造、地层岩性、水文地质等,如因土石方施工可能产生滑坡时,应采取可靠的安全技术措施。在陡峻山坡脚下施工,应事先检查山坡坡面情况,如有危岩、孤石、崩塌体、古滑坡体等不稳定迹象时,应妥善处理后才能施工。

(4) 施工机械进入施工现场所经过的道路、桥梁和卸车设备等,应事先做好检查和必要的加宽、加固工作。开工前,应做好施工场地内机械运行的道路,开辟适当的工作面,以便安全施工。

(5) 土方开挖前,应会同有关单位对附近已有建筑物或构筑物、道路、管线等进行检查和鉴定,对可能受开挖和降水影响的邻近建(构)筑物、管线,应制订相应的安全技术措施,并在整个施工期间,加强监测其沉降和位移、开裂等情况,如发现问题,应与设计或建设单位协商采取防护措施,并及时处理。

相邻基坑深浅不等时,一般应按先深后浅的顺序施工,否则应分析后施工的深坑对先施工的浅坑可能产生的危害,并应采取必要的保护措施。

(6)基坑开挖工程应验算边坡或基坑的稳定性,并注意由于土体内应力场变化和淤泥土的塑性流动而导致周围土体向基坑开挖方向位移,使基坑邻近建筑物等产生相应的位移和下沉。验算时应考虑地面堆载、地表积水和邻近建筑物的影响等不利因素,决定是否需要支护,以及选择何种支护形式。此外,在基坑开挖期间应加强监测。

(7)在饱和黏性土、粉土的施工现场,不得边打桩边开挖基坑,应待桩全部打完并间歇一段时间后再开挖,以免影响边坡或基坑的稳定性,并应防止开挖基坑可能引起的基坑内外的桩产生过大位移、倾斜或断裂。

(8)基坑开挖后,应及时修筑基础,不得长期暴露。基础施工完毕后,应抓紧基坑的回填工作。回填基坑时,必须事先清除基坑中不符合回填要求的杂物。在相对的两侧或四周同时均匀进行,并且分层夯实。

(9)基坑开挖深度超过9m(或地下室超过二层),或深度虽未超过9m,但地质条件和周围环境复杂时,在施工过程中要加强监测,施工方案必须由单位总工程师审定,报企业上一级主管。

(10)基坑深度超过14m、地下室为三层或三层以上,地质条件和周围环境特别复杂及工程影响重大时,有关设计和施工方案要由施工单位协同建设单位组织评审后,报市建设行政主管部门备案。

(11)夜间施工时,应合理安排施工项目,防止挖方超挖或铺填超厚。施工现场应根据需要安设照明设施,在危险地段应设置红灯警示。

(12)土方工程、基坑工程在施工过程中,如发现有文物、古迹遗址或化石等,应立即保护现场并报请有关部门处理。

(13)挖土方前对周围环境要认真检查,不能在危险岩石或建筑物下面进行作业。

(14)人工开挖时,两人操作间距应保持2~3m,并应自上而下挖掘,严禁采用掏洞挖掘的操作方法。

(15)上下坑沟应先挖好阶梯或设木梯,不应踩踏土壁及其支撑上下部位。

(16)用挖土机施工时,挖土机的工作范围内不得有人进行其他工作。多台机械开挖或挖土机间距大于10m时,挖土要自上而下,逐层进行,严禁先挖坡脚。

(17)基坑开挖应严格按要求放坡,操作时应随时注意边坡的稳定情况,如发现有裂纹或部分塌落现象,要及时进行支撑或改缓放坡,并注意支撑的稳固和边坡的变化。

(18)使用机械进行多台阶同时开挖土方时,应验算边坡的稳定,根据规定和验算结果确定挖土机离边坡的安全距离。

(19)深基坑四周设防护栏杆,人员上下要有专用爬梯。

案 例

地基验槽记录表的填写

工程名称：××××　　　　　　　　　　　　　　　　工程编号：2011-001

工程部位	B 楼	开挖时间	2011 年 3 月 28 日
验槽日期	2011 年 4 月 1 日	完成时间	2011 年 4 月 1 日
项次	项　　目	验　收　情　况	
1	地基形式（人工或天然）	天然地基	
2	持力层土质和地耐力	砂砾土、200kN/m^2	
3	地基土的均匀、密致程度	符合要求	
4	基底标高	-1.800m	
5	基槽轴线位移	符合施工规范规定	
6	基槽尺寸	满堂开挖（总长 38.3m、总宽 13m）	
7	地下水位标高及处理		
附图或说明	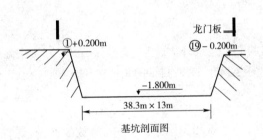 基坑剖面图			

施工单位意见： 　符合设计要求。 项目经理： 项目技术负责人： 施工单位（公章）： 　　　　　2011 年　月　日	监理单位意见： 　符合设计要求。 总监理工程师： 监理单位（公章）： 　　　　　2011 年　月　日	
勘察单位意见： 　该地基土质符合要求，同意封底。 项目负责人： 勘察单位（公章）： 　　　2011 年　月　日	设计单位意见： 　该地基土质符合要求，同意封底。 结构专业负责人： 设计单位（公章）： 　　　2011 年　月　日	建设单位意见： 　同意进入下道工序的施工。 项目负责人： 建设单位（公章）： 　　　2011 年　月　日

任务要求

练一练：

1. 土方边坡的大小主要与土质、（ ）、（ ）等有关。
2. 常见的土方施工机械有（ ）、（ ）、（ ）。

想一想：

1. 边坡塌方的原因有哪些？
2. 单斗挖土机有几种不同的铲斗类型，它们的工作特点是什么？

任务拓展

请同学们结合本书查阅资料，了解如何进行土方施工机械的选择。

任务三　学会基坑支护与地基加固

 知识准备

地基是指建筑物荷载作用下基底下方产生的变形不可忽略的那部分地层。作为支承建筑物荷载的地基，必须能防止强度破坏和失稳，同时，必须控制基础的沉降不超过地基的变形允许值。

一、土壁支撑

开挖基坑（槽）时，如地质和周围条件允许，可放坡开挖，这往往是比较经济的。但在建筑稠密地区施工，有时不允许按要求的放坡宽度开挖或为防止地下水渗入基坑，这就需要土壁支撑或板桩支撑土壁，以保证施工的顺利和安全，并减少对相邻已有建筑物的不利影响。

（一）横撑式支撑

开挖较窄的沟槽，多用横撑式土壁支撑。

根据挡土板的不同，横撑式土壁支撑分为水平挡土板和垂直挡土板两类。水平挡土板的布置又分为断续式和连续式两种。湿度小的黏性土挖土深度小于 3m 时，可用断续式水平挡土板支撑；对松散、湿度大的土可用连续式水平挡土板支撑，挖土深度可达 5m。对松散和湿度很高的土可用垂直式挡土板支撑，挖土深度不限。

图 2-36 为横撑式支撑，图 2-37 为水平挡土板施工。

支撑所受的荷载为土压力。土压力的分布不仅与土的性质、土坡高度有关，而且与支撑的变形也有关。由于支撑多为随挖、随铺、随撑，支撑构件的刚度不同，撑紧的程度又难以一致，故作用在支撑上的土压力不能按库仑理论或朗肯土压力理论计算。实测资料表明，作用在木板支撑上的土压力的分布很复杂，也很不规律。实用中，常按图 2-38 所示的几种简化图形进行计算。

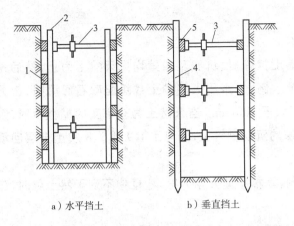

a) 水平挡土　　b) 垂直挡土

图 2-36　横撑式支撑

图 2-37　水平挡土板施工

1-水平挡土板；2-竖楞木；3-工具式支撑；4-竖直挡土板；5-横楞木

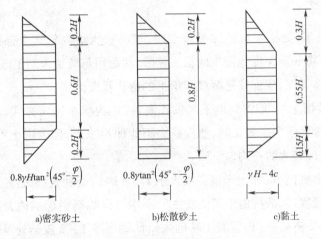

a) 密实砂土　　b) 松散砂土　　c) 黏土

图 2-38　支撑计算简图

（二）钢板桩

钢板桩是一种支护结构，既挡土又防水。当开挖的基坑较深，地下水位较高且有出现流砂危险时，如未采用降低地下水位的方法，则可用钢板桩打入土中，使地下水在土中渗流的路线延长，降低水力坡度，从而防止流砂产生。在靠近原有建筑物开挖基坑时，为了防止原建筑物基础的下沉，也应打设板桩支护。钢板桩在临时工程中可多次重复使用。

图 2-39 为钢板桩施工。

二、地基局部处理

在施工过程中，如发现地基土质过硬或过软而不符合设计要求，或发现有空洞、暗沟等存在，应本着使建筑物各部位沉降尽量趋于一致，以减小地基

图 2-39　钢板桩施工

不均匀沉降的原则进行局部处理。

(一)松土坑(填土、墓穴、淤泥等)处理

(1)若坑的范围较小,可将坑中松软虚土挖除,使坑底及四壁均见天然土为止,然后采用与坑边天然土层压缩性相近的材料回填。例如,当用天然砂土或级配砂石回填时,应分层夯实,或用平板振捣器振密,每层厚度不大于200mm。当天然土为较密实的黏性土时,则用3:7灰土分层回填夯实;如天然土为中密的沉积黏性土,则可用1:9或2:8灰土分层回填夯实。

(2)当坑的范围较大或因其他条件限制,基槽不能开挖太宽,槽壁挖不到天然土层时,应将该范围内的基槽适当加宽。

(3)若坑在槽内所占的范围较大(长度在5m以上),且坑底土质与一般槽底天然土质相同,也可将基础落深,做1:2踏步与两端相接,踏步多少根据坑深而定,但每步高不大于0.5m,长不小于1.0m。

(4)在单独基础下,如松土坑的深度较浅时,可将松土坑内松土全部挖除,将柱基落深。如松土坑较深时,可将一定深度范围内的松土挖除,然后用与坑边天然土压缩性相近的材料回填。至于换土的具体深度,应视柱基荷载和松土的密实程度而定。

(5)在以上几种情况中,如遇到地下水位较高,或坑内积水无法夯实时,亦可用砂石或混凝土代替灰土。寒冷地区冬季施工时,槽底换土不能使用冻土,因为冻土不易夯实,且解冻后强度会显著降低,造成较大的不均匀沉降。

对于较深的松土坑(如坑深大于槽宽或大于1.5m时),基底处理后,还应适当考虑是否需要加强上部结构的强度,以抵抗由于可能发生的不均匀沉降而引起的内力。常用的加强办法是在灰土基础上1~2皮砖处(或混凝土基础内)、防潮层下1~2皮砖处及首层顶板处各配置3~4根$\phi 8 \sim 12$钢筋。

(二)砖井或土井处理

(1)当砖井在基槽中间,井内填土已较密实时,则应将井的砖圈拆除至槽底以下1m(或更多些),在此拆除范围内用2:8或3:7灰土分层夯实至槽底。如井的直径大于1.5m时,则应适当考虑加强上部结构的强度,如在墙内配筋或做地基梁跨越砖井。

(2)若井在基础的转角处,除采用上述拆除回填办法处理外,还应对基础做加强处理。

①当井位于房屋转角处,而基础压在井上部分不多,并且井上部分所损失的承压面积上的基础压可由其余基槽承担而不引起过多的沉降时,则可采用在基础中挑梁的办法解决。

②当井位于墙的转角处,而基础压在井上的面积较大,且采用挑梁办法较困难或不经济时,则可将基础沿墙长方向向外延长出去,使延长部分落在老土上。落在老土上的基础总面积应等于井圈范围内原有基础的面积,然后在基础墙内再采用配筋或钢筋混凝土梁来加强。

(3)如井已回填,但不密实,甚至还是软土时,可用大块石将下面软土挤紧,再选用上述办法回填处理。若井内不能夯填密实时,则可在井的砖圈上加钢筋混凝土盖封口,上部再进行回填处理。

硬土(或硬物)挖除后,视具体情况回填土砂混合物或落深基础。

(三)橡皮土处理

当地基为黏性土,且含水量很大趋于饱和时,夯拍后会使地基土变成踩上去有一种颤动感觉的"橡皮土"。因此,如发现地基土含水量很大趋近于饱和时,要避免直接夯拍,这时可采用晾槽或掺石灰粉的办法降低土的含水量。如已出现橡皮土,可铺填一层碎砖或碎石将土挤紧,或将颤动部分的土挖除,填以砂土或级配砂石。

三、地基加固

(一)灰土垫层地基

灰土垫层是用石灰和黏性土拌和均匀,然后分层夯实而成。采用的体积配合比一般为2∶8 或 3∶7(石灰∶土),其承载能力可达300kPa。灰土垫层适用于一般黏性土地基加固,施工简单,取材方便,费用较低。图2-40为灰土垫层地基。

1. 材料要求

灰土的土料,可采用基槽挖出的土。凡有机质含量不大的黏性土都可用作灰土的土料。表面耕植土不宜采用。土料应过筛,粒径不宜大于15mm。

用作灰土的熟石灰应过筛,粒径不宜大于5mm,并不得夹有未熟化的生石灰块和含有过多的水分。

2. 施工要点

(1)施工前应验槽,将积水、淤泥清除干净,待干燥后再铺灰土。

图2-40 灰土垫层地基

(2)灰土施工时,应适当控制其含水率,以用手紧握土料成团,两指轻捏能碎为宜,如土料水分过多(或不足)时可以晾干(或洒水润湿)。灰土应拌和均匀,颜色一致,拌好后应及时铺好夯实。铺土应分层进行,厚度由槽(坑)壁预设标钎控制。

(3)每层灰土的夯打遍数应根据设计要求的干密度由现场试验确定,一般夯打(或碾压)不少于4遍。

(4)灰土分段施工时,不得在墙角、柱墩及承重窗间墙下接缝,上下相邻两层灰土的接缝间距不得小于0.5m,接缝处的灰土应充分夯实。当灰土垫层地基高度不同时,应做成阶梯形,每阶宽度不少于0.5m。

(5)在地下水位以下的基槽、坑内施工时,应采取排水措施,以确保无水状态下施工。入槽的灰土不得隔日夯打,夯实后的灰土3d内不得受水浸泡。

(6)灰土打完后,应及时进行基础施工,并及时回填土,否则要做临时遮盖,防止日晒雨淋。夯打完毕或尚未夯实的灰土,如遭受雨淋浸泡,则应将积水及松软灰土除去并补填夯实,受浸湿的灰土,应在晾干后再使用。

(7)冬季施工时,不得采用冻土或夹有冻土的土料,并应采取有效的防冻措施。

3.质量检查

可用环刀取样(见图2-41),并测定其干密度。质量标准可按压实系数 λ 鉴定,一般为 0.93～0.95。

(二)砂垫层地基

砂垫层和砂石垫层统称砂垫层。砂垫层是用夯(压)实的砂或砂石垫层替换基础下部一定厚度的软土层,以起到提高基础下地基承载力,减少沉降,加速软土层排水固结的作用。砂垫层一般适用于处理有一定透水性的黏性土地基,但不宜用于处理湿陷性黄土地基和不透水的黏性土地基,以免聚水而引起地基下沉和承载力降低。图2-42为砂垫层地基。

图2-41 环刀取样

图2-42 砂垫层地基

1.材料要求

砂垫层的材料,可采用(卵)石、石屑或其他工业废粒料。在缺少中、粗砂和砾砂地区,也可采用掺入一定数量的碎石或卵石砂料,其掺量按设计规定(含石量不应大于50%),不得含有草根、垃圾等有机杂物。砂垫层兼起排水固结作用时,含泥量不宜超过3%,大粒径不宜大于50mm。

2.施工要点

(1)施工前应验槽,先将浮土清除,基槽(坑)的边坡必须稳定,两侧如有孔洞、沟、井和墓穴等,应在未做垫层前加以处理。

(2)人工级配的砂、石材料,应按级配拌和均匀,再行铺填捣实。

(3)砂垫层和砂石垫层的底面宜铺设在同一标高上,如深度不同时,按先深后浅的程序进行。土面应挖成台阶或斜坡搭接,搭接处应注意捣实。

(4)分段施工时,接头处应做成斜坡,每层错开0.5～1.0m,并应充分捣实。

(5)采用碎石垫层时,为防止基坑底面的表层软土发生局部破坏,应先铺一层砂,然后再铺碎石垫层。

(6)垫层应分层铺垫,分层夯(压)实,每层的铺设厚度不宜超过表层厚度,可用样桩控制。

捣实注意不要扰动基坑底部和四侧的土,以免影响和降低地基强度。每铺好一层垫层,经密实度检验合格后方可进行上一层施工。

(7)冬季施工时,不得采用夹有冰块的砂石作垫层,并应采取措施防止砂石内水分冻结。

3. 质量检查

在捣实后的砂垫层中,用容积不小于 $200cm^2$ 的环刀取样,测定其干密度,以不小于试验所确定的该砂料在中密状态时的干密度数值为合格。

(三)重锤夯实法

重锤夯实法是利用起重机械将重锤提升到一定高度,自由下落,重复夯打击实地基。经过夯打以后,形成一层比较密实的硬壳层,从而提高地基强度。图 2-43 为重锤夯实地基。

重锤夯实法适用于处理各种黏性土、砂土、湿陷性黄土、杂填土和分层填土地基。采用该法时,拟加固土层必须高出地下水位 0.8m 以上,这是因为饱和土在瞬间冲击力的作用下,水不易排出很难夯实。另外,在夯实影响范围内有软土存在,或夯击对邻近建筑物有影响时,不宜采用此法。

重锤夯实采用的起重设备为带有摩擦式卷扬机的起重机。重锤可用 C20 钢筋混凝土制作,其底部可采用 20mm 厚钢板,以使重心降低。锤重不小于 1.5t。

重锤夯实的效果与锤重、锤底直径、落距、夯实遍数和土的含水率有关。重锤夯实的影响深度大致相当于锤底直径。重锤夯实的落距一般取 2.5m~4.5m,夯打遍数一般取 6~8 遍。随着夯打遍数的增加,土的每遍夯沉量逐渐减少。

图 2-43 重锤夯实地基

(四)强夯法

强夯法是利用起重设备将 8~40t 重的夯锤吊起,从 6~30m 的高处自由落下,对土体进行强力夯实的地基处理方法。强夯法属高能量夯击,是用巨大的冲击能,使土中出现冲击波和很大的应力,迫使土颗粒重新排列,排出孔隙中的气和水,从而提高地基强度,降低其压缩性,改善砂性土抵抗振动液化的能力。强夯法适用于碎石土、砂土、非饱和的黏性土、湿陷性黄土及杂填土地基的深层加固。地基经强夯加固后,承载能力可以提高 2~5 倍,其影响深度在 10m 以上。强夯法是一种效果好、速度快、节省材料、施工简便的地基加固方法。其缺点是施工时噪声和振动很大,离建筑物小于 10m 时,应挖防振沟,沟深要超过建筑物基础深。

图 2-44 为 12t 钢筋混凝土夯锤配筋图,图 2-45 为强夯地基施工。

强夯施工前,应查明场地范围内的地下构筑物和各种地下管线的位置及标高等,并采取必要的措施,以免它们因强夯施工而造成损坏。

强夯施工必须按试验确定的技术参数进行。以各个夯点的夯数为施工控制依据夯击时,夯锤应保持平稳,夯位准确,如错位或坑底倾斜过大,宜用砂土将坑底整平,之后才能进行下一次夯击,且最后一遍的场地平均夯沉量必须符合设计要求。雨天施工时,夯击坑内或夯击过的场地内积水必须及时排除。冬期施工时,首先应将冻土击碎,然后再按各点规定的夯击数施工。

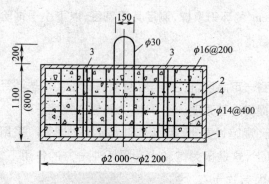

图 2-44　12t 钢筋混凝土夯锤(尺寸单位:mm)
1-钢底板;2-钢外壳;3-钢管;4-钢筋混凝土

图 2-45　强夯地基施工

案　　例

重锤夯实施工

1. 工艺流程(见图 2-46)

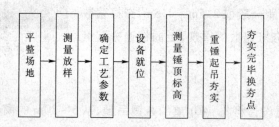

图 2-46　重锤夯实施工流程图

2. 施工过程

(1)夯实设备就位,使夯锤对准夯点位置。

(2)测量夯前锤顶标高。

(3)将夯锤起吊到预定高度,夯锤脱钩自由下落,完成一次夯击。若发现因坑底倾斜而造成夯锤歪斜时,应及时将坑底整平。

(4)按试夯确定的夯击次数及控制标准完成一个夯点的夯击。

(5)按从外向内一夯挨一夯顺序进行,换夯点,重复步骤(1)至(4),完成第一遍全部夯点的夯击。

(6)在规定的间隔时间后,按上述步骤逐次完成全部夯击遍数,最后用低能量满夯将表层松土夯实到设计要求。

3. 施工检测

(1) 对于砂类土、碎石类土,重锤夯实最后两遍的夯沉量不大于 0.5cm。

(2) 夯实面下 3m 深度范围内动力触探试验:中砾砂及碎石类土 $N_{63.5}$ 大于 10 击每 10cm。若夯实面下位于基床底层范围内时,压实系数及地基系数应满足基床底层的压实标准。

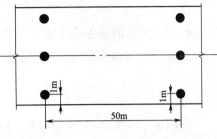

图 2-47　检测点布置示意图

(3) 检查数量:重锤夯实达到设计规定的遍数后,每 100m 等间距检查两个断面的 6 个点,如图 2-47 所示,每点左、中、右各一点,左右距路基边缘 1m。若未能达到规定的施工质量要求,则继续夯实,直至达到要求为止。

(4) 重锤夯实施工允许偏差应按表 2-8 要求控制。

重锤夯实施工允许偏差　　　　　　　　　　　表 2-8

序　号	项　目	允　许　偏　差
1	标高	±50mm
2	中线至边缘距离	±50mm
3	宽度	不小于设计值
4	横坡	±0.5%
5	平整度	填土 50mm,填石 100mm

4. 重锤夯实施工要求

(1) 重锤夯实前,应对起重机、滑轮组及脱钩器等进行全面检查,并进行试吊、试夯,一切正常后,方可重锤夯实。

(2) 重锤夯实施工产生的噪声不应大于《建筑施工场界噪声限值》(GB 12523—2011)的规定,重锤夯实场地与建筑物间应按设计要求采取隔振或防振措施。当重锤夯实施工所产生的振动对邻近建筑物或设备会产生有害影响时,应设置监测点,并采取挖隔振沟等隔振减振措施。一般在既有建筑 50m 范围内不宜采用重锤夯实措施。当桥台或涵洞附近需进行重锤夯实时,可先进行路基范围的重锤夯实后,再施工桥台、涵洞。

(3) 起吊夯锤保持匀速,不得高空长时间停留,严禁急升猛降,防锤脱落。停止作业时,将夯锤落至地面。夯锤起吊后,臂杆和夯锤下及附近 15m 范围内严禁站人。

(4) 建筑物附近 50m 范围内不宜采用重锤夯实措施。

(5) 干燥天气进行重锤夯实时,宜洒水降尘,当风力大于 5 级时,应停止重锤夯实作业,以防机械倾倒,保证安全。

任 务 要 求

练一练:

1. 灰土垫层施工结束后,不能马上施工基础,要对垫层进行遮盖,是为了防止( )。

2. 砂垫层和砂石垫层的底面宜铺设在同一标高上,如深度不同时,按(　　)的程序进行。土面应挖成(　　)或(　　)搭接,搭接处应注意捣实。

想一想:

1. 灰土垫层的施工操作要点有哪些?
2. 重锤夯实和强夯法的区别是什么?

任 务 拓 展

请同学们阅读资料、观看视频,了解土层锚杆、土钉墙、地下连续墙的施工工艺。

任务四　学会基础工程施工

知识准备

基础是指将建筑物荷载传递给地基的下部结构。在满足地基强度和稳定性要求的前提下,尽量采用相对埋深不大、只需普通的施工程序就可建造起来的基础类型,即称天然地基上的浅基础。地基不能满足强度和稳定性条件时,则应进行地基加固处理。在处理后的地基上建造的基础,即称人工地基上的浅基础。当上述地基基础形式均不能满足要求时,则应考虑借助特殊的施工手段,采用相对埋深大的基础形式,即深基础(常用桩基),以求把荷载更多地传到深部的坚实土层中去。

一、浅基础工程施工

(一)浅基础分类

浅基础按受力特点可分为刚性基础和柔性基础。用抗压强度较大,而抗弯、抗拉强度小的材料建造的基础,如砖、毛石、灰土、混凝土、三合土等基础均属于刚性基础。刚性基础的最大拉应力和剪应力必定在其变截面处,其值受基础台阶的宽高比影响很大。因此,对于刚性基础,控制台阶的宽高比(称刚性角)极为关键。用钢筋混凝土建造的基础叫作柔性基础。柔性基础的抗弯、抗拉、抗压的能力都很大,适用于地基土比较软弱,上部结构荷载较大的基础。

浅基础按构造形式分为单独基础、带形基础、交梁基础、筏板基础等。单独基础也称独立基础,多呈柱墩形,截面可做成阶梯形或锥形等。带形基础是指长度远大于其高度和宽度的基础,常见的是墙下条形基础,材料主要为砖、毛石、混凝土和钢筋混凝土等。

(二)浅基础施工

1. 砖基础施工

基槽(坑)开挖前,在建筑物的主要轴线部位设置龙门板,标明基础、墙身和轴线的位置。在挖土过程中,严禁碰撞或移动龙门板。

砖基础有带形基础和独立基础,基础下部扩大部分称为大放脚。大放脚有等高式(见

图 2-48a)和不等高式(见图 2-48b)。当地基承载力不小于 150kPa 时,采用等高式大放脚,即两皮一收,两边各收进 1/4 砖长;当地基承载力小于 150kPa 时,采用不等高式大放脚,即两皮一收与一皮一收相间隔,两边各收进 1/4 砖长。大放脚的底宽应根据计算而定,各层大放脚的宽度应为半砖长的整数倍。

砖基础若不在同一深度,则应先由底往上砌筑。在高低台阶接头处,下面台阶要砌一定长度实砌体,待砌到上面后与上面的砖一起退台。

砖基础的灰缝厚度为 8~12mm,一般为 10mm。砖基础接搓应留成斜搓,如因条件限制留成直搓时,应按规范要求设置拉结筋。砖基础内宽度超过 300mm 的预留孔洞,应砌筑平拱或设置过梁。

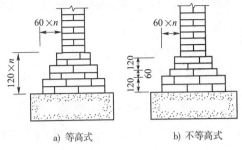

图 2-48 基础大放脚形式(尺寸单位:mm)

2. 毛石基础施工

毛石基础可用毛石或毛条石以铺浆法砌筑。灰缝厚度宜为 20~30mm,毛砂浆应饱满。毛石基础宜分皮卧砌,并应上下错缝,内外搭接,不得采用外面侧立石块、中间填心的砌筑方法。每日砌筑高度不宜超过 1.2m。在转角处及交接处应同时砌筑,如不能同时砌筑时,应留成斜搓。

毛石基础的断面形式有阶梯形(见图 2-49)和梯形。基础的顶面宽度比墙厚大 200mm,即每边宽出 100mm,每阶高度一般为 300~400mm,并至少砌二皮毛石。上阶梯的石块应至少压砌下级阶梯石块的 1/2。相邻阶梯的毛石应相互搭砌。砌第一层石块时,基底要坐浆,石块大面向下,基础的最上一层石块宜选用较大的毛石砌筑。基础的第一层及转角、交接以及洞口处选用较大的平毛石砌筑。毛石基础砌筑砂浆的强度等级应符合设计要求。

图 2-50 为毛石基础施工图。

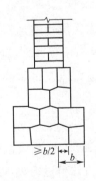

图 2-49 阶梯形毛石基础

图 2-50 毛石基础施工图

3. 混凝土和毛石混凝土基础施工

在浇筑混凝土基础时,应分层进行,并使用插入式振动器捣实。对阶梯形基础,每一阶高内应整分浇筑层。对于锥形基础,要逐步地随浇筑随安装其斜面部分的模板,并注意边角处混凝土的密实情况。独立基础应连续浇筑完毕,不能分数次浇筑。

为了节约水泥,在浇筑混凝土时,可投入25%左右的片石,这种基础称为片石混凝土基础。片石的最大粒径不超过150mm,也不超过结构截面最小尺寸的1/4。片石投放前应用水冲洗干净并晾干。投放时,应分层、均匀地投放,保证片石边缘包裹有足够的混凝土,并振捣密实。

当基坑(槽)深度超过2m时,不能直接倾落混凝土,应用溜槽将混凝土送入基坑。混凝土浇筑完毕终凝后,要进行覆盖和浇水养护。

二、桩基础工程施工概述

桩基础是一种既古老又现代的在高层建筑物和重要建筑物工程中被广泛采用的基础形式,如图2-51、图2-52所示。

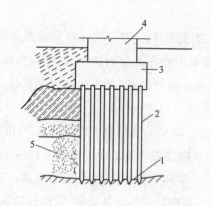

图2-51 桩基础示意图
1-持力层;2-桩;3-承台;4-上部建筑物;5-软弱层

图2-52 桩施工完成实物图

(一)桩基础作用

桩基础的作用是将上部结构较大的荷载通过桩穿过软弱土层传递到较深的坚硬土层上,以解决浅基础承载力不足和变形较大的地基问题。桩基础具有承载力高、沉降量小而均匀、沉降速率缓慢等特点。桩基础能承受垂直荷载、水平荷载、上拔力以及机器的振动或动力作用,已广泛用于房屋地基、桥梁、水利等工程中。

(二)桩基础分类

桩由桩身和承台组成。工程中的桩基础,往往由数根桩组成,桩顶设置承台,把各桩连成整体,并将上部结构的荷载均匀传递给桩。桩基础按不同的方法可进行如下分类。

1. 按承台位置的高低不同

(1)高承台桩基础——承台底面高于地面,受力和变形不同于低承台桩基础。一般应用在桥梁、码头工程中。

(2)低承台桩基础——承台底面低于地面,一般用于房屋建筑工程中。

2. 按承载性质不同

(1) 端承桩——穿过软弱土层并将建筑物的荷载通过桩传递到桩端坚硬土层或岩层上,桩侧较软弱土对桩身的摩擦作用很小,其摩擦力可忽略不计。

(2) 摩擦桩——沉入软弱土层一定深度,通过桩侧土的摩擦作用将上部荷载传递扩散于桩周围土中,桩端土也起一定的支承作用。

3. 按桩身的材料不同

(1) 钢筋混凝土桩——可以预制,也可以现浇。根据设计,桩的长度和截面尺寸可任意选择。

(2) 钢桩——常用的有直径 $250\sim1\,200\text{mm}$ 的钢管桩和宽翼工字形钢桩。钢桩的承载力较大,起吊、运输、沉桩、接桩都较方便,但消耗钢材多,造价高。

(3) 木桩——目前已很少使用,只在某些加固工程或能就地取材临时工程中使用。在地下水位以下时,木材有很好的耐久性,但在干湿交替的环境下,极易腐蚀。

(4) 砂石桩——主要用于地基加固,挤密土壤。

(5) 灰土桩——主要用于地基加固。

4. 按桩的使用功能不同

分为竖向抗压桩、竖向抗拔桩、水平荷载桩和复合受力桩。

5. 按桩直径大小不同

分为小直径桩($d \leqslant 250\text{mm}$)、中等直径桩($250\text{mm} < d < 800\text{mm}$)、大直径桩($d \geqslant 800\text{mm}$)。

6. 按成孔方法不同

分为非挤土桩、部分挤土桩和挤土桩。

7. 按制作工艺不同

(1) 预制桩——钢筋混凝土预制桩是在工厂或施工现场预制,用锤击打入、振动沉入等方法,使桩沉入地下。

(2) 灌注桩——又叫现浇桩,直接在设计桩位的地基上成孔,在孔内放置钢筋笼或不放钢筋,然后在孔内灌筑混凝土而成桩。与预制桩相比,可节省钢材,在持力层起伏不平时,桩长可根据实际情况设计。

8. 按截面形式不同

(1) 方形截面桩——制作、运输和堆放比较方便,截面边长一般为 $250\sim550\text{mm}$。

(2) 圆形空心桩——是用离心旋转法在工厂中预制,具有用料省、自重轻、表面积大等特点。

三、钢筋混凝土预制桩

(一)桩的种类

1. 钢筋混凝土实心方桩

如图 2-53 所示,钢筋混凝土实心桩的断面一般呈方形,桩身截面一般沿桩长不变。实心方桩截面尺寸一般为 200mm×200mm～600mm×600mm。

钢筋混凝土实心桩的优点是长度和截面可在一定范围内根据需要选择,由于在地面上预制,制作质量容易保证,承载能力高,耐久性好。因此,工程上应用较广。

钢筋混凝土实心桩由桩尖、桩身和桩头组成。钢筋混凝土实心桩所用混凝土强度等级不宜低于C30。采用静压法沉桩时,混凝土强度等级可适当降低,但不宜低于C20,预应力混凝土桩的混凝土强度等级不宜低于C40。

2. 钢筋混凝土管桩

如图2-54所示,混凝土管桩一般在预制厂用离心法生产。桩径有300mm、400mm、500mm等,每节长度8m、10m、12m不等。接桩时,接头数量不宜超过4个。混凝土管桩各节段之间的连接可以用角钢焊接或法兰螺栓连接。由于混凝土管桩用离心法成型,混凝土中多余的水分在离心力作用下甩出,故混凝土致密、强度高,能抵抗地下水和其他腐蚀。混凝土管桩应达到设计强度100%后方可运到现场打桩。堆放层数不超过3层,底层管桩边缘应用楔形木块塞紧,以防滚动。

图2-53 混凝土方桩

图2-54 混凝土管桩

(二)桩的制作、运输和堆放

1. 桩的制作

较短的桩一般在预制厂制作,较长的桩一般在施工现场附近露天预制。预制场地的地面要平整、夯实,并能防止浸水沉陷。预制桩叠浇预制时,桩与桩之间要做隔离层,以保证起吊时不互相黏结。叠浇层数应由地面允许荷载和施工要求而定,一般不超过4层,上层桩必须在下层桩的混凝土达到设计强度等级的30%以后,方可进行浇筑。

钢筋混凝土预制桩的钢筋骨架的主筋连接宜采用对焊方式。主筋接头配置在同一截面内的数量,当采用闪光对焊和电弧焊时,不得超过50%;同一根钢筋两个接头的距离应大于$30d$(d为钢筋直径),且不小于500mm。预制桩的混凝土浇筑工作,应由桩顶向桩尖连续浇筑,严禁中断,制作完成后,应洒水养护不少于7d。

制作完成的预制桩,应在每根桩上标明编号及制作日期,如设计不埋设吊环,则应标明绑扎点位置。

预制桩的几何尺寸允许偏差为:横截面边长±5mm;桩顶对角线之差10mm;混凝土保层

厚度±5mm;桩身弯曲矢高不大于0.1%桩长;桩尖(见图2-55)中心线10mm;桩顶面(见图2-56)平整度小于2mm。

图2-55 桩尖　　　　　　　　　　　　　图2-56 桩端

预制桩制作质量还应符合下列规定:

(1)桩的表面应平整、密实,掉角深度小于10mm,且局部蜂窝和掉角的缺损总面积不得超过该桩表面全部面积的0.5%,同时不得过分集中;

(2)由于混凝土收缩产生的裂缝,深度小于20mm,宽度小于0.25mm;横向裂缝长度不得超过边长的1/2。

图2-57为桩预制施工。

2. 桩的运输

钢筋混凝土预制桩应在混凝土达到设计强度等级的70%方可起吊,达到设计强度等级的100%才能运输和打桩。如提前吊运,必须采取措施并经过验算合格后才能进行。

起吊时,必须合理选择吊点,防止在起吊过程中过弯而损坏。当吊点少于或等于3个时,其位置按正负弯矩相等的原则计算确定。当吊点多于3个时,其位置按反力相等的原则计算确定。长20～30m的桩,一般采用3个吊点。

3. 桩的堆放

如图2-58所示,桩堆放时,地面必须平整、坚实,垫木间距应根据吊点确定,各层垫木应位于同一垂直线上,最下层垫木应适当加宽,堆放层数不宜超过4层,不同规格的桩应分别堆放。

图2-57 桩预制施工　　　　　　　　　　图2-58 桩堆放

（三）桩打入法施工

预制桩的打入法施工就是利用锤击的方法把桩打入地下，这是预制桩最常用的沉桩方法。

打桩机具主要包括打桩机及辅助设备。打桩机主要包括桩锤、桩架和动力装置三部分。

（1）桩锤

常见桩锤类型有落锤、单动汽锤、双动汽锤、液压锤（见图2-59）、柴油锤（见图2-60）等。

图2-59 液压锤

图2-60 柴油锤

①落锤：一般由生铁铸成，利用卷扬机提升，以脱钩装置或松开卷扬机刹车使其坠落到桩头上，逐渐将桩打入土中。落锤重量为5~20kN，构造简单，使用方便，故障少，适于在普通黏性土和含砾石较多的土层中打桩。落锤打桩速度较慢，效率低。

②单动汽锤：单动汽锤的冲击部分为汽缸，活塞固定于桩顶上，动力为蒸汽。单动汽锤具有落距小、冲击力大的优点，适用于打各种桩，但存在蒸汽没有被充分利用、软管磨损较快、软管与汽阀连接处易脱开等缺点。

③双动汽锤：双动汽锤的冲击部分为活塞，动力是蒸汽。双动汽锤具有活塞冲程短、冲击力大、打桩速度快、工作效率高等优点，适用于打各种桩，并可以用于拔桩和水下打桩。

④柴油锤：柴油锤是以柴油为燃料，利用柴油点燃爆炸时膨胀产生的压力，将锤抬起，然后自由落下冲击桩顶，同时汽缸中空气压缩，温度骤增，喷嘴喷油，柴油在汽缸内自行燃烧爆发，使汽缸上抛，落下时又击桩进入下一循环，如此反复循环进行，把桩打入土中。

（2）桩架

①桩架的作用是支持桩身和桩锤，将桩吊到打桩位置，并在打入过程中引导桩的方向，保证桩锤沿着所要求的方向冲击。

②选择桩架时,应考虑桩锤的类型、桩的长度和施工条件等因素。桩架的高度由桩的长度、桩锤高度、桩帽厚度及所用滑轮组的高度来确定。此外,还应留1~3m的高度作为桩锤的伸缩余地。

常用的桩架形式有以下三种:

滚筒式桩架:其行走靠两根钢滚筒在垫木上滚动,优点是结构比较简单、制作容易,但在平面转弯、掉头方面不够灵活,操作人员较多。滚筒式桩架适用于预制桩和灌注桩施工。

多功能桩架:如图2-61所示,多功能桩架的机动性和适应性很大,在水平方向可作360°旋转,导架可以伸缩和前后倾斜,底座下装有铁轮,底盘在轨道上行走。这种桩架可适用于各种预制桩和灌注桩施工。

履带式桩架:如图2-62所示,以履带起重机为底盘,增加导杆和斜撑,用以打桩。其优点是移动方便,比多功能桩架更灵活,可用于各种预制桩和灌注桩施工。

图2-61 多功能桩架

图2-62 履带式桩架

(3)动力装置

动力设备包括驱动桩锤用的动力设施,如卷扬机、锅炉、空气压缩机和管道、绳索和滑轮等。

(四)打桩前的准备工作及打桩

1.处理障碍物

打桩前应认真处理高空、地上和地下障碍物,如地下管线、旧有基础、树木杂草等。此外,打桩前应对现场周围的建筑物作全面检查,如有危房或危险构筑物,必须进行加固,否则打桩时的振动可造成其倒塌。

2.平整场地

在建筑物基线以外4~6m范围内的整个区域或桩机进出场地及移动路线上,场地应做适当平整压实,并做适当放坡,保证场地排水良好。否则地面高低不平,不仅使桩机移动困难,降低沉桩生产率,而且难以保证使就位后的桩机稳定和入土的桩身垂直,以致影响沉桩质量。

3. 材料、机具、水电准备

桩机进场后,按施工顺序铺设轨道,选定位置架设桩机和设备,接通水源、电源,进行试机,并移机至桩位,力求桩架平稳垂直。

4. 进行打桩试验

打桩试验又叫沉桩试验。沉桩前应做数量不少于 2 根桩的打桩工艺试验,用以了解桩的贯入度、持力层强度、桩的承载力以及施工过程中遇到的各种问题和反常情况等。

5. 确定打桩顺序

打桩时,由于桩对土体的挤密作用,先打入的桩被后打入的桩水平挤推而造成偏移和变位或被垂直挤拔造成浮桩,而后打入的桩难以达到设计标高或入土深度,造成土体隆起和挤压,截桩过大。所以,群桩施工时,为了保证质量和进度,防止周围建筑物破坏,打桩前根据桩的密集程度、桩的规格、长短以及桩架移动是否方便等因素来选择正确的打桩顺序。如图 2-63 所示,常用的打桩顺序一般有自两侧向中间打设、逐排打设、自中间向四周打设、自中间向两侧打设几种。

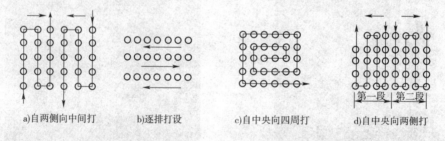

图 2-63 打桩顺序

6. 抄平放线,定桩位

7. 垫木、桩帽和送桩

桩锤与桩帽之间应放置垫木,以减轻桩锤对桩帽的直接冲击。在打桩时,若要使桩顶打入土中一定深度,则需设置送桩,如图 2-64 所示。送桩大多用钢材制作,其长度和截面尺寸应视需要而定。用送桩打桩时,待桩打至自然地面上 0.5m 左右,把送桩套在桩顶上,用桩锤击打送桩顶部,使桩顶没入土中。

8. 打桩

如图 2-65 所示,打桩开始时,应先采用小的落距(0.5~0.8m)作轻微锤击,使桩正常沉入土中约 1~2m 后,经检查桩尖不发生偏移,再逐渐增大落距至规定高度,继续锤击,直至把桩打到设计要求的深度。打桩宜采用"重锤低击"。

图2-64　安装送桩杆　　　　　　图2-65　打桩

（五）静力压桩施工

打桩机打桩施工噪声大，特别是在城市人口密集地区打桩，影响居民休息，为了减少噪声，可采用静力压桩。

静力压桩是在软弱土层中利用静压力将预制桩逐节压入土中的一种沉桩法。这种方法节约钢筋和混凝土，降低工程造价，而且施工时无噪声、无振动、无污染，对周围环境的干扰小，适用于软土地区、城市中心或建筑物密集处的桩基础工程，以及精密工厂的扩建工程。

静力压桩在一般情况下是分段预制、分段压入，逐段接长。每节桩长度取决于桩架高度，通常6m左右。接桩方法可采用焊接法、硫磺胶泥锚接法等。

图2-66为静力压桩施工。

（六）振动沉桩施工

振动沉桩是利用固定在桩顶部的振动器所产生的激振力，通过桩身使土颗粒受迫振动，使其改变排列组织，产生收缩和位移，这样桩表面与土层间的摩擦力会减少，桩在自重和振动力共同作用下沉入土中。

振动沉桩设备简单，不需要其他辅助设备，重量轻，体积小，搬运方便，费用低，工效高，适用于在黏土、松散砂土及黄土和软土中沉桩，更适合于打钢板桩，同时借助起重设备可以拔桩。

图2-67为振动沉桩施工。

图2-66　静力压桩施工　　　　　　图2-67　振动沉桩施工

(七)打桩中常见问题分析和处理

打桩施工常会发生打坏、打歪、打不下等问题,发生这些问题的原因是复杂的,有工艺和操作上的原因,有桩的制作质量上的原因,也有土层变化复杂等原因。因此,发生这些问题时,必须具体分析、具体处理,必要时,应与设计单位共同研究解决。

1. 桩顶、桩身被打坏

这个现象一般是桩顶四周和四角打坏,或者顶面被打碎,有时甚至将桩头钢筋网部分的混凝土全部打碎,几层钢筋网都露在外面;有的是桩身混凝土崩裂脱落,甚至桩身折断。发生这些问题的原因及处理方法如下:

(1)打桩时,桩的顶部由于直接受到冲击而产生很高的局部应力,因此桩顶配筋应作特别处理。

(2)桩身混凝土保护层太厚,直接受冲击的是素混凝土,因此容易剥落。主筋放的不正,是引起保护层过厚的原因,必须注意。

(3)桩的顶面与桩的轴线不垂直,则桩处于偏心受冲击状态,局部应力增大,极易损坏。

(4)桩处于下沉速度慢而施打时间长、锤击次数多或冲击能量过大的情况称为过打。遇到过打,应分析地质资料,判断土层情况,改善操作方法,采取有效措施解决。

(5)桩身混凝土强度不高。

2. 打歪

一方面,桩顶不平,桩身混凝土凸肚,桩尖偏心,接桩不正或土中有障碍物,都容易使桩打歪;另一方面,桩被打歪往往与操作有直接关系,例如桩初入土时,桩身就有歪斜,但未纠正即施打,就很容易把桩打歪。

3. 打不下

在城市内打桩,如初入土1~2m就打不下去,贯入度突然变小,桩锤严重回弹,则可能遇上旧的灰土或混凝土基础等障碍物,必要时应彻底清除或钻透后再打,或者将桩拔出,适当移位后再打。如桩已打入土中很深,突然打不下去,这可能有以下几种情况:

(1)桩顶或桩身已打坏。

(2)土层中央有较厚的砂层或其他硬土层,或者遇上钢渣、孤石等障碍。

4. 一桩打下,邻桩上升

这种现象多在软土中发生,即桩贯入土中时,由于桩身周围的土体受到急剧的挤压和扰动,而靠近地面的部分将在地表面隆起和作水平移动。若布桩较密,打桩顺序又欠合理时,一桩打下,将使邻桩上升,或将邻桩拉断,或引起周围土坡开裂、建筑物出现裂缝。

(八)打桩质量要求与验收

打桩质量评定包括两个方面:一是能否满足设计规定的贯入度或标高的要求;二是桩打入后的偏差是否在施工规范允许的范围内。

1. 贯入度或标高必须符合设计要求

桩端到达坚硬、硬塑的黏性土、碎石土、中密以上的粉土和砂土或风化岩等土层时,应以贯入度控制为主,以桩端进入持力层深度或桩尖标高控制作参考。若贯入度已达到设计要求而桩端标高未达到设计要求时,应继续锤击3阵,每阵10击的平均贯入度不应大于规定的数值;桩端位于其他软土层时,以桩端设计标高控制为主,以贯入度控制作参考。这里的贯入度是指最后贯入度,即施工中最后10击内桩的平均入土深度。贯入度是打桩质量标准的重要控制指标。

2. 平面位置或垂直度必须符合施工规范要求

桩打入后,桩位的允许偏差应符合《建筑地基基础工程施工质量验收规范》(GB 50202—2002)的规定。

3. 验收

基桩工程验收时应提交下列资料:

①工程地质勘察报告、桩基施工图、图纸会审纪要、设计变更单及材料代用通知单等。
②经审定的施工组织设计、施工方案及执行中的变更情况。
③桩位测量放线图,包括工程桩位线复核签证单。
④成桩质量检查报告。
⑤单桩承载力检测报告。
⑥基坑挖至设计标高的基桩竣工平面图及桩顶标高图。

(九)打桩施工时对临近建筑物的影响及预防措施

打桩对周围环境的影响除振动、噪声外,还有土体的变形、位移和形成超静孔隙水压力。这些影响使土体原来所处的平衡状态破坏,对周围原有的建筑物和地下设施带来不良影响,轻则使建筑物的粉刷脱落,墙体和地坪开裂;重则使圈梁和过梁变形,门窗启闭困难。这些影响还会使临近的地下管线破损和断裂,甚至中断使用,还能使临近的路基变形,影响交通安全等。如附近有生产车间和大型设备基础,这些影响亦可能使车间跨度发生变化、基础被推移,从而影响正常的生产。

总结多年来的施工经验,减少或预防沉桩对周围环境的有害影响,可采用钻孔打桩工艺、合理安排沉桩顺序、控制沉桩速率、挖防振沟等方法。

四、钢筋混凝土灌注桩

混凝土灌注桩是直接在施工现场的桩位上成孔,然后在孔内浇筑混凝土成桩。钢筋混凝土灌注桩还需在桩孔内安放钢筋笼后再浇筑混凝土成桩。

与预制桩相比较,灌注桩可节约钢材、木材和水泥,且施工工艺简单,成本较低;能根据持力层的起伏变化制成不同长度的桩,可按工程需要制作成大口径桩;施工时无需分节制作和接桩,减少了大量的运输和起吊工作量;施工时无振动,噪声小,对环境干扰较小。但其操作要求较严格,施工后需经历一定的养护期,不能立即承受荷载。

灌注桩按成孔方法分为泥浆护壁成孔灌注桩、沉管灌注桩、干作业成孔灌注桩、爆扩成孔灌注桩、人工挖孔灌注桩等。

（一）泥浆护壁成孔灌注桩施工

泥浆护壁成孔灌注桩是利用泥浆护壁，钻孔时通过循环泥浆将钻头切削下的土渣排出孔外而成孔，而后吊放钢筋笼，水下灌注混凝土而成桩。成孔方式有正(反)循环回转钻成孔、正(反)循环潜水钻成孔、冲击钻成孔、冲抓锥成孔、钻斗钻成孔等。

泥浆护壁成孔灌注桩施工工艺流程如下。

1. 测定桩位

平整清理好施工场地后，设置桩基轴线定位点和水准点，根据桩位平面布置施工图，定出每根桩的位置，并做好标志。施工前，桩位要检查复核，以防被外界因素影响而造成偏移。

2. 埋设护筒（见图2-68）

护筒的作用是固定桩孔位置，防止地面水流入，保护孔口，增高桩孔内水压力，防止塌孔，成孔时引导钻头方向。护筒用 4~8mm 厚钢板制成，内径比钻头直径大 100~200mm，顶面高出地面 0.4~0.6m，上部开 1~2 个溢浆孔。埋设护筒时，先挖去桩孔处表土，将护筒埋入土中。其埋设深度，在黏土中不宜小于1m，在砂土中不宜小于1.5m。其高度要满足孔内泥浆液面高度的要求，孔内泥浆面应保持高出地下水位1m以上。采用挖坑埋设时，坑的直径应比护筒外径大 0.8~1.0m。护筒中心与桩位中心线偏差不应大于50mm，对位后应在护筒外侧填入黏土并分层夯实。

3. 泥浆制备（见图2-69）

泥浆的作用是护壁、携砂排土、切土润滑、冷却钻头等，其中以护壁为主。泥浆制备方法应根据土质条件确定：在黏土和粉质黏土中成孔时，可注入清水，以原土造浆；在其他土层中成孔时，泥浆可选用高塑性的黏土制备。施工中应经常测定泥浆密度，并定期测定黏度、含砂率和胶体率。为了提高泥浆质量，可加入外掺料，如增重剂、增黏剂、分散剂等。

图2-68　埋设护筒

图2-69　泥浆制备

4. 成孔

（1）回转钻成孔

回转钻成孔是国内灌注桩施工中最常用的方法之一。按排渣方式不同分为正循环回转钻成孔和反循环回转钻成孔两种。

正循环回转钻成孔是由钻机回转装置带动钻杆和钻头回转切削破碎岩土,由泥浆泵往钻杆输进泥浆,泥浆沿孔壁上升,从孔口溢浆孔溢出流入泥浆池,经沉淀处理返回循环池的成孔方法。正循环成孔泥浆的上返速度低,携带土粒直径小,排渣能力差,岩土重复破碎现象严重,适用于填土、淤泥、黏土、粉土、砂土等地层,对于卵砾石含量不大于15%、粒径小于10mm的部分砂卵砾石层和软质基岩及较硬基岩也可使用。

图2-70为回旋钻机。

反循环回转钻成孔是由钻机回转装置带动钻杆和钻头回转切削破碎岩土,利用泵吸、气举、喷射等措施抽吸循环护壁泥浆,泥浆挟带钻渣从钻杆内腔抽吸出孔外的成孔方法。

(2)潜水钻成孔

潜水钻成孔同样使用泥浆护壁,其出渣方式也分为正循环和反循环两种。

潜水钻正循环是利用泥浆泵将泥浆压入空心钻杆并通过中空的电动机和钻头等射入孔底,然后携带着钻头切削下的钻渣在钻孔中上浮,由溢浆孔溢出并进入泥浆沉淀池,经沉淀处理后返回循环池。

潜水钻反循环有泵吸法、泵举法和气举法三种。若为气举法出渣,开孔时只能用正循环或泵吸式开孔,钻孔约有6~7m深时,才可改为反循环气举法出渣。反循环泵吸式用吸浆泵出渣时,吸浆泵可潜入泥浆下工作,因而出渣效率高。

图2-71为潜水钻机。

(3)冲击钻成孔

冲击钻成孔是用冲击钻机把带钻刃的重钻头提高,靠自由下落的冲击力来削切岩层,排出碎渣成孔。冲击钻机有钻杆式和钢丝绳式两种。

图2-72为步履式冲击钻机。

图2-70　回转钻机　　　图2-71　潜水钻机　　　图2-72　步履式冲击钻机

(4)抓孔

抓孔即用冲抓锥成孔机将冲抓锥斗提升到一定高度,锥斗内有压重铁块和活动抓片,松开卷扬机刹车时,抓片张开,钻头便以自由落体冲入土中。然后开动卷扬机提升钻头,这时抓片闭合抓土,冲抓锥整体被提升到地面上将土渣卸去,如此循环抓孔。该法成孔直径为450~600mm,成孔深度为10m左右,适用于有坚硬夹杂物的黏土、砂卵石土和碎石类土。

图2-73为全液压反循环钻机。

5. 清孔

当钻孔达到设计要求深度并经检查合格后,应立即进行清孔,其目的是清除孔底沉渣以减少桩基的沉降量,提高承载能力,确保桩基质量。清孔方法有真空吸泥渣法、射水抽渣法、换浆法和掏渣法。

6. 吊放钢筋笼

清孔后应立即安放钢筋笼、浇筑混凝土。钢筋笼一般都在工地制作,制作时要求主筋环向均匀布置,箍筋直径及间距、主筋保护层、加劲箍筋的间距等均应符合设计要求。分段制作的钢筋笼,其接头采用焊接连接且应符合施工及验收规范的规定。吊放钢筋笼时,应保持垂直、缓缓放入,防止碰撞孔壁。若造成塌孔或安放钢筋笼时间太长,应进行二次清孔后再浇筑混凝土。

7. 浇筑水下混凝土

泥浆护壁成孔灌注桩的水下混凝土浇筑常用导管法,混凝土强度等级不低于C20,坍落度为18~22cm。导管一般用无缝钢管制作,直径为200~300mm,每节长度为2~3m,最下一节为脚管,长度不小于4m,各节管用法兰盘和螺栓连接。

导管法浇筑水下混凝土如图2-74~图2-76所示。

图2-73 全液压反循环钻机

图2-74 安放导管

图2-75 浇筑混凝土

图2-76 提升导管

8. 常见工程质量事故及处理方法

泥浆护壁成孔灌注桩施工时常易发生孔壁坍塌、斜孔、孔底隔层、夹泥、流砂等工程问题，水下混凝土浇筑属隐蔽工程，一旦发生质量事故难以观察和补救，所以应严格遵守操作规程，在有经验的工程技术人员指导下认真施工，并做好隐蔽工程记录，以确保工程质量。

(1) 孔壁坍塌

孔壁坍塌是指成孔过程中孔壁土层不同程度坍落。其主要原因是提升、下落冲击锤、掏渣筒或钢筋骨架时碰撞护筒及孔壁；护筒周围未用黏土紧密填实，孔内泥浆液面下降，孔内水压降低等造成塌孔。塌孔处理方法：一是在孔壁坍塌段用石子黏土投填，重新开钻，并调整泥浆密度和液面高度；二是使用冲击孔机时，填入混合料后低锤密击，使孔壁坚固后再正常冲击。

(2) 偏孔

偏孔是指成孔过程中出现孔位偏移或孔身倾斜的现象。偏孔的主要原因是桩架不稳固，导杆不垂直或土层软硬不均。对于冲击成孔，则可能是由于导向不严格或遇到探头石及基岩倾斜所引起的。其处理方法为：将桩架重新安装牢固，使其平稳垂直；如孔的偏移过大，应填入石子黏土，重新成孔；如有探头石，可用取岩钻将其除去或低锤密击将石击碎；如遇基岩倾斜，可以在低处投入片石，再开钻或密打。

(3) 孔底隔层

孔底隔层是指孔底残留石渣过厚，孔脚涌进泥沙或塌壁泥土落底的现象。造成孔底隔层的主要原因是清孔不彻底、清孔后泥浆浓度减少或浇筑混凝土、安放钢筋骨架时碰撞孔壁造成塌孔落土。其主要防止方法为：做好清孔工作，注意泥浆浓度及孔内水位变化，施工时注意保护孔壁。

(4) 夹泥或软弱夹层

夹泥或软弱夹层是指桩身混凝土混进泥土或形成浮浆泡沫软弱夹层的现象。其形成的主要原因是浇筑混凝土时孔壁坍塌、导管口埋入混凝土高度太小、泥浆被喷翻或掺入混凝土中。防治措施是经常注意混凝土表面标高变化，注意导管下口埋入混凝土表面标高变化，保持导管下口埋入混凝土下的高度，并应在钢筋笼下放孔后4h内浇筑混凝土。

(5) 流砂

流砂是指成孔时发现大量流砂涌塞孔底的现象。流砂产生的原因是孔外水压力比孔内水压力大，孔壁土松散。流砂严重时可抛入碎砖石、黏土，用锤冲入流砂层，防止流砂涌入。

(二) 沉管灌注桩施工

如图 2-77 所示，沉管灌注桩又叫套管成孔灌注桩，是目前采用较为广泛的一种灌注桩。根据使用的桩锤和成桩工艺不同，沉管灌注桩分为锤击沉管灌注桩、振动沉管灌注桩、静

图 2-77　沉管灌注桩

压沉管灌注桩、振动冲击沉管灌注桩和沉管夯扩灌注桩等。

锤击沉管灌注桩的机械设备由桩管、桩锤、桩架、卷扬机滑轮组和行走机构组成。锤击沉管桩适用于一般黏性土、淤泥质土、砂土和人工填土地基，但不能在密实的砂砾石、漂石层中使用。它的施工程序一般为：定位埋设混凝土预制桩尖→桩机就位→锤击沉管→灌注混凝土→边拔管、边锤击、边继续灌注混凝土（中间吊放钢筋笼）→成桩。

施工时，用桩架吊起钢桩管，对准埋好的预制钢筋混凝土桩尖。桩管与桩尖连接处要垫以麻袋、草绳，以防地下水渗入管内。缓缓放下桩管，套入桩尖压进土中，桩管上端扣上桩帽，检查桩管与桩锤是否在同一垂直线上，桩管垂直度偏差小于或等于0.5%时即可锤击沉管。先用低锤轻击，观察无偏移后再正常施打，直至达到设计要求的沉桩标高，并检查管内无泥浆或进水后，即可浇筑混凝土。管内混凝土应尽量灌满，然后开始拔管。凡灌注桩配有不到孔底的钢筋笼时，第一次混凝土应先灌至笼底标高，然后放置钢筋笼，再灌混凝土至桩顶标高。第一次拔管高度应以能容纳第二次所需灌入的混凝土量为限，不宜拔得过高。在拔管过程中应用专用测锤或浮标检查混凝土面的下降情况。

（三）干作业成孔灌注桩施工

用钻机成孔，若无地下水或地下水很少，基本上不影响工程施工时，可采用干作业成孔灌注桩施工。它主要适用于北方地区和地下水位低的土层。

施工工艺流程：场地清理→测量放线定桩位→桩机就位→钻孔取土成孔→清除孔底沉渣→成孔质量检查验收→吊放钢筋笼→浇筑孔内混凝土。

在施工中干作业成孔一般采用螺旋钻成孔，还可采用机扩法扩底。图 2-78 为螺旋钻机示意图，图 2-79 为长螺旋钻机施工。

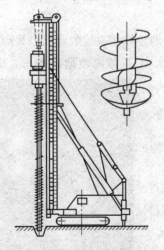
图 2-78 螺旋钻孔机示意图

图 2-79 长螺旋钻成孔施工

为了确保成桩后的质量，施工中应注意以下几点：

（1）开始钻孔时，应保持钻杆垂直、位置正确，防止因钻杆晃动引起孔径扩大而增多孔底虚土。

（2）发现钻杆摇晃、移动、偏斜或难以钻进时，应提钻检查，排除地下障碍物，防止桩孔偏斜和钻具损坏。

（3）钻进过程中，应随时清理孔口黏土，遇到地下水、塌孔、缩孔等异常情况时，应停止钻孔，并同有关单位研究处理。

（4）钻头进入硬土层时，易造成钻孔偏斜，可提起钻头上下反复扫钻几次，以便削去硬土。若纠正无效，可在孔中局部回填黏土至偏孔处 0.5m 以上，再重新钻进。

（5）成孔达到设计深度后，应保护好孔口，按规定验收，并做好施工记录。

（6）孔底虚土尽可能清除干净，可采用夯锤夯击孔底虚土或注入水泥浆进行压力处理，然后尽快吊放钢筋笼，并浇筑混凝土。混凝土应分层浇筑，每层高度不大于 1.5m。

（四）人工挖孔灌注桩施工

人工挖孔灌注桩是指桩孔采用人工挖掘方法进行成孔，然后安放钢筋笼，浇筑混凝土而成的桩。人工挖孔灌注桩结构上的特点是单桩的承载能力高，受力性能好，既能承受垂直荷载，又能承受水平荷载。人工挖孔灌注桩还具有机具设备简单，施工操作方便，占用施工场地小，无噪声，无振动，不污染环境，对周围建筑物影响小，施工质量可靠，可全面展开施工，工期缩短，造价低等优点，因此得到广泛应用。

人工挖孔灌注桩适用于土质较好，地下水位较低的黏土、亚黏土及含少量砂卵石的黏土层等地质条件，可用于高层建筑、公用建筑、水工结构（如泵站、桥墩）作桩基，起支承、抗滑、挡土之用，对软土、流砂及地下水位较高、涌水量大的土层不宜采用。

图 2-80 为人工挖孔桩施工，图 2-81 为人工挖孔桩防护。

图 2-80　人工挖孔桩施工　　　　图 2-81　人工挖孔桩防护

1. 人工挖孔桩的施工机具

（1）电动葫芦或手动卷扬机，提土桶及三脚支架。

（2）潜水泵：用于抽出孔中积水。

（3）鼓风机和输风管：用于向桩孔中强制送入新鲜空气。

（4）镐、锹、土筐等挖土工具，若遇坚硬土层或岩石还应配风镐等。

（5）照明灯、对讲机、电铃等。

人工挖孔桩的护壁常采用现浇混凝土护壁，也可采用钢护筒或采用沉井护壁等。

2. 人工挖孔桩的施工注意事项

(1) 桩孔开挖。当桩净距小于 2 倍桩径且小于 2.5m 时,应采用间隔开挖的施工方法。

(2) 每段挖土后,必须吊线检查中心线位置是否正确,桩孔中心线平面位置偏差不宜超过 50mm,桩的垂直度偏差不得超过 1%,桩径不得小于设计直径。

(3) 防止土壁坍塌及流砂。挖土如遇到松散或流砂土层时,可减少每段开挖深度或采用钢护筒、预制混凝土沉井等作护壁,待穿过此土层后再按一般方法施工。流砂现象严重时,应采用井点降水处理。

(4) 浇筑桩身混凝土时,应注意清孔和防止孔内积水,桩身混凝土应一次连续浇筑完毕,不留施工缝。为防止混凝土离析,宜采用串筒来浇筑混凝土,如果地下水穿过护壁且流入量较大而无法抽干时,则应采用导管法浇水下混凝土。

(5) 必须制订好安全措施。

① 施工人员进入孔内必须戴安全帽,孔内有人作业时,孔上必须有人监督防护。

② 孔内必须设置应急软爬梯供人员上下井;使用的电动葫芦、吊笼等应安全可靠并配有自动卡紧保险装置;不得用麻绳和尼龙绳吊挂或脚踏井壁凸缘上下;电动葫芦使用前必须检验其安全起吊能力。

③ 每日开工前必须检测井下的有毒、有害气体,并做好足够的安全防护措施。桩孔开挖深度超过 10m 时,应配备专门向井下送风的设备。

④ 护壁应高出地面 200~300mm,以防杂物滚入孔内;孔周围要设 0.8m 高的护栏。

⑤ 孔内照明要用 12V 以下的安全灯或安全矿灯;使用的电器必须有严格的接地、接零和漏电保护器(如潜水泵等)。

(五) 桩基工程的质量检查与安全、冬期施工技术

1. 质量检查

(1) 施工前检查进场的成品桩以及接桩用焊机、焊丝等材料的质量。进场桩体首先检查是否有出厂合格证和质量保证资料。

(2) 施工中检查桩的贯入情况、桩的压力、桩顶完整情况和焊接接桩质量,桩体垂直度偏差不大于 0.3%,电焊后停歇时间不小于 8min。对于重要工程,应对电焊接桩 10% 的接头做探伤检查。

(3) 钢筋混凝土预制桩质量标准:

① 桩的规格、型号、质量必须满足设计要求,符合规范及标准图的规定,并有出厂合格证明。桩强度应达到 100%,并有混凝土强度试验报告,且无断裂等情况。

② 桩的表面平整、密实。制作允许偏差应符合表 2-9 的规定。

③ 桩的外观质量应符合下列要求:

a. 桩的表面应平整、光滑。局部蜂窝、气孔或掉角的深度不超过 10mm,缺损的总面积应不超过该桩表面全部面积的 5%,且不得过分集中。

b. 桩表面的收缩裂缝：深度不大于 2mm，宽度不大于 0.25mm，横向裂缝长度不大于 1/2 边长，纵向裂缝长度不大于 2 倍边长。

c. 在桩顶和桩尖不得有蜂窝、麻面、裂缝和掉角，也不得在桩的表面或棱角处露筋。

桩的制作允许偏差　　　　　　　　表2-9

项　目	允许偏差(mm)	检验方法
横截面边长	±5	拉线或尺量
桩顶对角线之差	10	拉线或尺量
保护层厚度	±5	拉线或尺量
桩身弯曲矢高	不大于1%桩长且不大于20	拉线或尺量
桩尖中心线	10	拉线或尺量
桩顶平面对桩中心线的倾斜	≤3	用经纬仪或拉线和尺量

2. 安全技术措施

(1) 打桩前，应对邻近施工范围内的原有建筑物、地下管线等进行检查，对有影响的工程，应采取有效的加固防护措施或隔振措施，施工时加强观测，以确保施工安全。

(2) 打桩机行走道路必须平整、坚实，必要时宜铺设道砟，经压路机碾压密实。场地四周应挖排水沟以利排水，保证移动桩机时的安全。

(3) 打桩前应全面检查机械的各个部件及润滑情况以及钢丝绳是否完好，发现问题应及时解决。检查后要进行试运转，严禁带病作业。打桩机械设备应由专人操作，并经常检查机架部分有无脱焊和螺栓松动，注意机械的运转情况，加强机械的维护保养，以保证机械正常使用。

(4) 打桩机架安设应铺垫平稳、牢固。吊桩就位时，起吊要慢，并拉住溜绳，防止桩头冲击桩架，撞坏桩身。吊立后要加强检查，发现不安全情况，应及时处理。

(5) 在打桩过程中遇到地坪隆起或下陷时，应随时对机架及路轨进行调平或垫平。

(6) 现场操作人员要戴安全帽，高空作业佩戴安全带。高空检修桩机时，不得向下乱丢物件。

(7) 机械司机在打桩操作时，要精力集中，服从指挥信号，并应经常注意机械运转情况，发现异常情况，应立即检查处理，以防机械倾斜、倾倒等事故发生。

(8) 夜间施工，必须有足够的照明设施。雷雨天、大风、大雾天，应停止打桩作业。

(9) 场地面静压桩洞口及时用土方封堵密实，防止意外受害。

(10) 现场临时用电由专人负责，且必须符合施工现场临时用电安全技术规范的相关要求。

3. 冬期施工技术措施

(1) 冻土地基可采用干作业钻孔桩、挖孔灌注桩、沉管灌注桩或预制桩施工。

(2) 桩基施工时，当冻土层厚度超过500mm时，冻土层宜采用钻孔机引孔，引孔直径不宜大于桩径20mm。

(3) 钻孔机的钻头宜选用锥形钻头并镶焊合金刀片。钻进冻土时应加大钻杆对土层的压力,并应防止摆动偏位。钻成的桩孔应及时覆盖保护。

(4)预制桩施工前,桩表面应保持干燥与清洁。起吊前,钢丝绳索与桩基的夹具应采取防滑措施。沉桩施工应连续进行,施工完成后应采用保温材料覆盖于桩头上进行保温,接桩可采用焊接或机械连接。

(5)桩基静荷载试验前,应将试桩周围的冻土融化或挖除。试验期间,应对试桩周围地表土和锚桩梁支座进行保温。

案　例

旋挖钻钻孔灌注桩施工工艺

一、工程地质概况

本段地层主要为第四系冲积层、冲洪积层、海积层,一般以粉质黏土、黏土、粉土、粉砂、细砂类土为主,沿线河流密布,水利设施众多,地下水丰富,地下水类型为孔隙潜水,局部具承压性,地下水位埋深一般为 0.4~6.0m。钻孔灌注桩施工工艺要点和工艺要求如下:

(1)针对该段地质情况,专门定制高 5m、厚 10mm、直径 1.2m 的钢护筒。特制超高护筒,能有效防止孔口渗漏、坍塌以及周围环境振动,降低冲击对桩孔的影响。护筒内径尺寸较大,能贮存足够的泥浆,在钻杆提出桩孔时,可确保护筒内水压,维护孔壁泥皮的稳定,同时可有效避免钻头升降过程碰撞、刮拉护筒,保护孔口的稳固。护筒离地控制在 0.3m 左右,除保护孔口防止坍塌外,还用以防止表面水或地面漏浆以及杂物等滑落孔中。

(2)选用优质膨润土调制泥浆。为增加泥浆黏度和胶体率,可根据现场实际情况在泥浆中掺入适量的碳酸钠或烧碱等。

(3)钻孔施工过程中根据地质情况选择钻头形式和控制进尺速度。钻头提升过程中,回转斗的底盘斗门必须保证处于关闭状态,以防止回转斗内砂或黏土落入护壁泥浆中,破坏泥浆的配比。每个工作循环严格控制钻进尺度,避免埋钻事故。同时适当控制回转斗的提升速度,如果提升速度过快,泥浆在回转斗与孔壁之间高速流过,冲刷孔壁,破坏泥皮,对孔壁的稳定产生不利影响,容易引起坍塌。尤其是在软土地区和易出现缩孔或塌孔的地区,钻进过程中应每进尺控制在 30cm 左右,缓慢地提升钻头,能有效控制缩孔,预防塌孔。开钻前要求在护筒内存进适量泥浆,并调制足够数量的泥浆作储备。钻进过程中如泥浆有损耗、漏失,须及时、直接向孔中补充新浆。

(4)第一次清孔:终孔后,浆液沉淀 0.5h,用钻机进行初次清孔并经监理工程师检查沉渣厚度、孔径、孔深、垂直度合格后,撤钻机,安装钢筋笼和封孔导管,然后进行二次清孔。二次清孔:采用换浆法清孔,以灌注水下混凝土的导管作为管道,用泥浆泵向孔内压入优质泥浆,直至检验返上的新鲜泥浆各项指标达标,测量孔底沉渣厚度符合设计和规范规定(摩擦桩小于或等于 20cm)并经监理工程师检查同意后,安装大料斗,做好灌注水下混凝土准备。清孔过程中必须始终保持孔内原有水头高度。

(5)安装钢筋笼:钢筋笼在加工棚集中制作,钢筋笼制作好后,用平车运至各桩位,采用汽车吊起吊就位。为防止钢筋笼吊装运输过程中变形,每节端头、钢筋笼内环加强圈处用钢筋加焊防变形支撑,待钢筋笼起吊至孔口时,将支撑割除。钢筋笼在第一次清孔后下放,钢筋笼吊装入孔要准确,为防止钢筋骨架在浇筑混凝土时上浮,在钢筋笼上端均匀设置固定杆,支撑系统应对准中线,防止钢筋骨架的倾斜和移动。

(6)水下混凝土浇筑:成孔检测完毕之后,应在4h内用直径300mm钢导管灌注水下混凝土。混凝土采用拌和站集中拌和,罐车运输到位,水下混凝土要连续浇筑,中途不得停顿。混凝土灌注过程中,随时测量混凝土面的高度,正确计算导管埋入混凝土的深度,导管埋深保持在2~6m范围内。灌注首批混凝土时,导管下口至孔底的距离控制在30cm左右。桩顶标高控制:混凝土灌注后桩顶标高较设计桩顶标高应高0.5~1.0m。

二、施工中重点及难点控制

(1)桩尖沉淀厚度控制:为确保桩底沉淀厚度不超标,除要求泥浆性能好之外,施工过程还需控制不同地层的钻进速度,特别是进入粉砂层时,每次旋挖不能太多,以防止砂子从钻头顶口冒出进入泥浆。遇到特殊情况如混凝土不能及时灌注而导致沉淀超标,可以用吊车吊起钢筋笼,用旋挖钻将沉淀取出,再进行灌注。

(2)特殊地层的成孔措施:对容易缩径的地层,钻进时需放慢速度,每次进尺保证在30~40cm左右,反复扫孔,直至达标。

三、施工过程常见质量通病及防治

(一)塌孔

钻进过程中塌孔:如果是轻微塌孔,不影响正常钻进可以不处理;如果塌孔严重不能再继续钻进,则需要回填土待自然沉实,时机成熟后再钻进。

灌注过程中塌孔:在保证孔内水头的同时,应采用吸泥机吸出塌入孔中的泥土,如不再继续塌孔,可恢复灌注,如仍塌孔不止,则需要拔出导管钢筋笼,回填土待自然沉实,时机成熟后再钻进。

当旋挖钻在易塌孔地区作业时,首先要保证配制的泥浆各项指标均符合要求,另外在钻进过程中,尽量做到慢进尺,尽量避免钻进过程中钻头对孔壁的碰撞,避免破坏护壁泥皮,同时应避免钻头内钻渣掉入孔内破坏泥浆的配比。

(二)导管进水

首盘混凝土封底失败或者灌注过程中导管接头不密封会导致导管进水,此外,灌注过程中将导管拔脱也会导致导管进水。当封底失败时,应及时将导管、钢筋笼拔出,用旋挖钻将孔底混凝土掏出,重新安装钢筋笼、导管,清孔合格后重新灌注。导管接头不密封需要换合格导管灌注,换导管和导管拔脱都需要在继续灌注之前,用捞浆桶或者泥浆泵等将二次安装的导管内的泥浆清除干净,注意精确计算好导管埋深,确保再灌注工作的顺利。

灌注前,应检查好导管的密封性。安装导管时,要检查密封圈是否垫好,确保导管密封性良好。严格计算好首盘封底的混凝土方量,确保有足够的混凝土封底,灌注过程中准确测量导管埋深,避免导管拔脱。

(三)浮笼

在灌注过程中发现钢筋笼上浮时,应立即减缓灌注速度,在保证导管有足够埋深的情况下,快速提升导管,待钢筋笼回到设计标高位置时,再拆除导管。如导管埋深不够,不能拆除导管时,则将导管快速提升(注意不要将导管拔脱),然后再缓慢放下导管,如此反复多次,直至钢筋笼回到设计标高位置。为防止钢筋笼上浮,在钢筋笼安装好后将其固定在钢护筒上。其次,在灌注过程中应准确测量好混凝土顶面标高,当混凝土快进入钢筋笼时,应减缓灌注速度,并严格控制导管埋深。

(四)卡管

在混凝土灌注过程中,混凝土在导管中下不去,首先应借用吊车的吊绳抖动导管,或者安装附着式振捣器使导管中混凝土下落。以上方法均不起作用时,则应该将导管拔出,清理导管内堵塞的混凝土后重新安装导管,清理干净导管内的泥浆后重新灌注。灌注过程中要求严格控制好混凝土的和易性、坍落度,以避免卡管。

<h2 style="text-align:center">任 务 要 求</h2>

练一练:

1. 桩基础是由( )和( )共同组成。桩按荷载传递方式分为( )和( )。
2. 泥浆护壁成孔灌注桩成孔的主要施工过程包括测定桩位、( )、钻机就位、灌注泥浆、钻进和清孔。

想一想:

1. 端承桩和摩擦桩的质量控制以什么为主?
2. 人工挖孔灌注桩的特点及其预防孔壁坍塌的措施有哪些?

<h2 style="text-align:center">任 务 拓 展</h2>

请同学们结合本任务内容到图书馆或互联网查找资料、观看视频,编制砖基础施工方案。

任务五 学会土方回填与压实

 知识准备

一、回填土选择及施工

(1)为了保证填方工程在强度和稳定性方面的要求,必须正确选择回填土的种类和填筑方法。

(2)含有大量有机物的土、石膏或水溶性硫酸盐含量大于5%的土、冻结或液化状态的泥炭、黏土或粉状砂质黏土等,一般不能作填土使用。但在场地平整工程中,除修建房屋和构筑物的地基填土外,其余各部分填方所用的土,则不受此限制。

(3)填土时,应先清除基底的树根、积水、淤泥和有机杂物,分层进行填土,并尽量采用同类土填筑。分段填筑时,每层接缝处应做成斜坡形,交接处应填成阶梯形,每层互相搭接,其搭接长度应不少于每层填土厚度的2倍,上下层错缝距离不少于1m。

(4)填土必须具有一定的密实度,以避免建筑物的不均匀沉陷。

(5)如采用不同土填筑时,应将透水性较大的土层置于透水性较小的土层之下。

(6)填方土表面应做成适当的排水坡度,边坡不得用透水性较小的填料封闭。

(7)墙柱基回填应在相对两侧或四侧对称同时进行。两侧回填高差要控制在一定范围内,以免把墙挤歪。深浅两基坑(槽)相连,应先填夯深基础,填至浅基坑标高时,再与浅基坑一起填夯。

(8)在填土施工时,土的实际干密度大于或等于控制干密度时,则符合质量要求。

土的实际干密度可用"环刀法"测定,图2-82为环刀实物图。填前,应根据工程特点、填料种类、设计压实系数、施工条件等合理选择压实机具,并确定填料含水量控制范围、铺土厚度和压实遍数等参数。对于重要的填方工程或采用新型压实机具时,上述参数应通过填土压实试验确定。

图2-83为基础回填施工图。

图2-82 环刀

图2-83 基础回填

二、环刀法取样质量检查

土样取样数量,应依据现行国家标准及所属行业或地区现行标准执行。

用环刀法取样时,依据《建筑地基基础工程施工质量验收规范》(GB 50202—2002)和《建筑地基基础设计规范》(GB 50007—2011),在压实填土的过程中,应分层取样检验土的干密度和含水率。每50~100m²面积内应有1个检验点,根据检验结果求得压实系数。依据《建筑地基处理技术规范》(JGJ 79—2012),取土样检验垫层的质量时,对大基坑每50~100m²应不少于1个检验点;对基槽每10~20m应不少于1个点;每单独柱基应不少于1个点。

1. 整片垫层

(1)面积≤300m²时:环刀法每30~50m²布置1个,贯入法每10~15m²布置1个。

(2)面积>300m²时:环刀法每50~100m²布置1个,贯入法每20~30m²布置1个。

2.条形基础下垫层

(1)参照整片垫层要求。

(2)环刀法每20m至少布置1个;贯入法每5m至少布置1个。

3.单独基础下垫层

(1)参照整片垫层要求。

(2)每个单独基础下垫层不少于2个测点。

4.取样部位

取样时应使环刀在测点处垂直而下,并应在夯实层2/3处取样。

三、填土压实方法

（一）碾压法

碾压法是利用表面滚动的鼓筒或轮子的压力来压实土。一切拖动和自动的碾压机具如平滚碾、羊足碾和气胎碾等的工作都属于同一原理,主要用于大面积填土。

图2-84 平碾施工

1.平碾

平碾适用于碾压黏性和非黏性土。平碾又叫压路机,它是一种以内燃机为动力的自行式压路机,按碾轮的数目,有两轮两轴式和三轮两轴式。平碾的运行速度决定其生产率,在压实填方时,碾压速度不宜过快,一般碾压速度不超过2km/h。

图2-84为平碾施工图。

2.羊足碾

羊足碾与平碾不同,它在碾轮表面上装有许多羊蹄形的碾压凸脚,一般用拖拉机牵引作业。羊足碾有单桶和双桶之分,桶内根据要求可分为空桶、装水、装砂,以提高单位面积的压力,增加压实效果。羊足碾单位面积压力较大,压实效果、压实深度均较同重量的光面压路机高,但工作时羊足碾的羊蹄压入土中,又从土中拔出,致使上部土翻松,不宜用于无黏性土、砂及面层的压实。一般羊足碾适用于压实中等深度的粉质黏土、粉土、黄土等。

图2-85为羊足碾施工图,图2-86为羊足碾示意图。

（二）夯实法

夯实法是利用夯锤自由下落的冲击力来夯实土,主要用于小面积的回填土。夯实机具类型较多,有木夯、石夯、蛙式打夯机以及利用挖土机或起重机装上夯板后的夯土机等。其中,蛙式打夯机轻巧灵活,构造简单,在小型土方工程中应用最广。

夯实法的优点是可以夯实较厚的土层。采用重型夯土机(如1t以上的重锤)时,其夯实厚度可达1~1.5m。但对木夯、蛙式打夯机等夯土工具,其夯实厚度则较小,一般均在200mm以内。

图 2-85 羊足碾施工

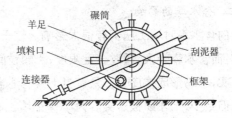
图 2-86 羊足碾

人力打夯前,应将填土初步整平,打夯要按一定方向进行,一夯压半夯,夯夯相接,行行相连,两遍纵横交叉,分层夯打。夯实基槽及地坪时,行夯路线应由四边开始,然后再夯向中间。

用蛙式打夯机等小型机具夯实时,一般填土厚度不宜大于25cm,打夯之前对填土应初步平整,打夯机应依次夯打,均匀分布,不留间隙。基(坑)槽回填应在两侧或四周同时进行回填与夯实。

图 2-87 为蛙式打夯机施工图。

(三)振动法

振动法是将重锤放在土层的表面或内部,借助于振动设备使重锤振动,土颗粒即发生相对位移达到紧密状态。此法用于振实非黏性土效果较好。图 2-88 为振动碾压机。

图 2-87 蛙式打夯机施工

图 2-88 振动碾压机

近年来,又将碾压和振动结合而设计和制造出振动平碾、振动凸块碾等新型压实机械。振动平碾适用于填料为爆破碎砟、碎石类土、杂填土或粉土的大型填方;振动凸块碾则适用于粉质黏土或黏土的大型填方。当压实爆破石砟或碎石类土时,可选用 8~15t 重的振动平碾,铺土厚度为 0.6~1.5m,宜先静压后振压,碾压遍数应由现场试验确定,一般为 6~8 遍。

四、影响填土压实质量的因素

(一)压实功的影响

填土压实后的密度与压实机械在其上所施加的功有一定的关系。土的密度与所消耗的功的关系如图 2-89 所示。当土的含水率一定,在开始压实时,土的密度急剧增加,待到接近土的最大密度时,压实功虽然增加许多,而土的密度则变化甚小。在实际施工中,砂土只需碾压2~

3遍,亚砂土只需碾压3~4遍,亚黏土或黏土只需碾压5~6遍。

(二)含水率的影响

土的含水率对填土压实有很大影响。较干燥的土,由于土颗粒之间的摩阻力大,填土不易被夯实;而含水率较大,超过一定限度,土颗粒间的空隙全部被水充填而呈饱和状态,填土也不易被压实,容易形成橡皮土。只有当土具有适当的含水率,土颗粒之间的摩阻力才会因水的润滑作用而减少,土才易被压实。为了保证填土在压实过程中具有最优的含水率(在一定的压实能量下使土最容易压实并能达到最大干密度时的含水率,见图2-90),当土过湿时,应予翻松晾晒或掺入同类干土及其他吸水性材料。当土料过干时,则应预先洒水湿润。土的含水率一般以手握成团、落地开花为宜。

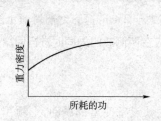

图2-89 土的密度与压实功的关系

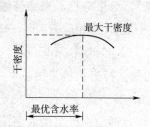

图2-90 土的干密度与含水率的关系

(三)铺土厚度的影响

土在压实功的作用下,其应力随深度增加而逐渐减少。在压实过程中,土的密实度也是表层大,而随深度加深而逐渐减少,超过一定深度后,虽经反复碾压,土的密实度仍与未压实前一样。各种不同压实机械的压实影响深度与土的性质、含水率有关,所以,填方分层铺土的厚度和遍数(见表2-10)应根据土质、压实的密实度要求和压实机械性能确定。

填方分层铺土的厚度和压实遍数　　　表2-10

压实机具	每层铺土厚度(mm)	每层压实遍数(mm)
平碾	200~300	6~8
羊足碾	200~350	8~16
蛙式打夯机	200~250	3~4
人工打夯	不大于200	3~4

注:1.碾压时,轮(夯)迹应相互搭接,防止漏压。
　　2.当用5t、8~10t、12t压路机碾压时,每层铺土厚度为0.25~0.4m,分别压实10~12、8~10、4~6遍。
　　3.当用60kW以下的履带式推土机辗压时,每层铺土0.2~0.3m,压实6~8遍。

五、冬期填土施工

(1)土方回填时,每层铺土厚度应比常温施工时减少20%~25%,预留沉陷量应比常温施工时增加。对有大面积回填土和有路面的路基及其人行道范围内的平整场地进行填方时,可采用含有冻土块的土回填,但冻土块的粒径不得大于150mm,其含量不得超过30%。铺填时,冻土块应分散开,并应逐层夯实。

(2)冬季施工应在填方前清除基底上的冰雪和保温材料,填方上层部位应采用未冻的土方或透水性好的土方回填,其厚度应符合设计要求。填方边坡的表层1m以内,不得采用冻土块的土填筑。

(3)室外基槽(坑)或管沟可采用含有冻土块的土回填,冻土块粒径不得大于150mm,含量不得超过15%,且应均匀分布。管沟底以上500mm范围内不得用含有冻土块的土回填。

(4)室内基槽(坑)或管沟不得采用含有冻土块的土回填,施工应连续进行并应夯实。当采用人工夯实时,每层铺土厚度不应超过200mm,夯实厚度宜为100~150mm。

(5)室内地面垫层下回填的土方,填料中不得含有冻土块,并应及时夯实。填方完成后至地面施工前,应采用防冻措施。

案 例
回填土施工

一、工程概况

本工程是长封15号地块——S2商业楼独立基础大开挖,按设计要求工程填土采用素土回填。由于独立柱做好后回填,故只能用铲运机配合自卸车将土运至基坑边进行人工铺填,再用蛙式打夯机夯实。

二、工作准备

(1)用作回填土的土料应保证填方的强度和稳定性。土的粒径不大于50mm,含水率要适当,不能用耕植土及含有大量有机物的土。

(2)准备4台蛙式打夯机、1台铲运机、4台自卸车。

三、施工工艺

(1)施工工艺流程:清理基底→原土打夯→四周定水平桩→铺填→夯实→取样化验。

(2)施工操作要点:同教材。

四、质量要求

(1)每层虚铺厚度根据试验报告的密实度确定。

(2)应分层夯实找平,并打上每层虚铺厚度控制桩,铺平后进行夯实。

(3)用蛙式打夯机夯实后取样、检验,合格后再接着进行铺填。

(4)如个别地方出现橡皮土,随时将部分土挖去重新换土夯实。

(5)如遇特殊情况需要错开交替施工,接槎错开0.5m。

五、安全要求

(1)工人操作时要有电工随时检查线路,以避免操作不当造成电线被夯打断的事故发生。

(2)机械运土要与基坑保持一定的安全距离,并要有专人指挥。

任 务 要 求

练一练:

1. 填土压实的方法有( )、( )、( )三种。
2. 填土压实影响因素有( )、( )、( )。

想一想:

1. 如何选择回填土的土料?
2. 土的含水率对回填土施工有什么样的影响?

任 务 拓 展

请同学们查找、阅读相关资料,总结回填土施工如何进行质量控制及检查。

任务六 学习地下连续墙施工

 知识准备

地下连续墙开挖技术起源于欧洲,它是根据打井和石油钻井使用泥浆和水下浇筑混凝土的方法而发展起来的。1950年在意大利米兰首次采用了护壁泥浆地下连续墙施工。20世纪50~60年代,该项技术在西方发达国家及前苏联得到推广,成为地下工程和深基础施工中有效的技术。1958年我国水电部门首先在青岛丹子口水库用此技术修建了水坝防渗墙。近年来,地下连续墙开挖技术在我国地下工程和基础工程施工中应用也比较广泛,如在北京王府井宾馆、上海国际贸易中心大厦、上海金茂大厦等高层建筑的基础施工中都采用了地下连续墙开挖技术。

一、地下连续墙的施工工艺原理和适用范围

1. 地下连续墙的施工工艺原理

原理:在工程开挖土方之前,在泥浆护壁的情况下,用特制的挖槽机械每次开挖一定长度(一个单元槽段)的沟槽,待开挖至设计深度并清除沉淀下来的泥渣后,把地面上加工好的钢筋骨架(一般称为钢筋笼)用起重机械吊放入充满泥浆的沟槽内,用导管向沟槽内浇筑混凝土。混凝土由沟槽底部开始逐渐向上浇筑,并将泥浆置换出来,待混凝土浇至设计标高后,一个单元槽段即施工完毕。各个单元槽段之间由特制的接头连接,形成连续的地下钢筋混凝土墙,既可挡土又可防水,为地下工程施工提供条件。地下连续墙也可以作为建筑的外墙承重结构,两墙合一,大大提高了施工的经济效益。

2. 地下连续墙的适用范围

地下连续墙主要适用于下列三种情况:

(1) 处于软弱地基的深大基坑,周围又有密集的建筑群或重要地下管线,对周围地面沉降和建筑物沉降要求需严格限制时;

(2) 围护结构亦作为主体结构的一部分,且对抗渗有较严格要求时;

(3) 采用逆作法施工,地上和地下同步施工时。

二、地下连续墙的施工

(一)地下连续墙的施工工艺过程

我国建筑工程中应用最多的是现浇的钢筋混凝土板式地下连续墙,用作主体结构的一部分同时又兼作临时挡土墙的地下连续墙和纯为临时挡土墙,在水利工程中用作防渗墙的地下连续墙和作为临时挡土墙。其施工工艺过程如图2-91所示,其中导墙制作、泥浆制备、深槽挖掘、钢筋笼制作、钢筋笼吊装以及混凝土浇筑,是地下连续墙施工中的主要工序。

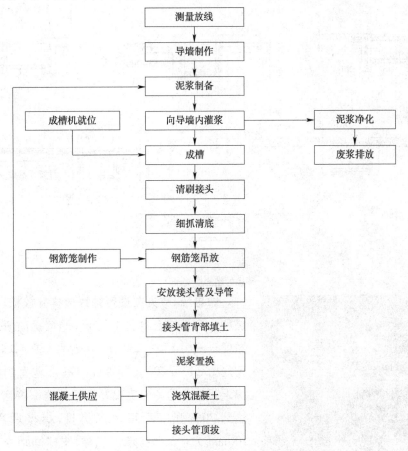

图 2-91 地下连续墙的施工工艺过程

1. 导墙制作

导墙是地下连续墙挖槽之前修筑的临时结构,对挖槽起重要作用,导墙规定了沟槽的位置,表明了单元槽段的划分,同时也作为测量挖槽标高、垂直度和精度的基准。导墙是挖墙机械的支承,又是钢筋笼、接头管等搁置的支点,有时还承受其他施工设备的荷载。导墙可存蓄泥浆,稳定槽内泥浆液面。

导墙一般为现浇的钢筋混凝土结构,也有钢制的或预制钢筋混凝土的装配式结构,它可重复使用。导墙必须有足够的强度、刚度和精度,必须满足挖掘机械的施工要求。现浇钢筋混凝土导墙的施工顺序为:平整场地→测量定位→挖掘及处理弃土→绑扎钢筋→支模板→浇筑混凝土→拆模并设置横撑→导墙外侧回填土并碾压(如无外侧模板不进行此项工作)。图2-92为常见导墙的结构形式。

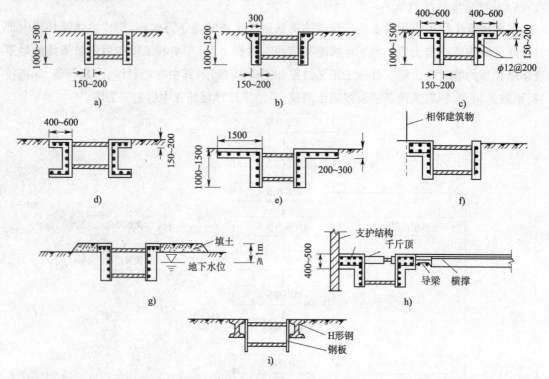

图2-92 导墙的结构形式(尺寸单位:mm)

图2-93 导墙施工图

做导墙,首先要进行轴线放样并校核,然后采用机械和人工相结合的方式挖土,严禁扰动原土。导墙的厚度一般为150~200mm,深度为1.0~2.0m。导墙的配筋为$\phi12@200$。导墙面应高出地面约100mm。浇捣混凝土两边均匀浇捣并用振捣器振捣密实。混凝土达到70%强度后可考虑拆模,拆模后用100mm×100mm方木及时在墙间加撑,支撑间距为2m,上下两道。在养护期间,重型机械不得在导墙附近作业行走,防止导墙向槽内挤压。导墙混凝土强度等级为C20。图2-93为导墙施工图。

导墙和连续墙的中心线必须保持一致,竖向面必须保持垂直,它是保证连续墙垂直精度的重要环节。具体要求见表2-11。

导墙制作要求　　　　　　　　　　　　　　表2-11

项　目	允许偏差	使用仪器	项　目	允许偏差	使用仪器
导墙侧面垂直度	<5mm		导墙内净宽	设计宽度±10mm	直尺
轴线偏差	±10mm	经纬仪	垂直度	<1/150	直尺
墙顶标高偏差	<5mm	水准仪			

2. 泥浆制备

地下连续墙成槽过程中,为保持开挖沟槽土壁的稳定,要不间断地向槽中供给优质的稳定液——泥浆。泥浆选用和管理的好坏,将直接影响到连续墙的工程质量。常用泥浆由膨润土、水和一些化学稳定剂组成。

泥浆在搅拌池搅拌均匀后泵入储浆池储存,新浆需稳定24小时才能使用。具体配合比视施工实际情况作相应调整。新拌泥浆每隔24小时测试其性能,根据情况随时调整,回收泥浆应做到每池检测。

(1) 泥浆储存

泥浆储存采用自制铁皮箱进行储存。

(2) 泥浆循环

泥浆循环采用4寸泵输送和回收,由泥浆泵和软管组成泥浆循环管路。回收的泥浆要检测其性能,对指标优良的泵回储浆池,待下一槽段重复使用。

(3) 泥浆的分离和净化

在地下墙施工过程中,泥浆会受到污染而变质,因此,泥浆使用一个循环后,要到泥浆进行分离净化,尽可能地提高泥浆的重复利用率。

泥浆循环流程如下:

新浆 → 储浆池 → 施工槽段 → 回浆池 → 调整 → 储浆池

　　　　　　　　　　　　　　　　└→ 无法调整 → 废浆池

(4) 废浆处理

废浆是指浇灌混凝土过程中,同混凝土接触,受水泥污染而变质的劣化泥浆,以及经过多次重复使用,黏度和比重已超标却难以分离净化使其降低指标的超标泥浆。

在通常情况下,先用泵将废浆泵入废浆池暂时收存,再用废浆车将其装车外运废弃。废浆报废指标见表2-12。

废浆报废指标　　　　　　　　　　　　　　表2-12

检测项目	单　位	范　围	检测项目	单　位	范　围
黏度	s	>30	PH值		>12
比重	g/cm³	>1.20			

3. 挖深槽

(1) 单元槽段划分

一般情况下,地下连续墙都不是一次就能做成的,而是把它分隔成很多不同长度的施工段,用1台或是多台挖槽机,按不同的施工顺序,分段建成。而且一个槽段,也是用1台挖槽机分几次开挖出来的,每次完成的工作量叫做一个单元,它的长度就叫单元长度。通常,使用抓斗时,它的单元长度就是抓斗斗齿开度(2~3m),习惯上把这种抓斗单元叫做"一抓",通常一个槽段由2~3抓组成。一般来说,加大槽孔长度,可以减少结构数量,提高墙体的整体防渗性和连续性,还可以提高工作效率,但是泥浆和混凝土用量以及钢筋笼重量也随之增加,给泥浆和混凝土的生产、供应、钢筋笼的吊装带来困难,所以必须根据设计、施工和地质条件等,综合考虑后确定槽孔长度。

一般情况下,一个单元槽段长度内的全部混凝土,宜在4h内浇筑完毕,所以,单元槽段长度为:4h内混凝土的最大供应量(m^3) ÷ 墙宽 × 墙身。

(2) 挖槽机械

地下连续墙施工用的挖槽机械,是在地面上操作,穿过水泥浆向地下深处开挖一条预定断面深槽(孔)的工程施工机械,应根据成槽地点的工程地质、水文地质情况、施工环境,设备能力,地下墙的结构、尺寸以及质量要求等条件进行选用。目前国内还没有能适用于各种情况下的万能挖槽机械,因此需根据不同的地质条件和工程要求,选用合适的挖槽机械,国内外常用的挖槽机械,按其工作原理分为挖斗式、冲击式和回转钻头式三大类,每一类又分为多种,我国使用最多的是吊索式蚌式抓斗、导杆式蚌式抓斗、多头钻和冲击式挖槽机。

(3) 挖槽

挖槽前,应预先将地下墙划分为若干个施工槽段。槽段平面形状常有一字形、L形(拐角处)、T形(与柱子相接处)等。有拐角的单元槽段,其拐角应不小于90°。槽段的长短应根据设计要求、土层性质、地下水情况、钢筋笼的轻重大小及设备起吊能力、混凝土供应能力等条件确定,其一般为3~6m。

地下墙槽段间应跳挖,宜相隔1~2段跳段进行;同一槽段内槽底开挖的深度宜一致,同幅不同深的槽段,必须先挖较深的槽段,后挖较浅的槽段;在成槽过程中必须保证成槽机抓斗垂直、均匀地上下,尽量减少对侧壁的扰动;如遇坍孔,宜回填黄泥,待其自然沉淀后再进行开挖,同时采用在钢筋笼的靠基坑面上固定一个夹板等措施进行处理;槽段终槽深度的控制应符合下列要求:

①非承重墙的槽段、终槽深度必须保证设计深度。

②承重墙的槽段终槽深度应根据设计入岩要求,参照地质剖面图上岩层标高,成槽时的钻进速度和鉴别槽底岩屑样品等综合确定。

③槽段开挖完毕,应检查槽位、槽深、槽宽及槽壁垂直度,合格后方可进行清槽换浆工作。

④槽段长度允许偏差±2.0%;槽段厚度允许偏差1.5%、-1.0%;槽段垂直度允许偏差

±1/50；墙面上预埋件位置偏差不应大于100mm。

挖槽施工图见图2-94。

4. 清底

槽段挖至设计标高后，用钻机的钻头或超声波方法测量槽段断面，如误差超过规定的精度则需修槽，修槽可用冲击钻或锁扣管并联冲击。对于槽段接头处亦需清理，可以用刷子清刷或用压缩空气压吹，之后就进行清底，清底可采用沉淀法和置换法两种。沉淀法是在土渣基本都沉到槽底之后再进行清理；置换法是在挖槽结束后，对槽底进行认真清理，然后在土渣还没沉淀之前就用新泥浆把槽内的泥浆置换出来，使槽内的泥浆相对密度在1.15以下。目前我国多用后者，常用砂石吸力泵排泥法、压缩空气升液排泥法、潜水泥泵排泥法。

图2-94 挖槽施工图

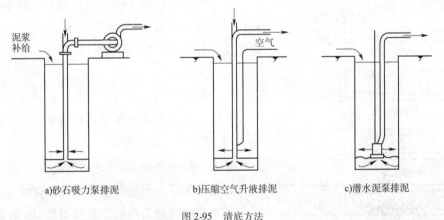

图2-95 清底方法

槽段清底时，承重墙槽底沉渣厚度不应大于100mm；非承重墙槽底沉渣厚度不宜大于300mm。清孔后距孔底0.2~1m处的泥浆比重应控制在1.1左右；对于土质较差的砂土层和砂夹卵石层，清孔后孔底泥浆的比重宜为1.15~1.25，清孔后孔底泥浆的含砂率应≤10%，黏度应≤28s。

5. 接头

常用的接头方式有接头管接头、接头箱接头、结构接头三种。

①接头管接头。这是当前地下连续墙施工应用最多的一种施工接头方式。施工时，待一个单元槽段土方挖好后，于槽段端部用吊车放入接头管，然后吊放钢筋笼并浇筑混凝土，浇筑的混凝土强度达到设计要求时，将接头管旋转然后拔出。其施工过程见图2-96。

②接头箱接头。接头箱接头的施工方法与接头管接头相似，是以接头箱代替接头管。待一个单元槽段挖土结束后，吊放接头箱，吊放钢筋笼，接头的刚度较好。其施工过程见图2-97。

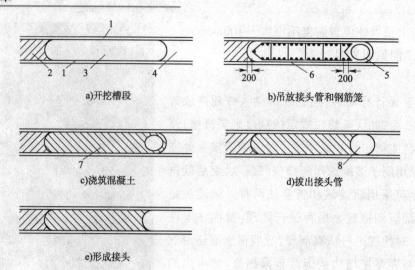

图 2-96 接头管接头的施工程序

1-导墙；2-已浇筑混凝土的单元槽段；3-开挖的槽段；4-未开挖槽段；5-接头管；6-钢筋笼；7-正浇筑混凝土的单元槽段；8-接头管拔出后的孔

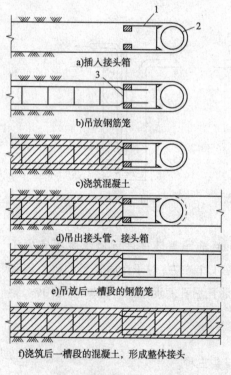

图 2-97 接头箱接头施工过程

1-接头箱；2-接头管；3-焊在钢筋笼上的钢板

③结构接头。地下连续与内部结构楼板、柱、梁、底板等连接结构接头，接头的刚度较好。常用的有预埋连接钢筋法、预埋连接钢板法、预埋剪力连接件法。

6．钢筋笼加工

（1）钢筋加工

①主钢筋尽量不要采用搭接接头，以增加有效空间，有利于混凝土的流动。

②有斜拉钢筋时，应注意留出足够的保护层。

③主筋采用闪光接触对焊或锥形螺纹连接。

④钢筋应在加工平台上放样成型，以保证钢筋笼的几何尺寸和形状正确无误。

⑤拉（钩）筋两端做成直角弯钩，点焊于钢筋笼两侧的主筋上。

（2）钢筋笼的制作

①按图纸要求制作钢筋笼，确保钢筋的正确位置、根数及间距，焊接牢固。

②为保证混凝土灌注导管顺利插入，纵向主筋放在内侧，横向钢筋放在外侧。

③纵向钢筋搭接应采用对焊连接，钢筋轴线要保证在一条直线上；同一截面的焊接接头面积不能超过50%，且间隔布置。

④钢筋笼除结构焊缝需满焊及周围钢筋交点需全部电焊外，中间的交叉点可采用50%交

错电焊。

⑤钢筋笼成型后,临时绑扎铁丝全部拆除,以免下槽时挂伤槽壁。

⑥制作钢筋笼时,在制作平台上预安定位钢筋柱,以提高工效和保证制作质量;制作出的钢筋笼须满足设计和现规范要求。

⑦施工前准备好对焊机、弧焊机、电焊机、钢筋切断机、钢筋弯曲机等,且钢筋经过复核合格。

⑧主筋间距误差±10mm,箍筋间距误差±20mm,钢筋笼厚度误差±10mm,宽度误差±20mm,长度误差±50mm,预埋件中心位置误差±10mm。

⑨钢筋笼制作完成后,按照使用顺序加以堆放,并应在钢筋笼上标明其上下头和里外面以及使用槽段编号等。当存放场地狭小,需要钢筋笼重叠堆放时,为避免钢筋笼变形,应在钢筋笼之间加垫方木,堆放时注意施工顺序。

钢筋笼构造示意图见图2-98。

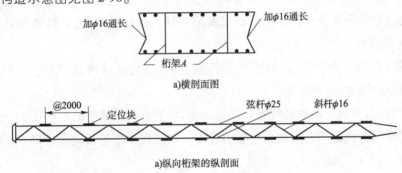

图2-98 钢筋笼构造示意图

(3)钢筋笼吊放

当钢筋笼加工场距槽孔较远时,可用特制平台车将其运到槽孔附近。

水平吊运钢筋笼时,必须吊住4点,吊装时首先把钢筋笼立直,为防止钢筋笼起吊时弯曲变形,常用两台吊车同时操作。为了不使钢筋笼在空中晃动,可在其下端系上绳索用人力控制,也有使用1台吊车的2个吊钩进行吊装作业的。为了保证吊装的稳定,可采用滑轮组自动平衡中心装置,以保证垂直度。

大型钢筋笼可采用附加装置——横梁、铁扁担和起吊支架等。钢筋笼进入槽孔时,吊点中心必须和槽段中心对准,然后缓慢下放。此时应注意起重臂不要摆动。

如果钢筋笼不能顺利入槽时,应马上将其提出孔外,查明原因并采用相应措施后再吊放入槽。切忌强行插入或用重锤往下压砸,那会导致钢筋笼变形,造成槽孔坍塌,更难处理。

在吊放入槽内过程中,应随时检测和控制钢筋笼的位置和偏斜情况,并及时纠正。

(4)钢筋笼分段连接

当地下连续墙深度很大、钢筋笼很长而现场起吊能力又有限时,钢筋笼往往分成2~3段。第一段钢筋笼先吊入槽段内,使钢筋笼端部露出导墙1m,并架立在到墙上,然后吊起第二段钢筋笼,经对中调正垂直度后即可焊接。焊接接头一种是上下钢筋笼的钢筋逐根对准焊接,另一种是用钢板接头。第一种方法很难做到逐根钢筋对准,焊接质量没有保证,且焊接时间很长。后一种方法是在上下钢筋笼端部所有钢筋焊接在通长的钢板上,上下钢筋笼对准后,用螺栓固定,以防止焊接变形,并用同主筋直径的附加钢筋@300一根与主筋电焊以加强焊缝和补强,最后将上线钢板对焊,即完成钢筋笼分段连接。

（5）钢筋笼入槽标高控制

制作钢筋笼时,选主桁架的两根立筋作为标高控制的基准,做好标记。下钢筋笼前测定主桁架位置处的导墙顶面标高,根据标高关系计算好固定钢筋笼于导墙上的设于焊接钢筋笼上的吊攀,钢筋笼下到位后用槽钢Ⅰ字钢穿过吊攀将钢筋笼悬吊于导墙之上。下笼前技术人员根据实际情况下技术交底单,确保钢筋笼及预埋件位于槽段设计上的标高。

7. 混凝土浇筑

混凝土应按照比结构设计规定的强度等级提高5MPa进行配比设计,坍落度宜为180～220mm。混凝土采用导管法进行浇筑。机械多用混凝土浇筑机架,机架跨在导墙上沿轨道行驶。具体浇筑要求如下:

①灌注前应复测沉渣厚度,办理隐蔽工程检查,合格后及时灌注,其间歇时间不得超过30min,灌注宜连续灌注,不得中断。

②开始灌注时,隔水栓吊放的位置应临近水面,导管底端到槽底的距离0.3～0.5m。

③开灌前储料斗内必须有足以将导管的底端一次性埋入水下混凝土中0.5m以上深度的混凝土储存量,即$V \geqslant 3.6m^3$。

④混凝土灌注的上升速度不得小于2m/h,每个单元槽段的每个导管灌注间歇时间不得超过30min,灌注宜连续灌注,不得中断。

⑤随着混凝土的上升,要适时提升和拆卸导管,导管底端埋入混凝土面以下一般保持1.5～3.0m,严禁将导管底端提出混凝土面。提升导管时应避免碰撞钢筋笼。

⑥设专人每30min测量一次导管埋深及管外混凝土面高度,以此判断两根导管周围混凝土面的高差(要小于0.5m),并确定导管埋入混凝土中的深度和拆管数量。

⑦在一个槽段内同时使用两根导管灌注时,其间距应不大于3m,导管距槽段端头不宜大于1.5m,槽内混凝土面应均衡上升,各导管处的混凝土表面的高差不宜大于0.5m,终浇混凝土面高程应高于设计要求0.5m,凿去浮浆及墙顶0.5m高混凝土后使符合设计标高内的混凝土质量满足设计要求。混凝土灌注示意图见图2-99。

⑧在灌注作业时,若发现导管漏水、堵塞或导管内混入泥浆,应立即停灌并进行处理,作好记录。

⑨灌注混凝土时,每个单元槽段应留置一组混凝土抗压试块、一组混凝土抗渗试块。

⑩灌注混凝土时,槽段内的回收泥浆全部抽回泥浆池,经沉淀和处理后,符合要求的继续使用,不符合要求的按规定弃掉。

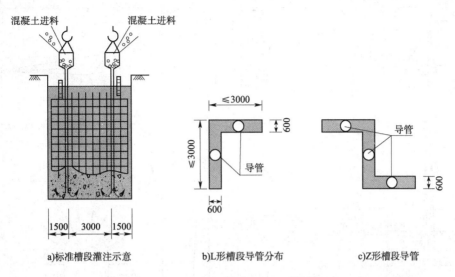

图 2-99 混凝土浇筑及导管布置图(尺寸单位:mm)

任 务 要 求

练一练:

1. 导墙一般为现浇的钢筋混凝土结构,也有钢制的或预制钢筋混凝土的装配式结构,它可重复使用。导墙必须有足够的( )、( )和精度。

2. 我国使用最多的挖槽机械有( )、( )冲击式挖槽机。

想一想:

1. 槽段挖至设计标高后,如何进行清底?

2. 钢筋笼入槽标高如何进行控制?

任 务 拓 展

请同学们结合本任务学习内容,利用互联网学习逆作法施工技术。

任务七　学习土层锚杆与土钉墙施工

 知识准备

一、土层锚杆的发展与应用

土层锚杆在我国深基坑支挡、边坡加固、滑坡整治、水池抗浮、挡墙锚固和结构抗倾覆等工程中的应用日益广泛。它不仅用于临时支护,而且在永久性建筑工程中亦得到广泛应用。锚杆的应用示意图如图 2-100 所示。

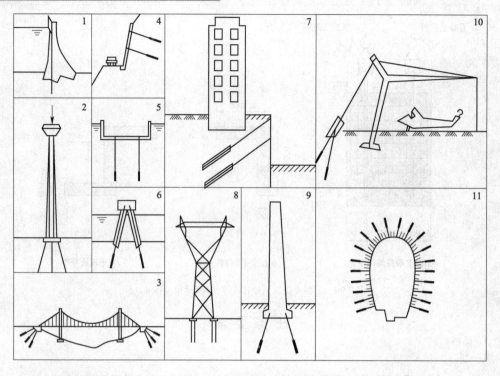

图 2-100 锚杆应用示意图

1-水坝;2-电视塔;3-悬索桥;4-公路一侧;5-水池;6-栈桥;7-房屋建筑;8-高架电缆铁塔;9-烟囱;10-飞机库大跨结构;11-隧道孔壁

土层锚杆是在岩石锚杆的基础上发展起来的。用于隧道支护的岩石锚杆历史悠久,但直到 1958 年,德国一个公司才首先在深基坑开挖中将其用于挡土墙支护,土层锚杆具有以下一系列优点:

(1)与内支撑相比,挖土施工空间大。

(2)锚杆施工机械设备作业空间不大,适用于各种场地条件。

(3)锚杆的设计拉力可由抗拔试验获得,从而可以保证可靠的设计安全度。

(4)可以对锚杆施加预拉力,基坑变形容易控制。

(5)施工时的噪声很小。

二、土层锚杆的类型和构造

1. 土层锚杆的类型

(1)普通锚杆:如图 2-101a)所示,由钻机钻孔,埋入拉杆后孔内注水泥浆或水泥砂浆形成的圆柱体。其适用于拉力不高的临时性土层锚杆。

(2)扩大头锚杆:如图 2-101b)所示,由旋转式或回转式钻机成孔后注入压力,灌浆液,在土层中形成扩大头的圆柱体。其适用于抗拔力要求较大工程。

(3)齿形锚杆:如图 2-101c)所示,采用特制扩孔机械,通过中心杆压力将扩张式刀具缓缓张开刮土,在孔眼内长度方向扩 1 个或几个扩孔圆柱体,然后注浆形成的锚杆。其在黏性土和砂土中都适用,可以达到较高的拉拔力。

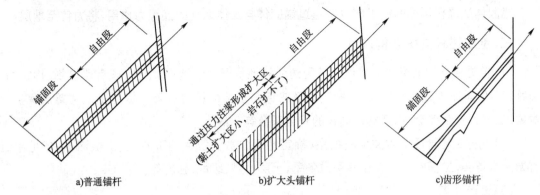

图 2-101　土层锚杆类型

2. 土层锚杆构造

土层锚杆一般由锚头、锚头垫座、钻孔、防护套管、拉杆(钢索)、锚固体、锚底板等组成。其与支护结构共同形成拉锚体系。

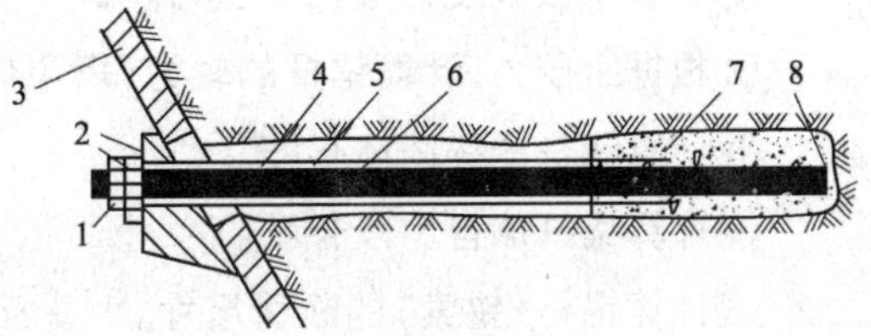

（1）锚头

锚头的作用是将拉杆与支护结构连接起来,使墙体所受荷载可靠地传到拉杆上去。

（2）拉杆

拉杆的作用是将锚杆头部的荷载传给锚固体。全长分为自由段和锚固段两部分。如图 2-103 所示。

图 2-102　土层锚杆的构造

1-锚头;2-锚头垫座;3-支护结构;4-钻孔;5-防护套管;6-拉杆(拉索);7-锚固体;8-锚底板

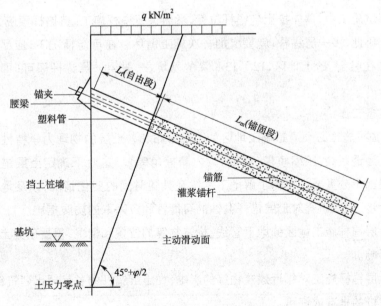

图 2-103　拉杆的自由段与锚固段

(3) 锚固体

锚固体是锚杆尾部的锚固部分。通过锚固体与土体之间的磨擦力作用,将力传至地层。

三、土层锚杆支护结构设计

(1) 首先要详细调查了解基坑及其周边的场地状况,如:地形、地貌,既有建筑物、构筑物、道路、管线、地下埋设物与建筑红线等,以及它们与基坑的相对位置。据此确定要重点保护的对象、工程的安全等级、锚杆支护结构的安全系数等。

(2) 进行工程地质与水文地质勘察,确定地层参数。包括地下水位、上层滞水,场地附近有无渗水源头,工程施工是否在雨季或冬季,土层类型、级配、强度等。

(3) 设计计算

①计算单位长度挡墙的土压力。

②根据土压力,计算锚杆的轴力(考虑倾角及间距)。

③计算锚杆的锚固体长度。

④计算锚杆的自由段长度。

⑤计算锚杆(锚索)的断面尺寸。

⑥计算连接锚杆锚头的腰梁断面尺寸。

(4) 核算桩、墙与锚杆的整体稳定。

(5) 绘制锚杆施工图。

四、土层锚杆的施工

1. 土层锚杆布置

一般在基坑施工中,需先挖土到锚杆位置,然后进行锚杆施工,待锚杆预应力张拉后,方可挖下一步土。因此,多一层锚杆,就要增加一次施工循环。在可能情况下,应尽量减少布置锚杆的层数。如在黏土、砂土地区,12~13m 深的基坑,一般用一层锚杆即可(即使挡土桩悬臂为 5~6m)。

2. 施工准备工作

(1) 土层锚杆施工必须清楚施工地区的土层分布和各土层的物理力学特性(天然重度、含水量、孔隙比、渗透系数、压缩模量、凝聚力、内摩擦角等)。这对于确定土层锚杆的布置和选择钻孔方法等都十分重要。还需了解地下水位及其随时间的变化情况,以及地下水中化学物质的成分和含量,以便研究对土层锚杆腐蚀的可能性和应采取的防腐措施。

(2) 查明土层锚杆施工地区的地下管线、构筑物等的位置和情况,慎重研究土层锚杆施工对它们产生的影响。

(3) 研究土层锚杆施工对邻近建筑物等的影响,如土层锚杆的长度超出建筑红线、还应得到有关部门和单位的批准或许可。

(4) 编制土层锚杆施工组织设计,确定土层锚杆的施工顺序,保证供水、排水和动力的需要,制订钻孔机械的进场、正常使用和保养维修制度,安排好施工进度和劳动组织;在施工之前还应安排设计单位进行技术交底,以全面了解设计的意图。

3. 施工机械

土层锚杆的成孔设备,国外一般采用履带行走全液压万能钻孔机,孔径范围50~320mm,具有体积小、使用方便、适应多种土层、成孔效率高等优点。国内使用的有螺旋式钻孔机、冲击式钻孔机和旋转冲击式钻孔机。

4. 土层锚杆施工工艺

场地挖土后按图2-104顺序施工,并循环进行第二层、三层施工。

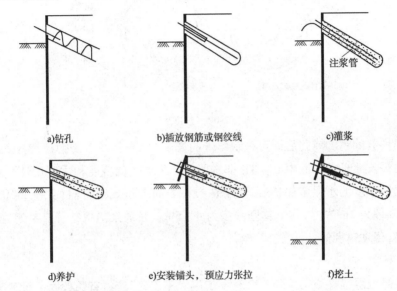

图2-104 锚杆施工顺序示意图

(1) 钻孔

土层锚杆的钻孔工艺,直接影响土层锚杆的承载能力、施工效率和整个支护工程的成本。钻孔的费用一般占成本的30%以上,有时甚至超过50%。钻孔时注意尽量不要扰动土体,尽量减少土的液化,要减少原来应力场的变化,尽量不使自重应力释放。钻孔具体要求如下:

①孔壁要求平直,以便安放钢拉杆和灌注水泥浆。

②孔壁不得坍陷和松动,否则影响钢拉杆安放和土层锚杆的承载能力。

③钻孔时不得使用膨润土循环泥浆护壁,以免在孔壁上形成泥皮,降低锚固体与土壁间的摩阻力。

④土层锚杆的钻孔多数有一定的倾角,因此孔壁的稳定性较差。

⑤由于土层锚杆的长细比很大,孔洞很长,保证钻孔的准确方向和直线性较困难,容易偏斜和弯曲。

⑥土层锚杆的水平误差不得大于25cm,标高误差不得大于10cm。

⑦扩孔的方法通常有四种:机械扩孔、爆炸扩孔、水力扩孔和压浆扩孔。

(2) 安放拉杆

土层锚杆用的拉杆,常用的有粗钢筋、钢丝束钢绞线。当承载能力较小时,多用粗钢筋;承载能力较大时,多用钢绞线。

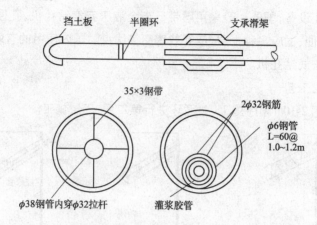

图 2-105 定位器

拉杆使用前要除锈。成孔后即可将制作好的通长、中间无节点的钢拉杆插入管尖的锥形孔内。为将拉杆安置于钻孔的中心,防止非锚固段产生过大的挠度和插入孔时不搅动孔壁,和保证拉杆有足够厚度的水泥浆保护层,通常在拉杆表面上设置定位器(见图2-105)。定位器的间距,在锚固段为2m左右,在非锚固段多为4~5m。在灌浆前将钻管口封闭,接上压浆管,即可进行注浆,浇注锚固体。

(3) 压力灌浆

压力灌浆是土层锚杆施工中的一个重要工序。施工时,应将有关数据记录下来,以备将来差用。灌浆的作用是:①形成锚固段,将锚杆锚固在土层中;②防止钢拉杆腐蚀;③充填土层中的孔隙和裂缝。灌浆方法有一次灌浆法和二次灌浆法两种。一次灌浆法即用一根灌浆管,利用泥浆泵进行灌浆,灌浆管端距孔底20cm左右,待浆液流出孔口时,用湿黏土封堵孔口,严密捣实,再以2~4MPa的压力进行补灌。二次灌浆法一般采用双管,第一次灌浆用灌浆管的管端距离锚杆末端50cm左右,灌注水泥砂浆,其压力为0.3~0.5MPa,流量为100L/min。第二次灌浆用灌浆管的管端距离锚杆末端100cm左右,控制压力为2MPa左右,要稳压2min,浆液冲破第一次灌浆体,向锚固体与土的接触面之间扩散,使锚固体直径扩大,二次灌浆法由于挤压作用,显著提高了土层锚杆的承载能力。

(4) 张拉与锚固

土层锚杆灌浆后,待锚体养护达到水泥(砂浆)强度的80%值,可以进行预应力张拉。张拉前现在支护结构上安装围檩,张拉用设备与预应力结构张拉所用相同;正式张拉前,应取设计拉力的10%~20%,对锚杆预张1~2次,使各部位接触紧密;正式张拉宜分级加载,每级加载后,保持3min,记录伸长值。张拉到预应力设计荷载时,应保持10min,且不再有明显伸长,方可以锁定;锁定预应力以设计轴拉力的75%为宜。

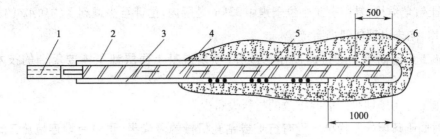

图 2-106　二次灌浆法灌浆管的布置

1-锚头;2-第一次灌浆用灌浆管;3-第二次灌浆用灌浆管;4-粗钢筋锚杆;5-定位器;6-塑料瓶

五、土钉支护的发展与应用

土钉墙支护随基坑逐层开挖,逐层进行支护,直至坑底,施工时在基坑开挖坡面,用洛阳铲人工成孔或机械成孔,孔内放锚杆并注入水泥浆,在坡面安装钢筋网,喷射强度等级不低于 C20 的混凝土,使土体、土钉锚杆及喷射混凝土面层结合,使得基坑开挖后坡面保持稳定,如图 2-108 所示。

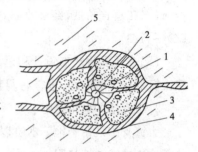

图 2-107　第二次灌浆后灌浆管的布置

1-钢丝束;2-灌浆管;3-第一次灌浆体;4-第二次灌浆体;5-土体

土钉支护的发展始于 20 世纪 70 年代,最早在英、美、法、德等国应用于边坡、隧道等的支护开挖中,我国于 20 世纪 80 年代开始运用,近年来已成为一种重要的基坑支护形式。它充分利用土体自身的强度,通过在原位土体中设置钢筋等金属杆件(土钉),分担土体所承受的外力和自重,改善土体的受力情况,并在开挖面构筑钢筋网喷射混凝土面层,使土钉、面层和原位土体三者构成一个整体而共同工作。

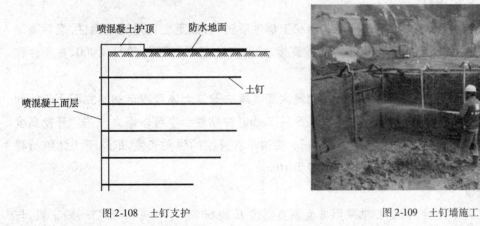

图 2-108　土钉支护

图 2-109　土钉墙施工

1. 土钉支护的特点

(1) 土钉与土体共同形成了一个复合体,土体是支护结构不可分割的部分。从而合理地利用了土体的自承能力。

(2)结构轻柔,有良好的延性和抗震性。1989 年美国加利福尼亚州发生 7.1 级地震,震区内有8个土钉墙结构,其中有3个位于震中33km范围内,估计至少遭到了约0.4g的水平地震加速度作用,均未出现任何损害迹象。

(3) 施工设备简单。土钉的制作与成孔、喷射混凝土面层都不需要复杂的技术和大型机具。

(4) 施工占用场地少。需要堆放的材料设备少。

(5) 对周围环境的干扰小。没有打桩或钻孔机械的轰隆声,也没有地连墙施工时污浊的泥浆。

(6) 土钉支护是边开挖边支护,流水作业,不占独立工期,施工快捷。

(7) 工程造价低,经济效益好,国内外资料表明,土钉支护的工程造价能够比其他支护低 $1/2 \sim 1/3$。

(8) 容易实现动态设计和信息化施工。根据现场位移或变形监测反馈的信息,很容易调整土钉的长度和间距,也容易调整面层的厚度。既可以避免浪费,又能够防止出现工程事故。

2. 土钉墙的适用范围

土钉支护适用于地下水位以上或经人工降水措施后的杂填土、普通黏土或弱胶结的砂土的基坑支护或边坡加固。一般认为可用于标准贯入击数 N 值在5以上的砂质土与 N 值在3以上的黏性土。

单独的土钉墙宜用于深度不大于12m的基坑支护或边坡维护,当土钉墙与放坡开挖、土层锚杆联合使用时,深度可以进一步加大。

土钉支护不宜用于含水丰富的粉细砂岩、砂砾卵石层和淤泥质土。不得用于没有自稳能力的淤泥及饱和软弱土层。

六、土钉支护设计

在初步设计时,应先根据基坑环境条件和工程地质资料,确定土钉墙的适用性,然后确定土钉墙的结构尺寸,土钉墙高度由工程开挖深度决定,开挖面坡度可取 $600 \sim 900$,在条件许可时,尽可能降低坡面坡度。

土钉墙均是分层分段施工,每层开挖的最大高度取决于该土体可以自然站立而不破坏的能力。在砂性土中,每层开挖高度一般为 $0.5 \sim 2.0m$,在黏性土中可以增大一些。开挖高度一般与土钉竖向间距相同,常用 $1.0 \sim 1.5m$。每层单次开挖的纵向长度,取决于土体维持稳定的最长时间和施工流程的相互衔接,一般为10m。

1. 土钉长度

在实际工程中,土钉长度 L 常采用坡面垂直高度 H 的 $60\% \sim 70\%$。土钉一般下斜,与水平面的夹角宜为 $50° \sim 200°$。对钻孔注浆型土钉,用于粒状土陡坡加固时,L/H 一般为 $0.5 \sim 0.8$;对打入型土钉,用于加固粒状土陡坡时,其长度比一般为 $0.5 \sim 0.6$。

2. 土钉直径

土钉直径 D 一般由施工方法确定。打入的钢筋土钉一般为 $\phi16 \sim \phi32mm$,常用 $\phi25mm$,

打入钢管一般为 $\phi 50mm$；人工成孔时,孔径一般为 $\phi 70 \sim 120mm$,机械成孔时,孔径一般为 $\phi 100 \sim 150mm$。

3. 土钉间距

土钉间距包括水平间距(列距)S_x和垂直间距(行距)S_y,其数值对土钉的整体作用效果有重要影响,大小宜为 $1 \sim 2m$。对钻孔注浆土钉,可按 $6 \sim 12$ 倍土钉直径 D 选定土钉行距和列距,且宜满足：

$$S_x \cdot S_y = K \cdot D \cdot L \tag{2-21}$$

式中：K——注浆工艺系数,一次压力注浆,$K = 1.5 \sim 2.5$；

D、L——土钉直径和长度,m；

S_x、S_y——土钉水平间距和垂直间距,m。

七、土钉支护的施工

1. 土钉墙施工工艺流程

土钉墙施工工艺流程为：挖土→修坡→喷射第一层混凝土→土钉埋设→注浆→挂网→焊接骨架钢筋及焊接土钉连接件→喷射第二层混凝土→养护。

2. 土方开挖

土方开挖应严格按设计图纸开挖线及设计坡角进行。土方开挖顺序为沿基坑内侧周边,分层分段开挖,每层挖至土钉标高下 $0.3m$ 左右,分段开挖长度第一层每段不得超过 $15cm$,第二层每段不得超过 $8cm$,挖到淤泥层时每段开挖长度不得超过 $6cm$,并采用跳槽开挖,开挖作业面后,应立即进行土钉墙支护,进入下一层开挖时必须等到上道土钉的抗拉强度达到设计值 80% 方可进行,间隔时间宜为 $7d$ 左右。最后一层土钉墙施工完成应立即施工地下室垫层及底板。土方开挖过程中,防止土方开挖设备碰撞支护结构,避免扰动基底原状土。

3. 土钉施工

按施工方法,目前主要有钻孔注浆型土钉和打入型土钉两种。

(1) 打入型土钉

将钢杆件直接打入土中,用等边角钢($500mm \times 500mm \times 5mm \sim 60mm \times 60mm \times 5mm$)作为杆体,采用专门施工机械,如气动土钉机,能够快速、准确地将土钉打入土中。长度一般不超过 $6m$,用气动土钉机每小时可施工 15 根。其提供的摩阻力较低,因而要求土钉表面积和设置密度均大于钻孔注浆型土钉。

打入型土钉的长期防腐工作难以保证。目前多用于临时性支挡工程。

(2) 钻孔注浆型土

先在土坡上钻直径为 $100 \sim 200mm$ 的一定深度的横孔,然后插入钢筋、钢杆或钢铰索等小直径杆件,再用压力注浆充实孔穴,形成与周围土体密实粘合的土钉,最后在土坡坡面设置与土钉端部连接的联系构件,并用喷射混凝土组成土钉面层结构,从而构成一个具有自撑能力且能够支挡其后土压力的加筋区域。

钻孔注浆型土钉可用于永久性或临时性的支挡工程,是应用最多的一种形式。但在粉土、粉细砂土中,尤其是有地下水情况下,成孔困难,需用套筒成孔,费用较大。

钻孔注浆型土钉的施工工艺与土层锚杆相似,包括:成孔、清孔、置筋、注浆。

(3)支护面层

临时性土钉支护的面层通常用50~80mm厚的网喷混凝土做成,一般用一层钢筋网,钢筋直径为ϕ6~ϕ8,网格为正方形,边长200~300mm。土钉墙的端部与面层的连接宜用螺母、垫板方法。喷混凝土面层施工中要做好施工缝处的钢筋网搭接和喷混凝土的连接,到达支护底面后,宜将面层插入底面以下30~40mm。

喷射混凝土的粗骨料最大粒径不宜大于12mm,水灰比不宜大于0.45,应通过外加减水剂和速凝剂来调节所需的坍落度和早强时间,混凝土的初凝时间和终凝时间宜分别控制在5~10min,喷射混凝土的射距宜在0.8~1.5m,并从底部逐渐向上部喷射,射流方向一般应垂直指向喷射面,当面层厚度超过120mm时,应分两次喷射,当继续进行下步喷射混凝土作业时,应仔细清除施工缝结合面上的浮浆层和松散碎屑,并喷水使之潮湿。喷射混凝土完成后应至少养护7d,可根据当地环境条件,采取连续喷水、织物覆盖浇水或喷涂养护等养护方法。

如果土体的自立稳定性不良,也可以在挖土后先做喷射混凝土面层,而后再成孔置入土钉。

(4)排水系统

土钉支护在一般情况下都必须有良好的排水系统。施工开挖前先做好地面排水,设置地面排水沟引走地表水,或设置不透水的混凝土地面防止近处的地表水向下渗透。沿基坑边缘地面眼垫高,防止地表水注入基坑内。同时,基坑内部还必须人工降低地下水位,以利于基础施工。

4.土钉防腐

在标准环境里,对临时支护工程,一般仅由灌浆做锈蚀防护层,有时在钢筋表面加一环氧涂层;对永久性工程,就要在筋外加一层至少有5mm厚的环状塑料护层,以提高锈蚀防护的能力。

任 务 要 求

练一练:

1.按构造的不同,土层锚杆可分为(   )、(   )、(   )。

2.土钉支护的施工工艺流程为:挖第一层土→喷第一道面层→(   )→(   )。

想一想:

1.试述土层锚杆的类型与特点。

2. 土钉支护有哪些构造要求？

任 务 拓 展

请同学们结合本任务学习内容，利用互联网学习土钉支护与土层锚杆有何区别？

任务八 学习识读地质勘察报告

 知识准备

一、工程地质勘察的任务与目的

工程地质勘察的任务与目的是查明建设地区的工程地质条件，预测和分析工程地质问题，为工程建设的规划、设计、施工和运用提供地质资料的依据，以便选择优良的工程场地，使工程建筑与当地的地质环境相适应，保证工程建筑的稳定安全、经济合理和正常运用。

二、工程地质勘察的主要方法和手段

在工程地质勘察过程中，要采用工程地质学所有的研究方法，即：地质学方法、试验方法、工程地质类比法、模型实验法、概率统计法和理论计算法。对于不同工程要求，不同工作内容，所采用的工程地质勘察方法与手段也不一样。但总的来说，一般包括以下几个方面。

（1）工程地质测绘，如：地面测绘、航测、卫测等。

（2）工程地质勘察：包括物探、化探、钻控等。

（3）工程地质室内试验和野外试验：大型现场试验、室内土工试验等。

（4）工程地质长期观测：对房屋变形、地下水位、地面沉降等进行动态的长期观测。

勘察资料的整理及计算。

三、工程地质勘察的内容和要求

按照建设工程项目管理中对一般工程项目的阶段划分，可将其分为：预可研、可研、初设、施工图设计、施工、工程使用管理六个主要阶段，而工程地质勘察工作主要集中在前四个阶段。

各阶段对应的工程地质勘察勘阶段及内容如图2-110所示。

四、工程地质勘察报告识读

（一）工程地质勘察报告的内容

工程地质勘察报告的内容，应根据任务要求、勘察阶段、地质条件、工程特点等情况确定。

1. 报告的内容

（1）拟建工程名称、规模、用途；岩土工程地质勘察的目的、要求和任务；勘察方法、勘察工作量布置与完成的工作量。

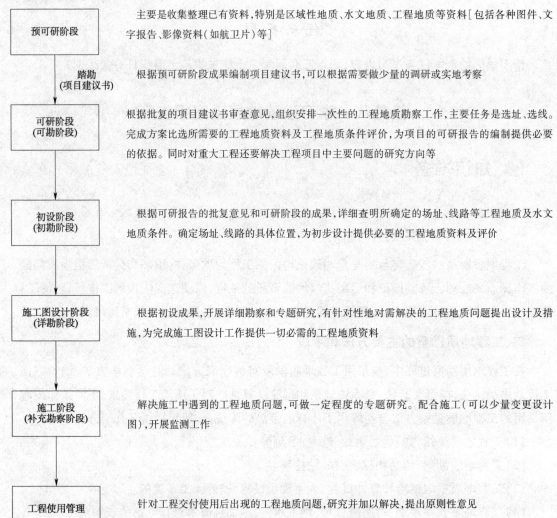

图 2-110　各阶段对应的工程地质勘察阶段及内容

(2) 建筑场地位置、地形地貌、地质构造、不良地质现象及地震基本烈度等。

(3) 场地的地层分布、结构；岩土的颜色、密度、湿度、稠度、均匀性、层厚；地下水的埋藏深度、水质侵蚀性及当地冻结深度。

(4) 建筑场地稳定性与适宜性的评价；各土层的物理力学性质及地基承载力等指标的确定。

(5) 结论与建议：根据拟建工程的特点，结合场地的岩土性质，提出地基与基础方案设计的建议。推荐地基持力层的最佳方案，提出预测、监控和预防措施的建议。

2. 图表部分的内容

一般工程的图表包括以下内容。

(1) 勘探点平面布置图:是在建筑场地地形底图上,把拟建建筑物的位置、层数、各类勘探点和原位测试点的编号与位置用不同的图例表示出来,并注明各勘探点、测试点的标高和深度、剖面线及其编号等。

(2) 岩土综合柱状图:根据钻孔的现场记录整理而来。其主要内容是关于地层的分布(层面的深度、层厚)和地层的名称和特征描述。在柱状图中还应同时标出取土深度、标贯位置及击数、地下水等数据。

(3) 工程地质剖面图:反映某一勘探线上地层沿竖向和水平向的分布情况。绘制时,首先将勘探线的地形剖面线绘出,标出勘探线上各钻孔中的地层层面,再将相邻钻孔中相同的土层分界点以直线相连。剖面图应标出原状土样的取样位置和地下水位线。

(4) 室内土的物理力学性质试验总表:将室内试验成果列表,并附有关的试验成果曲线(如固结—压缩曲线、剪切试验曲线等)。

(5) 原位测试成果图表:将各种原位测试成果整理成表,并附测试成果曲线。重大工程根据需要,应绘制综合工程地质图或工程地质分区图等。

(二) 如何看勘察报告

(1) 文字部分:主要包括有工程概况,勘察目的、任务,勘察方法及完成工作量,依据的规范标准,工程地质、水文条件,岩土特征及参数,场地地震效应等,最后对地基作出一个综合评价,提承载力等。

(2) 表格部分:土工试验成果表,物理力学指标统计表,分层土工试验报告表。其主要对设计有用。

(3) 图部分:平面图、图例、剖面图、柱状图等。其在现场应用较多。

(三) 工程地质勘察报告现场运用

(1) 在看工程地质勘察报告的基础上与现场开挖的地层情况进行对比,是否与工程地质勘察报告吻合。主要是看地层情况、厚度情况(特别是挖孔桩)。

(2) 开挖到设计标高后,请工程地质勘察单位人员验槽确定是否与地质勘察相符并满足设计要求。发生与工程地质勘察报告不符的情况时,应及时请相关单位确定处理方案。

(3) 同时根据基础的类型选择是否做钎探及钎探间距的确定。

(4) 在钎探出现与工程地质勘察报告明显不符,并有软弱下卧层(主要是砂层)的情况下,一般将进行地基的处理。

(5) 在桩基础(主要是预制管庄、沉管灌注桩、钻孔灌注桩等)施工过程中与工程地质勘察报告明显不符的情况下,应该做施工勘察。主要是依据工程地质勘察报告确定的持力层不能够满足设计要求。

(6) 地质勘察报告中柱状图、平面图、图例都是比较容易看懂的。而现场利用较多和理解可能产生差异的就是剖面图。看剖面图主要是看发展的趋势,同时必须考虑当地地质条件的复杂性和不确定性。

(7) 基坑降水方案的设计应按照工程地质勘察报告提供的相关参数(丰、枯水期地下水位;渗透系数等)。相关的计算参数应严格按照工程地质勘察报告提供的相关参数和基坑的深度、平面位置确定降水井的孔径、深度及数量。

(8) 在土方开挖前工程地质勘察报告的作用和应用,主要是是否采取护壁及采取护壁的结构形式;另外需要考虑的就是根据开挖的深度,计算可能的砂卵石开挖量,是作为土方开挖定单价需要考虑的主要因素。

(9) 山区地区考虑临时设施(宿舍和道路)的布置,应避开或者远离可能发生地质灾害的地区。

(10) 地下水位高度、持力层的深度、土质及分层,用来确定土方开挖方法、机械设备、降水施工方案、基坑支护方案。

五、一般工程地质勘察报告示例

×××项目地质勘查报告

1 前言

受×××市政工程设计咨询有限公司委托,我单位于2014年1月10日起对×××段排水设施迁建工程场地进行勘察,于2月10日完成全部外业,现提供该工程勘察报告。

1.1 工程概况

拟建场地地处×××市,根据《岩土工程勘察规范》(GB 50021—2001)及《岩土工程技术规范(天津)》(DB 29—20—2000)判定拟建物的工程重要性等级和安全等级均为二级,场地复杂程度为二级,地基复杂程度为二级。

1.2 勘察目的及技术要求

(1) 查明场地内及其附近有无影响场地稳定性的不良地质现象,并提供防治措施。

(2) 查明地层结构、类别、埋藏条件和分布特征。

(3) 提供各层地基土的物理力学参数及地基土承载力特征值。

(4) 查明场地地下水的类型、埋藏条件及其对建筑材料的腐蚀性。

(5) 进行场地地震效应评价。

(6) 提供基坑开挖及支护方案所需的岩土工程参数。

1.3 勘察工作执行的主要技术标准

(1)《岩土工程勘察规范》(GB 50021—2001)。

(2)《岩土工程技术规范(天津)》(DB 29—20—2000)。

(3)《建筑地基基础设计规范》(GB 50007—2011)。

(4)《建筑抗震设计规范》(GB 50011—2010)。

(5)《标准贯入试验规程》(YS 5213—2000)。

(6)《土工试验方法标准》(GB/T 50123—1999)。

(7) 其他有关的技术标准。

报告书中在引用上述规程、规范时,均以其编号简称之。

1.4 勘察方法及工作量

1.4.1 勘察方法

本次勘察采用钻探、标准贯入试验及室内土工试验相结合的方法进行。

1.4.1.1 钻探

采用 XY-1、DDP-100 岩芯钻机,岩芯管钻具,肋骨钻头,泥浆护壁,回转钻进。开孔直径 127mm,终孔直径 108mm,钻进深度、地层深度的量测精度不低于 ±5cm。采用水下薄壁取土器利用静力压入法或重锤少击法采取不扰动土样,取土质量等级 I 级,岩芯采取率 95% 以上。

1.4.1.2 标准贯入试验

按《GB 50021—2001》规范中规定的钻杆、贯入器规格、锤重、落距、试验要求进行试验的。

1.4.1.3 室内土工试验

采用《GB/T 50123—1999》规范中规定的仪器仪表、试验方法进行土的物理力学性质试验。

1.4.2 勘察工作量

勘探孔布置为:

1. W1~W2 段 DN1100 污水管道,管道全长约 105m,每 100m 布置一个钻点,共 2 个钻点,具体钻孔位置详见平面图。管道埋深为 4.5m,2 个点钻点深度为 15m。

2. 迁建后的东风地道 DN300、DN1000 进水管道为顶管施工,管道全长约 130m,每个井位布置一个钻点,共 4 个钻点,具体钻孔位置详见平面图。管道埋深介于 8.7~8.8m,4 个点钻点深度为 25m。

3. Y2~Y21 段 DN1200~DN1650 雨水管道,管道全长约 1050m,每 150m 布置一个钻点,共 7 个钻点,具体钻孔位置详见平面图。管道埋深介于 2.7~3.7m,7 个点钻点深度为 15m。

4. Y21~Y26 段 DN1650~DN1800 雨水管道,管道全长约 290m,每 100m 布置一个钻点,共 3 个钻点,具体钻孔位置详见平面图。管道埋深介于 3.2~4.6m,3 个点钻点深度为 15m。

5. Y26~Y36 段 DN1800~DN2000 雨水管道为顶管施工,管道全长约 780m,每 50m 布置一个钻点,共 15 个钻点,具体钻孔位置详见平面图。管道埋深介于 4.2~5.4m,15 个点钻点深度为 15m。

6. YC1~YC3 段 DN1500 出水管道,管道全长约 180m,每 100m 布置一个钻点,共 2 个钻点,具体钻孔位置详见平面图。管道埋深为 4.5m,2 个点钻点深度为 15m。

勘探工作量布置详见勘探点平面布置图。

本次勘察工作所完成的工作量见表 1。

勘察工作量表　　　　　　　　　　　　　　　　　　　　　　表1

序　号	工作项目	单　位	工作量	备　注
1	勘探点测放	个	33	
2	取土孔	米/孔	343.8/21	
3	标贯孔	米/孔	190/12	
4	取土试料	件	338	
5	室内土工试验	件		
6	室内水质间分析	件	7	

1.5　需要说明的问题

勘探点的位置是根据业主提供的平面图及其定位坐标而测放。

2　场地工程地质条件

2.1　位置、地形及地貌

勘探场地位于场地地面较平坦,勘探点标高介于 1.30~3.86m。

2.2　地层

据钻探揭露,场地地表下 25.0m 深度范围内的地层为:第四系全新统的海陆相层和上更新统的陆相沉积层。按沉积时代、成因类型划分为 6 个工程地质层,按岩土类别及地基土的物理力学性质共划分为 9 个工程地质亚层,各层土的岩性特征描述见表2。

岩土名称及特征一览表　　　　　　　　　　　　　　　　　　　表2

层号	年代成因	岩土名称	层厚(m)	层顶相对标高(m)	岩性描述
①	Q_4^{ml}	填土	0.4~3.3	1.30~3.86	杂色,松散,湿,炉灰为主
②	Q_4^{3al}	粉质黏土	0.8~3.3	-0.7~2.26	灰褐色,饱和,软塑,含云母、氧化铁
③1	Q_4^{2m}	粉土	2.2~6.1	-2.90~0.86	灰色,稍密,饱和,含云母,见贝壳夹粉质黏土薄层
③2		粉质黏土	1.4~6.1	-7.3~-3.74	灰色,稍密,饱和,含云母,见贝壳夹粉土薄层
③3		粉土	1.2~6.7	-10.60~-4.94	灰色,稍密,湿,含云母,见贝壳夹粉质黏土薄层
④	Q_4^{1al}	粉质黏土	0.8~1.1	-12.20~-8.14	灰白色,饱和,软塑,含云母、少量氧化铁
⑤1	Q_4^{1al}	粉质黏土	4.2~4.2	-12.19~-11.90	褐黄色,稍湿,软塑,含云母、氧化铁,见姜石
⑤2		粉砂	1.7~2.6	-16.70~-16.1	褐黄色,中密,饱和,含云母、石英、长石,局部夹粉土薄层
⑥	Q_3^{eal}	粉质黏土	未穿透	-19.3~-17.8	黄褐色,稍湿,含云母、氧化铁,见姜石

2.3 地下水

场地浅部地下水属潜水,勘察期间测得地下水稳定水位埋深为 0.30~3.00m,稳定水位高程为 -0.40~1.16m。该地下水主要受大气降水补给,以蒸发形式排泄,地下水水位随季节变化,一般年变化幅度为 0.5~1.00m。

3 岩土工程性能指标

3.1 地基土的物理力学参数

根据室内土工试验及原位测试结果,经数理统计后,将各层地基土的主要物理力学参数及原位测试指标的统计值、土工试验结果进行列表记录。

3.2 地基土的工程性能评价

根据各层地基土的物理、力学参数平均值并结合其野外特征,对各层地基土的工程性能评价如下:

①层:杂填土,结构松散,工程性能差。

②层:粉质黏土,压缩系数 $\overline{\alpha_{1-2}} = 0.370 \text{MPa}^{-1}$,中等压缩性,液性指数 $\overline{I_l} = 0.73$,软塑状态。

③₁层:粉土,压缩系数 $\overline{\alpha_{1-2}} = 0.173 \text{MPa}^{-1}$,压缩性较低,$\bar{e} = 0.730$,密实,工程性能较好。

③₂层:粉质黏土,压缩系数 $\overline{\alpha_{1-2}} = 0.369 \text{MPa}^{-1}$,中等压缩性,液性指数 $\overline{I_l} = 0.92$,软塑状态,工程性能差。

③₃层:粉土,压缩系数 $\overline{\alpha_{1-2}} = 0.358 \text{MPa}^{-1}$,中等压缩性,$\bar{e} = 0.779$,密实,工程性能较好。

④层:粉质黏土,压缩系数 $\overline{\alpha_{1-2}} = 0.379 \text{MPa}^{-1}$,中等压缩性,液性指数 $\overline{I_l} = 0.71$,可塑,工程性一般。

⑤₁层:粉质黏土,压缩系数 $\overline{\alpha_{1-2}} = 0.23 \text{MPa}^{-1}$,中等压缩性,$\bar{e} = 0.545$;工程性能一般。

⑤₂层:粉砂,压缩系数 $\overline{\alpha_{1-2}} = 0.308 \text{MPa}^{-1}$,中等压缩性,$\bar{e} = 0.545$,中密;工程性能较好。

⑥₂层:粉质黏土,压缩系数 $\overline{\alpha_{1-2}} = 0.349 \text{MPa}^{-1}$,中等压缩性,液性指数 $\overline{I_l} = 0.69$,可塑状态。

3.3 地基土承载力特征值

根据土工试验结果,结合该地区经验综合确定的各层地基土的承载力特征值 f_{ak} 和压缩模量平均值列于表3。

地基土承载力特征值　　表3

地层编号	岩土名称	层顶标高(m)	压缩模量平均值 $(E_{sl})_{-2}$(MPa)	地基承载力特征值 f_{ak}(kPa)
②	粉质黏土	1.30~3.86	5.19	110
③₁	粉土	-2.90~0.86	9.38	130

续上表

地层编号	岩土名称	层顶标高（m）	压缩模量平均值 $(E_{s1})^{-2}$(MPa)	地基承载力特征值 f_{ak}(kPa)
③2	粉质黏土	-7.3 ~ -3.74	4.86	105
③3	粉土	-10.60 ~ -4.94	5.05	120
④	粉质黏土	-12.20 ~ -8.14	4.77	120
⑤1	粉质黏土	-12.19 ~ -11.90	5.28	160
⑤2	粉砂	-16.70 ~ -16.1	10.19	180
⑥	粉质黏土	-19.3 ~ -17.8	5.01	130

4. 地下水对建筑材料的腐蚀性评价

根据场区水质分析结果,结合《GB 50021—2001》有关规定进行分析,地下水对混凝土结构无腐蚀性;对混凝土结构中的钢筋在长期浸水状态下无腐蚀性,在干湿交替状态下具有中等腐蚀性;对钢结构具有中等腐蚀性。

5. 场地的地震效应评价

由《中国地震动参数区划图》(GB 18306—2001)可知,场地抗震设防烈度为7度(第一组),设计基本地震加速度值为0.15g。

本场地地表下15.0m深度范围内饱和粉土、砂土层主要为第〈3-1〉层和第〈3-3〉层粉土,遵照《GB 50011—2010》第4.3.1条规定,饱和粉土应进行液化判别。根据《GB 50011—2010》4.3.3条"粉土的黏粒含量百分率,7度、8度和9度分别不小于10、13和16时,可判为不液化土"的规定,初步判定19、21、24、28号饱和粉土具有液化可能性。为此,采用标准贯入试验判别法进行液化判别计算。

当 $N_{63.5} < N_{cr}$ 时,应判为液化土。

其中:
$$N_{cr} = N_0[0.9 + 0.1(d_s - d_w)]\sqrt{3/\rho_c} \quad (d_s \leq 15)$$

式中:N_{cr}——液化判别标准贯入锤击数临界值;

N_0——液化判别标准贯入锤击数基准值,$N_0 = 8$;

d_s——饱和土标准贯入点深度(m);

d_w——地下水位深度(m),本工程取各孔实测值;

ρ_c——黏粒含量百分率,当小于3或为砂土时,采用3。

液化判定计算结果详见表4。

液化判定计算结果表　　　　　表4

孔号	层号	d_s	ρ_c	$N_{63.5}$	N_{cr}	是否液化	液化指数	液化等级
19	③1	8.0	3.0	13.0	11.9	否	—	—
21	③1	9.0	8.6	11.0	7.5	否	—	—

续上表

孔号	层号	d_s	ρ_c	$N_{63.5}$	N_{cr}	是否液化	液化指数	液化等级
24	③1	9.0	9.0	9.0	7.3	否	—	—
28	③1	4.0	7.3	8.0	5.8	否	—	—

5 基坑工程

5.1 基坑开挖

基坑开挖范围内的主要土层有：①杂填土（松散）、②粉质黏土（可塑）、③1粉土（密实）、③2粉质黏土（软塑）、③3粉土（密实），加上地下水位埋藏较浅，建议采用基坑支护措施后进行垂直开挖，选用钢板桩、悬臂灌注桩加搅拌桩隔水帷幕法进行支护。基抗开挖所需参数见表5。

基坑开挖所需参数　　　　　　　　　　　表5

层号	岩土名称	地层平均厚度(m)	重度(kN/m³)			直剪快剪	
			饱和重度	天然重度	有效重度	Φ_q(度)	C_q(kPa)
①	填土	2.27	19.9	19.8	9.8	11.1	20
②	粉质黏土	2.05	19.7	19.5	9.5		23
③1	粉土	4.27	19.8	19.5	9.5	18.6	11.1
③2	粉质黏土	3.85	19.4	19.3	9.3	13.2	19.2
③3	粉土	2.67	19.6	19.5	9.5	14.1	5.2

根据室内渗透试验结果，现将基坑降水所需要参数见表6。

渗透试验结果表　　　　　　　　　　　表6

层号	岩土名称	垂直渗透系数 cm/s×10⁻⁶			水平渗透系数 cm/s×10⁻⁶		
		最大值	最小值	平均值	最大值	最小值	平均值
①	填土	2.46	2.46	2.46	3.18	3.18	3.18
②	粉质黏土	51.50	0.207	11.774	60.5	0.307	14.159
③1	粉土	304	2.1199	59.678	417	3.18	76.975
③2	粉质黏土	54.299	0.207	12.777	56.90	0.303	15.433
③3	粉土	56.9	0.209	14.954	51.4	0.369	12.435
④	粉质黏土	3.48	0.02075	2.178	6.03	0.312	2.921
⑤1	粉质黏土	2.03	2.03	2.03	5.1199	0.503	2.811

6 结论与建议

(1)拟建场地未发现影响建筑物稳定的不良地质现象。

(2)各层地基土主要物理力学参数可按经数理统计后的相关数值进行采用,地基土承载力特征值可采用表3中数值。

(3)场地浅部地下水属潜水,勘察期间测得地下水稳定水位埋深为0.30~3.00m,稳定水位高程为-0.40~1.16m。该地下水主要受大气降水补给,以蒸发形式排泄,地下水水位随季节变化,一般年变化幅度为0.5~1.00m。本场地地下水对混凝土结构无腐蚀性;对混凝土结构中的钢筋在长期浸水状态下无腐蚀性;在干湿交替状态下具有中等腐蚀性,对钢结构具有中等腐蚀性。

(4)建筑场地土的类型属中软土,场地类别为Ⅲ类,设计地震分组为第一组,抗震设防烈度为7度,设计地震基本加速度为0.15g,调整后特征周期为$T_g = 0.45s$,场地属抗震不利地段,本场地15.0m深度范围内无液化土层,可不考虑地震液化及震陷问题。

(5)本场地标准冻深为0.6m。

(6)基坑开挖后,应进行钎探工作,对探得的池塘、沟、墓穴等,应按有关规定进行妥善处理。

(7)基坑支护体系建议:如开挖深度较小、周围无建筑物情况下,结合降水措施,可采用钢板桩加围檩结构进行支护;如距离建(构)筑物较近,可加采用钻孔灌注桩桩排式维护墙或现浇钢筋混凝土地下连续墙结构,钢结构和钢筋混凝土支撑,连续搭接的水泥土搅拌桩隔水帷幕。基坑开挖时进行支护结构、地面、周围建(构)筑物、铁道、管线等变形观测。

任 务 要 求

练一练:

1.工程地质勘察报告的内容包括( )、( )、( )、建筑场地稳定性与适宜性的评价、结论与建议。

2.基坑开挖后,应进行( )工作,对探得的池塘、沟、墓穴等,应按有关规定进行妥善处理。

想一想:

1.正确识读工程地质勘察报告,对工程基础施工有何影响?

2.工程地质勘察工作在工程建设各阶段的作用有哪些?

任 务 拓 展

请同学们结合本任务学习内容,利用互联网查找工程的地质勘察报告,进行识读。

任务九　基础工程施工实训

一、土方工程实训

(一) 实训目的

通过实训,学生应能够掌握土方工程的开挖、土方量的计算、基础平面图的绘制、土类别的辨别和土方边坡的概念,加深理论知识的理解,提高实际操作的能力。

(二) 实训内容

由学校联系建筑施工现场,学生在现场进行基础工程施工实训,具体实训内容如下:

①鉴别基坑土质。通过搓条法、刀切法鉴别该工程土方施工中土的类别。

②根据土的类别、现场实际情况、基坑高度等情况确定基坑放坡的坡度系数。

③学习根据基础平面图,进行现场测量放线,并观察龙门板的位置。

④根据已施工的基础,进行一部分基础的土方量计算。

⑤根据已施工的基础,绘制出基础平面图。

⑥观察现场的土方施工机械,能够辨别机械类别,掌握机械性能。

⑦结合教材,请现场施工技术人员进行基坑支护讲解。

二、桩基实训

(一) 实训目的

通过实训,学生应能够掌握桩基础的施工方法、桩的种类、桩的施工机械和桩基础施工中常遇的问题及处理方法。

(二) 实训内容

由学校联系建筑施工现场,学生在现场进行桩基础工程施工实训,具体实训内容如下:

①了解预制桩的制作、运输、吊装、堆放。

②根据施工现场具体情况及施工图纸,确定打桩顺序,再与现场实际方案相对照。

③进行打桩数值测定,做好详细记录,并填写施工记录表格。

④分析预制桩施工中易发生哪些质量问题,并思考应如何处理。

⑤辨别现场灌注桩的种类,观察成孔方法。

⑥仔细观察施工现场桩基础施工的施工过程。

⑦帮助施工技术人员整理桩基础竣工验收资料。

基础工程施工模块归纳总结

任务一　学会场地平整

一、土方工程的施工特点

土方工程的工程量大,施工工期长,劳动强度大,施工条件复杂,天气变化对施工的影响大。

二、土的工程分类

根据土的开挖难易程度，土的工程分类可以分为松软土、普通土、坚土等八大类。前四类为普通土，后四类为坚石。

三、土的组成

土由土颗粒、水和空气组成，一般把它们叫作土的固相、液相和气相。

四、土的物理性质

土的物理性质包括土的天然含水率、土的天然密度和干密度、土的孔隙比和孔隙率、土的可松性、土的渗透系数。土的物理性质对土方施工会产生一定影响，施工前要充分认识土的状态。

五、场地平整的计算

场地平整土方量计算应按照挖填平衡的原则，采用方格网法计算土方量。

六、场地平整的施工要求

场地平整施工要满足质量要求。

任务二　学会土方开挖

一、施工准备

土方开挖施工准备的内容包括熟悉施工图纸和地质勘察报告、测量放线工作、材料及机具准备。

二、土方工程量计算

主要介绍土方边坡、边坡形式以及基坑（槽）土方量计算公式。

三、土方工程机械化施工

主要介绍推土机、铲运机、单斗挖土机的性能及特点，土方工程机械的选择。

四、人工降低地下水位

主要介绍集水井降水法和井点降水法的适用范围、施工工艺和操作要点。

五、基坑（槽）施工要求

主要介绍基坑（基槽）的开挖技术要求、基坑（槽）验收的内容、方法和要求。

任务三 学会基坑支护与地基加固

一、土壁支撑

主要介绍横撑式支撑和钢板桩的适用范围、特点和施工工艺。

二、地基局部处理

主要介绍松土坑(填土、墓穴、淤泥等)处理、砖井或土井处理和橡皮土处理。

三、地基加固

主要介绍灰土垫层地基、砂垫层地基、重锤夯实法、强夯法等地基加固方法的适用条件和施工工艺。

任务四 学会基础工程施工

一、浅基础工程施工

主要介绍浅基础的分类以及砖基础、毛石基础、混凝土和毛石混凝土基础施工。

二、桩基础工程施工概述

主要介绍桩基础的作用、组成与分类。

三、钢筋混凝土预制桩

主要介绍:预制桩的种类、制作、运输和堆放;打入法施工、静力压桩施工、振动沉桩施工;打桩中常见问题的分析和处理;打桩质量要求与验收以及打桩施工时对临近建筑物的影响及预防措施。

四、钢筋混凝土灌注桩

内容包括泥浆护壁成孔灌注桩、沉管灌注桩、干作业成孔灌注桩、人工挖孔灌注桩的施工工艺、操作要点以及桩基工程的质量检查与安全技术。

任务五 学会土方回填与压实

一、回填土选择及施工

二、环刀法取样质量检查

三、填土压实方法

内容包括碾压法、夯实法和振动法。

四、影响填土压实质量的因素

内容包括压实功的影响、含水率的影响和铺土厚度的影响。

五、冬期填土施工

任务六　学习地下连续墙施工

一、地下连续墙的施工工艺原理和适用范围
二、地下连续墙的施工
内容包括地下连续墙施工工艺流程和施工操作要点。

任务七　学习土层锚杆与土钉墙施工

一、土层锚杆的发展与应用
主要介绍土层锚杆在我国深基坑支挡、边坡加固、滑坡整治、水池抗浮、挡墙锚固和结构抗倾覆等工程中的应用。

二、土层锚杆的类型和构造
土层锚杆一般由锚头、锚头垫座、钻孔、防护套管、拉杆(钢索)、锚固体、锚底板等组成,分为普通锚杆、扩大头锚杆、齿形锚杆等。

三、土层锚杆支护结构设计
主要内容包括调查了解基坑及其周边的场地状况,确定地层参数,进行设计计算,核算桩、墙与锚杆的整体稳定,绘制锚杆施工图。

四、土层锚杆的施工
内容包括土层锚杆布置、施工准备工作、施工机械及土层锚杆施工工艺。

五、土钉支护的发展与应用
本部分主要介绍土钉支护的特点和土钉墙的适用范围及工程应用。

六、土钉支护设计
内容包括土钉长度、土钉直径、土钉间距设计。

七、土钉支护的施工
内容包括土钉墙施工工艺流程、土方开挖方法、土钉施工操作要点及土钉防腐施工。

任务八　学习识读地质勘察报告

一、工程地质勘察的任务与目的
二、工程地质勘察的主要方法和手段

三、工程地质勘察的内容和要求

四、工程地质勘察报告识读

五、一般工程地质勘察报告示例

任务九　基础工程施工实训

一、土方工程实训

二、桩基实训

模块三 主体结构工程——砌体工程施工

 导读

砌体工程施工是指利用胶结材料将砖、石和各类砌块砌筑成具有一定稳定性的整体的过程。在房屋建筑工程中,因砖石结构取材方便、造价低廉、施工工艺简单,至今仍在使用。现阶段许多地区也采用工业废料和天然材料制作中、小型砌块以代替普通黏土砖。本模块主要介绍砖砌体、砌块砌体的施工工艺、施工方法、质量要求。

 学习目标

(1)了解砌体对材料的要求;了解片石砌体施工工艺及质量验收标准;了解脚手架的种类及搭设工艺要求;了解施工机械的性能和使用;能够正确选择砌体材料、施工工艺、施工方法和施工机具。

(2)熟悉砌筑砂浆的种类、性能及使用要求;熟悉砌体工程的适应范围。

(3)掌握砖砌体的施工工艺及质量要求。

(4)掌握砌块砌体的施工工艺及质量要求。

(5)能够进行砌体工程施工方案的编制和施工质量的检查验收。

(6)能发现砌体结构主体工程施工过程中的安全隐患,并能采取必要的措施进行整改。

任务一 学会砖砌体施工

 知识准备

从古至今,砌体结构一直被广泛应用,如我国的万里长城、西安的大小雁塔等。这种结构具有造价低、耐久性好、施工简便、保温隔热性良好等优点。但其抗震能力较低,砌筑劳动强度较大。此外,黏土砖还存在破坏耕地等问题,因此从节能节地方面考虑,应限制黏土砖的使用。

一、施工前准备

(一)砌筑材料准备

1.砖

砖的种类有多种。常用的有普通黏土砖(标准规格尺寸为240mm×115mm×53mm)、多孔黏土砖[规格为290mm×190mm(140)×90mm、240mm×115mm×90mm、240mm×180mm×115mm]、蒸养灰砂砖、粉煤灰砖等,应按设计要求的数量、品种、强度等级及时组织进场,按砖的强度等级、外观、几何尺寸进行验收,并检查出厂合格证。

常温下施工时,对普通黏土砖、空心砖应提前 1~2d 浇水湿润,以水浸入砖内 10mm 左右为宜,避免砖干燥吸收砂浆中过多的水分而影响黏结力,但浇水过多会产生砌体走样或滑动,也不能在砌筑前临时浇水,以免因砖表面存有水膜而影响砌体质量。

图 3-1~图 3-4 分别为实心黏土砖、多孔黏土砖、蒸压灰砂砖和粉煤灰砖。

图 3-1　实心黏土砖　　图 3-2　多孔黏土砖　　图 3-3　蒸压灰砂砖　　图 3-4　粉煤灰砖

2. 砂浆

(1) 砂浆的作用及适用范围

砌筑用砂浆有水泥砂浆、石灰砂浆和混合砂浆。砂浆在砌体中的作用是传递上部荷载,黏结砌体,提高砌体的整体强度。砂浆种类选择及其等级的确定应根据设计要求而定。一般水泥砂浆主要用于潮湿环境和强度要求较高的砌体;石灰砂浆主要用于砌筑干燥环境中以及强度要求不高的砌体;混合砂浆主要用于地面以上强度要求较高的砌体。

砂浆的配合比应根据设计要求经试验确定。当砂浆组成材料有变更时,其配合比应重新确定。

(2) 砂浆所用材料

砂浆配料应采用重量比,配料要准确。水泥进场使用前应分批对其强度、安定性等进行复验。检验批应以同一生产厂家、同一编号 200t 为一批,按复验结果使用。在使用中对水泥质量有怀疑或水泥出厂日期超过 3 个月(快硬硅酸盐水泥超过 1 个月)时,应重新取样化验,待确定强度后再使用。砂宜选用中砂,不得含有有害杂物。砂浆含泥量应符合规范要求,对强度等级不小于 M5 的混合砂浆,不应超过 5%;对强度等级小于 M5 的混合砂浆,不应超过 10%。石灰膏是由生石灰经充分熟化而成,熟化时间不少于 7d,严禁使用脱水硬化的石灰膏。

(3) 砂浆搅拌与使用

砂浆宜采用机械搅拌。拌制时间自投料完成后算起,水泥砂浆和混合砂浆不得少于 1.5min;水泥粉煤灰砂浆和掺用外加剂的砂浆不得少于 3min;掺用有机塑化剂的砂浆应为 3~5min。砂浆应随拌随用,水泥砂浆与混合砂浆必须分别在拌后的 3h 和 4h 内使用完毕,如气温在 30℃ 以上,则必须分别在 2h 和 3h 内用完。砌筑砂浆稠度应符合表 3-1 中的规定。

(4) 砂浆强度检验

砂浆强度标准值应以标准养护龄期为28d试块抗压强度试验结果为准。每250m³的砌体中的各种类型及强度等级的砂浆,每台搅拌机应至少检查1次,在砂浆搅拌机出料口随机取样制作试块(同盘砂浆只应制作一组试块),砂浆强度必须符合下列规定:

砌筑砂浆稠度　　　　　　　　　　　　　　　表3-1

项目	砌体种类	砂浆稠度(mm)
1	烧结普通砖砌体	70~90
2	轻骨料混凝土小型空心砌块砌体	60~90
3	烧结多孔砖、空心砖砌体	60~80
4	烧结普通砖平拱式过梁空斗墙、筒拱普通混凝土小型空心砌块砌体、加气混凝土砌块砌体	50~70
5	石砌体	30~50

①同一验收批砂浆试块抗压强度平均值不得小于设计强度等级所对应的立方体抗压强度。

②同一验收批砂浆试块抗压强度的最小一组平均值不得小于设计强度等级所对应的立方体抗压强度的0.75倍。

(二)机具准备

砌筑前,必须准备垂直和水平运输机械。运输设施的用途是将各种材料和工具运送至施工的楼层。常用的垂直运输机具有龙门架、井字架、塔式起重机,水平运输机械除塔式起重机外,还有双轮手推车或机动翻斗车。除准备施工必需的机械设备外,还应按施工要求准备脚手架、砌筑工具、质量检查工具(靠尺、皮数杆、百格网)等。

1. 塔式起重机

塔式起重机具有提升、回转、水平运输等功能,具有较大的工作空间,不仅是重要的吊装设备,而且也是重要的垂直运输设备,能够吊运长、大、重的物料。按构造性能,塔式起重机可分为轨道式、爬升式、附着式和固定式四种。各种形式的塔式起重机型号很多,将在安装工程施工模块中具体介绍。

2. 井字架

井字架是砌筑工程常用的、最简便的垂直运输设施,可用钢管或型钢加工制作成定型产品,也可用脚手架材料在现场直接搭设而成。井字架多为单孔,也可制成双孔或三孔。每个孔内设有可沿导轨升降的吊盘。井字架的起重能力一般为10~20kN,搭设高度可达40m,适用于中、小工程。井字架上还可安装小型悬臂吊杆,吊杆长5~10m,用于吊运长度或体积较大的材料和构件,起重量为5~10kN,工作幅度可达2.5~5m。为保证井字架的稳定,必须设置缆风绳或附墙拉结。

图3-5、图3-6分别为井字架示意图和实物图。

3. 龙门架

龙门架是由两根立柱和横梁组成的门架。龙门架上设置有滑轮、导轨、吊盘、缆风绳等,可进行材料、机具等垂直运输。根据立柱结构不同,龙门架起重量为5~15kN,门架高度为15~

30m,适用于中、小型工程。

图3-7、图3-8分别为龙门架示意图和龙门架实物图。

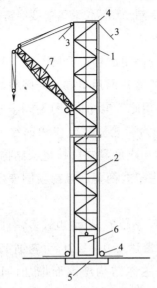

图3-5 井字架示意图

1-井架;2-钢丝绳;3-缆风绳;4-滑轮;5-垫梁;6-吊盘;7-辅助吊

图3-6 井字架实物图

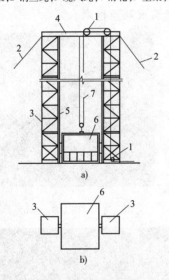

图3-7 龙门架示意图

1-滑轮;2-缆风绳;3-立柱;4-横梁;5-导轨;6-吊盘;7-钢丝绳

图3-8 龙门架实物图

4. 井字架、龙门架的安装

井字架、龙门架属于高耸金属塔架结构物,必须采取相应的技术措施确保其工作安全可靠。

井字架、龙门架必须安装在可靠的地基和基座上,基座周围要求排水通畅。井字架、龙门架高度在12~15m以下时设1道缆风绳,15m以上每增高5~10m增设1道。井字架每道缆风绳不少于4根,龙门架每道不少于6根。缆风绳宜用直径7~9mm的钢丝绳,与地面成45°夹角。

井字架、龙门架高度超过30m时,在雷雨季节应设避雷装置。如果没有装设避雷装置,遇雷雨天气则应暂停使用。井字架、龙门架应制订安全操作细则,设置警示标志,防止发生机械故障和安全事故。卷扬机设备、轨道、锚碇、钢丝索、吊盘升降制动和限位装置等要经常检查和保养。

5. 施工电梯

目前我国建筑市场使用的施工升降机是一种可分层输送各种建筑材料和施工人员的客货两用电梯。升降机的导轨井架附着于建筑物的外侧,又称外用施工电梯(见图3-9)。按其驱动原理的不同,施工电梯大致可分为齿轮驱动电梯和钢丝绳轮驱动电梯两类(前者又分为单吊厢式和双吊厢式);按塔架结构的不同,施工电梯又分为单塔架式和双塔架式两类。目前我国使用的主要是单塔架式施工电梯。

施工电梯的生产厂家较多,机型也较多,有国产也有进口。其中,国产施工电梯载质量达 1.0~1.2t,可容纳 12~15 人。施工电梯的高度随着建筑物主体结构施工而增加,可达 100m(最高达 250m)。在进口机型中,施工电梯最高起升高度已达 450m。

图 3-9 施工电梯

6. 砌筑工具及检查仪器

图 3-10~图 3-13 分别为砌刀、刨锛、水平垂直检测尺和百格网。

图 3-10 砌刀

图 3-11 刨锛

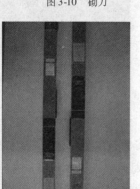

图 3-12 水平垂直检测尺

图 3-13 百格网

二、砖砌体施工

砖砌体组砌形式要遵循一定的规律,达到组砌合理、节约用材、提高效率、满足砌体整体性的要求。

(一)砖墙的组砌形式

(1)如图3-14所示,一顺一丁砌法是一皮全部顺砖与一皮全部丁砖间隔砌成。上下皮间的竖缝相互错开1/4砖长。

(2)如图3-15所示,三顺一丁砌法是连续三皮全部顺砖与一皮全部丁砖间隔砌成。上下皮顺砖间竖缝错开1/2砖长;上下皮顺砖与丁砖间竖缝错开1/4砖长。由于顺砖较多,这种砌筑方法砌筑效率较高,但由于三皮全部顺砖存在竖向通缝,砌体的整体性不如一顺一丁砌法。

图3-14 一顺一丁砌法

图3-15 三顺一丁砌法

(3)如图3-16所示,梅花丁砌法是在每皮中丁砖与顺砖相间砌成,上皮顺砖坐中于下皮顺砖,上下皮竖缝相互错开1/4砖长。这种砌法内外墙皮,在每皮中均有丁砖拉结,故整体性好,灰缝整齐,但砌筑效率较低。

(4)如图3-17所示,全顺砌法是每皮都用顺砖砌筑,上下皮竖缝相互错开1/2砖长,这种砌法只适用于砌筑半砖墙。

图3-16 梅花丁砌法

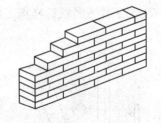

图3-17 全顺砌法

(5)如图3-18所示,全丁砌法是全部用丁砖砌筑,这种砌法只适用于圆弧形砌体(如水池、烟筒、水塔)。为了使砖墙的转角处各皮间竖缝相互错开,必须在转角处砌七分头砖(即3/4砖长)。

(6)如图3-19所示,两平一侧砌法是每层由两皮顺砖与一皮侧砖组合相间砌筑而成,主要用来砌筑3/4厚砖墙。

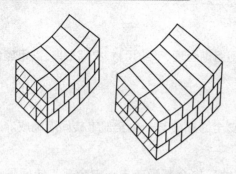

图 3-18 全丁砌法　　　　　　图 3-19 两平一侧砌法

（二）砖砌体施工工艺

1. 抄平

砌墙前应在基础防潮层或楼面上按标准的水准点定出各层标高。厚度不大于 20mm 时用 1:3 水泥砂浆找平，厚度大于 20mm 时一般用 C10 细石混凝土找平，使各段砖墙底部标高符合设计要求。

2. 放线

根据龙门板上给定的轴线及图纸上标注的墙体尺寸，在基础顶面上用墨线弹出墙的轴线和墙的宽度线，并按设计用钢卷尺分出门洞口位置线。二楼以上墙的轴线可以用经纬仪或垂球将轴线引上，并弹出各墙的宽度线，画出门洞口位置线。

图 3-20 为墙身弹线示意图。

3. 摆砖样

选定组砌方式后，在基面上沿墙体宽度线范围用干砖试摆。一般沿房屋外纵墙方向摆顺砖，沿山墙方向摆丁砖。由一个大角摆到另一个大角，相邻两砖间留 10mm 缝隙。摆砖样的目的是校对所放出的墨线在门窗洞口、附墙垛等处是否符合砖的模数并符合相应的组砌规律，尽可能减少砍砖的数量，使砌体灰缝均匀、组砌恰当，提高砌筑质量。

图 3-21 为工作人员摆砖样施工图。

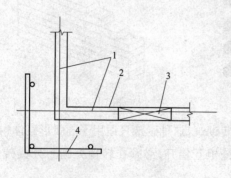

图 3-20 墙身弹线　　　　　　图 3-21 摆砖样
1-墙轴线；2-墙边线；3-门洞位置线；4-龙门板

4. 立皮数杆

皮数杆是指在其上画有每皮砖和灰缝厚度,以及门窗洞口、过梁、楼板、梁底、预埋件等标高位置的一种木制方杆。它的作用是砌筑时控制砌体的竖向尺寸,同时可控制砖层及灰缝水平。皮数杆一般立于房屋的四大角、内外墙交接处、楼梯间以及洞口多的地方。砌体较长时,每隔 10~15m 增设 1 个。皮数杆应保证牢固和垂直,固定时,应用水准仪抄平,并用钢尺量出楼层高度,定出本楼层楼面标高。皮数杆上的 ±0.000m 标高要与房屋的 ±0.000m 标高相吻合。

图 3-22 为皮树杆设置示意图。

5. 盘角挂线

墙角是控制墙面横平竖直的主要依据,所以,一般砌筑先砌墙角,盘角(见图 3-23)不超六皮砖,要做到"三皮一吊,五皮一靠"。

墙角砌好后就可以挂小线,作为砌筑中间墙体的依据,一般 240mm 厚墙可单面挂线,370mm 厚墙及以上的墙则应双面挂线。

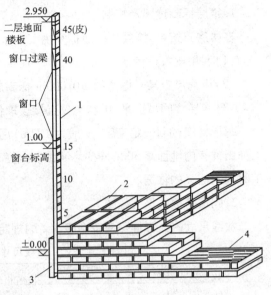

图 3-22 皮树杆设置(标高单位:m)
1-皮数杆;2-砖墙;3-木桩;4-防潮层

6. 砌砖

砌砖(见图 3-24)的方法较多,常用的砌筑方法有"三一"砌砖法、挤浆法、刮浆法和满口灰法等,其中最常用的是"三一"砌砖法和挤浆法。

图 3-23 盘角

图 3-24 砌砖

"三一"砌砖法:即一块砖、一铲灰、一挤揉,并将挤出的砂浆刮去。其特点是灰缝饱满,黏结力好,墙面整洁。

挤浆法:即先在墙顶面铺 500~700mm 砂浆,然后双手或单手拿砖挤入砂浆中,使竖向灰缝有 2/3 高砂浆,达到下齐边、上齐线、横平竖直的要求。其特点是可连续砌几块砖,减少繁琐的动作,平推平挤可使灰缝饱满,效率高。

7. 清理墙面

砌体砌筑完毕后,应及时进行墙面、柱面和落地灰的清理,清水墙还应用砂浆进行勾缝。

(三)砖砌体施工中的技术要求

1. 楼层标高传递及控制

在楼房建筑中,楼层或楼面标高由下向上传递常用的方法有以下几种:

(1)利用皮数杆传递。

(2)用钢尺沿某一墙角的±0.000m标高起向上直接丈量。

(3)在楼梯间吊钢尺,用水准仪直接读取传递。

每层楼墙砌到一定高度(一般为1.2m)后,用水准仪在各内墙面分别进行抄平,并在墙面上弹出离室内地面高500mm的水平线,俗称"50线",这条线可作为该楼层地面和室内装修施工时控制标高的依据。

2. 砌筑前放线尺寸校核

放线尺寸的允许偏差应符合表3-2的规定。

放线尺寸的允许偏差　　　　　　　　　　表3-2

长度L或宽度B(m)	允许偏差(mm)	长度L或宽度B(m)	允许偏差(mm)
L(或B)≤30	±5	60<L(或B)≤90	±15
30<L(或B)≤60	±10	L(或B)>90	±20

3. 施工洞留设

砌体结构施工时,为了使装修阶段的材料运输和人员能通过,常常在外墙和单元楼分隔墙上留设临时性施工洞。为保证墙身的稳定和人身安全,洞口侧边距丁字相交的墙面不应小于500mm,洞口净宽度不应超过1m。抗震设防烈度为9度的地区建筑物的临时施工洞口位置,应经设计单位确定。临时施工洞口应做好补砌工作。

4. 不得留有脚手眼的墙体及部位

(1)120mm厚墙、料石清水墙和独立柱。

(2)过梁上与过梁成60°角的三角形范围及过梁净跨度1/2的高度范围内。

(3)宽度小于1m的窗间墙。

(4)砌体门窗洞口两侧200mm(石砌体为300mm)和转角处450mm(石砌体为600mm)范围内。

(5)梁或梁垫下及其左右500mm范围内。

(6)设计不允许设置脚手眼的部位。

施工脚手眼补砌时,灰缝应填满砂浆,不得用干砖填塞。

5. 减少墙体不均匀沉降

沉降不均匀将导致墙体开裂,对结构危害很大。若房屋相邻高差较大时,应先建高层部分。分段施工时,砌体相邻施工段的高差不得超过一个楼层,也不得大于4m。柱和墙上严禁施加大的集中荷载(如架设起重机),以减少因灰缝变形而导致砌体沉降。现场施工时,砖墙每天砌筑的高度不宜超过1.8m,雨天施工时,每天砌筑高度不宜超过1.2m。

6. 空心砖墙砌筑技术要求

非承重空心砖墙应侧砌,上下垂直灰缝相互错开1/2砖长,砌筑时在不够整砖处,如无半砖规格,可用普通黏土砖补砌。承重空心砖的孔洞应垂直于受压面砌筑,长圆孔应顺墙方向。非承重空心砖的孔洞应呈水平方向砌筑,其底部应至少砌3皮实心砖。在门洞两侧一砖长范围内,应用实心砖砌筑。半砖厚的空心砖隔墙,如墙较高,应在墙的水平灰缝中加设钢筋或每隔一定高度砌几皮实心砖带。

图3-25为空心砖墙砌筑示意图。

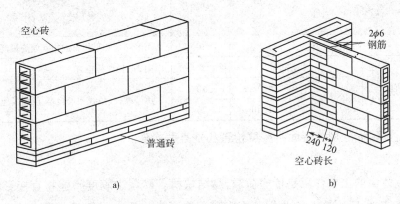

图3-25　空心砖墙砌筑(尺寸单位:mm)

(四)砖砌体的质量要求

砖砌体总的质量要求是横平竖直、砂浆饱满、上下错缝、接槎可靠。砖砌体的尺寸和位置的允许偏差见表3-3。

砖砌体的尺寸和位置的允许偏差　　　　　　　　　　表3-3

项　　目		允许偏差(mm)	检验方法	抽检数量
基础顶面和楼面标高		±15	用水平仪和尺检查	不应少于5处
表面平整度	清水墙、柱	5	用2m靠尺和楔形塞尺检查	有代表性自然间的10%,但不应少于3间,每间不应少于2处
	混水墙、柱	8		
门窗洞口高、宽(后塞口)		±5	用尺检查	检验批洞口的10%,且不应少于5处
外墙上下窗口偏移		20	以底层窗口为准,用经纬仪或吊线检查	检查批的10%,且不应少于5处
水平灰缝平直度	清水墙	7	拉10m线和尺检查	有代表性自然间的10%,但不应少于3间每间不应少于2处
	混水墙	10		
清水墙游丁走缝		20	吊线和尺检查,以每层第一皮砖为准	有代表性自然间的10%,但不应少于3间,每间不应少于2处

1. 横平竖直

（1）横平：即要求每一皮砖必须保持在同一水平面上，每块砖必须摆平。为此，在施工时首先做好基础或楼面抄平工作。砌筑时严格按皮数杆挂线，将每皮砖砌平。

（2）竖直：即要求砌体表面轮廓垂直平整，竖向灰缝必须垂直对齐。对不齐而错位的情况称为游丁走缝，它影响砌体的外观质量。

墙体垂直与否直接影响砌体的稳定性，而墙面平整与否则影响墙体的外观质量。检查墙垂直度时，可用2m靠尺靠在墙面上，看指针的位置。

砖砌体的位置及垂直度的允许偏差见表3-4。

砖砌体的位置及垂直度的允许偏差　　　　表3-4

项次	项目		允许偏差（mm）	检验方法
1	轴线位置偏移		10	用经纬仪和尺检查或用其他测量仪器检查
2	垂直度	每层	5	用2m托线板检查
		全高 ≤10mm	10	用经纬仪、吊线和尺检查，或用其他测量仪器检查
		全高 >10m	20	

图3-26、图3-27分别为墙面平整度检查和垂直度检查。

2. 砂浆饱满

砂浆在砌体中的主要作用是传递荷载，黏结块材。砂浆饱满度不够将直接影响砌体的承载力传递和整体性，所以施工验收规范规定砂浆饱满度水平灰缝不得低于80%，竖向灰缝不得出现透明缝、瞎缝和假缝，竖向灰缝宜用挤浆或加浆方法，使其砂浆饱满，并严禁用水冲浆灌缝。灰缝厚度控制在8～12mm之间，一步架的砖砌体每20m抽查1处，尺量用10皮砖砌体高度折算。砂浆饱满度用百格网检查砖底面与砂浆的黏结痕迹面积，每处检验3块砖，取其平均值。

图3-28所示为砂浆饱满度检查。

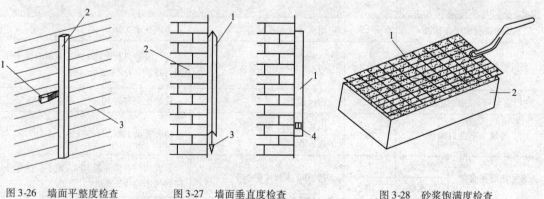

图3-26　墙面平整度检查　　图3-27　墙面垂直度检查　　图3-28　砂浆饱满度检查
1-塞尺；2-靠尺；3-墙　　1-托线板(靠尺)；2-墙；3-线锤；4-读表　　1-百格网；2-砖

3. 上下错缝、接槎可靠

为了保证砌体有一定的强度和稳定性,应选择合理的组砌形式,并应上下错缝,不准出现通缝。"通缝"会使砌体丧失整体性从而影响强度。同时,为保证砌体的整体稳定性,砖墙转角处和纵横墙交接处应同时砌筑,严禁无可靠措施的内外墙分砌施工。对不能同时砌筑而需临时间断处,应砌成斜槎(见图3-29a),斜槎水平投影长度不应小于高度的2/3。临时间断处的高差不得超过一步脚手架的高度。

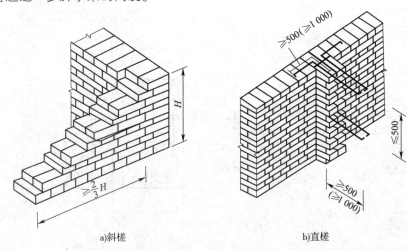

图3-29 实心砖墙临时间断处留槎方式(尺寸单位:mm)

非抗震设防及抗震设防烈度为6度、7度地区的临时间断处,当不能留斜槎时,除转角处外,可留直槎(见图3-29b),但直槎必须砌成凸槎。留直槎处应加设拉结钢筋,拉结结筋的数量为每120mm墙厚设置1根直径6mm的拉结钢筋(120mm墙厚放置2φ6拉结钢筋);间距沿墙高不得超过500mm;埋入长度从墙的留槎处算起,每边均不应小于500mm,对抗震设防烈度为6度、7度的地区,每边不应小于1 000mm;末端应有90°弯钩。

图3-30、图3-31分别为斜槎留设和直槎留设施工图。

图3-30 斜槎留设

图3-31 直槎留设

4. 构造柱与砖墙连接

设有钢筋混凝土构造柱的抗震多层砖混房屋,应先绑扎钢筋,而后砌筑砖墙,最后支设模板浇筑混凝土。墙与柱应沿高度方向每500mm设2φ6钢筋,每边伸入墙内不应少于1m;构造柱应与圈梁连接;砖墙应砌成马牙槎,每一马牙槎沿高度方向的尺寸不超过300mm,马牙槎从每层柱脚开始,应先退后进。该层构造柱混凝土浇完之后,才能进行上一层的施工。

图3-32为砖墙与构造柱连接详图,图3-33为构造柱与砖墙连接拉结筋,图3-34为构造柱马牙槎。

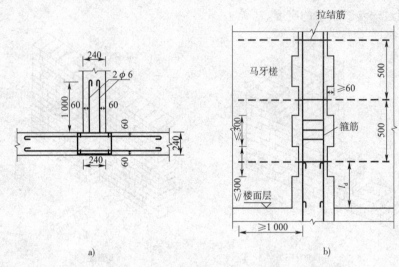

图3-32 砖墙与构造柱连接(尺寸单位:mm)

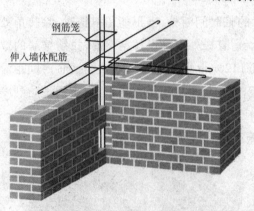

图3-33 构造柱与墙连接拉结筋

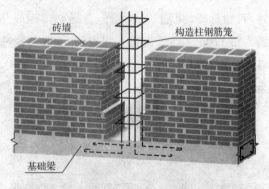

图3-34 构造柱马牙槎

三、砌体施工安全技术要求

砌体工程面广量大,属于以手工作业为主的分项工程,投入的劳力非常多,其安全性在施工现场非常重要。

(1)砌筑工程施工前,必须检查操作环境是否符合安全要求,道路是否畅通,机具是否完好、牢固,安全设施和防护用品是否齐全,经检查符合要求后方可施工。

(2)砌基础时,应经常检查和注意基坑土质的变化情况,堆放砌体材料应离槽(坑)边1m以上,当深基坑装设挡土板或支撑时,现场操作人员应设梯子上、下基坑,不得攀跳。

(3) 砌筑高度超过 1.2m 以上，应搭设脚手架。架上堆放材料不得超过规定荷载，堆砖高度不得超过 3 皮侧砖，同一块脚手板上的操作人员不得超过 2 人。同时，应按规定搭设安全网。

(4) 严禁用抛掷方法传递材料，如果是人工传递，应稳递稳接，上下操作人员站位应错开。

(5) 不准站在墙顶上做划线、刮缝及清扫墙面或检查大角垂直等工作。

(6) 砍砖时应面向内砍，防止碎砖跳出伤人。

(7) 不准用不稳固的工具或物体在脚手板上进行垫高操作。

(8) 砌墙时，不准在墙顶或架上修整块材，以免振动墙体影响质量或石片掉下伤人。

(9) 不准勉强在超过胸部的墙上进行砌筑，以免将墙体撞倒或将砖石失手掉下造成安全事故。

(10) 砖、石运输车辆的两车前后距离在平道上应不小于 2m，在坡道上应不小于 10m。装砖时要先取高处后取低处，防止垛倒砸人。

(11) 如遇雨天及每天下班时，要做好防雨措施，以防雨水冲走砂浆，使砌体倒塌。

(12) 垂直运输的机具(如吊笼、钢丝绳等)必须满足负荷要求。吊运时应随时检查，不得超载。对不符合规定的，应及时采取措施。

(13) 砌墙使用的工具、材料应放在稳妥的地方，工作完毕应将脚手板上的碎砖、灰浆等清扫干净，防止掉落伤人。

(14) 大风、大雨、冰冻等异常气候之后，应检查砌体垂直度是否有变化，是否产生了裂缝，是否有不均匀下沉现象。

案　　例

砌体工程施工

一、工程概况

某现浇钢筋混凝土剪力墙连体结构，外墙、分户隔墙及户内 200mm 的墙体采用 200mm 厚黏土多孔砖，卫生间墙体采用 120mm 厚黏土多孔砖，户内隔墙为 90mm 厚陶粒混凝土条板隔墙。±0.000m 标高以下采用 M5 水泥砂浆，±0.000m 标高以上采用 M7.5 混合砂浆。厨房、卫生间底部做 100mm 高 C20 级与墙体同宽的细石混凝土条基。

二、施工准备

(一) 人员准备

根据各施工段主体结构的进度情况，及时组织人员进场，每施工段安排一作业班组。

(二) 机械准备

根据工程的实际情况及工程进度要求，每施工段安排 3 台砂浆搅拌机，每台搅拌机配 1 台磅秤计量、3台物料提升机,同时安排塔吊配合施工。

(三)技术准备

认真熟悉设计图纸及相关的施工规范,对图纸中存在疑问的,与设计方联系,及时解决,并对相关的施工技术规范进行学习和交底。

(四)材料准备

(1)材料部门及时根据材料计划组织材料进场,工地材料员对进场的砌筑材料,如黏土多孔砖等,要进行抽样检验和外观检查。要求选用的砖品种、规格、强度均符合设计要求,同时外观边角整齐、颜色均匀、规格一致,无翘曲和裂缝。按每5万块为一检验批进行抽样送检。

烧结多孔砖的规格尺寸:240mm×115mm×90mm(用于120mm厚墙),240mm×190mm×90mm(用于200mm厚墙);实心砌块的规格尺寸:240mm×115mm×53mm(配砖)。

(2)砂浆原材料同样按规范要求进行送检,并做试验配比,在拌制砂浆时要严格按配合比进行计量。

(3)运输过程中要求操作者轻拿轻放,严禁倾倒和抛掷;进入现场后,应按不同规格和强度等级分别堆放整齐,并设置标志牌;堆置高度不宜超过2m,堆放在地下室顶板上时,高度不得超过1.5m;堆垛之间应保持适当的通道。

三、砌体砌筑

砌体工程的施工工艺流程:测量放线→焊接拉墙筋、绑扎构造柱钢筋→基层清理、细石混凝土找平(厨房、卫生间墙体混凝土卷边支模浇筑混凝土)→立皮数尺、挂线砌筑→构造柱浇筑混凝土。

(一)测量放线

首先找出结构施工时的控制轴线和标高控制点,通过测量放出墙体的内外边线、控制线以及1m标高控制线。

(二)墙体拉结筋、构造柱

墙体与结构的拉结筋采取在结构施工时预留短钢筋(预留时垂直间距应根据砌块模数进行调整),采取单面搭接焊连接,焊接长度不能小于$10d$(d为拉结筋直径),对于漏埋和预留位置偏差较大的拉筋,则采取植筋的方式与结构连接,植筋深度不小于$10d$,并按规范要求进行抗拔试验。拉结筋按间距500mm、$2\phi6$通长设置(120mm砖墙为$1\phi6$),砌筑时严禁将其随意切断或弯曲,拉筋的端部应做成90°的弯钩,弯钩长度不小于$10d$。混凝土结构与墙体接口处应用1:2水泥砂浆填密实。

构造柱钢筋的主筋采取单面搭接焊的方式与预留钢筋进行连接,箍筋按设计和规范要求进行绑扎,并按要求进行加密。上述工作完成后报监理验收。

构造柱待砌筑砂浆达到一定强度后(≥1.0MPa)方可绑扎钢筋,钢筋验收合格后,用定型模板支模,模板用短钢管及对拉螺杆加固或用铁丝对拉加固,其间距为500mm,并在底部留一个柱宽×20cm 的清扫口。顶部留一个柱宽×30mm 的下料口,下料口周边钉成喇叭口,高过梁底100mm,模板与砌体之间贴海绵胶带封堵缝隙。

浇灌构造柱混凝土前,应将模板内的落地灰、砖渣等清除干净,将清扫洞口封模后,浇水湿润构造柱孔内壁。

浇捣构造柱混凝土时,采用插入式振捣棒。振捣时,振捣棒应避免直接触碰多孔砖墙和混凝土浇平模板。模板拆除3d 后将喇叭口处混凝土与构造柱面凿平。拆模后,养护时间不应少于7d。

(三)基层处理、厨、卫墙体混凝土卷边

墙体砌筑前,应将现浇结构板上的松散混凝土及其他杂物清理干净,并用高压水进行冲洗,再用C20 细石混凝土进行找平。

厨房、卫生间等有防水要求的房间,墙体底部做160mm 高的细石混凝土卷边,厚度同墙厚。

(四)砌体砌筑

(1)砌筑前先将黏土空心砖提前1~2d 浇水湿润(砌筑时的含水率控制在10%~15%),在已弹好线的楼面上双面挂线(120mm 厚砖墙单面挂线),立好皮数杆,先干摆砌块,然后调整砌块间端缝至均匀合格。砌筑前先铺灰,后安装就位,每一砌块就位后,应表面核线,用靠尺加以校正。

(2)墙体底部应先丁砌一皮实心烧结普通砖,采用"三一"砌法和全顺砌法。砌筑时砌块应侧砌,其孔洞与垂直方向平行,上下皮砌块错缝搭砌,搭砌长度为1/2 砖长,最小不应小于1/4 砖长。窗间墙与清水墙面严禁出现通缝。

(3)砌筑时严禁留直槎,在转角、交接处应同时砌筑,不能同时砌筑时或必须留置临时间断处时,可砌成斜槎,斜槎的长高比应不小于2/3。转角、交接处为保证错缝,应使用3/4 砖长的配砖,其位置处在外侧,隔层设置。墙体上留设脚手眼应符合施工要求,下列位置严禁留置脚手眼:120mm 厚墙体;过梁上与过梁成60°角的三角形范围及过梁净跨1/2 的高度范围内;宽度小于1 000mm 的窗间墙;墙体门窗洞口两侧200mm 和转角处450mm 范围内;梁或梁垫下及其左右500mm 的范围内;设计不允许设置脚手眼的部位。施工脚手眼补砌时,灰缝应填满砂浆,不得用干砖填塞。

(4)砌体灰缝横平竖直,水平缝和垂直缝的宽度宜为10mm,但不应小于8mm,也不应大于12mm。灰缝砂浆严实饱满度,水平缝不低于80%,竖直缝应填满砂浆,不允许有透明缝和假缝。

(5)构造柱的布置除设计外,当墙长大于4m 时,应每隔4m 设置构造柱。构造柱断面为200mm×墙厚,所有拉筋应锚入构造柱内,构造柱的马牙槎采取三进三出方式,进退60mm,先退后进。

(6)多孔砖墙每日砌筑高度不得超过1.8m,雨天施工时不宜超过1.2m。

(五)砌体质量要求

(1)多孔砖砌体的一般尺寸允许偏差见表3-5。

多孔砖砌体的一般尺寸偏差允许值 表3-5

项次	项目		允许偏差(mm)	检验方法
1	轴线位置		10	经纬仪、尺
	垂直度	每层	5	
		全高	20	吊线和尺检查
2	表面平整度		8	2m靠尺
3	门窗洞口高、宽(后塞口)		±5	尺量
4	外墙上下窗偏移		20	吊线尺量

(2)砂浆饱满度的检验方法及要求见表3-6。

砂浆饱满度的检验方法及要求 表3-6

灰缝	饱满度要求	检验方法
水平灰缝	≥80%	用百格网检查砖底面砂浆的黏结痕迹面积
垂直灰缝	填满砂浆,不得有透明缝、瞎缝、假缝	

(3)砂浆强度等级应以标准养护28d的试块抗压试验结果为准。砂浆试样应在砌筑地点随机抽取,抽样频率应符合下列规定:

①每一工作班每台搅拌机取样不得少于1组;

②每一层的每一分部工程砂浆试样的取样不得少于1组;

③每次6个试样应在同一盘砂浆中取样制作;

④每一层楼或250m³砌体中的各种强度等级砂浆的砂浆取样不得少于3组。

(六)其他要求

(1)所有砌体都先砌筑样板间,样板间验收合格后方可进行大面积施工。

(2)轻质隔墙由专业厂家安装。

四、安全技术措施

(1)在操作之前,必须检查操作环境是否符合安全要求,道路是否畅通,机具是否完好,安全设施和防护用品是否齐全,经检查合格后才能进行施工操作。

(2)墙体砌高超过1.2m以上时,必须搭设操作脚手架。采用双排扣件式钢管脚手架时,脚手架必须稳定牢固,每隔1 500mm设置1道抛撑,以免倾倒。一层以上或高度超过

4m,采用里脚手架时必须支搭安全网;采用外脚手架时必须设护身栏杆和挡脚板后方能施工。

(3)脚手架上堆料量不能超过规定荷载,高度不能超过3皮侧砖高度,同一脚手板上的操作人员不能超过2人。

(4)严禁站在刚砌好的墙顶上做划线、刮缝及清扫墙面或检查大角垂直度等工作。

(5)在脚手架上严禁用不稳定的物体进行垫高操作。

(6)砍砖时应面向内打,以免碎砖跳出伤人。

(7)用于垂直运输的物料提升机的所有配件都必须完好(如吊笼、钢丝绳、刹车等),吊运时严禁超载,并须经常检查,发现问题后及时维修。

(8)采用塔吊吊砖时要采用吊笼,吊运砂浆时料斗不能装得过满。

(9)冬季施工时,脚手板上如有冰霜、积雪,应先清理干净后才能上架进行操作。

(10)如遇雨天及每天下班时,要做好防雨措施,以防雨水冲走砂浆,致使砌体倒塌。

(11)在同一垂直面内上下严禁同时作业。不可避免时,应采取有效的安全隔离板,且下部操作人员必须正确佩戴好安全帽。

(12)在砌体墙上,不能拉锚缆风绳、吊挂重物,也不能作为其他施工的临时设施、支撑的支承点。如确实需用时,应采取有效的构造措施。

五、文明施工措施

(1)进场材料必须按指定的地点堆码整齐,取用砖时应从上至下取用,以防倒塌。

(2)砂浆搅拌站应设沉淀池,施工污水必须经沉淀后方可排出。

(3)落地灰应及时进行清理,可利用的应进行二次利用。

任 务 要 求

练一练:

1.在常温条件下施工时,砖应在砌筑前( )d浇水湿润。烧结普通砖、烧结空心砖、烧结多孔砖的含水率应控制在( )之间。

2.砌墙前应先弹出墙的( )线和( )线,并定出( )的位置。

想一想:

1.砖砌体施工工艺是什么?

2.砖砌体的质量要求有哪些?

任 务 拓 展

请同学们根据本任务的学习内容,到互联网上查找国家标准《砌体结构工程施工质量验收规范》(GB 50203—2011),进行阅读。

任务二　学会脚手架施工

知识准备

工人在砌筑砖墙时,劳动生产受砌筑高度的影响,一般在0.6m时效率最高,高于或低于0.6m时生产效率均下降。当砌筑到一定高度后,不搭设脚手架则砌筑工作无法进行,此高度称作"可砌高度",通常为1.5m。考虑到砌筑的工作效率和施工组织等因素,每次脚手架的搭设高度称作"一步架高"。砌筑用脚手架每步架高一般为1.2~1.4m,装饰用脚手架的一步架高一般为1.6~1.8m。脚手架宽度一般为1.5~2.0m。

一、脚手架作用和要求

(一)脚手架作用

(1)工人可以在脚手架上面进行操作。

(2)材料按规定堆放在脚手架上。

(3)材料可以在脚手架上进行短距离的水平运输。

(4)脚手架具有安全防护作用。

(二)脚手架基本要求

(1)有足够的面积,能满足施工工人操作、堆放材料和运输的需要。

(2)安全可靠。脚手架要具有足够的强度、刚度和稳定性,能保证施工期间在各种荷载和气候条件下不变形、不倾斜、不摇晃。

(3)装拆简单,搬移方便,并能多次重复使用。

(4)因地制宜,就地取材,经济合理。

(三)脚手架载荷要求

外脚手架砌筑工程2 700N/m^2;外脚手架装饰工程2 000N/m^2;里脚手架2 500N/m^2;挑脚手架1 000N/m^2;特殊情况要通过计算来决定。

二、脚手架分类

(1)按搭设位置不同分:外脚手架和里脚手架。

(2)按材料分:木脚手架、竹脚手架、金属脚手架等。

(3)按用途分:操作用脚手架、防护用脚手架、承重和支撑用脚手架。

(4)按构造形式分:多立杆式脚手架、碗扣式脚手架、框式脚手架、吊式脚手架、悬挑式脚手架、升降式脚手架等。

三、外脚手架施工

外脚手架是沿建筑物外围周边搭设的一种脚手架,用于外墙砌筑和外墙装饰。常用的外脚手架有多立杆式脚手架、门式脚手架等。

(一)扣件式钢管脚手架

扣件式钢管脚手架是目前广泛应用的一种多立杆式脚手架,不仅可用作外脚手架,而且还可用作里脚手架和大跨度建筑内部的满堂脚手架以及钢筋混凝土梁板结构模板系统的支架等。其特点是装拆方便,有利于施工操作,搭设灵活,搭设高度大,坚固耐用,虽然一次投资较大,但其周转次数多,摊销费低。

扣件式脚手架按搭设排数分单排脚手架和双排脚手架两种。单排脚手架仅在脚手架外侧设一排立杆,其横向水平杆一端与纵向水平杆连接,另一端搁置在墙上。单排脚手架节约材料,但稳定性较差,且在墙上留有脚手眼,其搭设高度及使用范围受到一定的限制;双排脚手架在脚手架的里外侧均设有立杆,稳定性好,但较单排脚手架费工费料。

1. 扣件式钢管脚手架的构造

扣件式钢管脚手架主要构件有立杆、纵向水平杆、横向水平杆、剪刀撑、横向斜撑、抛撑、连墙件、脚手板等。

钢管杆件一般采用外径48mm、壁厚3.5mm的无缝钢管。长度:大横杆、立杆和斜杆4~6m;小横杆2.1~2.3m。

图3-35为多立杆式脚手架,图3-36为钢管脚手架搭设。

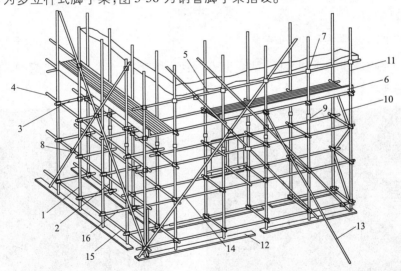

图3-35 多立杆式脚手架

1-外立杆;2-内立杆;3-横向水平杆;4-纵向水平杆;5-栏杆;6-挡脚板;7-直角扣件;8-旋转扣件;9-对接扣件;10-横向斜撑;11-主立杆;12-垫板;13-抛撑;14-剪刀撑;15-纵向扫地杆;16-横向扫地杆

扣件是钢管与钢管之间的连接件,用可锻铸铁铸成或钢板压成,其基本形式有三种,如图3-37所示。直角扣件用于连接扣紧两根互相垂直交叉的钢管,回转扣件用于连接扣紧两根平行或呈任意角度相交的钢管,对接扣件用于钢管的对接接长。

如图3-38所示,底座是用厚8mm、边长150mm的钢板作底板,与外径60mm、壁厚3.5mm、长度150mm的钢管套筒焊接而成,也可用可锻铸铁铸成,其底板厚10mm,底板直径为150mm,插芯直径为60mm,高度为150mm。

图 3-36　钢管脚手架搭设

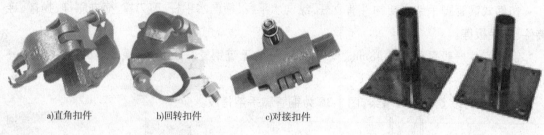

a)直角扣件　　b)回转扣件　　c)对接扣件

图 3-37　扣件形式　　　　　　　图 3-38　脚手架底座

脚手板可采用冲压钢板脚手板(见图 3-39)、钢木脚手板、竹脚手板(见图 3-40)等。每块脚手板的质量不宜超过 30kg。

图 3-39　钢脚手板

图 3-40　竹脚手板

2. 扣件式钢管脚手架的搭设与拆除

(1) 纵向水平杆设置

纵向水平杆宜设置在立杆内侧,其长度不宜小于 3 跨;两根相邻纵向水平杆的接头不宜设置在同步或同跨内,且在水平方向错开的距离不应小于 500mm;各接头中心至最近主节点的距离不宜大于立杆纵距的 1/3;接长宜采用对接扣件连接,也可采用搭接,搭接长度不应小于 1m,且应等间距设置 3 个扣件固定。

(2) 横向水平杆设置

主节点处必须设置1根横向水平杆,用直角扣件扣接且严禁拆除;主节点处2个直角扣件的中心距不应大于150mm;作业层上非主节点处的横向水平杆宜根据支承脚手板的需要等间距设置,最大间距不应大于纵距的1/2。

(3) 底座或垫板设置

每根立杆底部应设置底座或垫板。立杆接长除顶层顶步可采用搭接外,其余各处必须采用对接扣件连接;两根相邻立杆的接头不应设在同步内,同步内隔一根立杆的2个相隔接头在高度方向错开不宜小于500mm;各接头中心至主节点的距离不宜大于步距的1/3;搭接时长度不应小于1m,且应采用不少于2个旋转扣件固定,在立杆底端100~300mm处设置1道扫地杆。图3-41为立杆底部做法及扫地杆布置。

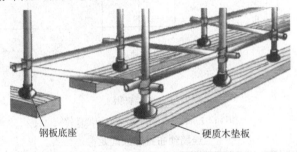

图3-41 立杆底部做法及扫地杆布置

(4) 脚手板设置

作业层脚手板应铺满、铺稳,离开墙面120~150mm;脚手板应有3根横向水平杆支承,当板长小于2m时可采用2根支承;脚手板对接平铺时,接头处必须设2根横向水平杆,外伸长取130~150mm;脚手板搭接铺设时,接头必须支在横向水平杆上,搭接长应大于200mm,每块板端伸出横向水平杆的长度应不小于100mm。

(5) 连墙件设置

为防止脚手架向外或向内倾覆,同时增加立杆的纵向刚度,必须设置能够承受拉力和压力的连墙件,其数量应符合规定;高度在24m以下的单、双排脚手架,宜采用刚性连墙件与建筑物可靠连接,如图3-42所示。亦可采用拉筋和顶撑配合使用的附墙连接方式,严禁使用仅有拉筋的柔性连墙件;高度在24m以上的双排脚手架,必须采用刚性连墙件与建筑物可靠连接,如图3-43所示。

图3-44为连墙杆做法示意图。

图3-42 脚手架连墙

图3-43 脚手架连柱

连墙件布置最大间距见表3-7。

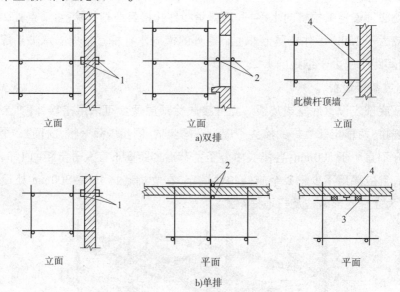

图3-44 连墙杆做法
1-扣件;2-短管;3-木楔;4-与墙内预埋件拉结

连墙件布置最大间距　　　　　　　　　　　　表3-7

脚手架高度		竖向间距（h）	水平间距（l_a）	每根连墙件覆盖面积（m^2）
双排	≤50m	$3h$	$3l_a$	≤40
	>50m	$2h$	$3l_a$	≤27
单排	≤24m	$3h$	$3l_a$	≤40

(6) 剪刀撑设置

单、双排脚手架应设置剪刀撑(见图3-45),每道剪刀撑宽度不应小于4跨,且不应小于6m,其跨越立杆的根数宜按表3-8确定。高度在24m以下的单、双排脚手架,均必须在外侧立面的两端各设置1道剪刀撑,并应由底至顶连续设置,中间各道剪刀撑之间的净距不应大于15m;高度在24m以上的双排脚手架,应在外侧立面整个长度和高度上连续设置剪刀撑。剪刀撑斜杆的接长宜采用搭接。每副剪刀撑跨越立杆的根数不应超过7根,与底面所成的角度为45°~60°。

剪刀撑设置　　　　　　　　　　　　表3-8

剪刀撑斜杆与地面的倾角	45°	50°	60°
剪刀撑跨越立杆的最多根数	7	6	5

(7) 横向斜撑设置

一字型、开口型双排脚手架的两端均必须设置横向斜撑(见图3-46),中间宜每隔6跨设置1道。横向斜撑应在同一节间,由底至顶层呈之字形连续布置。封闭形双排脚手架高度在24m以下可不设,高度在24m以上除拐角处设置外,中间每隔6跨设置1道。

图 3-45　剪刀撑

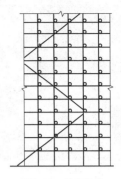
图 3-46　横向斜撑

(8) 扣件式钢管脚手架拆除

扣件式钢管脚手架拆除时，应按照自上而下的顺序，先拆保护安全网、脚手板和排木，再依次拆上部扣件和接杆。拆杆或放杆时，必须协同操作，拆下来的钢管要逐根传递下来，不要从高处丢下来；拆除下一道剪刀撑以前，必须绑好临时斜支撑，防止架子倾侧，禁止采用推侧或拉侧的方式拆除。拆下的钢管和扣件应分类整理存放，损坏的要进行整修。钢管应每年刷一次漆，防止生锈。

(二) 碗扣式钢管脚手架

碗扣式钢管脚手架的核心部件是碗扣接头 (见图 3-47)，由上下碗扣、横杆接头和上碗扣的限位销等组成。其特点是构件全部轴向连接，力学性能好，接头构造合理，工作安全可靠，装拆方便，不存在扣件丢失的问题。

碗扣式钢管脚手架的主要部件有立杆、顶杆、横杆、斜杆和底座等。立杆和顶杆各有两种规格，在杆上均焊有间距为 600mm 的下碗扣，每一碗扣接头可同时连接 4 根横杆，可以相互垂直或偏转一定角度。立杆和顶杆相互配合，可以构成任意高度的脚手架，立杆接长时，接头应错开，至顶层再用两种顶杆找平。

图 3-48 为碗扣式脚手架搭设，图 3-49 为碗扣式脚手架杆件，图 3-50 为碗扣式脚手架接头大样。

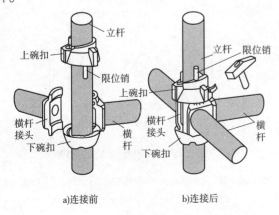
图 3-47　碗扣接头

图 3-48　碗扣式脚手架搭设

图3-49 碗扣式脚手架杆件

图3-50 碗扣式脚手架接头大样

(三)门式钢管脚手架

门式钢管脚手架(亦称框架组合式脚手架)是一种工厂生产、现场搭设的脚手架,不仅可以搭设外、里脚手架、满堂脚手架,还可以搭设用于垂直运输的井字架等。它具有安全、经济、搭设拆除效率高的特点。

门式脚手架的搭设高度限制在45m以内,采取一定措施后可达到80m左右。当架高在19~38m范围内,可3层同时操作,17m以下时可4层同时作业。

1. 门式脚手架的构造

门式脚手架的主要构件如图3-51所示,门式脚手架由门架、交叉支撑、水平梁架或挂扣式脚手板构成。按照设计要求,将门式脚手架的基本单元进行组合,在设计指定位置上安装水平加固杆、剪刀撑、扫地杆、封口杆、托座、底座及垫板等,并按要求设置连墙杆与建筑物相连,即构成整片脚手架。

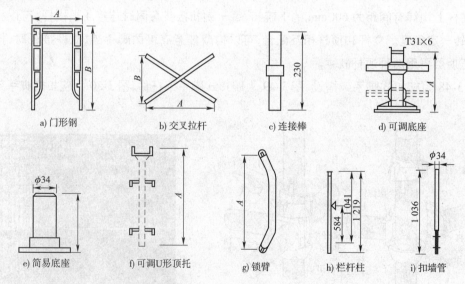

图3-51 门式脚手架的主要部件(尺寸单位:mm)

2. 门式脚手架的搭设与拆除

搭设门式脚手架时,基底必须先平整夯实。外墙脚手架必须通过扣墙管与墙体拉结,并用扣件把钢管与处于相交方向的门架连接起来,整片脚手架必须适量放置水平加固杆(纵向水平杆),前三层要每层设置,三层以上则每隔3层设1道。在脚手架外侧设置长剪刀撑(ϕ48脚手钢管,长6~8m),其高度和宽度为3~4个步距和柱距,与地面夹角为45°~60°,相邻长剪刀撑之间相隔3~5个柱距,沿全高布置。使用连墙管或连墙器将脚手架和建筑结构紧密连接,连墙点的最大间距在垂直方向为6m,在水平方向为8m。

拆除门式脚手架时应自上而下进行,拆除顺序与安装顺序相反,不允许将拆除的部件直接从高空掷下,应将拆下的部件分品种捆绑后,使用垂直吊运设备将其运至地面。

门式钢管脚手架的结构及搭设分别如图3-52、图3-53所示。图3-54为门式脚手架搭设。

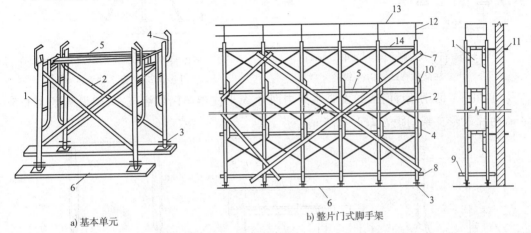

图3-52 门式钢管脚手架

1-门式框架;2-交叉支撑;3-螺旋基脚;4-锁臂;5-水平梁架;6-木板;7-剪刀撑;8-扫地杆;9-封口杆;10-连接棒;11-连墙杆;12-栏杆;13-扶手;14-脚手板

图3-53 门式脚手架单元搭设

图3-54 门式脚手架搭设

四、里脚手架施工

里脚手架搭设于建筑内部,用于砌筑工程和室内装饰施工。里脚手架用料省,轻便灵活,装拆方便,但装拆频繁。其结构形式有折叠式、支柱式、门架式等多种。

(1)如图3-55所示,折叠式脚手架上铺脚手板,其架设间距:砌墙时不超过1.8m,粉刷时不超过2.2m,可以设两步,第一步高1m,第二步高1.65m。

（2）如图 3-56 所示，套管式支柱脚手架是将插管插入立管中，以销孔间距调节高度，在插管顶端的凹形支托内搁置横杆，横杆上铺设脚手板，其搭设高度为 1.5~2.2m。

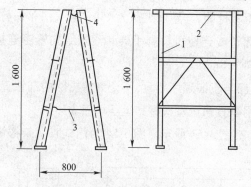

图 3-55 折叠式里脚手架（尺寸单位：mm）
1-立柱；2-横楞；3-挂钩；4-铰链

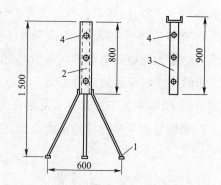

图 3-56 套管式支柱脚手架（尺寸单位：mm）
1-支脚；2-立管；3-插管；4-销孔

（3）如图 3-57 所示，门架式里脚手架由两片 A 形支架与门架组成，其架设高度为 1.5~2.4m，两片 A 形支架间距为 2.2~2.5m。

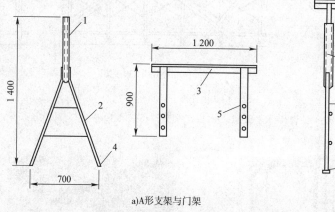

a) A 形支架与门架　　b) 安装示意图

图 3-57 门架式里脚手架（尺寸单位：mm）
1-立管；2-支脚；3-门架；4-垫板；5-销孔

五、其他形式的脚手架

建筑施工中，还有其他形式的脚手架可用于不同的施工场合。如在建筑外墙面上进行维修或局部装修时，可选用悬吊式脚手架或升降式脚手架；利用脚手架作为建筑物钢筋混凝土横向结构（梁、板）模板系统的支撑时，可选用在建筑内部搭设的满堂脚手架等。

六、安全网挂设

安全网分为平支网和立挂网两种，安全网的搭设要搭接严密、牢固、外观整齐，网内不得存留杂物。

（1）安全网宽度不小于 3m，长度不大于 6m，网眼不得大于 10cm。必须用维纶、绵纶和尼龙等材料纺织的符合国家标准的安全网，严禁使用拉坏和腐朽的安全网，丙纶小眼网只准当立网使用。搭设好的安全网在承受质量为100kg、表面积2 800cm² 的砂袋从10m高处冲击后,网绳、系绳、边绳应不断。

图3-58为建筑安全网图,图3-59为安全网搭设。

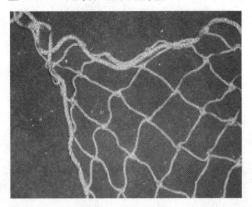

图3-58　建筑安全网

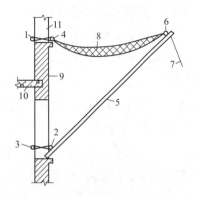

图3-59　安全网搭设
1、2、3-水平杆;4-内水平杆;5-斜杆;6-外水平杆;
7-拉绳;8-安全网;9-外墙;10-楼板;11-窗口

（2）架设安全网使时,其伸出墙面宽度应不小于2m,外口要高于里口500mm,两网搭接要扎接牢固,每隔一定距离应用拉绳将斜杆与地面锚桩拉牢。

（3）无外脚手架或采用单排外脚手架和工具式脚手架时,凡高度在4m以上的建筑物,首层四周必须在外围架设3m宽安全平网1道（20m以上的建筑物搭设6m宽双层安全网）,网下净空3m内严禁堆放物料及设施（20m以上的建筑不得小于5m）。

（4）高层、多层建筑使用外脚手施工时,要挂设安全网。建筑物低于3层时,安全网从地面上撑起,距地面约3～4m;建筑物在3层以上时,安全网应随外墙砌高而逐层上升,每升一次为一个楼层的高度。

（5）无法搭设水平安全网的,必须逐层立挂密目安全网（见图3-60）进行全封闭。搭设的水平安全网直至没有高处作业时方可拆除。

图3-61为立式安全网搭设。

图3-60　密目安全网

图3-61　立式安全网搭设

七、脚手架安全操作规定

(1) 从事脚手架搭设的工人必须经培训考核合格,持特种作业操作证上岗作业,非架子工未经同意不得单独进行作业。

(2) 架子工必须经过体检,凡患有高血压、心脏病、癫痫病、晕高或视力不够以及不适合登高的,不得从事登高架设作业。

(3) 脚手架搭设拆除前要做好安全宣传工作,制定安全措施,做好障碍物清除、场地平整、基土夯实、排水等工作。

(4) 脚手架在搭设和使用过程中,要经常检查,未经验收合格前,禁止上架子作业。暂停工程复工和6级以上强风和大雨、大雪、大雾天气后,必须对脚手架进行全面的检查,发现倾斜、沉陷、悬空、接头松动、扣件破裂、杆件折裂等现象后,应及时加固。

(5) 在脚手架使用期间,严禁拆除主节点处的纵、横向水平杆,纵、横向扫地杆以及连墙杆等杆件。

(6) 严格控制脚手架的使用荷载,对多立柱式外脚手架,施工均布活荷载标准规定为:维修脚手架为 $1kN/m^2$,装饰脚手架为 $2kN/m^2$,结构脚手架为 $3kN/m^2$。若需超载,则应采取相应措施并进行验算。

(7) 对于金属及其他脚手架,在山区以及高于附近建筑物的地方,雷雨季节应设置防雷装置。

(8) 金属脚手架上设置电焊机等电器设备时,应放在干燥的木板上。施工用电线路须按安全规定架设,钢脚手架不得搭设在距离 35kV 以上的高压线路 4.5m 以内以及 1~10kV 高压线路 2m 以内的区域,否则在使用期间应断电或拆除电源。

(9) 搭拆脚手架时,地面应设围栏和禁戒标志,并派专人看守,严禁非操作人员入内。

(10) 作业中出现险情时,必须立即停止作业,组织撤离危险区域,报告领导解决,不准冒险作业。

案　　例

脚手架钢管用量计算

一、外脚手架钢管用量计算

1. 立杆

(1) 外立杆高度 = 室外地面高度(或悬挑钢梁上表面)至檐口高度(女儿墙顶) + 1.2m。

(2) 内立杆高度 = 室外地面高度(或悬挑钢梁上表面)至檐口高度(女儿墙顶)。

(3) 立杆根数 = 外架外围周长 ÷ 立杆间距。

(4) 立杆长度 = 外排立杆根数 × 外排立杆高度 + 内排立杆根数 × 内排立杆高度。

2. 大横杆(沿脚手架纵向布置的水平杆)

(1) 大横杆长度 = 外架外围长度。

(2) 外排大横杆数量 = 脚手架高度 ÷ 步距(上下水平轴线间的距离) + 1。

(3)内排大横杆数量 = 脚手架高度÷步距(上下水平轴线间的距离)。

(4)大横杆总量 = 大横杆长度×大横杆数量(内排数量 + 外排数量)。

3.小横杆(沿脚手架横向布置的水平杆)

(1)小横杆长度 = 小横杆靠墙一端到装饰墙面的距离(一般不大于100mm) + 一个脚手板的宽度 + 立杆横距 + 一个钢管外径 + 小横杆伸出扣件边缘的长度(一般取100mm)。

以常用的立杆横距为1.05m的外脚手架为例,小横杆长度 = 100 + 300 + 1 050 + 51 + 100 = 1 601mm。

(2)小横杆数量(主节点部位) = 外架外围周长÷外立杆纵距×(外架高度÷立杆步距 + 1)。

(3)小横杆数量(非主节点部位)按脚手架施工方案确定的每隔 n 步架满铺脚手板,算出需要满铺脚手架的层数,再按每层主节点数量的一半计算小横杆根数。

(4)小横杆总量 = 小横杆总根数×小横杆长度。

4.剪刀撑

(1)规范关于剪刀撑的规定如下:

①高度在24m以下的单、双排脚手架,均必须在外侧立面的两端各设置1道剪刀撑,并应由底至顶连续设置。

②高度在24m以上的双排脚手架应在外侧立面整个长度和高度上连续设置剪刀撑。

③剪刀撑的接长宜采用搭接,搭接长度应符合规定。

④每道剪刀撑宽度不应小于4跨,且不应小于6m,斜杆与地面的倾角宜在45°~60°之间。

(2)长度计算根据施工方案确定的设置位置和形式及高度进行计算。

5.连墙件钢管用量计算

(1)规范关于连墙件的规定如下:

①定义:连接脚手架与建筑物的构件。

②连墙件布置最大间距见表3-9。

连墙件布置最大间距　　　　表3-9

脚手架高度		竖向间距	水平间距	每根连墙杆覆盖面积
双排	≤50m	$3h$	$3l_a$	≤40m²
	>50m	$2h$	$3l_a$	≤27m²
单排	≤24m	$3h$	$3l_a$	≤40m²

③一字形、开口形脚手架的两端必须设置连墙件,连墙件的垂直间距不应大于建筑物的层高,且不应大于4m。

(2)连墙件钢管用量的计算可根据施工方案确定的间距进行计算,具体内容略。

6.防护栏杆计算

(1)定义:外墙脚手架外侧介于上下两个纵向水平杆之间的用于作业层防护作用的纵向水平杆。

(2)防护栏杆的长度＝大横杆(纵向水平杆)的长度。

(3)防护栏杆的根数＝脚手架高度÷步距(上下水平轴线间的距离)。

(4)防护栏杆的总量＝防护栏杆的长度×防护栏杆的根数。

7.脚手板底纵向水平杆(纵向水平杆的一种)

(1)定义:设置于竹笆脚手板下方用于支撑竹笆脚手板的纵向水平杆。

(2)相关规范规定:当使用冲压钢脚手板、木脚手板、竹串片脚手板时,纵向水平杆(大横杆)应作为横向水平杆的支撑,用直角扣件固定在立杆上;当使用竹笆脚手板时,纵向水平杆应采用直角扣件固定在横向水平杆上,并应等间距设置,间距不应大于400mm。

(3)脚手板底纵向水平杆的用量计算:长度同纵向水平杆长度,根数应根据施工方案确定,需满铺脚手板的层数应进行计算,计算过程略。

二、临建钢管用量的计算

1. 安全通道

2. 钢筋加工车间

3. 木工加工车间

4. 坡道

三、安全防护钢管用量的计算

1. 临边防护

2. 洞口防护

3. 基坑周边防护

4. 其他部位

四、扣件量的计算

(1)找主节点个数,计算直角扣件个数,注意计算必要的抗滑扣件。

(2)找剪刀撑、横向斜撑、钢管搭接位置,计算旋转扣件数量。

(3)通过计算立杆、纵向水平杆、防护栏杆、脚手板底纵向水平杆等长度较大的杆件的长度,计算对接扣件的个数(一般按每4.5m一个对接扣件计算)。

(4)报扣件用量时,应按计算用量加损耗的方式上报用量,损耗率一般按5%计算。

任 务 要 求

练一练:

1.砌筑用脚手架的步距,应符合墙体高度的要求,一般为( )m。

2.扣件式钢管脚手架主要由( )、( )、( )等构配件组成。

想一想:

1.试述砌筑用脚手架的类型。

2. 对脚手架的基本要求有哪些?

任 务 拓 展

请同学们根据本任务的学习内容,查找互联网上脚手架事故视频进行观看,编制脚手架搭设安全措施。

任务三 学会砌块砌体施工

知识准备

砌块由工业废料和地方材料制成,具有生产简单、投资少、见效快、节约资源等优点,是目前常用的砌筑材料。砌块按形式分为实心砌块和空心砌块;按高度分为小型砌块:高度在 115~380mm,单块质量不超过 20kg,便于人工砌筑;中型砌块:高度 380~980mm,单块质量在 20~350kg 之间,需要用轻便机具搬运和砌筑;大型砌块:高度大于 980mm,单块质量大于 350kg,不便于人工搬运,必须采用起重设备搬运。目前我国采用的砌块以中型和小型为主。

一、混凝土小型空心砌块种类及构造

(一) 砌块种类

1. 普通混凝土小型空心砌块

如图 3-62 所示,普通混凝土小型空心砌块是由水、水泥、砂、碎石或卵石等预制而成,主规格为 390mm×190mm×190mm,有 2 个方形孔,副规格由施工企业根据需要与供货单位商量制定。

2. 轻骨料混凝土小型空心砌块

轻骨料混凝土小型空心砌块主规格也为 390mm×190mm×190mm,按孔的排列有单排孔、双排孔、三排孔和四排孔四种。

图 3-63 为陶粒混凝土空心砌块。

图 3-62 普通混凝土小型空心砌块

图 3-63 陶粒混凝土空心砌块

(二) 混凝土砌块一般构造要求

混凝土小型空心砌块砌体所用的材料,除满足强度计算要求外,尚应符合下列要求:

（1）对室内地面以下空心砌块砌体所用的砌体，应采用普通混凝土小砌块和不低于 M5 的水泥砂浆。

（2）5 层及 5 层以上民用建筑的底层墙体，应采用不低于 MU5 的混凝土小砌块和 M5 的砌筑砂浆。在墙体的下列部位，应用 C20 混凝土灌实砌块的孔洞：

①底层室内地面以下或防潮层以下的砌体。

②无圈梁的梁板支承面下的一皮砌块。

③没有设置混凝土垫块的屋架、梁等构件支承面下的高度不应小于 600mm、长度不应小于 600mm 的砌体。

④挑梁支承面下的距墙中心线每边不应小于 300mm、高度不应小于 600mm 的砌体。

砌块墙与后砌隔墙交接处，应沿墙高每隔 400mm 在水平灰缝内设置不少于 2φ4、横筋间距不大于 200mm 的焊接钢筋网片，钢筋网片伸入后砌隔墙内不应小于 600mm，如图 3-64 所示。

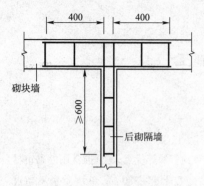

图 3-64　砌块与后砌隔墙钢筋网片
（尺寸单位：mm）

（三）夹心墙构造

混凝土砌块夹心墙由内叶墙、外叶墙及其间拉结件组成，如图 3-65、图 3-66 所示。内外叶墙间设保温层。

内叶墙采用主规格混凝土小型空心砌块，外叶墙采用辅助规格混凝土小型空心砌块或多孔砖。拉结件采用环形拉结件、Z 形拉结件或钢筋网片。砌块强度等级不应低于 MU10。

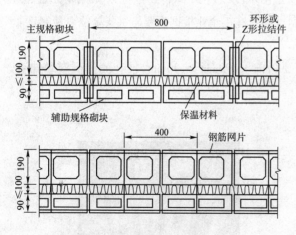

图 3-65　夹心墙构造（尺寸单位：mm）

图 3-66　夹心墙

当采用环形拉结件时，钢筋直径不应小于 4mm；当采用 Z 形拉结件时，钢筋直径不应小于 6mm。拉结件应沿竖向呈梅花形布置，拉结件的水平和竖向最大间距分别不宜大于 800mm 和 600mm，当有振动或有抗震设防要求时，其水平和竖向最大间距分别不宜大于 800mm 和 400mm。当采用钢筋网片作拉结件时，网片横向钢筋的直径不应小于 4mm，其间距不应大于

400mm；网片的竖向间距不宜大于600mm，当有振动或有抗震设防要求时，竖向间距不宜大于400mm；拉结件在叶墙上的搁置长度不应小于叶墙厚度的2/3，并不应小于60mm。

（四）芯柱设置

墙体的下列部位宜设置芯柱：

（1）在外墙转角、楼梯间四角的纵横墙交接处的3个孔洞宜设置素混凝土芯柱，灌实高度不小于三皮砌块。

（2）5层及5层以上的房屋，应在（1）所述部位设置钢筋混凝土芯柱。

芯柱的构造要求如下：

（1）芯柱截面不宜小于120mm×120mm，宜用不低于C20的细石混凝土浇灌。

（2）钢筋混凝土芯柱每孔内插竖筋不应小于$1\phi10$，底部应伸入室内地面下500mm或与基础圈梁锚固，顶部与屋盖圈梁锚固。

（3）在钢筋混凝土芯柱处，沿墙高每隔600mm应设$\phi4$钢筋拉结网片，每边伸入墙体不小于600mm，如图3-67所示。

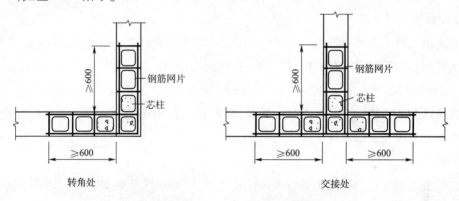

图3-67 钢筋混凝土芯柱与墙拉结（尺寸单位：mm）

（4）芯柱应沿房屋的全高贯通，并与各层圈梁整体现浇，如图3-68所示。在6~8度抗震设防的建筑物中，应按芯柱位置要求设置钢筋混凝土芯柱；对医院、教学楼等横墙较少的房屋，应根据房屋增加一层的层数，按表3-10的要求设置芯柱。

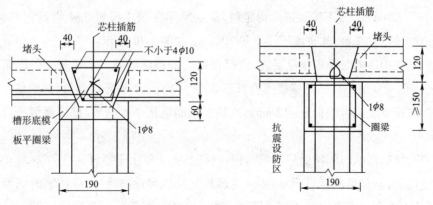

图3-68 芯柱与圈梁现浇（尺寸单位：mm）

混凝土空心小型砌块建筑芯柱设置要求　　　　　　　　　表3-10

房屋层数	芯柱的设置位置	芯柱的构造要求
3~4层	房屋四大角,楼梯间四角	对L形大角,填实3个孔;对T形接头,填实4个孔;每孔内插1φ10竖筋,并用C15混凝土填实
5层	房屋四大角,楼梯间四角,山墙与内纵墙交接处,内横墙与外纵墙交接处隔间设置	对L形大角,填实3个孔;对T形接头,填实4个孔;每孔内插1φ10竖筋,并用C15混凝土填实
6层	除按5层要求设置外,尚应在内横墙与外纵墙交接处每间设置	对L形大角,填实5个孔;对T形接头,填实4个孔;每孔内插1φ10竖筋,并用C15混凝土填实

注:对医院、学校等纵横墙较少的房屋,除四大角、楼梯间四角、内外墙交接处设置外,尚应在内外墙上适当增设芯柱。

二、混凝土小型砌块施工

普通混凝土小砌块不宜浇水,当天气干燥炎热时,可在砌块上稍加喷水润湿,轻骨料混凝土小砌块施工前可洒水,但不宜过多。龄期不足28d及潮湿的小砌块不得进行砌筑。应尽量采用主规格小砌块,砌块的强度等级应符合设计要求,并应清除小砌块表面污物,芯柱用小砌块应清除孔洞底部的毛边。

(1) 砂浆要求

以水泥混合砂浆为宜,稠度控制在50~70mm,砂浆铺筑厚度应不小于20mm。当气温、气候条件异常时,可采取在砂浆中加入减水剂、塑化剂等措施。

(2) 立皮数杆

在房屋四角或楼梯间转角处设立皮数杆,皮数杆间距不得超过15m。皮数杆上应画出各皮小型砌块的高度及灰缝厚度。

(3) 砌筑

在皮数杆上相对小型砌块上边线之间拉准线,小型砌块依准线砌筑,砌块砌筑应从转角或定位处开始,内外墙同时砌筑,纵横墙交错搭接。外墙转角处应使小型砌块隔皮露端面;T字交接处应使横墙小砌块隔皮露端面,纵墙在交接处改砌两块,如图3-69所示。

①小型砌块应对孔错缝搭砌,上下皮小型砌块竖向灰缝相互错开190mm。个别情况,当无法对孔砌筑时,普通混凝土小型砌块错缝长度不应小于90mm,轻骨料混凝土小型砌块错缝长度不应小于120mm。当不能保证此规定时,应在水平灰缝中设置2φ4钢筋网片,钢筋网片每端均应超过该垂直灰缝,其长度不得小于300mm,如图3-70所示。

②小型砌块砌体的灰缝应横平竖直,全部灰缝均应铺填砂浆。水平灰缝的砂浆饱满度不得低于90%;竖向灰缝的砂浆饱满度不得低于80%;砌筑中不得出现瞎缝、透明缝。水平灰缝厚度和竖向灰缝宽度应控制在8~12mm。当缺少辅助规格小砌块时,砌体通缝不应超过两皮砌块。

③小型砌块砌体临时间断处应砌成斜槎,斜槎长度不应小于斜槎高度的2/3(一般按一步脚手架高度控制)。如留斜槎有困难,除外墙转角处及抗震设防地区,砌体临时间断处不应留直槎外,可从砌体面伸出200mm砌成阴阳槎,并沿砌体高每三皮小型砌块(600mm)设拉结筋

或钢筋网片,接槎部位宜延至门窗洞口,如图 3-71 所示。

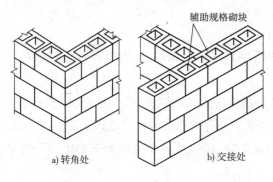

图 3-69 砌块转角处和交接处砌法

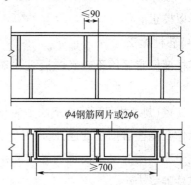

图 3-70 砌块水平灰缝拉结筋(尺寸单位:mm)

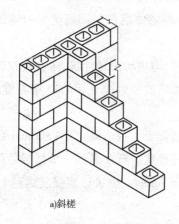

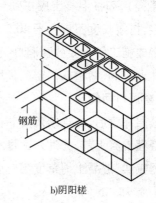

图 3-71 小砌块砌体斜槎和直槎

④承重砌体严禁使用断裂小砌块或壁肋中有竖向凹形裂缝的小型砌块砌筑,也不得采用小型砌块与烧结普通砖等其他块体材料混合砌筑。

⑤小型砌块砌体内不宜设脚手眼,如必须设置时,可用辅助规格 190mm×190mm×190mm 小砌块侧砌,利用其孔洞作脚手眼,砌体完工后用 C15 混凝土填实。但在砌体下列部位不得设置脚手眼:

a. 过梁上部、与过梁成 60°角的三角形及过梁跨度 1/2 范围内。

b. 宽度不大于 800mm 的窗间墙。

c. 梁和梁垫下及左右各 500mm 的范围内。

d. 门窗洞口两侧 200mm 内和砌体交接处 400mm 的范围内。

e. 结构设计规定不允许设脚手眼的部位。

⑥小型砌块砌体相邻工作段的高度差不得大于一个楼层高度或 4m。常温条件下,普通混凝土小型砌块的日砌高度应控制在 1.8m 内,轻骨料混凝土小型砌块的日砌高度应控制在 1.4m 内。

⑦砌体表面的平整度和垂直度,灰缝的厚度和砂浆饱满度应随时检查,及时校正偏差。在

砌完每一楼层后,应校核砌体的轴线尺寸和标高。允许范围内的轴线及标高的偏差可在楼板面上予以校正。

(4) 芯柱施工

芯柱部位宜采用不封底的通孔小砌块,当采用半封底的小砌块时,砌筑前必须打掉孔洞毛边。

①在楼(地)面砌筑第一皮小型砌块时,在芯柱部位应用开口砌块(或 U 形砌块)砌出操作孔。操作孔侧面宜预留连通孔,芯柱孔洞内的杂物及削掉孔内凸出的砂浆必须清除,且必须用水冲洗干净。同时必须校正钢筋位置并绑扎或焊接固定,待砌筑砂浆强度大于 1MPa 后,方可浇灌芯柱混凝土。

②芯柱钢筋应与基础或基础梁中的预埋钢筋连接,芯柱钢筋应与基础或圈梁下的钢筋搭接 $35d$(d 为钢筋直径),芯柱混凝土应在砌完该层墙体后与顶部圈梁同时浇筑,上下楼层的钢筋可在楼板上搭接,搭接长度不应小于 $40d$。

③对设计规定或施工所需要的孔洞口、管道、沟槽和预埋件等,应在砌筑时预留或预埋,不得在砌筑好的墙体上打洞、凿槽。门窗的预埋木砖或铁件事先用 C20 细石混凝土堵埋在砌块孔洞内,侧砌于门窗洞口两侧。

④砌完一个楼层高度后,应连续浇灌芯柱混凝土。每浇灌 400~500mm 高度捣实一次,或边浇灌边捣实。浇灌混凝土前,先注入适量水泥砂浆。严禁灌满一个楼层后再捣实,宜采用插入式混凝土振动器捣实;混凝土坍落度不应小于 50mm。砌筑砂浆强度达到 1.0MPa 以上方可浇灌芯柱混凝土。

⑤确保小砌块砌体的砌筑质量的措施可简单归纳为对孔、错缝、反砌。对孔,即上皮小砌块的孔洞对准下皮小砌块的孔洞,上下皮小砌块的壁、肋可较好传递竖向荷载,保证砌体的整体性及强度。错缝,即上下皮小砌块错开砌筑(搭砌),以增强砌体的整体性,这是砌筑工艺的基本要求。反砌,即小砌块生产时的底面(砌块制作脱模时形成的孔洞,顶面一头大、底面一头小)朝上砌筑于墙体上,以易于砂浆铺填和保证水平灰缝砂浆的饱满度。

三、框架填充墙施工

框架的柱和梁施工完后,就应按设计砌筑内外墙体,墙体应满足相应设计以及施工质量验收规范和各地颁布实施的标准图集的要求和施工工艺标准等进行施工。

(一) 墙体砌筑所用的材料

墙体砌筑所用的材料有黏土空心砖、黏土实心砖、蒸压加气混凝土砌块、轻骨料混凝土小型空心砌块等,要求质轻且具有一定的强度和隔音隔热效果。

(二) 框架填充墙施工

1. 作业条件

填充墙体施工前,应结合砌体和砌块的特点、设计图纸要求及现场具体条件,编制施工方案,准备好施工机具,做好施工平面布置,划分好施工段,安排好施工流水和工序交叉衔接施工。

2. 留设拉结筋

框架柱施工时一般应在框架柱里预埋拉结筋，拉结筋的设置为沿柱高每500mm埋设2ϕ6钢筋。抗震设防烈度为6、7度时，拉结筋宜沿墙全长贯通。

框架或框剪体系中拉结筋设置几种常用方法如下：

(1) 预留拉结筋法

在框架柱或墙板的钢筋绑扎完成后，将拉结筋按要求位置固定，把拉结筋顺柱长方向折弯成八字形状（弯折角<90°），在支模时再将拉结筋压紧，并使其紧贴在模板内侧，这样拆模后拉结筋即隐现或露在柱表层内，极容易拉出调直。

由于拉结筋较长，一般长度为1000mm（拉结筋长度相关规定可参照相关图集规范），给施工带来一定的难度，可将拉结筋在规定位置预埋，并将弯折部分减短至150~200mm，在砌筑前，将弯折部分拉出、调直，再焊接规定长度的拉结筋，单面焊焊缝长度为10d，双面焊焊缝长度为5d。

(2) 预埋粗钢筋铁件法

在柱箍筋处紧贴模板放ϕ25、ϕ22或ϕ20的粗钢筋，钢筋做成"U"形，根据锚固力要求决定两肢长度，拆模后敲掉水泥浆，焊接拉结筋。这种方法拆模后短钢筋即能露出，不需要剔凿柱混凝土、破坏柱表面，而且较省人工，位置很准确，其缺点是比较耗费钢材。

(3) 模板打洞插筋法

这种方法须在模板上开孔，且拆模较难，特别对于钢摸板，此法较难实行。但对于木模板，此法是可以尝试使用的。具体做法是使固定于框架柱或剪力墙的拉墙筋穿过预先在相应的位置钻出的孔（一般直径为8~10mm），待混凝土浇筑完毕、拆除模板，模板顺钢筋滑出，就形成完整的拉墙筋。

砌体施工时，将锚筋凿出并拉直砌在砌体的水平灰缝中，确保墙体与框架柱的连接。有的钢筋由于在框架柱内伸出的位置不准，施工中把锚筋打弯甚至扭转使之伸入墙身内，从而不仅失去了锚筋的作用，还会引起墙身与框架间产生裂缝。因此，当锚筋的位置不准时，将锚筋拉直，用C20细石混凝土浇筑至与砌体模数吻合，一般厚度为20~50mm。实际工程中，为了解决预埋锚筋位置容易错位的问题，往往在框架柱施工时，采用在规定留设锚筋位置处预留铁件，或沿柱高设置2ϕ6~ϕ8预埋钢筋。在进行砌体施工前，按设计要求的锚筋间距将其凿出与锚筋焊接。当填充墙长度大于5m时，墙顶部与梁宜有拉结措施。墙高度超过4m时，宜在墙中部设置与柱连接的通长钢筋混凝土水平墙梁。

3. 砌体砌筑

砌体砌筑前块材应提前1~2d浇水湿润。采用轻骨料混凝土小型空心砌块施工时，墙底部应先砌三皮黏土实心砖（见图3-72），或普通混凝土小型空心砌块，或现浇混凝土坎台等，其高度不宜小于200mm，门窗洞口的侧壁也应用黏土实心砖镶框砌筑，并与砌块相互咬合。蒸压加气混凝土砌块砌体和轻骨料混凝土小型空心砌块砌体不应与其他块材混砌。

如图3-73所示，填充墙砌筑应错缝搭砌，蒸压加气混凝土砌块搭砌长度不应小于砌块长度的1/3，轻骨料混凝土小型空心砌块搭砌长度不应小于90mm，竖向通缝不应大于两皮。

图3-72 墙底部三皮实心砖

图3-73 填充墙砌筑

填充墙砌体的灰缝厚度和宽度应正确。空心砖、轻骨料混凝土小型空心砌块的砌体灰缝应为8~12mm。蒸压加气混凝土砌块砌体的水平灰缝厚度和竖向灰缝宽度分别宜为15mm和20mm。

填充墙砌体的砂浆饱满度要求和一般尺寸允许偏差分别见表3-11和表3-12。

填充墙砌体的砂浆饱满度要求　　　　　　　　　　表3-11

砌体分类	灰缝	饱满度及要求	检验方法
空心砖砌体	水平	≥80%	采用百格网检查块材底面砂浆的黏结痕迹面积
	垂直	填满砂浆，不得有透明缝、瞎缝、假缝	
加气混凝土砌块和轻骨料混凝土小砌块砌体	水平	80%	
	垂直	≥80%	

填充墙砌体的一般尺寸允许偏差　　　　　　　　　　表3-12

项次	项 目		允许偏差（mm）	检验方法
1	轴线位移		10	用尺检查
	垂直度	小于或等于3m	5	用2m托线板或吊线、尺检查
		大于3m	10	
2	表面平整度		8	用2m靠尺和楔形塞尺检查
3	门窗洞口高、宽（后塞口）		±5	用尺检查
4	外墙上、下窗口偏移		20	用经纬仪或吊线检查

框架本身在建筑中构成骨架，自成体系，在设计中只承受本层隔墙、板及活荷载所传给它的压力，故（除黏土实心砖外）施工时不允许先砌墙、后浇筑框架梁，因为这样会使框架梁失去作用，并增加底层框架梁的应力，甚至造成事故。

案 例

砌块砌体施工案例

某厂房建筑场地面积为 7 000m²。其中一车间建筑面积为 700m²，二车间建筑面积为 4 000m²。厂房为单层厂房，局部二层。结构形式为双向框架结构，混凝土框架柱，刚接钢网架。抗震等级为四级。建筑物檐高为 8.7m，室内外高差为 300mm。±0.000m 标高相当于黄海高程 3.40m。±0.000m 标高以上采用 MU10 多空砖、M5 混合砂浆。

一、施工工艺

超平→抹水泥砂浆找平层→立皮数杆→盘角→拉通线→砌墙→安放拉结筋→水电等配合留设→工完场清→自检→互检。

(1) 砌体砌筑时，应采用 1/2 错缝砌法，±0.000m 以下和窗台以下第一皮应用实心砌块砌筑（在空心砌块孔内填补细石混凝土）。

(2) 凡遇门窗洞口，窗台下要用实心砌块一皮或在砌块孔内填实混凝土，门窗洞侧墙要每隔 400mm 间距砌一皮实心砌块，以便今后安装固定门窗。

(3) 凡混凝土柱边有砌体时，在结构施工时，要按设计要求预先设置 2φ6mm 拉结筋，拉结筋伸出长度为墙长的 1/5，并要求不小于 1 000mm。填充墙位置凡有构造柱处，要先砌墙，后浇构造柱，并预先设 2φ6@500 拉结筋，拉结筋伸出长度为 1 000mm。

(4) 砌块砌体要当天砌筑，当天检查，当天验收。砌筑墙体还要与水、电、暖、通密切配合，预留孔洞位置尺寸要正确。

(5) 砌块砌体砌筑应横平、竖直、灰缝均匀、饱满、黏结牢固（黏结率达 80% 以上），垂直度、平整度（劈裂面以内侧面为准）要符合质量标准。落地灰砂要随做随清，严禁使用过夜砂浆。

二、砌体施工技术措施

(一) 墙体砌筑施工准备

砌块需整齐地就近堆放，工作区保持清洁平整。根据图纸将所有门窗及控制缝的位置用铅笔在地圈梁或防水层面上做好记号，计算墙角到门窗洞口间的砌块模数（即 400mm），通过灰缝宽度调整，尽可能将模数调到砌块模数的 1/2（即 200mm），并在地圈梁或防水层面上标出砂浆灰缝的位置。窗间墙的上方墙体和下方墙体灰缝需对齐。根据结构图确定砌体中灌芯柱插筋情况并明显标注。施工前将砌块、砂浆材料有计划地运进场内以满足施工要求，进场后堆放地要有防雨措施。

砌体必备工具：大铲子、小铲子、泥刀、橡皮或木郎头，大、小水平尺线勾缝工具、刷子、靠尺以及记号的铅笔等。

(二) 墙体砌筑施工

(1) 砂浆：砂浆宜采用成品袋装砂浆，保持色泽一致。砂浆需用净水和清洁的搅拌机搅拌,确保砂浆使用性能良好。砂浆成分应彻底搅拌,材料倒入搅拌机后需搅拌 3~5min。如搅拌时间过短,则砂浆会出现不均匀、工作能力差、水分保持力不足等现象,如搅拌时间过长则会影响砂浆强度。工地上需常备新鲜搅拌的砂浆以保证砂浆的工作性一致。砂浆搅拌后(2h 内)如不及时使用,需重新搅拌或弃用。有颜色的砂浆不能重新加水搅拌,因为这会使颜色变浅。砂浆按同强度等级每 400t 为一验收批,不足 400t 为一个取样单位,每取样单位标准养护试块的留置不得少于 1 组(每组 6 块)。

(2)砌块砌筑:同其他砌体,抄平、摆底、竖皮数杆。皮数杆以每道砌块的高度为准,间距一般为 8~10m。从墙体的一角及末端开始砌筑,有变形缝时可在变形缝处开始。砌体的砂浆必须密实饱满,墙面应保持清洁,灰缝宜下凹 2~3mm,深浅一致,横竖缝交接处平顺。

(3)砌块就位与校正:普通混凝土砌块不宜浇水,当天气干炎热时,可在砌块上稍加喷水润湿。砌筑就位应先远后近、先外后内、砌一皮校正一皮,每砌两皮应根据砌块构造设计规定压砌成品钢筋网片。砌块工程在砂浆初凝后,严禁敲打或撞击墙面。若出现敲打、撞击现象,必须拆除墙体重新砌筑。

三、砌块砌体的拉筋和芯柱要求

(1)砌块砌体横向拉筋只允许用镀锌网片。网片宽度距外墙表面应不小于 20mm,内墙表面不小于 12mm。网片的放置层数需根据图纸设计确定。

(2)砌块砌体芯柱竖向钢筋需放置在砌块孔的中央。芯柱的最下方一块砌块需做成清除块,以便清除在芯柱孔内的砂浆(因为掉落的砂浆将减弱芯柱的作用)。砌块砌筑时,应保证芯柱孔上下对齐畅通无阻。芯柱只在有插筋和设计构造柱的地方才被灌注。

(3)芯柱将钢筋和砌体连接在一起共同抵御荷载。一次灌浆高度不能超过 1.2~1.8m。整个浇灌高度在 1d 内完成,可分几次浇灌完成。在最后浇灌面距砌块顶部之间留 40~50mm 的间隙,以便在下次浇灌时使芯柱之间结合良好。浇灌时必须小心,不要让芯柱砂浆溅到上部钢筋及砌体表面。

四、砌块砌体勾缝及表面处理

(1)根据图纸,本工程采用半圆的勾缝工具勾缝,勾缝应宽于灰缝。

(2)砌完一部分墙并将其多余砂浆铲除后,用拇指压灰缝砂浆以试软硬程度(以压后砂浆不黏手为宜),然后勾缝。勾缝时,先勾水平缝,后勾竖直缝。从墙角起开始,竖缝应从上往下勾缝。勾缝完毕后,再用毛刷将多余的砂浆扫除干净。

框架填充墙由于混凝土和砌块砌体两种材料线胀系数不同(前者比后者约大 1 倍),在较大温差情况下易产生裂缝。在框架填充墙顶部的大梁底应预埋拉结钢筋 2ϕ6@500,并锚入墙体内 300mm。填充墙顶部与梁底必须留置 30~60mm 的缝隙,以保证砌筑结束一周的时间后能用细石混凝土灌浆,并应密实。

任 务 要 求

练一练:

1. 芯柱就是在小型空心砌块墙体的(　　)处和(　　)处的砌块空洞中,先插入钢筋再浇筑混凝土后形成的柱形结构。

2. 施工时,混凝土空心砌块的产品龄期不应小于(　　)d。

想一想:

1. 对于混凝土小型空心砌块砌体所使用的材料,除强度满足计算要求外,还应该符合那些要求?

2. 框架或框剪体系中拉结筋设置有哪几种常用方法?

任 务 拓 展

请同学们根据本任务的学习内容,到图书馆或网上查找资料,总结框架填充墙框架柱及梁拉结筋的设置方法。

任务四　学会毛石砌体施工

知识准备

毛石砌体抗压强度高,排水性好,造价便宜,常用来进行基础施工,作挡土墙用,有时毛石也与混凝土共同作用,作为基础使用。

一、材料要求

毛石砌体所用石材应质地坚硬,无风化剥落和裂纹。用于清水墙、柱表面的石材应色泽均匀。毛石应呈块状,其中部厚度不宜小于150mm。砌筑前应先清除石材表面的泥垢、水锈等杂质。

砌筑砂浆的品种和强度等级应符合设计要求。砌筑砂浆可用水泥砂浆或水泥混合砂浆,砂浆稠度宜为30~50mm,雨季或冬季稠度应适当小些,在暑期或干燥气候情况下,稠度可适当大些。

图3-74、图3-75分别为乱毛石和平毛石。

二、毛石砌体施工的技术要求

石砌体每日的砌筑高度不宜超过1.2m。石块间较大的空隙应先填塞砂浆后用碎石块嵌实,不得采用先摆碎石后塞砂浆或干填碎石块的方法,也不得采用外面侧立石块、中间填心的砌筑方法。毛石砌体的转角和交接处应同时砌筑,不能同时砌筑时,应留斜槎。

图3-74 乱毛石

图3-75 平毛石

（一）毛石基础砌筑

毛石基础的断面形式有阶梯形和梯形，如图3-76所示。基础的顶面宽度应比墙厚每边宽出100mm，每阶高度一般为300～400mm，并至少砌筑两皮毛石。

砌筑毛石基础第一皮时，石块应坐浆，大面朝下。毛石基础的最上一皮宜选用较大的毛石砌筑，基础的第一皮及转角、交接和洞口处，应选用较大的平毛石砌筑。

阶梯形毛石基础的上级阶梯的石块应至少压砌下级阶梯石块的1/2，相邻阶梯的毛石应相互错缝搭砌。

图3-77为毛石基础砌筑。

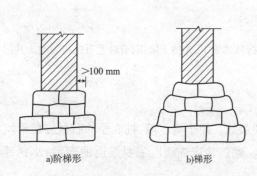
图3-76 毛石基础

图3-77 毛石基础砌筑

（二）毛石墙砌筑

（1）石墙一般用于建造两层以下的房屋，是用大小和形状不规则的乱毛石或形状规则的料石进行砌筑的。

（2）砌筑毛石墙应根据基础的中心线放出墙身里外边线，挂线分皮卧砌，每皮高300～400mm，用铺浆法砌筑。灰缝厚度宜在20～30mm，砂浆应饱满，并应上下错缝、内外搭接。在毛石墙的转角处，应采用有直角边的石料砌在墙角一面，按长短形状纵横搭接砌入墙内。丁字接头处，要选取较为平整的长方形石块，按长短纵横砌入墙内，使其在纵横墙中上下皮能相互搭砌，如图3-78所示。

(3) 毛石墙的第一皮石块及最上一皮石块应选用较大较平整的毛石砌筑。第一皮石块应坐浆,大面向下,以后各皮上下错缝、内外搭接,墙中不应放置有下滑趋势的铲口石和形成竖向通缝的对合石,如图3-79所示。

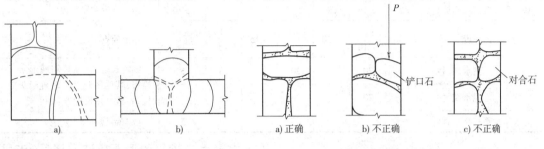

图3-78 砌体转角和交接处　　　　　　　图3-79 毛石墙砌筑

(4) 毛石墙必须设置拉结石(见图3-80),拉结石应均匀分布,相互错开,一般每 $0.7m^2$ 墙面至少设置1块,且同皮内的中距不大于 $2m$。拉结长度,如墙厚不大于 $400mm$,则等于墙厚;如墙厚大于 $400mm$,则可用两块拉结石内外搭接,搭接长度不小于 $150mm$,且其中一块长度不小于墙厚的 $2/3$。石砌体的轴线位置及垂直度允许偏差见表3-13。石砌体的一般尺寸允许偏差见表3-14。

图3-80 毛石墙拉结石

石砌体的轴线位置及垂直度允许偏差　　　　表3-13

项目		允许偏差(mm)						检验方法
		毛石砌体		料石砌体				
				毛料石		粗料石	细料石	
		基础	墙	基础	墙	基础	墙	墙、柱	
轴线位置		20	15	20	15	15	10	10	用经纬仪和尺检查,或用其他测量仪器检查
墙面垂直度	每层		20		20		10	7	用经纬仪、吊线和尺检查或用其他测量仪器检查
	全高		30		30		25	20	

(三) 毛石混凝土施工

如图3-81所示,毛石混凝土是在将普通混凝土搅拌完毕后,在需要浇筑混凝土的模板内先浇筑一层约 $15cm$ 厚的普通混凝土,然后在普通混凝土上投放一层毛石,接着在铺好的毛石上继续浇筑混凝土(该层混凝土必须将毛石覆盖密实,并留有余地),这样交替浇筑,最后一层用混凝土将毛石盖住并振捣密实。

石砌体的一般尺寸允许偏差 表3-14

项目		允许偏差（mm）						检验方法
		毛石砌体		料石砌体				
		基础	墙	基础	墙	基础	墙	墙、柱	
基础和墙砌体顶面标高		±25	±15	±25	±15	±15	±15	±10	用水准仪和尺检查
砌体厚度		+30	+20 −10	+30	+20 −10	+15	+10 −5	+10 −5	用尺检查
表面平整度	清水墙、柱		20		20		10	5	细料石用2m靠尺和楔形塞尺检查，其他用两直尺垂直于灰缝拉2m线并用尺检查
	混水墙、柱		20		20		15		
清水墙水平灰缝平直度							10	5	拉10m线并用尺检查

图3-81 毛石混凝土施工

（1）混凝土中掺用的毛石应选用坚实、未风化、无裂缝洁净的石料，强度等级不低于MU20；毛石尺寸不应大于所浇部位最小宽度的1/3，且不得大于30cm，表面如有污泥、水锈，应用水冲洗干净。

（2）浇筑时，应先铺一层10～15cm厚混凝土打底，再铺上毛石，不得先摆石，然后灌混凝土。毛石插入混凝土约一半后，再灌混凝土，待填满所有空隙后，再逐层铺抛毛石和浇筑混凝土，直至基础顶面，并保持每层毛石顶部有不少于10cm厚的混凝土覆盖层，所掺加毛石数量应控制不超过基础体积的25%。

（3）毛石铺抛点应力求均匀，毛石间距一般不小于10cm，离开模板或槽壁距离不小于15cm，以保证能在其间插入振动棒进行捣固和毛石能被混凝土包裹。振捣时，应避免振动棒碰撞毛石、模板和基槽壁。

（4）每层浇筑混凝土厚度不得大于30cm，块石上下之间不得叠置，应有10cm以上的间距。最终混凝土浇筑层面应有10cm素混凝土覆盖。

（5）混凝土的强度等级为C15。

（四）毛石挡土墙施工

（1）毛石挡土墙（见图3-82）每砌3～4皮为一个分层高度，并找平一次；外露面的灰缝厚度不得大于40mm，分层处的错缝不得大于80mm。

（2）石砌挡土墙的泄水孔设计无规定时，施工应符合下列规定：

①泄水孔应均匀设置，在每米高度上间隔2m左右设置一个泄水孔；

②泄水孔与土体间铺设长宽各为300mm、厚200mm的卵石或碎石作疏水层。

（3）挡土墙内侧回填土必须分层夯填，分层松土厚度应为300mm。墙顶土面应有适当坡度使流水流向挡土墙外侧。

图3-83为毛石挡土墙施工。

图 3-82 毛石挡土墙

图 3-83 毛石挡土墙施工

三、毛石砌体施工的质量要求

1. 毛石材和砂浆强度等级必须符合设计要求

料石进场要检查产品质量证明书,石材、砂浆要检查试块试验报告单。

2. 毛石砌体的组砌形式要满足要求

毛石砌体的组砌形式要满足内外搭砌、上下错缝,拉结石、丁砌石要交错设置。

3. 毛石砌体灰缝厚度要满足要求

毛石灰缝不宜大于 30mm,砂浆饱满度不应小于 80%。

案 例

条形毛石基础施工技术交底

一、工程概况

某工程条形毛石基础底标高为 -3.05m,顶标高为 -0.8m,M7.5 水泥砂浆砌筑。土方工程采用机械开挖,在到达设计标高后却仍未见受力土层的情况下继续开挖,直至见到受力土层(黄土)。

在机械开挖到设计标高或受力土层后,人工对基底进行清理,并验槽,验槽通过后方可进行毛石基础的砌筑。

二、施工准备

工具:手推车、大产、铁锹、溜槽。

材料:毛石要求石材质地坚实,无风化剥落和裂纹。毛石应呈块状,其中部厚度不小于 150mm。砌筑毛石用 1:6 水泥砂浆。

三、毛石基础施工工艺

1. 垂直运输

由于本工程毛石基础的垂直运输距离较短、运输量较小,毛石基础砌筑工程采用溜槽作为垂直运输工具。

2. 楼地面弹线

砌体施工前,应将基底按标高找平,依据基础图放出第一皮砌体的轴线、边线。

3. 制备砂浆

本工程砂浆采用 1 台自落式滚筒搅拌机拌和。搅拌水泥砂浆时,应先将砂、水泥投入,干拌均匀后,再加水搅拌均匀。水泥砂浆搅拌时间,自投料完算起不得少于 2min。拌成后的砂浆,其稠度应在 70~100mm 之间,分层度不应大于 20mm,且颜色应一致。砂浆拌成后和使用时,均应盛入贮灰器。如砂浆出现泌水现象,应在砌筑前用铁锹或铁抹子等工具人工再次拌和,但不得加水。砂浆随拌随用,拌制好的水泥砂浆应在 3h 内用完,不得使用过夜砂浆。

4. 毛石基础砌筑

(1) 毛石基础应采用铺浆法砌筑,砂浆必须饱满,叠砌面的贴灰面积(即砂浆饱满度)应大于 80%。

(2) 毛石基础的第一皮石块坐浆,并将石块的大面向下。毛石基础的转角、交接处应用较大的平毛石砌筑。

(3) 砌筑时宜分层卧砌,各皮石块间应利用毛石自然形状经敲打修整使其能与先砌毛石基本吻合。搭起紧密毛石应上下错缝,内外搭砌,不得采用外面侧立毛石、中间填心的砌筑方法,中间也不得有铲口石(尖石侧倾斜向外的石头)、斧刃石(尖石向下的石头)和过桥石(仅两端搭砌的石头)。

(4) 毛石砌体的灰缝厚度宜为 20~30mm,石块间不得有相互接触现象。石块间较大的空隙应先填塞砂浆后用碎石快嵌实,不得采用先摆碎石块后塞砂浆或干塞碎石的方法。

(5) 砌筑过程中必须设置拉结石。拉结石应均匀分布,一般每 $0.7m^2$ 墙面至少设置 1 块。基础宽度大于 400mm 时,可用两块拉结石内外搭接,搭接长度不应小于 15mm,且其中一块拉结石长度不应小于基础宽度的 2/3。

(6) 基础每日砌筑高度不应超过 1.2m。

四、质量标准

毛石基础砌筑时应随砌随挂线,以保证垂直度、平整度。组砌形式应内外搭砌、上下错缝,拉结石、丁砌石应交错设置。

(1) 砂浆饱满度不应小于 80%。

(2) 轴线位置允许偏差为 20mm,用经纬仪和尺检查。

(3) 基础顶面标高允许偏差为 ±25mm,用水准仪和尺检查。

(4) 毛石基础厚度允许偏差为 +30mm,用尺检查。

五、毛石砌筑安全措施

(1) 严禁在基坑 3m 范围内堆放毛石。

(2) 要随时注意边坡的稳定性,如有异常情况,人员马上撤离现场,确保人员安全。

(3) 用溜槽向基坑内运送石料时不得抛扔,溜槽下不得站人。

(4) 毛石基础不宜吊挂重物,也不宜作为其他施工临时设备、支撑的支撑点。

任务要求

练一练：

1. 为保证毛石砌体的稳定性，毛石砌体每天的砌筑高度不宜超过（　　）m。
2. 毛石基础的顶面两边各宽出墙厚（　　）mm，每级台阶的高度一般在（　　）mm，每阶内至少砌两皮毛石。

想一想：

1. 毛石基础施工工艺流程是什么？
2. 毛石基础施工要点有哪些？

任务拓展

请同学们根据本任务的学习内容，到图书馆或网上查找资料，确定如何保证毛石基础施工的质量。

任务五　学会砌体工程冬期施工

知识准备

根据我国行业标准《建筑工程冬期施工规程》（JGJT 104—2011）规定，当室外日平均气温连续5d稳定低于5℃即进入冬期施工；当室外日平均气温连续5d高于5℃即解除冬期施工。当未进入冬期施工前，突遇寒流侵袭气温骤降至0℃以下时，应按冬期施工方案对工程采取应急防护措施。各地区可根据当地的气象预报和多年气象资料统计确定冬期施工。

一、砌筑工程冬期施工应符合的规定

（1）普通砖、灰砂砖、空心砖、混凝土小型空心砌块、加气混凝土砌块、石材在砌筑前，均应清除表面污物、冰雪等，不得使用遭水浸或受冻后的砌体材料。

（2）砂浆优先采用普通硅酸盐水泥拌制，不得使用无水泥拌制的砂浆。

（3）石灰膏、黏土膏、电石膏等应保温防冻，当冻结时，应经融化后再使用。

（4）拌和砂浆时，水的温度不超过80℃，砂的温度不超过40℃，砂浆稠度宜较常温适当增大。

（5）拌制砂浆所用的砂不得含有直径大于1cm的冻结块或冰块。

（6）冬期施工的砖砌体用"三一"砌砖法施工时，灰缝不应大于10mm。

（7）冬期施工中，每日砌筑后，应及时在砌筑表面进行覆盖保温，砌筑表面不得留有砂浆。

（8）冬期砌筑工程应记录室外空气温度、暖棚温度、砌筑时砂浆温度、外加剂掺量以及其他有关资料。

（9）砂浆试块的留置，除按常温规定外，应增设不少于两组与砌体同条件养护的试块，分

别用于检验各龄期强度和转入常温后 28d 的砂浆强度。

砌筑工程的冬期施工方法包括外加剂法、冻结法、暖棚法等。砌筑工程的冬期施工应优先选用外加剂法,对绝缘、装饰等有特殊要求的工程,可采用其他方法。加气混凝土砌块承重墙体及围护外墙不宜冬期施工。

二、外加剂法

外加剂法是指在水泥砂浆、水泥混合砂浆中掺入一定量的外加剂,并用这种掺有外加剂的砂浆进行砌筑的施工方法。这种方法施工简便、成本低廉。

(一)外加剂原理及适用范围

在砌筑砂浆内掺入抗冻剂,降低水的冰点,保证砂浆中有液态水存在,并使水化反应在一定负温下进行,使砂浆强度在负温下能够持续缓慢增长。同时,由于砂浆中水的冰点降低砌体表面不会立即结成冰膜,因此砂浆和砌体能较好地黏结。另外,还可加入早强剂、减水剂等外加剂或复合使用。

目前,抗冻剂主要是以氯化钠和氯化钙为主,还有亚硝酸钠、碳酸钾和硝酸钙等。掺氯盐外加剂的方法常称为掺盐砂浆法。由于氯盐砂浆吸湿性大,使结构保温性能下降,并有析盐现象,故掺用氯盐的砂浆砌体不应在下列情况中使用:

(1)使用湿度大于 80% 的建筑物。
(2)对装饰工程有特殊要求的建筑物。
(3)配筋、钢埋件无可靠防腐处理措施的砌体。
(4)经常处于地下水位变化范围内以及在地下未设防水层的结构。
(5)接近高压电线的建筑物(如发电站、变电所等)。

(二)砂浆的配制

掺氯盐外加剂时,应以氯化钠为主。当气温低于 -15℃ 时,也可与氯化钙复合使用。氯盐掺量见表 3-15。

掺 盐 量　　　　　　　　表 3-15

氯盐及砌体材料种类		日最低气温(℃)			
		≥ -10	-11 ~ -15	-16 ~ -20	-21 ~ -25
单掺氯化钠(%)	砖、砌块	3	5	7	—
	石材	4	7	10	—
复掺(%)	氯化钠	砖、砌块	—	—	5	7
	氯化钙		—	—	2	3

注:氯盐以无水盐计,掺量为占拌和水质量的百分比。

外加剂应溶于拌和水中掺入。外加剂溶液应设专人配制,并应先配制成规定浓度(用溶液的相对密度测量)溶液置于专用容器中,然后再按规定加入搅拌机中拌制成所需砂浆。

在氯盐砂浆中掺加微沫剂时,应先加氯盐溶液,再加微沫剂溶液,以避免降低微沫剂效能。

砂浆应采用机械搅拌,搅拌时间比常温增加 1 倍。

砌筑时砂浆温度不应低于5℃。当采用掺盐砂浆法施工时,应将砂浆强度等级按常温施工的强度等级提高1级。

(三)砌筑工艺中的有关要求

为保证砖和砂浆的黏结,冬期砌砖时不宜对砖浇水,以免在材料表面结成冰薄膜而降低砖与砂浆的黏结力,但可适当增大砂浆稠度。

配筋砌体不得采用掺盐砂浆法施工。

氯盐砂浆砌体施工时,每日砌筑高度不超过1.2m。墙体留置的洞口距交接墙处不应小于500mm。

在砌体转角、内外墙交接处应同时砌筑,对不能同时砌筑而又必须留置的临时性间断处,应砌成斜槎。

三、砌体工程冬期施工的其他施工方法简介

对有特殊要求的工程,冬期施工可供选用的其他施工方法还有暖棚法、蓄热法、快硬砂浆法等。

(一)暖棚法

暖棚法是利用简易结构和廉价的保温材料,将需要砌筑的工作面临时封闭起来,使砌体在正温条件下砌筑和养护。

采用暖棚法施工,块材在砌筑时的温度不应低于5℃,距离所砌的结构底面0.5m处的棚内温度不得低于5℃,且要经常采用热风装置或蒸汽进行加热。

暖棚法耗费材料、人工、能源多,成本高、效率低,不宜多用,主要适用于地下室墙、挡土墙和局部性事故修复工程的砌筑工程。

(二)蓄热法

蓄热法是施工过程中,先将水和砂加热,使拌和后砂浆在上墙时保持一定正温,推迟冻结时间,在一个施工段内的墙体砌筑完毕后,立即用保温材料覆盖其表面,使砌体中的砂浆在正温下达到砌体强度的20%。

蓄热法可用于冬期气温不太低的地区(温度在-5~-10℃),以及寒冷地区的初冬、初春季节,特别适用于地下结构。

(三)快硬砂浆法

快硬砂浆法采用的是由快硬硅酸盐水泥、加热水和砂拌和制成的快硬砂浆,这种砂浆在受冻前能比普通砂浆获得较高的强度。快硬砂浆法适用于热工要求高、湿度大于60%及接触高压电线和配筋的砌体。

任务六 主体结构工程——砌体工程施工实训

一、实训目的

(1)通过工种实训,学生可以了解砌体工程材料的发展趋势和先进的砌筑工艺,了解砌筑

砂浆配合比、稠度的确定,能够掌握砖砌体、砌块砌体的砌筑方法及质量检查和验收标准。

(2)通过生产实训,学生应对工业与民用建筑的单位或分部工程的结构构造、施工技术与施工组织管理等内容进一步加深理解,巩固所学的理论知识。

(3)培养学生吃苦耐劳、主动学习和全面学习的观念,培养学生工作中的协调配合能力,培养学生施工质量管理的能力,提高学生解决问题的能力,全面提高学生的综合素质。

二、实训内容

学生学完教材相关内容后,按照建筑砌筑行业规范、标准,采用与工作岗位中的环境、内容、时间基本一致的教学内容帮助学生掌握、运用所学知识,即通过校内实训基地安排学生进行砌筑工种实训。具体实训内容如下:

(1)识读施工图纸;编制砌体工程施工方案。
(2)抄测标高,施放墙轴线、边线及门窗洞口线。
(3)砌筑工具的准备,检测工具的学习,砌筑砂浆的配料、搅拌、运输和使用。
(4)砖砌体操作工艺及质量检查、验收及安全施工规定。
(5)进行立柱式、门式脚手架的搭设与拆除练习。
(6)中小型砌块的施工操作工艺及质量检查、验收及安全施工规定。
(7)毛石砌体的施工操作工艺及质量检查、验收及安全施工规定。
(8)编制砌体工程冬期施工方案。

主体结构工程——砌体工程施工模块归纳总结

任务一 学会砖砌体施工

一、施工前准备

内容包括砌筑材料(实心黏土砖和多孔砖、空心砖)的准备和机具(水平垂直运输机械、砌筑工具)的准备。

二、砖砌体施工

内容包括砖墙组砌形式、砖砌体施工工艺、砖砌体施工中的技术要求及砌体的质量要求。

三、砌体施工安全技术要求

任务二 学会脚手架施工

一、脚手架作用和要求
二、脚手架分类
三、外脚手架施工

四、里脚手架施工

内容包括折叠式脚手架、套管支柱式脚手架、门架式里脚手架的构造、安拆。

五、其他形式的脚手架

内容包括悬吊式脚手架或升降式脚手架和满堂脚手架等。

六、安全网挂设

七、脚手架安全操作规定

任务三　学会砌块砌体施工

一、混凝土小型空心砌块种类及构造

内容包括砌块种类、混凝土砌块一般构造要求、夹心墙构造、芯柱设置。

二、混凝土小型砌块施工

内容包括对砂浆的要求、砌筑工艺、质量标准及芯柱施工。

三、框架填充墙施工

内容包括砌筑所用的材料及框架填充墙施工。

任务四　学会毛石砌体施工

一、材料要求
二、毛石砌体施工的技术要求
三、毛石砌体施工的质量要求

任务五　学会砌体工程冬期施工

一、砌筑工程冬期施工应符合的规定
二、外加剂法

主要内容包括外加剂法的原理及适用范围、砂浆的配制、砌筑工艺中的有关要求。

三、砌体工程冬期施工的其他施工方法简介

任务六　主体结构工程——砌体工程施工实训

一、实训目的
二、实训内容

模块四　主体结构工程——钢筋混凝土工程施工

导读

钢筋混凝土工程由模板工程、钢筋工程和混凝土工程所组成,混凝土是由水泥、粗(细)骨料和水经搅拌而成的混合物,以模板作为成型的工具,经过养护,混凝土达到规定的强度,拆除模板,成为钢筋混凝土结构构件。混凝土的抗压强度高而抗拉强度低(约为抗压强度的1/10);钢筋的抗拉强度和抗压强度都很高。在结构构件的受拉部位配置适量的钢筋,利用混凝土的可模性使两者牢固地结合在一起,混凝土和钢筋共同工作,就可以充分利用混凝土的抗压能力和钢筋的抗拉能力,满足建筑结构复杂的受力要求。

当前我国高层建筑仍以钢筋混凝土结构为主,因此,本模块为本课程的重点内容之一,学习时除阅读教材外,还应密切结合实际,增加感性认识,帮助对本模块内容的理解。钢筋混凝土结构工程施工工艺流程如图4-1所示。

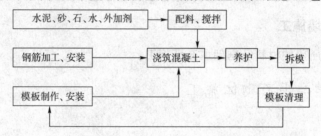

图4-1　钢筋混凝土结构工程施工工艺流程

学习目标

(1)熟悉模板施工的基本要求;掌握各类模板的构造、适用范围和施工工艺。

(2)了解钢筋的种类、性能以及钢筋与混凝土共同工作的原理;了解钢筋机械连接的方式与特点;了解钢筋加工的一般过程。

(3)熟悉各种焊接方法的适用范围;掌握闪光对焊的工艺原理、工艺参数和质量要求以及电弧焊的接头形式和质量要求。

(4)掌握钢筋的配料计算。

(5)了解混凝土的配制强度;熟悉工程中如何确定混凝土配合比。

(6)了解混凝土运输的方法;熟悉混凝土泵送的有关知识。

(7)掌握施工缝留置的原则与施工缝处理的方法;掌握振动器的原理,适用范围和施工方法;掌握混凝土养护和拆模的有关规定及混凝土施工工艺和质量控制。

(8)了解先张法的工艺特点、适用范围和生产方式(台座法生产、机组流水法生产);了解张拉机具及预应力筋夹具的简单构造;熟悉预应力筋的放张要求和放张方法;掌握张拉应力值和伸长值的计算。

(9)了解后张法的工艺特点和适用范围;熟悉常用预应力钢筋的种类、性能和应用以及各种孔道的留设方法;掌握孔道灌浆的目的、灌浆材料要求和灌浆施工方法;掌握各种预应力筋下料长度的计算、预应力筋张拉伸长值的校核;熟悉无黏结预应力混凝土的施工工艺特点。

任务一　学会模板工程施工

 知识准备

模板工程是钢筋混凝土结构工程的重要组成部分,特别是在现浇钢筋混凝土结构施工中占有主导地位。模板工程的施工工艺包括模板的选材、选型、设计、制作、安装、拆除和周转等过程。

一、模板系统的组成、作用及要求

1. 模板系统组成

模板系统由模型板、支撑系统和紧固件三部分组成。

2. 模板系统作用

模板系统的作用是使混凝土结构构件按照设计要求准确成型。

(1)模型板作用:主要是使结构构件形成一定的形状和承受一定的荷载。

(2)支撑系统作用:保证结构构件的空间布置,同时也承受和传递各种荷载,并与紧固件一起保证整个模板系统的整体性和稳定性。

(3)紧固件作用:保证整个模板系统的整体性和稳定性。

3. 模板及其支撑要求

(1)模板应能保证结构构件各部位的形状、尺寸、标高和相互位置符合设计要求。

(2)模板系统作为一种临时结构,应具有足够的强度、刚度和稳定性,在施工的各个阶段能可靠地承受各种施工荷载。

(3)模板系统要求设计合理、构造简单、装拆方便、周转率高,满足钢筋安装、混凝土浇灌及养护等方面的工艺要求。

(4)模板拼接应严密、不漏浆。

(5)能多次周转使用,节约材料。

二、模板的分类

根据结构构件的特征,目前有多种形式的模板可供在施工中选择使用。

(一)按制作模板材料分类

按材料分类,模板有木模板、胶合板模板、钢木模板、组合钢模板、塑料模板、玻璃钢模板、铝合金模板、钢筋混凝土模板、预应力薄板模板等。

1. 木模板

木模板具有质量轻,制作、改制、装拆、运输均较方便,一次投资少等优点,但易发生开裂、翘曲与变形,且周转次数少。

拼板是木模板的基本元件之一(见图4-2)。施工时,可依据具体工程结构特点、混凝土构件设计尺寸等,设计出若干种不同平面尺寸的标准规格的拼板,以便统一加工制作和组合使用。应尽可能结合建筑构件的模数,减少模板的规格数,使其在不同工程、不同构件的模板组合时具有互换性,提高其周转利用率,以取得良好的经济效果。

拼板由板条和拼条组合钉成。板条厚度一般为25～50mm,宽度不宜超过200mm,以保证干缩时缝隙均匀,浇水后易于密缝,受潮后不易翘曲。但梁底板的板条宽度不受此限(一般宜采用整板),以减少拼缝、防止漏浆。拼条的截面尺寸为25mm×35mm～50mm×50mm。

最大的拼板,其质量以两个工人能顺利搬动为宜。当拼板的板条长度不够需要接长时,板条接缝应位于拼条处,并相互错开,以保证拼板的刚度。拼条间距取决于所浇筑混凝土侧压力的大小及板条的厚度,一般为400～500mm。钉子的长度为模板厚度的1.5～2倍。图4-3为木模板制作现场图。

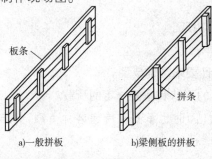

图4-2 拼板构造

图4-3 木模板制作

2. 钢木模板

钢木模板是利用短料拼钉在木边框或角钢制作的边框上而制成的一定规格的定型模板(如100mm×50mm等),可充分利用边角木料,并与拼板联合使用。图4-4为定型模板,图4-5为钢框木模板。

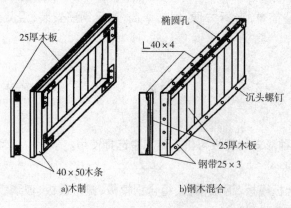

图4-4 定型模板(尺寸单位:mm)

图4-5 钢框木模板

3. 胶合板模板

胶合板模板(见图4-6)除具有木模板的优点外,还具有平面尺寸大、质轻、表面平整、可多次使用等优点。

4. 组合钢模板

组合钢模板是一种工具式定型模板,由钢定型模板和配件组成,配件包括连接件和支撑件。组合钢模板的安装工效比木模高;组装灵活,通用性强;拆装方便,周转次数多,每套钢模可重复使用 50～100 次以上;浇筑混凝土的质量好;完成后的混凝土尺寸准确、棱角齐整、表面光滑,可以节省装修用工等,但一次投资大,易腐蚀,不易改制,接缝多且严密性差,导致混凝土成型后外观质量差。

图 4-6 胶合板模板

(1) 钢定型模板

钢定型模板包括平面模板、阳角模板、阴角模板和连接角模(见图 4-7)。

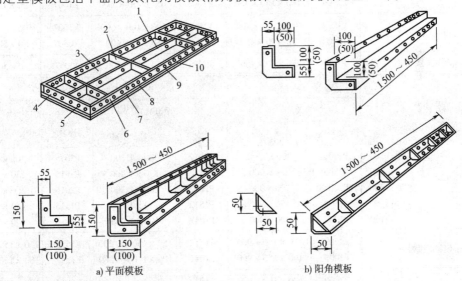

图 4-7 钢定型模板类型(尺寸单位:mm)

1-中纵肋;2-中横肋;3-面板;4-横肋;5-插销孔;6-纵肋;7-凸棱;8-凸鼓;9-U 形卡孔;10-钉子孔

钢定型模板(见图 4-8)采用模数制设计,宽度模数以 50mm 进级,长度以 150mm 进级,可以适应纵横方向拼装,拼接成 50mm 进级的任何尺寸的模板。钢定型模板规格见表 4-1,如拼装时出现不足模数的空缺,则用镶嵌木条补缺,用钉子或螺栓将木条与钢模板边框上的孔洞连接。每块钢定型模板四周边框上等距离布置连接孔,孔距为 150mm(端孔距肋端 75mm)。

(2) 连接件

组合钢模板的连接件包括 U 形卡、L 形插销、钩头螺栓、紧固螺栓、对位螺栓和扣件等。

U 形卡(见图 4-9a)用于相邻模板的拼接,其安装的距离不大

图 4-8 钢定型模板

于300mm,即每隔一孔卡插一个,安装方向一顺一倒相互交错,以抵消因打紧U形卡可能产生的位移。

钢定型模板规格 表4-1

模板名称			模板长度					
			450mm		600mm		750mm	
			代号	尺寸(mm)	代号	尺寸(mm)	代号	尺寸(mm)
平面模板（代号P）	宽度	300	P3004	300×450	P3006	300×600	P3007	300×750
		250	P2504	250×450	P2506	250×600	P2507	250×750
		200	P2004	200×450	P2006	200×600	P2007	200×750
		150	P1504	150×450	P1506	150×600	P1507	150×750
		100	P1004	100×450	P1006	100×600	P1007	100×750
阴角模板（代号E）			E1504	150×150×450	E1506	150×150×600	E1507	150×150×750
			E1004	100×150×450	E1006	100×150×600	E1007	100×150×750
阳角模板（代号Y）			Y1004	100×100×450	Y1006	100×100×600	Y1007	100×100×750
			Y0504	50×50×450	Y0506	50×50×600	Y0507	50×50×750
连接角模（代号J）			J0004	50×50×450	J0006	50×50×600	J0007	50×50×750

模板名称			模板长度					
			900mm		1 200mm		1 500mm	
			代号	尺寸(mm)	代号	尺寸(mm)	代号	尺寸(mm)
平面模板（代号P）	宽度	300	P3009	300×900	P3012	300×1 200	P3015	300×1 500
		250	P2509	250×900	P2512	250×1 200	P2515	250×1 500
		200	P2009	200×900	P2012	200×1 200	P2015	200×1 500
		150	P1509	150×900	P1512	150×1 200	P1515	150×1 500
		100	P1009	100×900	P1012	100×1 200	P1015	100×1 500
阴角模板（代号E）			E1509	150×150×900	E1512	150×150×1 200	E1515	150×150×1 500
			E1009	100×150×900	E1012	100×150×1 200	E1015	100×150×1 500
阳角模板（代号Y）			Y1009	100×100×900	Y1012	100×100×1 200	Y1015	100×100×1 500
			Y0509	50×50×900	Y0512	50×50×1 200	Y0515	50×50×1 500
连接角模（代号J）			J0009	50×50×900	J0012	50×50×1 200	J0015	50×50×1 500

L形插销（图4-9b）用于插入钢模板端部横肋的插销孔内,以加强两相邻模板接头处的刚度和保证接头处板面平整。

钩头螺栓（图4-9c）用于钢模板与内外钢楞的加固。安装间距一般不大于600mm,长度应与采用的钢楞尺寸相适应。

紧固螺栓（图4-9d）紧固螺栓用于紧固内外钢楞,长度应与采用的钢楞尺寸相适应。

对拉螺栓（图4-9e）用于连接墙壁两侧模板,保持模板与模板之间的设计厚度,并承受混凝土侧压力及水平荷载,使模板不致变形。

扣件（见图4-9f）用于钢楞与钢楞或钢楞与钢模板之间的扣紧。按钢楞的不同形状,扣件可采用蝶形扣件和3形扣件。

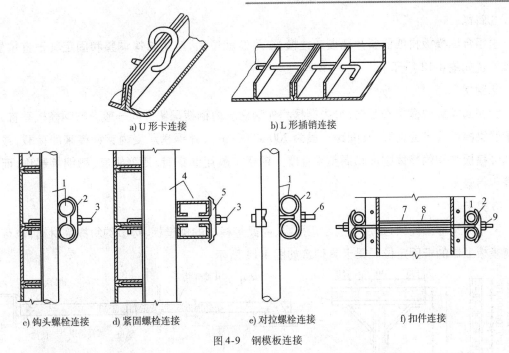

图4-9 钢模板连接

1-圆钢管钢楞;2-扣件;3-钩头螺栓;4-内卷边槽钢钢楞;5-蝶形扣件;6-紧固螺栓;7-对拉螺栓;8-塑料套管;9-螺母

（3）支撑件

组合钢模板的支撑件包括柱箍、钢楞、支架、斜撑、钢桁架等。

①钢桁架

如图4-10所示,钢桁架是用以支撑梁或板的模板。可调组合式桁架的可调范围为2.5～3.5m,其一榀桁架的承载能力约为20kN(均匀放置)。

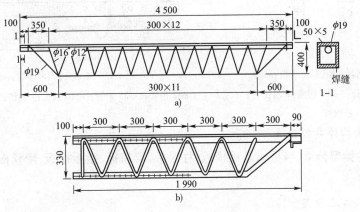

图4-10 钢桁架(尺寸单位:mm)

②钢管支架

如图4-11所示,常用钢管支架由内外两节钢管制成,其高低调节间距模数为100mm,支架底部除垫板外,均用木楔调整,以利于拆卸。另一种钢管支架本身装有调节螺杆,能调节一个孔距的高度,使用方便,但成本略高。当荷载较大单根支架承载力不足时,可用组合钢管支架或钢管井架,还可用扣件式钢管脚手架、门式脚手架作支架。

③斜撑

由组合钢模板拼成的整片墙模或柱模,在吊装就位后,应用斜撑调整和固定其垂直位置。斜撑构造如图4-12所示。

④钢楞

钢楞即模板的横档和竖档,分内钢楞和外钢楞。内钢楞配置方向一般应与钢模板垂直,直接承受钢模板传来的荷载,其间距一般为700~900mm。外钢楞承受内钢楞传来的荷载,或用来加强模板结构的整体刚度和调整平直度。钢楞一般用圆钢管、矩形钢管、槽钢等制作,而以钢管用得较多。

⑤梁卡具

梁卡具又称梁托架,是用于固定矩形梁、圈梁等模板的侧模板,可节约斜撑等材料,也可用于侧模板上口的卡固定位。梁卡具构造如图4-13所示。

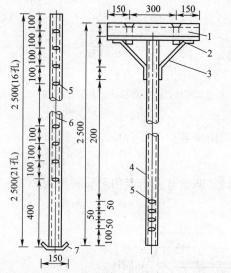

图4-11 常用钢管支架(尺寸单位:mm)
1-垫木;2-M12 螺栓;3-φ16 钢筋;4-内径管;5-安装孔;6-φ50 内径钢管

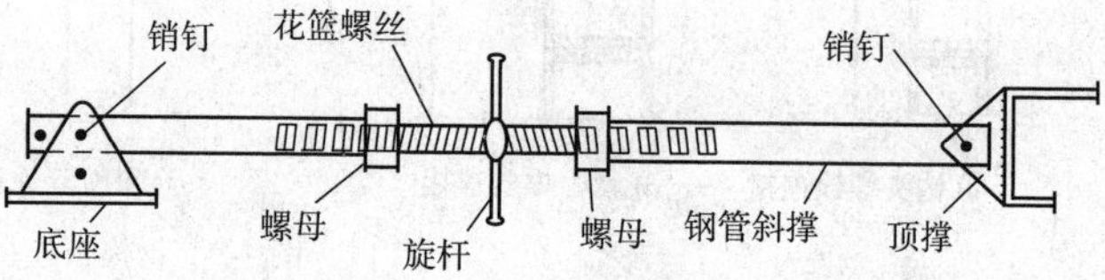

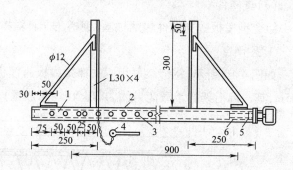

图4-12 斜撑构造

图4-13 梁卡具(尺寸单位:mm)
1-φ32 钢管;2-φ25 钢管;3-φ10 圆孔;4-钢销;5-螺栓;6-钢筋环

(二)按结构构件类型分类

按结构构件类型分类,模板有基础模板、柱模板、梁模板、楼板模板、墙模板、楼梯模板和各类构筑物模板等。

(三)按施工方法分类

按施工方法分类,模板有现场装拆式模板、固定式模板和移动式模板。

(1)现场装拆式模板是按照设计要求的结构形状、尺寸及空间位置在现场组装,当混凝土达到拆模强度后即拆除模板,再周转使用。现场装拆式模板多用定型模板和工具式支撑。

(2)固定式模板多用于制作预制构件,是按构件的形状、尺寸在现场或预制厂制作,涂刷隔离剂,浇筑混凝土,当混凝土达到规定的强度后,即脱模、清理模板,再重新涂刷隔离剂,继续制作下一批构件。各种胎模（土胎模、砖胎模、混凝土胎模）属于固定式模板。

（3）移动式模板是随着混凝土的浇筑，模板可沿垂直方向或水平方向移动，如烟囱、水塔、墙柱混凝土浇筑采用的滑升模板、爬升模板、提升模板、大模板以及高层建筑楼板采用的台模、筒壳混凝土浇筑采用的水平移动式模板等。

三、现浇结构中常用模板的构造与安装

1. 基础模板

基础的特点是高度较小而体积较大，模板安装前，应核对基础垫层标高，弹出基础的中心线和边线，将模板中心线对准基础中心线，然后校正模板上口标高，符合要求后要用轿杠木搁置在下台阶模板上，斜撑及平撑的一端撑在上台阶模板的背方上，另一端撑在下台阶模板背方顶上。

基础模板一般利用地基或基槽（基坑）进行支撑。安装阶梯形基础模板（见图4-14）时要保证上下模板不发生相对位移。如土质良好，基础也可进行原槽浇筑。

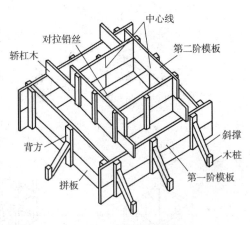

图4-14 阶梯形基础模板

基础模板弹线如图4-15所示，基础模板施工如图4-16所示。

图4-15 基础模板弹线

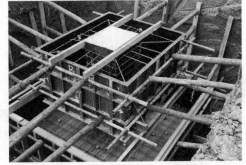

图4-16 基础模板施工

2. 柱模板

柱的特点是断面尺寸不大但比较高。柱模板的构造和安装主要考虑保证垂直度及有效抵抗新浇混凝土的侧压力，同时要考虑浇筑混凝土前清理模板内杂物、绑扎钢筋的方便。柱模板的拼装是由两块相对的内拼板，夹在两块外拼板之间组成（见图4-17）。

柱模板底部一般有一个固定在底部支撑面上的小木框，用于固定柱模板的平面位置（见图4-18）。柱模板在底部设有清扫孔，沿高度每隔约2m开有浇筑孔。为承受混凝土侧压力，柱模外围要设柱箍，柱箍为木制、钢制或钢木制作。柱箍间距与混凝土侧压力大小、拼板厚度有关，由于新浇混凝土侧压力是下部大上部小，因而柱模下部的柱箍较密。柱模板顶部根据需要开设与梁模板连接的缺口。

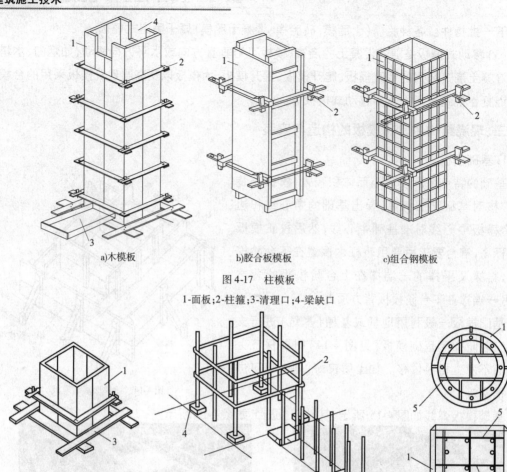

a) 木模板　　　　　b) 胶合板模板　　　　　c) 组合钢模板

图 4-17　柱模板

1-面板；2-柱箍；3-清理口；4-梁缺口

a) 木框定位　　　　　b) 混凝土块定位　　　　　c) 钢筋定位

图 4-18　柱脚的定位

1-柱模板；2-柱钢筋；3-定位木框；4-定位混凝土块；5-钢筋定位架

图 4-19　柱模板安装

在安装柱模板前，应先绑扎好钢筋，测出标高并标在钢筋上，同时在已浇筑的基础顶面或楼面上固定好柱模板底部的小木框，在内外拼板上弹出中心线，根据柱边线及木框位置竖立内外拼板，并用斜撑临时固定，然后由顶部用锤球校正，使其垂直，检查无误后用斜撑钉牢固定。同在一条轴线上的柱，应先校正两端的柱模板，再从柱模上口中心线拉一铁丝来校正中间的柱模。柱模之间，还要用水平撑及剪刀撑相互拉结。柱模板安装、固定和校正如图 4-19、图 4-20 所示。

3. 梁模板

梁的跨度较大而宽度不大。梁底一般是架空的，混凝土对梁侧模板有水平侧压力,对梁底模板有垂直压力,因此梁模板及支架必须能承受这些荷载而不致发生超过规范允许的过大变形。

梁模板主要由底模、侧模、夹木及其支架系统组成,如图4-21所示。为承受垂直荷载,在梁底模板下每隔一定间距(800~1 200mm)用顶撑顶住。顶撑可以用圆木、方木或钢管制成。顶撑底要加垫一对木楔块以调整标高。为使顶撑传下来的集中荷载均匀地传给地面,在顶撑底加铺垫板。多层建筑施工中,应使上、下层的顶撑在同一条竖向直线上。侧模板用长板条加拼条制成,为承受混凝土侧压力,保证梁上下口尺寸,底部用夹木固定,上部用斜撑和水平拉条固定。

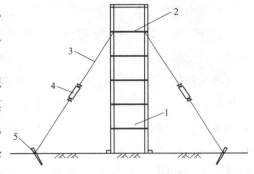

图4-20 柱模板固定和校正
1-柱模板;2-柱箍;3-缆风绳;4-张紧器;5-地锚

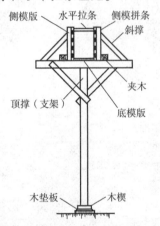

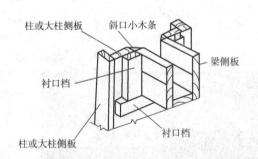

图4-21 梁模板组成

梁模板的侧模板一般拆除较早,因此,侧模板包在底模板的外面。柱的模板与梁的侧模板一样,可较早拆除。梁的模板也不应伸到柱模板的开口内(见图4-21),同样次梁模板也不应伸到主梁侧板的开口内。梁模板安装如图4-22、图4-23所示。

图4-22 梁模板节点安装

图4-23 梁模板安装

4. 楼板模板

楼板的特点是面积大而厚度一般不大,因此横向侧压力很小,楼板模板及支撑系统主要是承受混凝土的垂直荷载和施工荷载,保证模板不变形下垂。

楼板模板(见图4-24)的底模用木板条或用定型模板拼成,铺在楞木上。楞木搁置在梁模板外的托木上,楞木面可加木楔调平以满足钢筋混凝土板底设计标高。当楞木的跨度较大时,中间应加设立柱,立柱上钉通长的杠木。底模板应垂直于楞木方向铺钉,且应按照定型模板的尺寸规格调整楞木间距。当主梁、次梁模板安装完毕后,方可安装托木、楞木及楼板底模。有梁模板支设如图4-25、图4-26所示。

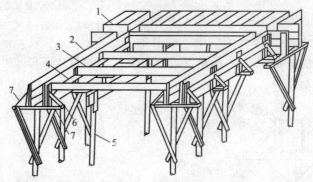

图4-24 有梁楼板模板

1-楼板模板;2-梁侧模板;3-楞木;4-托木;5-支撑;6-夹木;7-斜撑

图4-25 有梁板模板支设过程

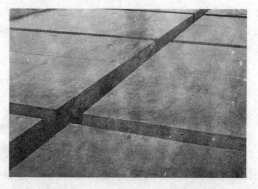

图4-26 有梁板模板支设完成

5. 墙模板

墙体具有高度大而厚度小的特点,其模板主要承受混凝土的侧压力,因此,必须加强面板刚度并设置足够的支撑,以确保模板不变形、不发生位移,如图4-27所示。墙模板安装如图4-28所示。

墙模安装要点如下:

(1)根据边线先立一侧模板并临时支撑固定,待墙体钢筋绑扎完后,再立另一侧模板。

(2)墙模板的对拉螺栓要设置内撑式套管(防水混凝土除外),以确保对拉螺栓重复使用,并控制墙体厚度。

（3）预留门窗洞口的模板应有锥度,安装牢固,既不变形,又易于拆除。

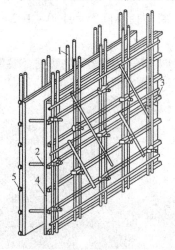

图 4-27　墙模板支板图
1-钢管围檩;2-螺栓拉杆;3-定
位配件;4-墙模板;5-木搁栅

图 4-28　墙模板安装

（4）墙模板高度较大时,应留出一侧模板分段支设,不能分段支设时,应在浇筑的一侧留设门子板,留设方法同柱模板,门子板的水平间距一般为 2.5m。

（5）为预留墙体洞口而设在模板内的内套模板要设置排气孔。

6. 楼梯模板

图 4-29 为一整体浇筑钢筋混凝土楼梯模板。安装时,在楼梯间的墙上按设计标高画出楼梯段、楼梯踏步及平台板、平台梁的位置。楼梯模板施工如图 4-30、图 4-31 所示。

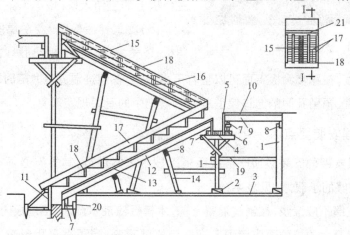

图 4-29　整体浇筑钢筋混凝土楼梯模板

1-支柱(顶撑);2-木楔;3-垫板;4-平台梁底板;5-侧板;6-夹板;7-托木;8-杠木;9-楞木;10-平台底板;11-梯基侧板;12-斜楞木;13-楼梯底板;14-斜向顶撑;15-外帮板;16-横档木;17-反三角板;18-踏步侧板;19-拉杆;20-木桩;21-平台梁板

楼梯模板的安装要点如下:

（1）先立平台梁、平台板的模板,然后在楼梯基础侧板上钉托木,楼梯模板的斜楞钉在基础梁和平台梁侧板外的托木上。

（2）在斜楞上面铺钉楼梯底模，下面设杠木和斜向顶撑，斜向顶撑间距为 1.0~1.2m，用拉杆拉结。

a) 楼梯模板支设

b) 楼梯三角板

图 4-30　楼梯模板施工

图 4-31　楼梯底板支撑

（3）沿楼梯边立外帮板，用外帮板上的横档木、斜撑和固定夹木将外帮板钉固在杠木上。

（4）再在靠墙的一面把反三角板立起，反三角板的两端可钉于平台梁和梯基的侧板上，然后在反三角板与外帮板之间逐块钉上踏步侧板，踏步侧板一头钉在外帮板的木档上，另一头钉在反三角板上的三角木块（或小木条）侧面上。

（5）如果梯段较宽，应在梯段中间再加反三角板，以免发生踏步侧板凸肚现象。为了确保梯板符合要求的厚度，在踏步侧板下面可以垫若干小木块，在浇筑混凝土时随时取出。现浇结构模板安装和预埋件、预留孔洞的允许偏差应符合规范中的有关规定。

四、模板工程安装要点

（1）模板及其支架的安装必须严格按照施工技术方案进行，其支架必须有足够的支撑面积，底座必须有足够的承载力（见表 4-2）。

（2）模板的接缝不应漏浆，在浇筑混凝土前，木模板应浇水湿润，但模板内不能有积水。

（3）模板与混凝土的接触面应清理干净并涂刷隔离剂，但不得采用影响结构性能或妨碍装饰工程的隔离剂。

（4）浇筑混凝土前，模板内的杂物应清理干净。

（5）对清水混凝土工程及装饰混凝土工程，应使用能达到装饰效果的模板。

（6）用作模板的地坪、胎膜等应平整、光洁，不得产生影响构件质量的下沉、裂缝、起砂或起鼓。

(7) 对跨度不小于 4m 的现浇钢筋混凝土梁、板,其模板应按设计要求起拱;当设计无具体要求时,起拱高度宜为跨度的 1/1 000~3/1 000。

现浇结构模板安装的允许偏差及检验方法　　　　表 4-2

项　目		允许偏差(mm)	检验方法
轴线位置		5	用钢尺检查
底模上表面标高		±5	用水准仪或拉线、钢尺检查
截面内部尺寸	基础	±10	用钢尺检查
	柱、墙、梁	+4,-5	用钢尺检查
层高垂直度	不大于 5m	6	用经纬仪或吊线、钢尺检查
	大于 5m	8	用经纬仪或吊线、钢尺检查
相邻两板表面高低差		2	用钢尺检查
表面平整度		5	用 2m 靠尺和塞尺检查

注:检查轴线位置时,应沿纵、横两个方向测量,并取其中的较大值。

五、现浇结构模板的拆除

模板的拆除日期取决于混凝土的强度、各个模板的用途、结构的性质、混凝土硬化时的气温。及时拆模,可提高模板的周转率,也可为其他工作创造条件。但过早拆模,混凝土会因强度不足以承担本身自重,或受到外力作用而变形甚至断裂,造成重大的质量事故。

(一)拆除模板时混凝土的强度

(1)不承重的模板,其混凝土强度应在其表面及棱角不致因拆模而受损坏时,方可拆除。一般当混凝土强度达到 2.5MPa 后,就能保证混凝土不因拆除模板而损坏。

(2)承重模板应在混凝土强度达到所规定的强度(见表 4-3)时,方能拆除。

拆模时的混凝土强度要求　　　　表 4-3

构件类型	构件跨度(m)	按设计的混凝土强度标准值的百分率(%)
板	≤2	≥50
	>2 且≤8	≥75
	>8	≥100
梁、拱、壳	≤8	≥75
	>8	≥100
悬臂构件		≥100

(二)模板的拆除要求和注意事项

1.拆除要求

(1)模板的拆除顺序一般是先非承重模板后承重模板,先侧板后底板。大型结构的模板,拆除时必须事前制订详细方案。对于肋形楼板的拆除顺序,首先是柱模板,然后是楼板底模板、梁侧模板,最后是梁底模板。

（2）对于多层楼板模板支架，当上层楼板正在浇筑混凝土时，下一层楼板的模板支架不得拆除，再下层的楼板模板支架仅可拆除一部分。跨度4m及4m以上的梁下均应保留支架，其间距不得大于3m。

2. 注意事项

（1）拆模时，操作人员应站在安全处，以免发生安全事故（见图4-32）。

图4-32　要主动避让吊装物

（2）拆模时，应避免用力过猛、过急，严禁用大锤和撬棍硬砸硬撬，以免损坏混凝土表面或模板。

（3）拆除的模板及配件应有专人接应传递并分散堆放，不得对楼层形成冲击荷载，严禁高空抛掷。

（4）模板及支架清运至指定地点，应及时加以清理、修理，并按尺寸和种类分别堆放，以便下次使用。

案　例

2005年9月5日在北京的西单工程中，施工人员在进行高大厅堂顶盖模板支架预应力混凝土空心板现浇混凝土施工时，模板支撑体系突然坍塌（见图4-33），造成8人死亡、21人受伤的重大伤亡事故。

图4-33　模板支撑体系坍塌

经"9.5"事故专家组所做技术安全调查，事故原因共有以下5条：

（1）支架方案编制粗糙，存在严重设计计算缺陷，不能保证施工安全要求。

（2）支架立杆伸出长度过大，是造成本次事故的主要原因。

（3）支架搭设质量差，造成支撑体系局部承载力严重下降，也是事故产生的重要原因。

（4）支架中使用的钢管杆件、扣件、顶托

等材料存在质量缺陷,是事故产生的原因之一。

(5)安全保证体系、安全人员配置、模板支架方案审批、安全技术交底、日常安全检查、隐患整改、支架验收等管理环节存在严重问题,是事故产生的管理原因。

在模板设计、施工过程中去除以下8个隐患,可加强模板体系的安全性。

(1)支模架立杆坐落的底板下,地基不密实,有不均匀沉降;如果是楼板时,承载力较小等。

(2)立杆底端与底板之间有空隙,立杆处于悬空状态,支撑螺母与立杆底端之间有间隙,垫板劈裂、破损严重等;悬挑支模时,悬挑梁固定的不坚实。

(3)底层横杆与底板之间距离较大时,不按要求设扫地杆;扫地杆与立杆扣接时未根根相扣,而是跳着扣等。

(4)立杆接长时,采用扣件搭接且接长部位设在同一高度内;扣件扣得不紧、扣得不实等。

(5)支模架立杆上端横杆之间的距离较大,或立杆上端的悬臂长度过长等。

(6)梁底模板的水平支撑梁支得有松有紧,支得不实。

(7)立杆材质不符合要求。

(8)可调底托、可调顶托的丝杠过长,插入立杆内的长度过短。

任 务 要 求

练一练:
1. 梁跨度大于等于4m的梁,梁中模板起拱高度,如设计无规定时宜为全跨长度的( )。
2. 现浇结构底模板拆除时所需的混凝土强度百分比与( )、( )有关。

想一想:
1. 模板系统的组成及作用有哪些?
2. 如何确定模板的拆除时间及拆模顺序?

任 务 拓 展

请同学们结合以下钢模板及配件的配套比例(见表4-4)到图书馆或网上查找资料,了解钢模板的配板原则、方法及数量。

每100m² 模板面积配套比例表 表4-4

名 称	规 格 (mm)	每 件 面积(m^2)	每 件 重量(kg)	件数	面积比例(%)	总重(kg)
平面模板	300×1 500×55	0.45	14.90	145	60~70	2 166
平面模板	300×900×55	0.27	9.21	45	12	415
平面模板	300×600×55	0.18	6.36	23	4	146

续上表

名 称	规　格 （mm）	每　件		件数	面积比例 （%）	总重 （kg）
		面积 （m²）	重量 （kg）			
其他模板	(100~200)×(600~1 500)	—	—	—	14~24	700
连接角模	50×50×1 500	—	3.47	24	—	83
连接角模	50×50×900	—	2.10	12	—	25
连接角模	50×50×600	—	1.42	12	—	17
U形卡	φ12	—	0.20	1 450	—	290
L形插销	φ12×345	—	0.35	290	—	101
钩头螺栓	M12×176	—	0.21	120	—	25
紧固螺栓	M12×164	—	0.20	120	—	24
3形扣件	25×120×22	—	0.12	360	—	43
圆钢管	φ48×3.5	—	3.84	—	—	4 500
管扣件		—	1.25	800	—	1 000
共计						9 535

任务二　学会钢筋工程施工

 知识准备

　　钢筋的抗拉强度很高,在结构构件的受拉部位配置适量的钢筋,利用混凝土的可模性使两者牢固地结合在一起,混凝土和钢筋共同工作,就可以充分利用混凝土的抗压能力和钢筋的抗拉能力,满足建筑结构复杂的受力要求。

　　当前我国建筑工程中框架结构、剪力墙结构、框剪结构所占比重甚大,钢筋工程就显得尤为重要。施工中加强钢筋工程的质量控制,是保证钢筋混凝土工程质量的重要基础。

一、钢筋的分类、验收和存放

（一）钢筋的分类

钢筋的分类方法较多。

1. 按生产工艺分类

　　钢筋可分为热轧钢筋、冷轧带肋钢筋、冷轧扭钢筋、钢绞线、消除应力钢丝、热处理钢筋等。建筑工程中常用的钢筋按轧制外形可分为光面钢筋（见图4-34）和变形钢筋（螺纹、人字纹及月牙纹）（见图4-35）。

图 4-34 光圆钢筋

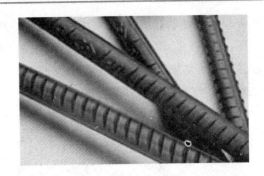
图 4-35 变形钢筋

2. 按化学成分分类

钢筋可分为碳素钢钢筋和普通低合金钢钢筋。碳素钢钢筋按含碳量多少,又可分为低碳钢钢筋(含碳量小于 0.25%)、中碳钢钢筋(含碳量 0.25%~0.60%)和高碳钢钢筋(含碳量大于 0.60%)。

3. 按构件类型分类

钢筋可分为普通钢筋(热轧钢筋)和预应力钢筋。普通钢筋是指用于钢筋混凝土结构中的钢筋和预应力混凝土结构中的非预应力钢筋。普通钢筋按强度分为 HPB300、HRB335、HRBF335、HRB400、HRB400E、HRBF400、RRB400、HRB500、HRBF500,级别越高,强度及硬度越高,塑性则逐级降低。预应力钢筋宜采用预应力钢绞线、消除应力钢丝,也可采用热处理钢筋。强度和伸长率符合要求的冷加工钢筋或其他钢筋也可用作预应力钢筋,但必须符合专门标准的规定。

4. 其他分类方法

钢筋按直径大小可分为钢丝(直径 3~5mm)、细钢筋(直径 6~10mm)、中粗钢筋(12~20mm)和粗钢筋(直径大于 20mm)。为便于运输,通常将直径为 6~10mm 的钢筋制成盘圆;直径大于 12mm 的钢筋截成每根长度为 6~12m。此外,钢筋按在结构中的作用不同可分为受力钢筋、架立钢筋和分布钢筋等。

(二)钢筋的性能和验收

钢筋的性能包括钢筋的化学成分及力学性能(屈服点、抗拉强度、伸长率及冷弯指标)。

钢筋进场应有出厂质量证明书或实验报告单,每捆或每盘钢筋均应有标牌,并应按照品种、批号及直径分批验收。每批热轧钢筋质量不超过 60t,钢绞线不超过 20t。验收内容包括钢筋标牌和外观检查,并按照有关规定取样,进行力学性能试验。钢筋检查合格后方准使用。

1. 钢筋的外观检查

钢筋表面不得有裂缝、结疤和折皱,钢筋表面的凸块不得超过螺纹的高度,钢筋的外形尺寸应符合技术标准规定。如在加工过程中发现脆断、焊接性能不良或机械性质显著不正常时,应进行化学成分检验或其他专项检验。

2. 钢筋的存放

钢筋运进施工现场后必须严格按批分等级、牌号、直径、长度挂牌分别存放(见图 4-36、

图4-37），并注明数量，不得混淆。钢筋应尽量堆入仓库或料棚内，条件不具备时，应选择地势较高，土质坚实、较为平坦的露天场地存放。在仓库或场地周围挖排水沟，以利泄水。堆放时钢筋下面要加垫木，钢筋离地不宜少于200mm，以防钢筋锈蚀和污染。

图4-36 钢筋出厂标牌　　　　　　　　　图4-37 钢筋挂牌堆放

3. 钢筋的验收

对有抗震设防要求的结构，其纵向受力钢筋的强度应满足设计要求；当设计无具体要求时，对一、二、三级抗震等级设计的框架和斜撑构件（含梯级）中的纵向受力钢筋应采用HRB335E、HRB400E、HRB500E、HRBF335E、HRBF400E或HRBF500E钢筋，其强度和最大力下总伸长率的实测值应符合下列规定：

（1）钢筋的抗拉强度实测值与屈服强度实测值的比值不应小于1.25。

（2）钢筋的屈服强度实测值与强度标准值的比值不应大于1.30。

（3）钢筋的最大力下总伸长率不应小于9%。

二、钢筋加工

（一）钢筋的冷加工

钢筋的冷加工是充分发挥材料效用、节约钢材和满足预应力钢筋要求的重要途径。

1. 冷拉钢筋

冷拉是在常温下通过夹具（见图4-38）对热轧钢筋进行强力拉伸。拉应力超过钢筋的屈服强度时，钢筋产生塑性变形，可以达到调直钢筋、提高强度、节约钢材的目的，对焊接接长的钢筋亦检验了焊接接头的质量。冷拉HPB300级钢筋多用于结构中的受拉钢筋，冷拉HRB335、HRB400、RRB400级钢筋多用作预应力构件中的预应力筋（见图4-39）。

2. 冷拔钢筋

冷拔是用热轧钢筋（直径8mm以下）通过钨合金的拔丝模进行强力冷拔（见图4-40）。钢筋通过拔丝模时，受到轴向拉伸与径向压缩的作用，钢筋内部晶格变形而产生塑性变形，因而抗拉强度提高（可提高50%~90%），塑性降低，呈硬钢性质。光圆钢筋经冷拔后称"冷拔低碳钢丝"。图4-41为冷拔钢筋网。

图 4-38 钢筋冷拉夹具

图 4-39 冷拉钢筋

图 4-40 钢筋冷拔

图 4-41 冷拔钢筋网

3. 冷轧带肋钢筋

冷轧带肋钢筋是用热轧盘条经多道冷轧减径,一道压肋并经消除内应力后形成的一种带有二面或三面月牙形的钢筋(见图4-42)。冷轧带肋钢筋在预应力混凝土构件中,是冷拔低碳钢丝的更新换代产品,采用此钢筋能够节约钢材。冷轧带肋钢筋是同类冷加工钢材中较好的一种,牌号由 CRB 和钢筋的抗拉强度最小值构成。冷轧带肋钢筋分为 CRB550、CRB650、CRB800、CRB970 四个等级。CRB550 为普通钢筋混凝土用钢筋,其他级别为预应力混凝土钢筋。冷轧带肋钢筋强度高,与热轧光圆钢筋相比,用于现浇结构可节约35%~40%的钢材;冷轧带肋钢筋与混凝土之间的黏结锚固性能良好(见图4-43),因此用于构件中,杜绝了构件锚固区开裂、钢丝滑移的现象,且提高了构件端部的承载能力和抗裂能力。在钢筋混凝土结构中,冷轧带肋钢筋裂缝宽度也比光圆钢筋小,甚至比热轧螺纹钢筋还小。冷轧带肋钢筋伸长率较同类的冷加工钢材大。

图 4-42 冷轧带肋钢筋生产

图 4-43 冷轧带肋钢筋网

4.冷轧扭钢筋

冷轧扭钢筋是以热轧 HPB300 级盘圆为原料,经专用生产线,先冷轧扁,再冷扭转,从而形成系列螺旋状直条钢筋,具有良好的塑性和较高的抗拉强度(见图 4-44)。螺旋状外型大大提高了与混凝土之间的握裹力,改善了构件受力性能,使混凝土构件具有承载力高、刚度好、破坏前有明显预兆等特点。冷轧扭钢筋可按工程需要定尺供料,使用中不需再做弯钩;钢筋的刚性好,绑扎后不易变形和移位,对保证工程质量极为有利,特别适用于现浇板类工程;可节约钢材 30%～40%,节省工程造价 15%～20%。

5.冷拔螺旋钢筋

冷拔螺旋钢筋是以普通低碳钢钢筋和低碳合金钢热扎盘条为原料,经过冷拔螺旋钢筋机冷拔加工制造而成(见图 4-45)。冷拔螺旋钢筋具有强度较高、塑性和锚固性好等特点,并优于冷拔低碳钢丝伸长率及在混凝土中的握裹力。

图 4-44 冷轧扭钢筋

图 4-45 冷拔螺旋钢筋

(二)钢筋加工内容

钢筋加工包括调直、除锈、下料切断、接长、弯曲成型等。

1.调直

钢筋宜采用无延伸功能的机械设备进行调直(见图 4-46、图 4-47),也可采用冷拉方法调直。当采用冷拉方法调直时,HPB300 光圆钢筋的冷拉率不宜大于 4%；HRB335、HRB400、HRB500、HRBF335、HRBF400、HRBF500 及 RRB400 带肋钢筋的冷拉率不宜大于 1%。

图 4-46 钢筋调直机

图 4-47 盘条调直开卷

除利用冷拉调直外,粗钢筋还可以采用锤击的调直的方法。直径为 4~14mm 的钢筋可采用调直机进行调直。

2. 除锈

除锈既可以在钢筋冷拉或调直过程中除锈,也可以采用电动除锈机除锈,还可以手工用钢丝刷、砂盘等或喷砂及酸洗除锈。

3. 切断

钢筋下料时需按下料长度进行切断。钢筋切断可采用钢筋切断机(见图 4-48)或手动切断器(见图 4-49),前者可切断直径 40mm 的钢筋,后者一般只用于切断直径小于 12mm 的钢筋。大于 40mm 的钢筋需用氧气乙炔焰或电弧割切。

4. 弯曲成型

钢筋切断后,要根据图纸要求弯曲成一定的形状。根据弯曲设备的特点及工地习惯进行划线,以便弯曲成所规定的(外包)尺寸。当弯曲形状比较复杂的钢筋时,可先放出实样,再进行弯曲。钢筋弯曲宜采用弯曲机(见图 4-50、图 4-51),可弯直径 6~40mm 的钢筋。直径小于 25mm 的钢筋,当无弯曲机时也可采用板钩弯曲。

图 4-48　钢筋切断机

图 4-49　手动切断器

图 4-50　钢筋弯曲机

图 4-51　箍筋弯曲机

钢筋加工的形状、尺寸应符合设计要求,其偏差应符合表 4-5 的规定。

钢筋加工的允许偏差　　　　　　　　　　　　　　表 4-5

项　　目	允许偏差（mm）
受力钢筋顺长度方向全长的净尺寸	±10
弯起钢筋的弯折位置	±20
箍筋内净尺寸	±5

三、钢筋连接

钢筋接头连接方法有绑扎连接、焊接连接和机械连接。绑扎连接由于需要较长的搭接长度,浪费钢筋,且连接不可靠,故宜限制使用。焊接连接的方法较多,成本较低,质量可靠,宜优先选用。机械连接无明火作业,设备简单,节约能源,不受气候影响,可全天候施工,连接可靠,技术易于掌握,适用范围广,尤其适用于现场焊接有困难的场合。

钢筋接头位置宜设置在受力较小处,同一纵向受力钢筋不宜设置 2 个或 2 个以上接头。接头末端至钢筋弯起点的距离不应小于钢筋直径的 10 倍。

(一)绑扎连接

钢筋搭接处,应在中心及两端用 20～22 号铁丝(见图 4-52)扎牢。纵向受力钢筋绑扎搭接接头的最小搭接长度应符合规范《混凝土结构工程施工质量验收规范》(GB 50204—2015)附录 B 的规定。受拉区域内,HPB300 级钢筋绑扎接头的末端应做弯钩,HRB335、HRB400 级钢筋可不做弯钩。直径不大于 12mm 的受压 HPB300 级钢筋的末端,以及轴心受压构件中任意直径的受力钢筋的末端,可不做弯钩。

同一构件中相邻纵向受力钢筋的绑扎搭接接头宜相互错开,绑扎搭接接头中钢筋的横向净距不应小于钢筋直径,且不应小于 25mm(见图 4-53)。

图 4-52 绑扎铁线

图 4-53 钢筋绑扎

钢筋绑扎搭接接头连接区段的长度为 $1.3l$(l 为搭接长度)(见表 4-6),凡搭接接头中点位于该连接区段长度内的搭接接头均属于同一连接区段。同一连接区段内,纵向钢筋搭接接头面积百分率,即该区段内有搭接接头的纵向受力钢筋截面面积与全部纵向受力钢筋截面面积的比值(见图 4-54)应符合设计要求。当设计无具体要求时,应符合下列规定:

(1)对梁类、板类及墙类构件,不宜大于 25%。

(2)对柱类构件,不宜大于 50%。

(3)当工程中确有必要增大接头面积百分率时,对梁类构件,不应大于 50%,对其他构件,可根据实际情况放宽。

纵向受拉钢筋的最小搭接长度　　　　表 4-6

钢 筋 类 型		混凝土强度等级			
		C15	C20～C25	C30～C35	≥C40
光圆钢筋	HPB300 级	45d	35d	30d	25d
带肋钢筋	HRB335 级	55d	45d	35d	30d
	HRB400 级、RRB400 级	—	55d	40d	35d

注:d 为受拉钢筋直径。

当受拉钢筋直径大于28mm、受压钢筋直径大于32mm时,不宜采用绑扎搭接接头。轴心受拉和小偏心受拉杆件(如桁架和拱架的拉杆等)的纵向受力钢筋和直接承受动力荷载结构中的纵向受力钢筋均不得采用绑扎搭接接头。

(二)焊接连接

常用的钢筋焊接方法有闪光对焊、电弧焊、电渣压力焊和电阻点焊、埋弧压力焊以及气压焊等。

受力钢筋采用焊接接头时,设置在同一构件内的焊接接头应相互错开(见图4-55)。在任一焊接接头中心至长度为钢筋直径 d 的35倍,且不小于500mm的区段,同一个钢筋不得有2个接头;在该区段内有接头的受力钢筋截面面积占受力钢筋总截面面积的百分率,非预应力筋受拉区不宜超过50%,受压区和装配式构件连接处不限制;预应力筋受拉区不宜超过25%,当有可靠的保证措施时,可放宽到50%,受压区和后张法的螺丝端杆不限制。

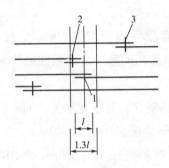

图4-54 钢筋绑扎搭接接头连接区段及接头面积百分率

1-连接区段中心;2-中点位于连接区段内的接头;3-中点位于连接区段外的接头;l-搭接长度

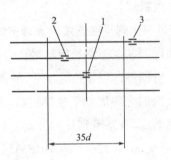

图4-55 机械连接与焊接接头连接区段及接头百分率

1-连接区段中心;2-中点位于连接区段内的接头;3-中点位于连接区段外的接头;d-搭接钢筋较大直径

1. 闪光对焊

钢筋闪光对焊的原理是利用对焊机(见图4-56、图4-57)使两段钢筋接触,通过低压的强电流,待钢筋被加热到一定温度局部熔融变软后,进行轴向加压顶锻,形成对焊接头。

图4-56 闪光对焊机

图4-57 钢筋闪光对焊

闪光对焊广泛用于钢筋纵向连接及预应力钢筋与螺丝端杆的焊接。热轧钢筋的焊接宜优先用闪光对焊,不可能时才用电弧焊。

(1)连续闪光焊是先将钢筋夹在对焊机两极的钳口上,闭合电源,然后使两根钢筋轻微接触。由于钢筋端部凹凸不平,接触面很小,电流通过时电流密度和接触电阻很大,接触点很快熔化,产生金属蒸气飞溅形成闪光现象,与此同时徐徐移动钢筋,保持连续闪光,接头同时被加热,至接头端面闪平、杂质闪掉、接头熔化,随即施加适当的轴向压力迅速顶锻。先带电顶锻,随之断电顶锻,使钢筋顶锻缩短规定的长度留量,两根钢筋便焊合成一体。

焊接过程中,由于闪光的作用,空气不能进入接头处,同时闪去接口中原有的杂质和氧化膜,通过挤压又把已熔化的氧化物挤出,因而接头质量可得到保证。

连续闪光焊适于焊接直径在25mm以下的HPB300、HRB335级钢筋和直径在16mm以内的HRB400级钢筋。

(2)预热闪光焊是在连续闪光焊前增加一次预热过程,以扩大焊接热影响区。施焊时,闭合电源后使两钢筋端面交替地接触和分开,这时在钢筋端面的间隙中发出断续的闪光而形成预热过程。当钢筋达到预热温度后,随即进行连续闪光和顶锻。

由于预热闪光焊增加了预热过程,因此可焊接大直径钢筋。对于直径为25mm以上且端面较平整的钢筋,宜采用预热闪光焊。预热闪光焊适用于焊接直径为20~36mm的HPB300级钢筋,直径为16~32mm的HRB335、HRB400级钢筋以及直径12~28mm的RRB400级钢筋。

(3)闪光—预热—闪光焊是在预热闪光焊前再增加一次闪光过程使钢筋端面闪平,使预热均匀。施焊时首先连续闪光,使钢筋端部闪光闪平,后面的操作同预热闪光焊。因此,闪光—预热—闪光焊适于焊接直径大于25mm且端面不平整的钢筋。

钢筋闪光焊后,应对接头进行外观检查(无裂纹和烧伤;接头弯折不大于4°;接头轴线偏移不大于钢筋直径的1/10,也不大于2mm),外观检查不合格的接头,可将距接头左右各15mm部分切除再重焊。此外,还应进行机械性能检验,对焊接头的机械性能检验应按钢筋品种和直径分批进行,每100个接头为一批,每批切取6个试件,其中3个做拉力试验,3个做冷弯试验。试验结果应符合热轧钢筋的机械性能指标或符合冷拉钢筋的机械性能指标。做破坏性试验时,亦不应在焊缝处或热影响区内断裂,对于HRB335、HRB400级钢筋,冷弯则不允许有裂纹出现。

2. 电弧焊

电弧焊是利用弧焊机(见图4-58)使焊条与焊件之间产生高温电弧,使焊条和电弧燃烧范围内的焊件溶化,待其凝固便形成焊缝或接头。

电弧焊广泛用于钢筋接头焊接、钢筋骨架焊接、装配式结构接头焊接、钢筋与钢板焊接及各种钢结构焊接(见图4-59)。钢筋电弧焊的接头形式有搭接接头(单面焊缝或双面焊缝)、帮条接头(单面焊缝或双面焊缝)、坡口接头(平焊或立焊)。

(1) 搭接接头

如图 4-60a)所示,搭接接头适用于直径 10～40mm 的 HPB300、HRB335、HRB400 级钢筋(图中括号内数值用于 HRB335、HRB400 级钢筋)。焊接时,先将主钢筋的端部按搭接长度预弯,使被焊钢筋处在同一轴线上,并采用两端点焊定位,焊缝宜采用双面焊,当双面施焊有困难时,也可采用单面焊。

图 4-58 直流电焊机

图 4-59 电弧焊施工

(2) 帮条接头

如图 4-60b)所示,帮条接头适用范围同搭接接头。帮条钢筋宜与主筋同级别、同直径,如帮条与被焊接钢筋的级别不相同时,还应按钢筋的计算强度进行换算。所采用帮条的总截面面积应满足如下要求:当被焊接钢筋为 HPB300 级时,应不小于被焊接钢筋截面的 1.2 倍;当被焊接钢筋为 HRB335、HRB400 级时,则应不小于被焊钢筋截面的 1.5 倍。主筋端面间的间隙应为 2～5mm,帮条和主筋间用四点对称定位点焊加以固定。

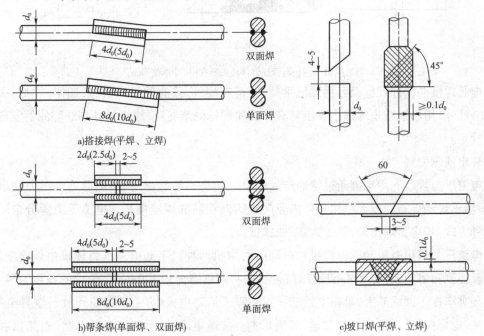

图 4-60 电弧焊接头形式(尺寸单位:mm)

钢筋搭接接头和帮条接头焊接,焊缝厚度应不小于 0.3d,且大于 4mm,焊缝宽度不小于 0.7d,且不小于 10mm。钢筋搭接长度、帮条长度见表 4-7。

(3) 坡口接头

如图 4-60c) 所示,坡口接头适用于直径 16~40mm 的 HPB300~HRB400 级钢筋。当焊接 HRB400 级钢筋时,应先将焊件加温处理。

钢筋搭接长度、帮条长度   表 4-7

钢筋级别	焊缝形式	搭接长度、帮条长度
HPB300 级	单面焊	≥8d
	双面焊	≥4d
HPB335、HRB400 级	单面焊	≥10d
	双面焊	≥5d

注:d 为钢筋直径。

(4) 钢筋与预埋铁件接头

如图 4-61 所示,钢筋与预埋铁件接头可分为对接接头和搭接接头两种,对接接头又可分为角焊和穿孔塞焊。当钢筋直径为 6~25mm 时,可采用角焊;当钢筋直径为 20~30mm 时,宜采用穿孔塞焊。

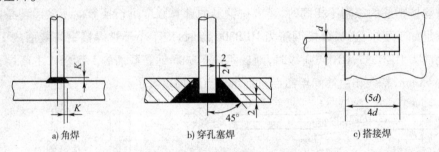

图 4-61 钢筋与预埋铁件接头形式(尺寸单位:mm)

电弧焊接头的外观检查包括焊缝平顺、不得有裂纹,没有明显的咬边、凹陷、焊瘤、夹渣及气孔。此外,用小锤敲击焊缝应发出与其本金属同样的清脆声,焊缝尺寸与缺陷的偏差应符合规范规定。

3. 电渣压力焊

电渣压力焊是利用电流通过渣池产生的电阻热将钢筋端部熔化,然后施加压力使钢筋焊合,多用于现浇钢筋混凝土结构构件内竖向或斜向钢筋的焊接接长。电渣压力焊分自动与手工两种方式,与电弧焊比较,其工效高、成本低。

电渣压力焊机有手动压力焊机和自动压力焊机两种。手动电渣压力焊机由焊接变压器、夹具及控制箱等组成(见图 4-62)。焊接前,先将钢筋端部约 120mm 范围内的铁锈清除干净,将夹具夹牢在下部钢筋上,再将上钢筋扶直夹牢于活动电极中,上下钢筋间放一块导电剂(钢丝小球、电焊条等)。再安放焊剂盒,装满焊剂。接通电路,用手炳使电弧引燃(引弧),并使电弧稳定燃烧。随着钢筋的熔化,上钢筋逐渐插入渣池中,此时电弧熄灭,焊接电流通过渣池而产生大量的电阻热,使钢筋端部继续熔化。待钢筋端部熔化到一定程度后,在切断电流的同时,迅速进行顶压并持续几秒钟,以免接头偏斜或结合不良。电渣压力焊施工如图4-63所示。

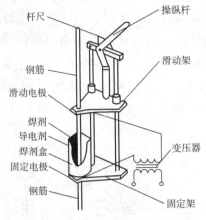

图4-62 电渣压力焊示意　　　　　　　图4-63 电渣压力焊施工

外观检查:钢筋电渣压力焊接头应逐个进行,要求接头焊包均匀,凸出部分至少高出钢筋表面4mm,不得有裂纹和明显的烧伤缺陷;接头处钢筋轴线的偏移不超过0.1倍钢筋的直径,同时不得大于2mm;接头弯折不得超过4°,凡不符合外观要求的钢筋接头,可将距接头左右各15mm部分切除重焊。合格与不合格的电渣压力焊接头分别如图4-64、图4-65所示。

图4-64 合格的电渣压力焊接头　　　　图4-65 不合格的电渣压力焊接头

强度检验:在现浇混凝土结构中,每一楼层以300个同钢筋级别和直径的接头为一批(不足300个接头也作为一批)。切取3个接头作为试件,进行静力拉伸试验,其抗拉强度实测值均不得低于该级别钢筋的抗拉强度标准值。如有1个试件的抗拉强度低于规定数值,则要加倍取样。如仍有1个试件不符合要求,则判定该批焊接接头为不合格品。

4. 电阻点焊

电阻点焊是利用点焊机(见图4-66)进行交叉钢筋的焊接,用以生产各种钢筋网片和钢筋骨架。点焊机工作原理如图4-67所示。电阻点焊可取代人工绑扎,是实现生产机械化、提高工效、节约钢材的有效途径。焊接骨架或焊接网片可提高构件的刚度和抗裂性,在混凝土锚固中优于绑扎骨架,因此制作钢筋骨架应优先采用点焊。

将已除锈的钢筋交叉点放在点焊机的两电极间,由于交叉钢筋间是点接触,接触点的电阻很大,电流产生的全部热量都集中在这一点上,使接触点处的金属很快受热而熔化,然后加压使焊点金属焊合。焊点应进行外观检查和强度试验。热轧钢筋的焊点应进行抗剪强度的试验。钢筋点焊的外观检查应无脱落、漏焊、气孔、裂缝、空洞以及明显烧伤现象。焊点处应挤出饱满而均匀的熔化金属,并应有适量的压入深度;焊接网的长、宽及骨架长度的允许偏差为 ±10mm;焊接骨架高度允许偏差为 ±5mm;网眼尺寸及箍筋间距允许偏差为 ±10mm。焊点的抗剪强度不应低于小钢筋的抗拉强度;拉伸试验时,不应在焊点断裂;弯角试验时,不应有裂纹。

图 4-66　点焊机

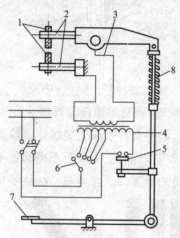

图 4-67　点焊机的工作原理
1-电极;2-电极臂;3-变压器次级线圈;4-变压器初级线圈;
5-断路器;6-变压器调节级数开关;7-踏板;8-压紧机构

5. 气压焊

气压焊接钢筋是利用乙炔-氧混合气体燃烧的高温火焰对已有初始压力的两根钢筋端面接合处加热,使钢筋端部产生塑性变形,并促使钢筋端面的金属原子互相扩散,当钢筋加热到约 1 250～1 350℃时进行加压顶锻,使钢筋内的原子得以再结晶而焊接在一起。这种方法具有设备简单、工效高、成本低等优点,适用于各种位置钢筋的焊接。钢筋气压焊设备由氧气瓶、乙炔瓶、烤枪、钢筋卡具、液压缸及液压泵等组成(见图 4-68)。

钢筋气压焊工艺过程如下:施焊前先磨平钢筋端面,并与钢筋轴线基本垂直,清除接头附近的铁锈、油污等杂物。然后用卡具将两根被焊的钢筋对正夹紧,即对钢筋施加 30～50MPa 的初压力,使钢筋端面压密实。再用氧、乙炔火焰将钢筋接头处加热。在开始阶段,火焰应用还原焰,以防钢筋端面氧化。待接头完全闭合后再改用中性焰加热,以提高火焰温度,加快升温速度,此时火焰在以裂缝为中心的 2 倍钢筋直径范围内均匀摆动。当钢筋端面加热到 1 250～1 300℃时,再次对钢筋轴向加压 30～50MPa 的压力,待达到接头所需的凸出量满足要求时停止加热,解除压力,取下卡具,气压焊接头完成(见图 4-69)。

钢筋气压焊接头的外观检查应逐个进行。钢筋轴线偏移量不得超过钢筋直径的1/10,直径不同时,以小直径钢筋控制,且小直径钢筋不得超出大直径钢筋范围;焊缝处直径不得小于钢筋直径的1.4倍。变形长度不小于钢筋直径的1.3倍;焊接钢筋轴线夹角不得大于4°;焊接部位不得有环向裂纹或严重烧伤。

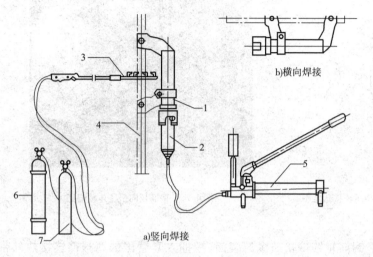

图4-68　气压焊设备　　　　　　　　　　图4-69　钢筋气压焊
1-压接器;2-顶压液压缸;3-加热器;4-钢筋;5-加压器(手动);6-氧气;7-乙炔

进行静力拉伸试验时,3根试件的抗拉强度实测值均不得低于该钢筋的抗拉强度标准值,如果断裂,应在焊缝之外,并呈塑性断裂;若有1根试件不符合要求,应加倍取样,重做试验,如果仍有1根试件不符合要求,则判定该批接头为不合格接头。进行弯曲试验时,若有1根试件不符合要求,应加倍取样重做试验,如果仍有1根试件不符合要求,则判定该批接头为不合格品。

(三)机械连接

钢筋机械连接是通过机械手段将两根钢筋进行对接,方法有钢筋套筒挤压连接、钢筋锥螺纹套筒连接、钢筋直螺纹套筒连接等。钢筋的机械连接接头质量可靠,操作简单,施工速度快,无明火作业,不受气候影响,施工简单,接头可靠度高,适应性强,且能用于可焊性差的钢筋。

1. 钢筋套筒挤压连接

钢筋套筒挤压连接,又称钢筋套筒冷压连接,是将两根待连接钢筋插入特制的钢筋连接套筒,然后对连接套筒加压,使连接套筒产生塑性变形后与待连接钢筋端部机械咬合,从而形成可靠的钢筋连接接头。套筒挤压连接又分为径向挤压和轴向挤压两种作业方式。

(1)径向套筒挤压连接

径向套筒挤压连接是沿套筒直径方向从套管中间依次向两端挤压套筒,使之冷塑变形后,把插在套管里的两根钢筋紧紧咬合成一体(见图4-70)。径向套筒挤压连接适用于带肋钢筋连接,可连接直径为 12～40mm 的 HRB335、HRB400 级钢筋。钢筋径向挤压连接施工如图 4-71 所示。

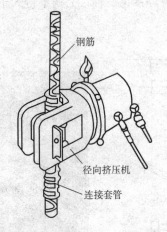

图 4-70 钢筋径向套筒挤压连接示意图　　　　图 4-71 钢筋径向挤压连接施工

(2) 轴向套筒挤压连接

轴向套筒挤压连接是沿钢筋轴线冷挤压金属套筒,把插入套管里的两根待连接热轧带肋钢筋紧紧连成一体(见图 4-72)。轴向套筒挤压连接适用于一、二级抗震设防的地震区和非地震区的钢筋混凝土结构工程的钢筋连接施工,可连接直径为 20～32mm 的 HRB335、HRB400 级竖向、斜向和水平钢筋。

钢筋轴向挤压连接接头的外观检查包括钢筋连接端肋纹完好无损;连接处无油污、水泥等污染;钢筋端头离套筒中心不应超过 10mm;压痕间距宜为 1～6mm,挤压后的套筒接头长度为套筒原长度的 1.10～1.15 倍,挤压后套筒接头外径,用量规测量应能通过,量规不能从挤压套管接头外径通过的,可更换压模重新挤压一次,压痕处最小外径为套管原外径的 0.85～0.90 倍;挤压接头处不得有裂纹;接头弯折角度不得大于 4°;挤压接头的力学性能应符合有关规定。图 4-73 为钢筋轴向挤压连接接头。

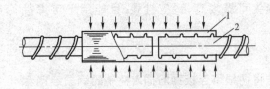

图 4-72 钢筋轴向挤压连接示意图　　　　图 4-73 钢筋轴向挤压连接接头
1-钢套筒;2-被连接的钢筋

2. 钢筋锥螺纹套筒连接

钢筋的对接端头在套丝机上加工有与套筒匹配的锥螺纹,连接时,经对螺纹检查无油污和损伤后,先用手旋入钢筋,然后用扭矩扳手紧固至规定的扭矩即完成连接(见图4-74)。

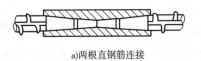
a)两根直钢筋连接

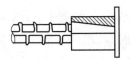
b)在金属结构上接装钢筋

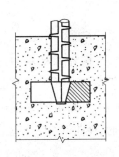
c)在混凝土构件中插接钢筋

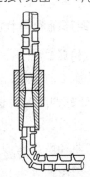
d)一根直钢筋与一根弯钢筋的连接

图4-74 钢筋锥螺纹套筒连接示意图

锥螺纹套管连接能在施工现场连接直径为16～40mm的同直径或异直径的HPB300～HRB400级竖向、水平或任何倾角的钢筋,不受钢筋有无花纹及含碳量的限制。当连接异直径钢筋时,所连接钢筋直径之差不应超过9mm。锥形螺纹钢筋连接优点是施工速度快、不受气候影响、质量稳定、对中性好、无明火作业、不污染环境、节约钢材和能源、可全天候施工,适用于按一、二级抗震设防的一般工业与民用房屋及构筑物的现浇混凝土结构的梁、柱、板、墙、基础的钢筋连接施工,但不得用于预应力钢筋或经常承受反复动荷载及承受高应力疲劳荷载的结构,且锥形螺纹套筒的抗拉强度必须大于钢筋的抗拉强度。

3. 钢筋直螺纹套筒连接

直螺纹套筒连接是目前推广的新工艺技术,是通过钢筋端头特制的直螺纹和直螺纹套管,将两根钢筋咬合在一起(见图4-75)。这种连接技术不仅具有钢筋锥螺纹连接的优点,成本相近,而且套筒短,一般螺纹扣数少,不需力矩扳手,连接速度快。此外,直螺纹套筒连接若利用扩孔口型套筒(套筒一端增设45°角扩口段)和钢筋端部的加长螺纹,且两根连接钢筋端部加工有正反丝扣,则可用于钢筋笼等不能转动钢筋的场合,使应用范围增大(见图4-76)。

图4-75 钢筋直螺纹接头

图4-76 钢筋直螺纹套筒连接

4. 机械连接接头的现场检验

机械连接接头的现场检验按验收批进行。对于同一施工条件下采用同一批材料的同等级、同形式、同规格的接头,以500个为一个检验批,不足500个也作为一个检验批。对每一个检验批,必须随机取3个试件做单向拉伸试验,按设计要求的接头性能A、B、C等级进行检验和评定。

四、钢筋配料与代换

(一) 钢筋配料

钢筋加工前,应根据图纸按不同构件绘出各种形状和规格的单根钢筋简图并加以编号,分别计算钢筋下料长度、根数及重量,填写钢筋配料单,然后进行备料加工。配料应该有顺序地进行,下料长度计算是配料计算中的关键。由于结构受力上的要求,许多钢筋需在中间弯曲和两端弯成弯钩。钢筋弯曲时,其外壁伸长,内壁缩短,而中心线长度并不改变。但是简图尺寸或设计图中注明的尺寸是根据外包尺寸计算,且不包括端头弯钩长度。显然外包尺寸大于中心线长度,它们之间存在一个差值,称为"量度差值"。因此钢筋的下料长度应为:

钢筋下料长度 = 外包尺寸(构件长度 – 保护层) + 端头弯钩增加长度 – 量度差值;

弯起钢筋下料长度 = 直段长度 + 斜段长度 – 弯折量度差值 + 弯钩增加长度;

箍筋下料长度 = 箍筋周长 + 箍筋调整值。

1. 混凝土保护层厚度

混凝土保护层厚度是指结构构件中钢筋外边缘至构件表面范围用于保护钢筋的混凝土,简称保护层。保护层的功能是使混凝土结构中的钢筋免于大气的锈蚀作用。如设计无要求时,钢筋的混凝土保护层最小厚度见表 4-8。

钢筋混凝土保护层最小厚度(单位:mm)　　　　　表 4-8

环境等级	板 墙 壳	梁 柱
一	15	20
二 a	20	25
二 b	25	35
三 a	30	40
三 b	40	50

注:1. 混凝土强度等级不大于 C25 时,表中保护层厚度数值应增加 5mm。

2. 钢筋混凝土基础宜设置混凝土垫层,其受力钢筋的混凝土保护层厚度应从垫层顶面算起,且不应小于 40mm。

2. 弯钩增加长度

钢筋的弯钩形式有半圆弯钩、直弯钩及斜弯钩三种。根据《混凝土结构工程施工质量验收规范》(GB 50204—2015)规定,HPB300 级钢筋末端应做 180°弯钩,其弯弧内直径不应小于钢筋直径的 2.5 倍,弯钩的弯后平直部分长度不应小于钢筋直径的 3 倍。因为钢筋长度的度量依据是其外包尺寸,所以 180°弯钩(见图 4-77a)的增加长度,实际上是在外包尺寸的基础上所增加的在轴线上的长度。据此,通过简单的几何分析和计算,可得其每个弯钩的增加长度,即 180°弯钩增加长度 = 半圆周长(取钢筋轴线上的弯弧直径) + 平直段长 – 弯钩的弯弧外半径。

代入规范所规定的数据,可得 $(3.5d\pi/2 + 3d) - 2.25d = 8.5d - 2.25d = 6.25d$。

当设计要求钢筋末端需做 135° 弯钩时,HRB335 级、HRB400 级钢筋的弯弧内直径不应小于钢筋直径的 4 倍,弯钩的弯后平直部分长度应符合设计要求。若平直段长度均为 $3d$,则直弯钩增加长度为 $3.5d$,斜弯钩为 $4.9d$。

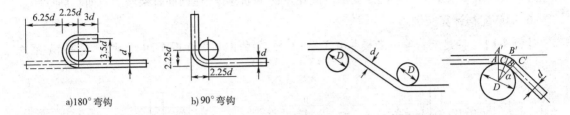

a) 180° 弯钩　　b) 90° 弯钩

图 4-77　钢筋弯折处量度差值计算

3. 钢筋弯折量度差值

钢筋做不大于 90° 的弯折时,弯折处的弯弧内直径不应小于钢筋直径的 5 倍。钢筋中部弯折的量度差值与钢筋的弯心直径和弯折角度有关。不同钢筋弯折量度差值见表 4-9。

钢筋弯折量度差值　　　　　　　　　　　表 4-9

钢筋弯折角度	30°	45°	60°	90°	135°
量度差值	$0.3d$	$0.5d$	$1d$	$2d$	$3d$

注:d 为钢筋直径。

4. 钢筋的下料长度

除焊接封闭环式箍筋外,箍筋的末端应做弯钩,弯钩形式应符合设计要求。当设计无具体要求时,应符合下列规定:箍筋弯钩的弯弧内直径,除应满足与受力钢筋的弯钩和弯折相同的规定外,尚应不小于受力钢筋直径;箍筋弯钩的弯折角度对一般结构,不应小于 90°,对有抗震等要求的结构,应为 135°;箍筋弯后平直部分长度对一般结构,不宜小于箍筋直径的 5 倍,对有抗震等要求的结构,不应小于箍筋直径的 10 倍。

箍筋弯钩的形式如设计无要求时,可按图 4-78a)、b) 加工;有抗震要求的结构,应按图 4-78c) 加工。为

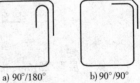

a) 90°/180°　　b) 90°/90°　　c) 135°/135°

图 4-78　箍筋弯钩形式

了计算方便,一般将箍筋弯钩增加长度和弯折量度差值两项合并成一项箍筋调整值,如表 4-10 所示。计算时将箍筋外包尺寸或内包尺寸加上相应的箍筋调整值即为箍筋下料长度。

箍筋调整值　　　　　　　　　　　表 4-10

箍筋度量方法	箍筋直径 (mm)			
	4~5	6	8	10~12
量外包尺寸	40	50	60	70
量内包尺寸	80	100	120	150~170

5. 配料计算的有关问题

当钢筋配料的细节问题在图纸中未交代时,可按构造要求处理。钢筋的形状尺寸在满足设计要求的前提下应考虑有利于加工安装。配料时还要考虑施工过程中必需的附加钢筋,如后张预应力构件预留孔道定位用的钢筋井字架、基础双层钢筋网中保证上层钢筋网位置用的钢筋撑脚、墙板双层钢筋网中固定钢筋网间距用的钢筋撑铁、柱钢筋骨架增加四面斜筋撑等。

6. 钢筋配料计算实例

【例4-1】 某建筑物第一层楼共有5根L1梁,梁的配筋图如图4-79所示,试编制L1梁的配料单。

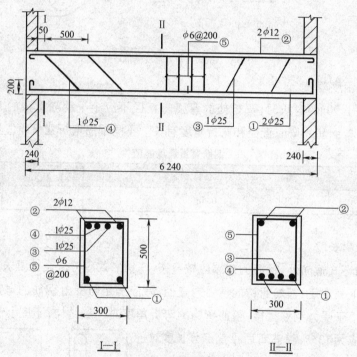

图4-79 梁配筋图

【解】 梁上下保护层取25mm,梁两端保护层厚度取20mm。

1. ①号钢筋是2根$\phi 25$的钢筋,下料长度计算如下:

直线钢筋下料长度 = 构件长度 - 两端保护层厚度 + 两端弯钩增加长度

$$= (6\,240 - 2 \times 20 + 2 \times 200) - 2 \times 25 \times 2 + 2 \times 6.25 \times 25 = 6\,812\,\text{mm}$$

2. ②号钢筋是2根$\phi 12\,\text{mm}$架立钢筋(直筋),下料长度计算如下:

$$下料长度 = 6\,240 - 2 \times 20 + 2 \times 6.25 \times 12 = 6\,350\,\text{mm}$$

3. ③号钢筋是1根$\phi 25\,\text{mm}$弯起钢筋,下料长度计算如下:

弯起钢筋下料长度 = 直线段 + 斜线段 + 弯钩增加长度 - 弯曲调整值

$$= (500 + 50 + 240 - 20) \times 2 + [6\,240 - 20 \times 2 - (500 + 50 + 240 - 20) \times$$
$$2 - (500 - 25 \times 2 - 6 \times 2) \times 2] + (500 - 2 \times 25 - 6 \times 2) \times 1.414 \times 2 + 2 \times$$

$$6.25 \times 25 - 4 \times 0.5 \times 25 = 6\ 826 \text{mm}$$

4. ④号钢筋是 1 根 ϕ25mm 弯起钢筋,下料长度同③号钢筋。

5. ⑤号钢筋是 ϕ6mm 箍筋,下料长度计算如下:

下料长度 = 周长 + 箍筋调整值
$$= (500 - 2 \times 25) \times 2 + (300 - 2 \times 25) \times 2 + 50 = 450 \times 2 + 250 \times 2 + 50 = 1\ 450 \text{mm}$$

6. 箍筋的个数:
$$(6\ 240 - 20 \times 2) \div 200 + 1 = 32 \text{ 根}$$

配料计算完成后,需要填写配料单,申请加工;钢筋工班接到配料单后,按钢筋号,每号钢筋制作一块料牌,料牌可用 100mm×70mm 的薄木板、纤维板或其他薄板制成。

(二)钢筋代换

施工中如遇供应的钢筋品种或规格与设计图纸要求不符时,可进行钢筋代换。钢筋代换前,要充分了解设计意图,明确原设计中的钢筋在结构构件中的作用。凡属重要的结构构件或预应力钢筋,在代换时应征得设计单位的同意。

1. 代换原则

(1)等强度代换:当结构构件的钢筋按强度设计时,即不同种类的钢筋代换可按抗拉强度相等的原则代换。

(2)等面积代换:当结构构件的钢筋按构造配置或按最小配筋率设置时,即相同种类和级别的钢筋代换应按面积相等的原则进行代换。

2. 代换方法

(1)等强度代换方法:如设计图中所用的钢筋设计强度为 f_{y_1},钢筋总面积 As_1,代换后的钢筋设计强度为 f_{y_2},钢筋总面积 As_2,则应使 $As_1 f_{y_1} \leqslant As_2 f_{y_2}$

因为
$$n_1 \times \pi \times d_1^2 / 4 \times f_{y_1} \leqslant n_2 \times \pi \times d_2^2 / 4 \times f_{y_2}$$

所以
$$n_2 \geqslant n_1 \times d_1^2 \times f_{y_1} / (d_2^2 \times f_{y_2})$$

式中:n_1——原设计钢筋根数;

n_2——代换后钢筋根数;

d_1——原设计钢筋直径;

d_2——原设计钢筋直径。

(2)等面积代换方法:$As_1 \leqslant As_2$
$$n_2 \geqslant n_1 \times d_1^2 / d_2^2$$

【例 4-2】 某墙体设计配筋为 ϕ16@200,现无 ϕ16 钢筋,拟用 ϕ14 的钢筋代换,试计算代换后的配筋。

【解】 因钢筋的级别相同,所以可按面积相等的原则进行代换。

代换前墙体每米设计配筋的根数:$n_1 = 1\ 000/200 = 5$ 根

所以:$n_2 \geq n_1 \times d_1^2/d_2^2 = 5 \times 16^2/14^2 = 6.5 \approx 7$ 根

配筋为 $\phi 14@150$。

3. 钢筋代换注意事项

钢筋代换时,应征得设计单位同意,并应符合下列规定:

(1)对重要构件,如吊车梁、薄腹梁桁架下弦等,不宜用Ⅰ级光面钢筋代替变形钢筋,以免裂缝开展过大。

(2)钢筋代换后,应满足混凝土结构设计规范中所规定的钢筋间距、锚固长度、最小钢筋直径、根数等要求。

(3)当构件受裂缝宽度或挠度控制时,钢筋代换后应进行刚度、裂缝验算。

(4)梁的纵向受力钢筋与弯起钢筋应分别代换,以保证正截面与斜截面强度。偏心受压构件(如框架柱、有吊车的厂房柱、桁架上弦等)或偏心受拉构件作钢筋代换时,不取整个截面配筋量计算,应按受力面(受拉或受压)分别代换。

(5)有抗震要求的梁、柱和框架,不宜以强度等级较高的钢筋代换原设计中的钢筋。如必须代换时,尚应符合抗震对钢筋的要求。

(6)预制构件的吊环,必须采用未经冷拉的热轧钢筋制作,严禁以其他钢筋代换。

五、钢筋绑扎与安装

钢筋绑扎和安装之前,先熟悉施工图纸,核对成品钢筋的钢号、直径、形状、尺寸和数量是否与配料单、料牌相符,研究钢筋安装和有关工种的配合的顺序,准备绑扎用的铁丝、绑扎工具、绑扎架等。

钢筋骨架的绑扎一般采用20~22号铁丝(火烧丝)或镀锌铁丝(铅丝),其中22号铁丝只用于绑扎直径12mm以下的钢筋。

(一)钢筋绑扎程序

钢筋绑扎程序包括划线、摆筋、穿箍、绑扎、安放垫块等。划线时应注意间距、数量,标明加密箍筋的位置。板类摆筋顺序一般先排主筋后排副筋;梁类一般先摆纵筋。摆放有焊接接头和绑扎接头的钢筋应符合规范规定,有变截面的箍筋应事先将箍筋排列清楚,然后安装纵向钢筋。

(二)钢筋绑扎要求

(1)绑扎墙和板的钢筋网时,除靠近外围两行钢筋的交叉点全部扎牢外,网的中间部分的交叉点可以交错跳点绑扎,但应能保证受力钢筋不发生位移。而对于双向受力的钢筋则必须绑扎全部的交叉点,确保所有受力钢筋的正确位置(见图4-80)。

(2)柱、梁的箍筋绑扎,除设计有特殊要求外,应保证与梁、柱受力主钢筋垂直,梁箍筋的端钩位置应交错布置在两根架立筋上(见图4-81),柱箍筋的接头(弯钩叠合处)应交错布置在四角纵向钢筋上。

图 4-80 板钢筋绑扎图

图 4-81 梁中箍筋弯钩位置

（3）柱中的竖向钢筋搭接时，角部钢筋的弯钩应与模板成 45°角（多边形柱为模板内角的平分角，圆形柱应与柱模板切线垂直）；中间钢筋的弯钩应与模板成 90°角。

（4）柱的竖向受力筋接头处的弯钩应指向柱中心，这样既有利于钩的嵌固，又能避免露筋。

（5）板、次梁与主梁交叉处，板的钢筋在上，次梁的居中，主梁的钢筋在下；当有梁垫或圈梁时，主梁的钢筋在上，如图 4-82 所示。

（6）应注意板上部的负筋，防止其被踩下，特别是雨篷、挑檐、阳台等悬臂板，要严格控制负筋位置，以免拆模后断裂。

钢筋绑扎完毕后，应采用水泥砂浆垫块短钢筋头或塑料卡等控制保护层厚度。垫块一般呈梅花形设置，其间距不大于 1m。

图 4-82 主梁、次梁、板的钢筋位置

此外，在绑扎墙、板的钢筋时，应注意受力筋的方向，受力钢筋与构造筋的上下位置不能倒置，以免减弱受力筋抗弯能力。

（7）钢筋搭接长度及绑扎点位置应符合下列规定：

①搭接长度的末端与钢筋弯曲处的距离不得小于钢筋直径的 10 倍，也不宜位于构件最大弯矩处。

②受拉区域内，HPB300 级钢筋绑扎接头的末端应做弯钩，HRB335、HRB400 级钢筋可不做弯钩。

③直径不大于 12mm 的受压 HPB300 级钢筋末端，以及轴心受压构件中任意直径的受力钢筋末端可不做弯钩，但搭接长度不应小于钢筋直径的 35 倍。

④钢筋搭接处，应在中心和两端用铁丝扎牢。

⑤绑扎接头的搭接长度应符合现行规范的要求。

混凝土的保护层厚度可用水泥砂浆垫块或塑料卡等控制。水泥砂浆垫块的厚度应等于保护层厚度。制作垫块时，应在垫块中埋入 20 号铁丝，以便使用时把垫块绑在钢筋上。常用的塑料卡形状如图 4-83 所示。塑料垫块用于水平构件（如梁、板）（见图 4-84），在两个方向均有槽，以便适应两种保护层厚度。塑料环圈用于垂直构件（如柱、墙）（见图 4-85），使用时钢筋从卡嘴进入卡腔，由于塑料环圈有弹性，可使卡腔的大小能适应直径的变化。

图 4-83　控制混凝土保护层的塑料卡

图 4-84　板保护层垫块控制

图 4-85　柱保护层控制

六、钢筋安装质量检查

钢筋安装完毕后，应根据设计图纸检查钢筋的钢号、直径、形状、尺寸、根数、间距和锚固长度等是否正确，特别要注意检查负筋的位置、搭接长度及混凝土保护层是否符合要求，钢筋绑扎是否牢靠，钢筋表面是否被污染等。

1. 钢筋安装位置的允许偏差和检验方法

钢筋安装位置的允许偏差和检验方法见表 4-11。

钢筋安装位置的允许偏差和检验方法　　　　　　　表 4-11

项　目		允许偏差（mm）	检验方法
绑扎钢筋网	长、宽	±10	用钢尺检验
	网眼尺寸	±20	用钢尺量连续三档取最大值
绑扎钢筋骨架	长	±10	用钢尺检验
	宽、高	±5	用钢尺检验
受力筋	间距	±10	用钢尺量两端、中间各一点，取最大值
	排距	±5	
	保护层厚度　基础	+10	用钢尺检验
	保护层厚度　柱、梁	±5	用钢尺检验
	保护层厚度　板、墙、壳	±3	用钢尺检验
绑扎箍筋、横向钢筋间距		+20	用钢尺量连续三档，取最大值
钢筋弯起点位置		20	用钢尺检验
预埋件	中心线位置	5	用钢尺检验
	水平高差	+3.0	用钢尺和塞尺检查

注：1. 检查预埋件中心线位置时，应沿纵、横两个方向量测，并取其中的较大值。
　　2. 中梁类、板类构件上部纵向受力钢筋保护层厚度的合格率应达到 90% 及以上，且不得有超过表中数值 1.5 倍的尺寸偏差。

2. 钢筋隐蔽记录

钢筋工程属隐蔽工程，在浇筑混凝土前应对钢筋及预埋件进行验收，形成钢筋隐蔽验收记录。钢筋隐蔽工程验收内容包括：

(1) 纵向受力钢筋的品种、规格、数量、位置等。

(2) 钢筋的连接方式、接头位置、接头数量、接头面积百分率。

(3) 箍筋、横向钢筋的品种、规格、数量、间距等。

(4) 预埋件的规格、数量、位置等。

七、钢筋工程季节性施工

1. 冬季施工

(1) 钢筋进场后，进行分类堆放，堆放场地必须平整坚实，无水坑，无积雪。

(2) 钢筋在运输和加工过程中注意防止撞击和刻痕。

(3) 施工过程中对在负温条件下使用的钢筋加强管理和检验。当温度低于 -20℃ 时，不得对低合金Ⅱ、Ⅲ级钢筋进行冷弯操作，以避免在钢筋的弯点处发生强化，造成钢筋脆断。

(4) 钢筋马凳以及卡具等钢筋焊接工程中，雪天或施工现场风速超过 5.4m/s（3级风）时，应采取遮蔽措施，焊接后冷却的接头应避免碰到冰雪。

(5) 钢筋接头及浇筑混凝土前，将钢筋上的冰雪冻块清理干净。直螺纹钢筋要加保护帽，防止接触冰雪、水泥浆等。

(6) 对浇筑完混凝土面预留钢筋上的水泥浆及时清理干净。

2. 雨季施工

（1）钢筋原材堆放场要求规范，用垫木将钢筋架起250mm，避免因雨水浸泡而锈蚀；加工好的成品、半成品雨天用彩条布进行覆盖，防止锈蚀。

（2）钢筋加工区域的施工机械放置于加工棚内，加工棚用石棉瓦和塑料布覆盖，雨天不得露天作业，以防触电。

（3）钢筋绑扎时，工人的脚底不得带有泥沙踩在钢筋网上作业。

（4）连续雨天应检查作业面内钢筋锈蚀情况，如有锈蚀，应用钢刷或砂纸除锈。

（5）雷雨天气，施工层上钢筋工程应停止作业，防止雷电伤人。

案 例

钢 筋 安 装

一、墙体钢筋安装

1. 施工条件

墙筋绑扎前在两侧各搭设两排脚手架，每步高度1.8m，脚手架上满铺脚手板，使操作人员具有良好的作业环境。

2. 墙体钢筋绑扎

墙体钢筋为 $\phi6$、$\phi8$、$\phi10$、$\phi12$、$\phi14$、$\phi18$、$\phi20$、$\phi22$、$\phi25$，为双层双向布置，外墙水平筋在竖向筋的内侧，内墙水平筋在主筋的外侧。

绑扎前先对预留竖筋拉通线校正，之后再接上部竖筋；竖向钢筋搭接长度参照《国家建筑标准设计图集》（11G101-1），墙体的水平钢筋和竖向钢筋错开搭接；钢筋搭接处，在中心和两端用铁丝扎牢，保证墙体两排钢筋间的正确位置。

墙筋绑扎应先绑竖向梯子筋（拉线找出其他竖筋搭接位置后绑扎），再绑水平筋。剪力墙第一根墙体水平筋距板面5cm，钢筋弯钩全部朝向墙体内侧，水平筋深入柱内锚固区段必须绑扎牢固。

墙筋所有交叉节点必须绑扎，绑丝均应朝向墙内。

墙筋上口处放置墙筋梯形架（墙筋梯形架用钢筋焊成，周转使用），以此检查墙竖筋间距，保证墙竖筋位置正确。梯形架与模板支架固定，保证其位置的正确性，如图4-86所示。

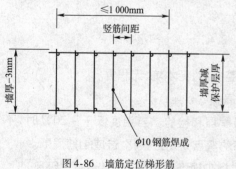

图4-86 墙筋定位梯形筋

剪力墙暗柱第一根箍筋距板面3cm，避免与第一根墙体水平筋位置重叠，箍筋加密应满足设计要求，且不小于500mm，不小于柱截面长边尺寸，不小于 $H_0/6$；对柱筋采用绑扎接头时，接头范围内箍筋要加密，受拉时箍筋间距不小于5d，且不小于100mm；受压时箍筋间距不大于10d，且不大于200mm。

剪力墙结构暗梁钢筋绑扎,距暗柱竖筋里侧 5cm 处绑扎一根抗震箍筋,顶层沿过梁锚固范围内全跨绑扎。过梁箍筋距柱边 5cm 为第一根箍筋位置,从两头向中间绑扎,过梁钢筋多于两层钢筋时,应在上下两层钢筋之间横向夹一根直径 25mm 的钢筋头,以保证净距。

(1) 根据设计图纸要求,内墙用塑料卡控制保护层厚度 15mm,将塑料卡卡在墙横筋上,每隔 1 000mm 纵横设置 1 个;地下室外墙采用在穿墙螺栓上焊限位钢筋来控制保护层厚度,外墙外侧保护层厚度为 40mm,内侧保护层厚度为 25mm。

(2) 绑扎骨架外形尺寸的允许偏差满足规范要求。

(3) 墙插筋在基础底板内的位置及锚固长度伸至板底,并加直钩,且锚固长度不小于 $45d$,直钩长度根据《国家建筑标准设计图集》制作;为了保证墙位置正确,放线人员把墙位置线用红油漆标记在底板上层钢筋上,按标记线进行插筋施工;为了防止插筋位移,把墙插筋与底板钢筋绑扎并与附加定位筋点焊。

3. 洞口处钢筋绑扎

(1) 门窗洞口上方的过梁或暗梁钢筋伸入两侧墙内长度 L_{ae},且不小于 3 道箍筋(见图 4-87)。

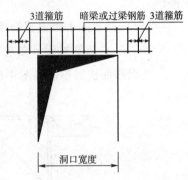

图 4-87 洞口处钢筋绑扎示意图

(2) 所有穿结构的管洞都应预留,不得后凿,对于墙(连梁除外)板中不大于 300mm×300mm 的非连续的管洞,可按专业图纸提供的位置预留,但不得断筋,钢筋可移至洞边绕过;对于大于 300mm×300mm 的管洞而结构图中未注明的机电洞口处需切断钢筋,在洞口两侧加设 U 形钢筋(见图 4-88)。

4. 预埋盒埋设

工程结构中要预埋各种机电预埋管和线盒(见图 4-89)。在埋设时为了防止位置偏移,预埋管和线盒用 4 根附加钢筋箍起来,再与主筋绑扎牢固。限位筋紧贴线盒,与主筋用粗铁丝绑扎,不允许点焊主筋。

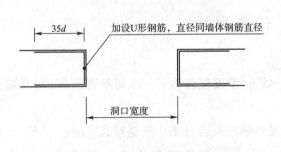

图 4-88 加设 U 形钢筋示意图

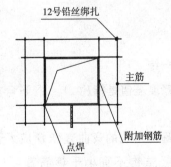

图 4-89 线盒定位示意图

二、梁钢筋安装

1. 流程图

支设梁底模板→布设主梁下、上部钢筋、架立筋→布设吊筋→穿主梁箍筋并与主梁上下筋固定→穿次梁下、上部纵筋→穿次梁箍筋并与次梁上、下筋固定。

2. 梁钢筋绑扎

(1) 梁分为楼层框架梁KL、屋面框架梁WKL、非框架梁LL、楼梯间梁TL,梁钢筋内设有箍筋、弯起筋、拉筋、附加箍筋、吊筋。梁的箍筋均为封闭箍,弯钩角度及弯折段直线长度按设计要求。

(2) 在主次梁或次梁间相交处,两侧按图纸要求设附加箍筋和吊筋。

(3) 主次梁穿插顺序:次梁上下主筋应置于主梁上下主筋之上;纵向框架梁的上部主筋应置于横向框架梁上部主筋之上;当两者梁高相同时,纵向框架连梁的下部主筋应置于横向框架梁下部主筋之上;当梁与柱或墙侧平时,梁该侧主筋应置于柱或墙竖向纵筋之内。

(4) 梁内纵向钢筋的接头位置:下部钢筋应在支座内,上部钢筋应在跨中1/3净跨范围内。

(5) 在梁箍筋上加设塑料定位卡,保证梁钢筋保护层的厚度(与箍筋直径综合考虑)。

(6) 梁、柱箍筋按设计要求弯钩均为135°,且要统一,不得出现180°或90°弯钩。

梁钢筋保护层布设如图4-90所示,柱钢筋保护层布设如图4-91所示。

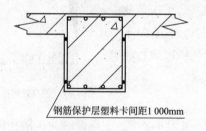 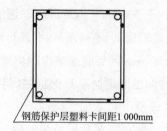

图4-90 梁钢筋保护层布设示意图　　图4-91 柱钢筋保护层布设示意图

任 务 要 求

练一练:

1. 量度差值是指( )。钢筋弯折45°时量度差值为( );钢筋弯折90°时量度差值为( )。

2. 箍筋弯钩的弯曲直径 D 应大于受力钢筋直径且不小于钢筋直径的( )倍,弯钩平直部分一般结构不宜小于箍筋直径( )倍,对有抗震要求的结构,不应小于箍筋直径的( )倍。

想一想:

1. 试述钢筋代换的原则及方法。

2. 钢筋的加工有哪些内容?钢筋绑扎接头的最小搭接长度和搭接位置是怎样规定的?

任务拓展

根据本任务的学习内容及案例中墙、梁钢筋施工工艺,到图书馆及互联网上查找相关资料,编制柱、板钢筋的施工工艺。

任务三 学会混凝土工程施工

知识准备

混凝土工程包括混凝土的配制、搅拌、运输、浇筑捣实和养护等过程,各个施工过程相互联系和影响,哪一个施工过程处理不当都将会影响混凝土工程的最终质量。

近年来,混凝土外加剂的发展和应用大大改善了混凝土的性能和施工工艺,此外,自动化、机械化的发展和新的施工机械和施工工艺的应用,也大大提高了混凝土工程的施工质量。混凝土最终应具有足够的均匀性、完整性和整体性,符合设计要求才能满足工程施工要求。

一、混凝土的制备

混凝土的组成材料主要包括水泥、粗骨料、细骨料、水和外加剂等。混凝土工程施工流程如图4-92所示。

1. 水泥

水泥进场时必须有出厂合格证和试验报告单,并应对其品种、级别、包装或散装仓号、出厂日期等进行检查,对其强度、安定性及其他必要的性能指标进行复验,按同一生产厂家、同一等级、同一品种、同一批号且连续进场的水泥,袋装不超过200t为一批,散装不超过500t为一批,每批抽样不少于1次(见图4-93),其质量必须符合现行国家标准《通用硅酸盐水泥》(GB 175—2007)的规定。当对水泥质量有怀疑或水泥出厂超过3个月(快硬硅酸盐水泥超过1个月)时,应复查试验,并按试验结果使用。钢筋混凝土结构、预应力混凝土结构中严禁使用含氯化物的水泥。

常用的水泥品种有硅酸盐水泥、普通硅酸盐水泥、矿渣硅酸盐水泥、火山灰质硅酸盐水泥和粉煤灰硅酸盐水泥等。特种水泥有快硬水泥、膨胀水泥等。

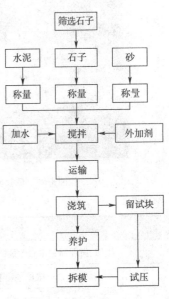

图4-92 混凝土工程施工流程

水泥的品种和成分不同,其凝结时间、早期强度、水化热、吸水性和抗侵蚀的性能等也不相同,这些都会直接影响混凝土的质量、性能和适用范围,使用时可参照有关资料选用。水泥存放如图4-94、图4-95所示。

2. 砂

混凝土用砂一般以中、粗砂为宜(见图4-96)。砂中的有害杂质(如云母、黑云母、淤泥和黏土、硫化物和硫酸盐、有机物等)会影响混凝土的质量,会对混凝土的强度、抗冻性、抗渗性等方面产生不良影响或腐蚀钢筋影响结构的耐久性。因此,砂中有害杂质的含量必须符合表4-12的规定。

图4-93 水泥抽样检查

图4-94 水泥存放

图4-95 散装水泥罐

图4-96 天然砂

砂中有害杂质的含量规定　　表4-12

项　目	高于或等于C30混凝土	低于C30混凝土
尘屑、淤泥和黏土总含量按重量计不大于干砂重量(%)	3	5
云母含量按重量计不宜大于干砂重量(%)	2	
轻物质含量按重量计不宜大于干砂重量(%)	1	
硫化物和硫酸盐含量(折算为SO_3)按重量计不宜大于干砂重量(%)	1	
有机质含量(用比色法试验)	颜色不宜深于标准色,如深于标准色则应对混凝土进行强度对比试验并加以复核	
钢筋混凝土中氯离子含量(换算成氯化钠)按重量计不应大于干砂重量(%)	0.1	

3. 石子

混凝土所选用的石子有卵石(见图4-97)和碎石(见图4-98)之分。卵石天然形成,表面光滑,空隙率与总表面积较小,故拌制混凝土时水泥用量少,但与水泥浆的黏结力较差,所以卵石混凝土强度较低;碎石由人工破碎,表面粗糙,空隙率和总表面积较大,故所需的水泥浆较多,与水泥浆的黏结力强,因此碎石混凝土强度较高。

图4-97 卵石

图4-98 碎石

选择适宜的石子级配和最大粒径对混凝土质量影响较大。级配好,其空隙率及总表面积小,不仅能降低砂率、节约水泥,而且能改善混凝土的和易性、提高其密实性。

由于结构断面、钢筋间距及施工条件的限制,一般规定石子的最大粒径不得超过钢筋最小净距的3/4;不超过结构截面最小尺寸的1/4;不超过实心板厚度的1/2,且最大不得超过50mm;在任何情况下石子不得大于150mm。对于人工拌制的混凝土,石子最大粒径则以不超过80mm为宜。

4. 水

拌制混凝土一般用自来水或其他可饮用水。要求水中不含有影响水泥正常硬化的有害杂质、油脂和糖类物质。因此,污水、工业废水、酸性水和硫酸盐含量超过水重1%的水,均不得用于混凝土拌制中。海水对钢筋有腐蚀作用,不能用来拌制配筋结构的混凝土。

5. 外加剂

为适应新结构、新技术发展的需要,人们日益注重混凝土性能的改进,注重水泥新品种的研制以及外加剂的应用等。应用于混凝土的外加剂种类繁多,已成为混凝土中除水泥、砂、石和水之外的第五种原料。外加剂按作用不同可分为减水剂(塑化剂)、引气剂(加气剂)、促凝剂、缓凝剂、防水剂、抗冻剂、保水剂、膨胀剂和阻锈剂等。

(1)减水剂是一种表面活性材料,加入混凝土中,定向吸附于水泥颗粒表面,增加了水泥颗粒之间的静电斥力,对水泥颗粒起扩散作用。减水剂能把水泥凝聚体中所包含的游离水释放出来,从而能保持混凝土工作性能不变而显著减少拌和用水量,降低水灰比,改善和易性,增加流动性,节约水泥,有利于混凝土强度的增长及物理性能的改善。对于不透水性要求较高的、大体积的、泵送的混凝土等,采用减水剂最为合适。

(2)早强剂可加速混凝土硬化过程,从而提高早期强度,对加速模板周转、加快工程进度有显著效果。常用早强剂有氯化钙、三乙醇胺。

(3)速凝剂起加速水泥凝结硬化的作用,用于快速施工、堵漏、喷射混凝土等,其作用与早强剂略有区别。常用的速凝剂与水泥在加水拌和时立即反应,水泥浆迅速凝固。如掺入水泥重量2.5%~3.5%的711速凝剂,水灰比0.4左右,可使水泥在5min内初凝,10min内终凝,抗渗性、抗冻性和黏结能力都有所提高,前7d强度比不掺者高,但7d以后强度则较不掺者低。

(4)缓凝剂的作用是延长混凝土硬化过程所需的时间,且对其后期强度发展无明显影响,广泛应用于大体积混凝土、气候炎热地区的混凝土及长距离运输的混凝土。缓凝剂具有缓凝、延长水化热放热时间等功用,多与减水剂复合应用,并可减少混凝土收缩,提高其抗渗性。

(5)加气剂掺入混凝土中能产生很多密闭的微小气泡,可增加水泥浆体积,减少砂石之间的摩擦力和切断与外界相通的毛细孔道,因而可改善混凝土的和易性,减少拌和用水量,提高抗渗、抗冻和抗化学侵蚀能力,适用于水工结构。但混凝土的强度一般随含气量的增加而下降,使用时应严格控制用量。一般松香热聚物、松香酸钠的用量为水泥的0.01%,铝粉加气剂用量为0.03%。当含气量控制在3%~6%范围内时,对混凝土强度影响不大。

(6)防水剂可用于配制防水混凝土。其种类较多,如用水玻璃配制的混凝土不仅能防水,而且还有很大的黏结力和速凝作用,对于修补工程和堵塞漏水很有效果。

(7)抗冻剂可以在一定负温范围内保持混凝土水分不受冻结,并促使其凝结、硬化。如氯化钠、碳酸钾可降低冰点;氯化钙不仅能降低冰点,而且还可起促凝早强作用。目前常用的亚硝酸钠和硫酸盐复合剂对钢筋无锈蚀,能适用于-10℃环境下的施工,而且对混凝土有明显的塑化作用,其效果优于氯化钠、碳酸钾等抗冻剂,但其缺点是用量较大时有析盐现象,影响结构美观。

二、混凝土的施工配料

施工配料时影响混凝土质量的主要因素有两个方面,一是称量不准,二是未按砂、石骨料实际含水率的变化进行施工配合比的换算。这样必然会改变原理论配合比的水灰比、砂石比(含砂率)及浆骨比。因此施工配料要求称量准确,随时按砂、石骨料实际含水率的变化调整施工配合比。

设计实验室配合比为:水泥:砂:石 = $1:x:y$,水灰比 w/c

现场砂、石含水率分别为 w_x、w_y,则施工配合比为:水泥:砂:石 = $1:x(1+w_x):y(1+w_y)$,水灰比 w/c 不变,但加水量应扣除砂、石中的含水量。

施工配料是确定每拌一次需用的各种原材料量,可根据换算后的施工配合比和搅拌机的出料容量计算。

【例4-3】 某工程混凝土实验室配合比为1:2.3:4.27,水灰比 $w/c = 0.6$,每立方米混凝土水泥用量为300kg,现场砂石含水率分别为3%、1%,求施工配合比。若采用JZ350型搅拌机,求每拌一次材料用量。

解 施工配合比为:水泥:砂:石 $= 1:x(1+w_x):y(1+w_y) = 1:2.3\times(1+0.03):4.27\times(1+0.01) = 1:2.37:4.31$

每搅一次材料用量为:

水泥:$300\times0.35 = 105$kg(取两袋100kg)

砂:$100\times2.37 = 237$kg

石:$100\times4.31 = 431$kg

水:$100\times0.6 - 100\times2.3\times0.03 - 100\times4.27\times0.01 = 48.8$kg

配料前应先检查水泥、砂、石和外加剂的质量是否符合有关规定。使用的衡器应有校验制度,经常保持其准确性。各种材料投料偏差不得超过施工质量验收规范规定值:水泥、掺和料为±2%;粗、细骨料为±3%;水、外加剂为±2%。

三、混凝土的搅拌

混凝土的搅拌,就是将水、水泥和粗(细)骨料进行均匀拌和及混合的过程。搅拌的混凝土硬化后要达到设计强度等级;要满足施工对和易性的要求;要符合合理使用材料和节约水泥的原则;要满足耐酸、耐碱、防水、抗冻、快硬、缓凝等特殊要求。

1. 搅拌方法

混凝土搅拌方法主要有人工搅拌和机械搅拌两种。人工搅拌一般用"三干三湿"法,即先将水泥加入砂中干拌2遍,再加入石子翻拌1遍,此后,边缓慢地加水,边反复湿拌3遍(见图4-99)。人工搅拌拌和质量差,水泥耗量多,只有在工程量很少时采用。目前工程中一般采用机械搅拌。

2. 混凝土搅拌机

图4-99 人工拌和混凝土

混凝土搅拌机按搅拌原理分为自落式搅拌机和强制式搅拌机两类。自落式搅拌机(见图4-100)多用于搅拌塑性混凝土和流动性混凝土,它是将物料提升到一定高度后,利用重力的作用,自由落下。由于各物料下落的时间、速度、落点和滚动距离不同,从而使物料颗粒相互穿插、渗透、扩散,最后达到均匀混合的目的,适用于施工现场。强制式搅拌机(见图4-101)主要用以搅拌干硬性混凝土和轻骨料混凝土,也可以搅拌低流动性混凝土,它是利用运动着的叶片强迫物料颗粒朝各个方向(环向、径向、竖向)产生运动。由于各物料颗粒运动的方向、速度不同,相互之间产生剪切滑移,以致相互穿插、扩散,从而使各物料均匀混合,一般用于预制厂或混凝土集中搅拌站。

我国规定混凝土搅拌机以其出料容量(m^3)×1 000为标定规格,故国内混凝土搅拌机的系列为:50、150、250、350、500、700、1 000、1 500和3 000。大型搅拌站如图4-102所示。

图 4-100　自落式搅拌机　　　图 4-101　强制式搅拌机　　　图 4-102　大型搅拌站

搅拌机每次(盘)可搅拌出的混凝土体积称为搅拌机的出料容量。每次可装入干料的体积称为进料容量。搅拌筒内部体积称为搅拌机的几何容量。为使搅拌筒内装料后仍有足够的搅拌空间，一般进料容量与几何容量的比值为 0.22~0.40，称为搅拌筒的利用系数。出料容量与进料容量的比值称为出料系数，一般为 0.60~0.70。在计算出料量或进料量时，可取出料系数为 0.65。

3. 搅拌制度

为了获得质量优良的混凝土拌和物，除正确选择搅拌机外，还必须正确确定搅拌制度，即确定搅拌时间、投料顺序及搅拌要求等。

(1) 搅拌时间

搅拌时间是指从全部材料投入搅拌筒起，到开始卸料为止所经历的时间。搅拌时间过短，混凝土不均匀；搅拌时间过长，会降低搅拌的生产效率，同时会使不坚硬的骨料破碎、脱角，有时还会发生离析现象，从而影响混凝土的质量。因此，应兼顾技术要求和经济合理，确定合宜的搅拌时间。混凝土搅拌的最短时间可按表 4-13 确定。

混凝土搅拌的最短时间(s)　　　　　表 4-13

混凝土坍落度 (mm)	搅拌机类型	搅拌机出料量(L)		
		<250	250~500	>500
≤30	强制式	60	90	120
	自落式	90	120	150
>30	强制式	60	60	90
	自落式	90	90	120

(2) 投料顺序

投料时常用一次投料法、二次投料法和水泥裹砂法等。投料顺序同样会影响混凝土拌和物的质量。合理的投料顺序能够减少机械磨损，减少拌和物与搅拌筒的黏结，减少水泥飞扬而改善操作环境。

① 一次投料法

一次投料法是在料斗中先装入石子，再加入水泥和砂子，然后一次投入搅拌机。对自落式搅拌机应在搅拌筒内先加入水,对强制式搅拌机则应在投料的同时缓慢均匀分散地加水。这种投料顺序是把水泥夹在石子和砂子之间,上料时不致飞扬,而且水泥也不致黏在料斗底和鼓筒上。上料时水泥和砂先进入筒内形成水泥浆,缩短了包裹石子的过程,能提高搅拌机生产率。

②二次投料法

二次投料法分为预拌水泥砂浆法和预拌水泥净浆法。

预拌水泥砂浆法是先将水泥、砂和水加入搅拌筒内进行充分搅拌,成为均匀的水泥砂浆后,再加入石子搅拌成均匀的混凝土。预拌水泥净浆法是将水泥和水充分搅拌成均匀的水泥净浆后,再加入砂和石子搅拌成混凝土。

国内外的试验表明,二次投料法搅拌的混凝土与一次投料法相比,混凝土强度可提高约15%,在强度等级相同的情况下,可节约水泥15%~20%。

③水泥裹砂法

水泥裹砂法是先将砂子表面进行湿度处理,控制在一定范围内,然后将处理过的砂子、水泥和部分水进行搅拌,使砂子周围形成黏着性很强的水泥糊包裹层,再加入第二次水和石子,经搅拌,部分水泥浆便均匀地分散在已经被造壳的砂子及石子周围,最后形成混凝土。采用该法制备的混凝土与一次投料法相比较,混凝土强度可提高20%~30%,混凝土不易产生离析现象,泌水少,工作性好。

(3)搅拌要求

在搅拌混凝土前,搅拌机应加适量的水运转,使搅拌筒表面润湿,然后将多余水排干。搅拌第一盘混凝土时,考虑到筒壁上黏附砂浆的损失,石子用量应按配合比规定减半。搅拌时进料容量超过规定容量的10%以上,就会使材料在搅拌筒内无充分的空间进行掺和,影响混凝土拌合物的均匀性;反之,如装料过少,则又不能充分发挥搅拌机的效能。搅拌好的混凝土要卸尽,在混凝土全部卸出之前,不得再投入拌合料,更不得采取边出料边进料的方法。

混凝土搅拌完毕或预计停歇1h以上时,应将混凝土全部卸出,装入石子和清水,搅拌5~10min,把黏在料筒上的砂浆冲洗干净后全部卸出。料筒内不得有积水,以免料筒和叶片生锈,同时还应清理搅拌筒以外积灰,使机械保持清洁完好。

四、混凝土的运输

混凝土自搅拌机中卸出后应及时运送到浇筑地点。混凝土的运输分为水平运输和垂直运输。选择混凝土运输方案时应综合考虑建筑结构特点及其施工方案、混凝土工程量、运输距离、地形、道路、气候和现有设备条件等因素。

(一)对混凝土拌合物运输的基本要求

混凝土自搅拌机中卸出后,应及时运至浇筑地点,为保证混凝土的质量,对混凝土运输的基本要求如下:

(1)混凝土运输过程中要能保持良好的均匀性,不产生离析现象。

(2)保证混凝土具有设计配合比所规定的坍落度,如表4-14所示。

（3）在混凝土初凝之前能有充分时间进行浇筑和捣实，如表 4-15 所示。

混凝土浇筑时的坍落度　　　　　　　　　　　　　　　　　表 4-14

结 构 种 类	坍落度（mm）
基础或地面等垫层，无配筋的厚大结构（挡土墙、基础或厚大的块体等）或配筋稀疏的结构	10～30
板、梁和大型及中型截面的结构	30～50
配筋密列的结构（薄壁、斗仓、筒仓、细柱等）	50～70
配筋特密的结构	70～90

混凝土从搅拌机卸出到浇筑完毕的延续时间（单位：min）　　　表 4-15

混凝土强度等级	气　温	
	不高于 25℃	高于 25℃
不高于 C30	120	90
高于 C30	90	60

（二）混凝土运输工具

混凝土运输分为地面运输、垂直运输和楼面运输三种。

1. 地面水平运输工具

地面水平运输工具主要有搅拌运输车（见图 4-103）、自卸汽车、机动翻斗车（见图 4-104）和手推车。

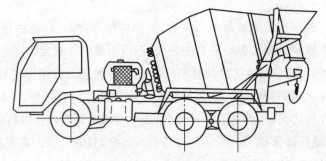

图 4-103　混凝土搅拌运输车

混凝土运距较远时宜采用搅拌运输车（见图 4-105），也可用自卸汽车；运距较近的场内运输宜用机动翻斗车，也可用手推车。

图 4-104　机动翻斗车

图 4-105　混凝土搅拌运输车

2. 垂直运输工具

混凝土垂直运输工具有井架、塔式起重机等。

井架适用于多层工业与民用建筑施工时的混凝土运输。井架装有平台或混凝土自动倾卸料斗(翻斗)。混凝土搅拌机一般设在井架附近,当用升降平台时,手推车可直接推到平台上;用料斗时,混凝土可倾卸在料斗内。

塔式起重机作为混凝土的垂直运输工具,一般均配有料斗。料斗的容积一般为 $0.3m^3$,上部开口装料,下部安装扇形手动闸门,可直接把混凝土卸入模板中。当搅拌站设在起重机工作半径范围内时,起重机可完成地面、垂直及楼面运输而不需要二次倒运。

3. 楼面运输工具

楼面运输工具有手推车、皮带运输机,也可用塔式起重机、混凝土泵等。楼面运输应采取措施保证模板和钢筋位置,并防止混凝土离析等。

4. 泵送混凝土

泵送混凝土是利用混凝土泵通过管道将混凝土输送到浇筑地点,一次完成地面水平运输、垂直运输及楼面水平运输。泵送混凝土具有输送能力大、速度快、效率高、节省人力、能连续作业特点。因此,它已成为施工现场运输混凝土的一种重要的方法。当前,泵送混凝土的最大水平输送距离可达 800m,最大垂直输送高度可达 300m。车载泵如图 4-106 所示,三一重工 HBT 系列拖式泵如图 4-107 所示。

图 4-106 车载泵

图 4-107 三一重工 HBT 系列拖式泵

采用泵送混凝土时,应使混凝土供应、输送和浇筑的效率协调一致,原则上应保证泵送工作连续进行,防止泵的管道阻塞。如果间歇时间超过 45min 或混凝土出现离析时,应立即用压力水或其他方法冲洗管内残留的混凝土,严防混凝土在管内硬结而堵塞。此外,在混凝土泵输送过程中,受料斗应经常保持足够的混凝土,防止吸入过多的空气而形成阻塞。

混凝土泵按作用原理分为液压活塞式、挤压式和气压式三种。

(1)泵送混凝土设备

①混凝土泵

混凝土泵工作时,将混凝土拌和物从混凝土搅拌运输车或储料斗中卸入混凝土泵的料斗,然后利用泵的压力将混凝土沿管道直接输送到浇筑地点,可同时完成水和垂直运输。因此,泵送混凝土成为施工现场最先进的、应用广泛的混凝土运输方法。

混凝土泵类型较多,应用最广泛的是液压活塞式混凝土泵。混凝土泵出料是脉冲式的,所以混凝土泵都有两个缸体交替出料,通过Y形输料管送入同一输送管,使出料过程稳定。

②混凝土输送管

混凝土输送管(见图4-108)是泵送混凝土作业中重要的配套部件,有直管、弯管、锥形管和浇筑软管等。前三种输送管一般用合金钢制成,常用管径有100mm、125mm和150mm三种。直管的标准长度有4.0m、3.0m、2.0m、1.0m、0.5m等数种,其中以3.0m管为主管,其他为辅管。弯管的角度有15°、30°、45°、60°及90°五种,以适应管道改变方向的需要。当两种不同管径的输送管需要连接时,则中间用锥形管过渡,其长度一般为1m。在管道出口处,接有用橡胶、螺旋形弹性金属或塑料等材料制成的软管,以便在不移动钢管的情况下,扩大布料范围。

整个输送管路系统由垂直方向布管、水平方向布管、斜向布管、浇筑软管等通过弯管、锥形管连接组成。

③布料装置

混凝土泵连续输送混凝土量大,为使输送的混凝土直接浇筑到模板内,应设置具有输送和布料双重作用的布料装置(称为布料杆),如图4-109所示。布料装置应根据工地的实际情况和条件来选择,常用的移动式布料装置,放在楼上使用,其臂架可回转360°,可将混凝土输送到其工作范围内的浇筑地点。此外,还可将布料杆装在塔式起重机上,也可将混凝土泵和布料杆装在汽车底盘上,组成布料杆泵车,用于基础工程或多层建筑混凝土浇筑。

图4-108 混凝土输送管

图4-109 混凝土布料杆

(2)泵送混凝土管道布置

混凝土输送管应根据工程特点和施工场地条件、混凝土浇筑方案进行布置。管线长度宜短,少用弯管和软管以减少压力损失。输送管的敷设应能保证施工安全,便于清洗管道、排除故障和装卸维修。在同一条管线中,应采用相同管径的混凝土输送管。

混凝土泵的布置场地应平整坚实,道路通畅,供料方便,其位置应靠近浇筑地点,方便布管,接近排水设施,保证供水、供电方便。在混凝土泵的作业范围内,不得有高压线等障碍物。

在垂直向上配管时,为防止管中混凝土在重力作用下产生反流,应在混凝土泵和垂直管之间设置一段地面水平管,其长度不小于垂直管长度的 1/4,且不宜小于 15m,或遵守产品说明书的规定。在泵机 Y 形管出料口 3~6m 处的输送管根部,尚应设置截止阀。

向地下泵送混凝土时,混凝土在重力作用下向下移动,容易产生离析,堵塞管道。所以,泵送施工地下结构物时,地上水平管轴线应与 Y 形管出料口轴线垂直。在倾斜向下配管时,应在斜管上端设排气阀,当高差大于 20m 时,应在斜管下端设 5 倍高差长度的水平管;如条件限制,可增加弯管或环形管,以满足 5 倍高差长度的要求。

布料设备应根据结构平面尺寸、配管情况和布料杆长度进行布置,要求覆盖整个结构平面,并能均匀、迅速布料。

(3)泵送混凝土施工要求

①混凝土在输送管内输送时应尽量减少与管壁间摩阻力,使混凝土流通顺利,不产生离析现象。

②选择泵送混凝土的原料和配合比应满足泵送的要求。

水泥应选用硅酸盐水泥、普通硅酸盐水泥、矿渣硅酸盐水泥和粉煤灰硅酸盐水泥。最小水泥用量宜为 $300kg/m^3$。宜采用中砂,通过 0.315mm 筛孔的砂应不少于 15%,砂率宜控制在 40%~50%。碎石最大粒径与输送管内径之比宜小于或等于 1:3;卵石宜小于或等于 1:2.5。混凝土的坍落度宜为 80~180mm(高层建筑上部施工可稍大些),混凝土内宜掺加适量的外加剂。泵送轻骨料混凝土的原材料选用及配合比,应通过试验确定。

③混凝土的供料宜保证混凝土泵能连续工作。输送管线宜直,转弯宜缓,接头严密。如管道向下倾斜,应防止混入空气产生阻塞。泵送前,应先用适量的与混凝土内成分相同的水泥浆或水泥砂浆润滑输送管内壁。预计泵送间歇时间超过 45min 或混凝土出现离析现象时,应立即用压力水或其他方法冲洗管内残留的混凝土。泵送时,受料斗内应经常有足够的混凝土,防止吸入空气形成阻塞。

(三)混凝土运输道路

运输道路路面应满足车辆平稳行驶的需要,尽量避免或减少对混凝土拌和物的振动,以免混凝土拌和物产生离析。运输线路宜取短、取直,以减少运输距离。工地运输道路应与浇筑地点形成回路,避免交通阻塞。楼层上运输道路应用跳板搭设在马凳上,搭设应稳固可靠,确保安全施工。注意防止钢筋和模板位置发生变化。跳板布置应与混凝土浇筑方向配合,一面浇筑,一面拆迁搬移,直到整个楼面混凝土浇筑完成。

运输容器应不吸水、不漏浆,以防混凝土的和易性改变。天气炎热时,容器宜用不吸水的材料遮盖,防止阳光直射引起水分蒸发等。

五、混凝土的浇筑和捣实

(一)混凝土浇筑前的准备工作

(1)检查模板的位置、标高、尺寸、强度、刚度是否符合设计要求,接缝是否严密;钢筋及预埋件应对照图纸校核其数量、直径、位置及保护层厚度,并做好隐蔽工程记录。

(2) 模板内的垃圾、泥土和钢筋油污应加以清除,木模板应浇水湿润但不得有积水。

(3) 准备和检查材料、机具等。

(4) 做好施工组织工作和安全、技术交底。

(二) 浇筑工作的一般规定

(1) 混凝土浇筑前不应发生初凝和离析现象,如已发生,可进行重新搅拌,使混凝土恢复流动性和黏聚性后再进行浇筑。

(2) 控制混凝土自由倾落高度以防离析:一般不宜超过 2m;竖向结构(如墙、柱)不宜超过 3m,否则,应采用串筒、溜槽或振动节管下料,如图 4-110 所示。

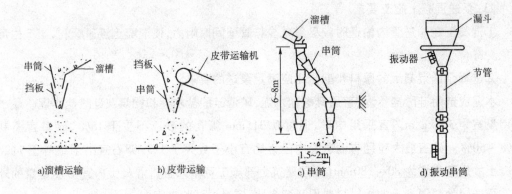

图 4-110　防止混凝土离析的措施

(3) 浇筑竖向结构前,应先在底部填筑一层 50～100mm 厚与混凝土内砂浆成分相同水泥砂浆,然后再浇筑混凝土。

(4) 为了使混凝土振捣密实,必须分层浇筑,每层混凝土浇筑厚度与振捣方法、结构配筋有关,应符合表 4-16 的规定。

混凝土浇筑厚度　　　　　　　表 4-16

捣实混凝土方法		浇筑层厚度
插入式振捣		振捣器作用部分长度的 1.25 倍
表面振动		200mm
人工捣固	在基础、无筋混凝土或配筋稀疏的结构中	250mm
	在梁、墙板、柱结构中	200mm
	在配筋密列的结构中	150mm
轻集料混凝土	插入式振捣	振捣器作用部分长度的 1.5 倍
	表面振动(振动时需加荷)	200mm

(5) 当浇筑与柱墙连成整体的梁和板时,应在柱和墙浇筑完毕后停 1～1.5h 再继续浇筑。梁和板宜同时浇筑,否则应采取叠合面方法进行处理,较大的梁(梁高度大于 1m)可单独浇筑。

(6) 混凝土应连续浇筑。当必须间歇时,间歇时间宜缩短,即混凝土从搅拌机中卸出,经运输、浇筑及间歇的全部延续时间不得超过表 4-17 的规定,并应在下层混凝土初凝前,将上层混凝土浇筑完毕,否则应留置施工缝。

混凝土浇筑允许间歇时间(单位:min)　　　表 4-17

混凝土强度等级	气　　温	
	≤25℃	>25℃
C30 及 C30 以下	210	180
C30 以上	180	150

(三)混凝土施工缝的留设与处理

如果由于技术上的原因或设备、人力的限制,混凝土的浇筑不能连续进行,中间的间歇时间需超过混凝土的初凝时间,则应留置施工缝。施工缝的位置应在混凝土浇筑前按设计要求和施工技术方案确定。由于该处新旧混凝土的结合力较差,是构件中薄弱环节,如果位置不当或处理不好,就会引起质量事故,轻则开裂、漏水,影响使用寿命;重则危及安全,不能使用,故施工缝宜留在结构受力(剪力)较小且便于施工的部位。

1. 施工缝留设位置

根据施工缝设置的原则,各类构件浇筑时施工缝宜留设在下列位置:

(1)柱子的施工缝宜留在基础顶面、梁下面、吊车梁的上面和无梁楼板柱帽下面,如图 4-111、图 4-112 所示。

(2)与板连接为一体的大截面梁,施工缝应留在板底面以下 20~30mm,如图 4-113 所示。

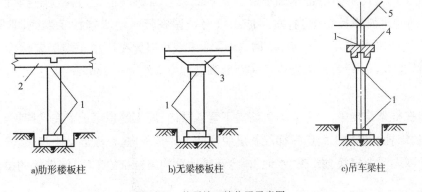

a)肋形楼板柱　　b)无梁楼板柱　　c)吊车梁柱

图 4-111　柱子施工缝位置示意图
1-施工缝;2-梁;3-柱帽;4-吊车梁;5-屋架

图 4-112　柱子施工缝

图 4-113　板施工缝

(3) 单向板留在平行于短边的任何位置。

(4) 有主次梁的楼板，宜顺次梁浇筑，施工缝留在次梁跨度中间1/3范围内，如图4-114所示。

(5) 墙的施工缝既可留置在门窗洞口过梁跨中1/3范围内，也可留在纵横墙交接处。

(6) 楼梯施工缝应留在在跨中1/3范围内，如图4-115所示。

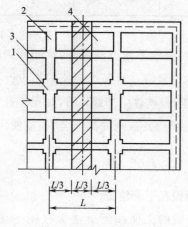

图4-114　有梁板的施工缝位置示意图
1-柱；2-主梁；3-次梁；4-板

图4-115　楼梯施工缝

(7) 承受动力作用的设备基础不应留置施工缝。当必须留置时，应征得设计单位同意。在设备基础的地脚螺栓范围内，水平施工缝必须留在低于地脚螺栓底端处，其距离应大于150mm。当地脚螺栓直径小于30mm时，水平施工缝可以留在不小于地脚螺栓埋入混凝土部分总长度的3/4处。垂直施工缝应留在距地脚螺栓中心线大于250mm处，并不小于5倍螺栓直径。

此外，在框架结构中，如果梁的负筋向下弯入柱内，施工缝也可设置在这些钢筋的下端，以方便钢筋的绑扎。楼梯工缝应在梯段长度中间的1/3范围内，栏板混凝土与踏步板一起浇捣。多层钢板、双向受力楼板、拱、壳、水池、料仓及其他结构施复杂的工程，施工缝的位置应按设计要求留置。

施工缝的表面应与构件的纵向轴线垂直，如柱与梁的施工缝表面垂直于其轴线，板和墙的施工缝垂直于其表面。

2. 施工缝处理

当先浇筑的混凝土抗压强度达到或超过1.2MPa时，方可在施工缝处继续浇筑混凝土。混凝土强度达到1.2MPa的时间可根据试块试验确定。

在施工缝处浇筑混凝土之前，应除去施工缝表面的水泥薄膜、松动的石子和软弱的混凝土层，并加以充分湿润和冲洗干净，不得积水。在浇筑混凝土前，施工缝处宜先铺一层水泥浆（水泥:水 = 1:0.4）或与混凝土成分相同的水泥砂浆，厚度为10~15mm，以保证接缝的质量。浇筑混凝土过程中，施工缝应细致捣实，使新旧混凝土紧密结合。

(四)混凝土的浇筑方法

1. 现浇多层钢筋混凝土框架结构浇筑

框架结构一般按结构层划分施工层,在各层划分施工段并分别浇筑混凝土。一个施工段内的每排柱子应从两端同时开始向中间推进,不可从一端开始向另一端推进,以防柱子模板逐渐受推倾斜使误差积累难以纠正。

每一施工层的梁、板、柱结构,先浇筑柱和墙,并连续浇筑到顶。停歇一段时间(1~1.5h)后,柱和墙有一定强度后再浇筑梁板混凝土。梁、板混凝土应同时浇筑,只有梁高1m以上时,才可以单独先浇筑梁。梁与柱的整体连接应从梁的一端开始浇筑,快到另一端时,反过来先浇另一端,然后两段在凝结前合拢。

2. 大体积混凝土结构浇筑

大体积混凝土是指厚度大于或等于1.5m,长、宽较大,施工时水化热引起混凝土内的最高温度与外界温度之差不低于25℃的混凝土结构,一般多为建筑物、构筑物的基础,如高层建筑中常用的整体钢筋混凝土基础等。

为保证结构的整体性和混凝土浇筑工作的连续性,应在下一层混凝土初凝之前将上层混凝土浇筑完毕,因此,在编制浇筑方案时,首先应计算每小时需要的混凝土数量Q。

$$Q = V/(t_1 - t_2) \tag{4-1}$$

式中:V——每个浇筑层中混凝土的体积;

t_1——混凝土初凝时间(h);

t_2——运输时间(h)。

大体积混凝土结构整体性要求高,通常不允许留有施工缝。因此必须保证混凝土搅拌、运输、浇筑、振捣各工序协调配合,并在此基础上根据结构大小、钢筋疏密等情况,选用如下浇筑方案(见图4-116)。

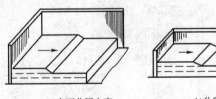
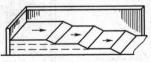
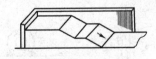

a)全面分层方案　　　　b)分段分层方案　　　　c)斜面分层方案

图4-116　大体积混凝土基础浇筑方案

(1)全面分层:在整个基础内全面分层浇筑混凝土,要做到第一层全面浇筑完毕浇筑第二层时,第一层浇筑的混凝土还未初凝,如此逐层进行,直至浇筑好。这种方案适用于平面尺寸不太大的结构,施工时从短边开始,沿长边进行较适宜。必要时也可从中间向两端或从两端向中间同时进行浇筑。

(2)分段分层:混凝土从底层开始浇筑,进行一定距离后回来浇筑第二层,如此依次向前浇筑以上各分层。这种方案适宜于厚度不太大而面积或长度较大的结构。

(3)斜面分层:此方案适用于结构的长度超过厚度的3倍的情况。斜面坡度为1:3,施工时应从浇筑层的下端开始,逐渐上移,以保证混凝土施工质量。

(五)混凝土密实成型

混凝土浇筑入模后,由于内部骨料之间的摩擦力、水泥净浆的黏结力、拌和物与模板之间的摩擦力等因素,使混凝土不能自动充满模板,且混凝土内部存在大量孔洞与气泡,不能达到要求的密实度。而混凝土的强度、抗冻性、抗渗性、耐久性等,都与混凝土的密实度直接有关。因此,必须在初凝之前捣实混凝土以保证其密实度。混凝土成型方法主要有以下几种。

1. 混凝土振捣法

混凝土捣实有人工捣实和机械振捣两种方法。现场施工主要采用机械振捣。

(1)人工捣实是利用捣锤、插棒等工具的冲击力来使混凝土密实成型。捣实时必须分层浇筑混凝土,每层厚度宜在150mm左右,并应注意布料均匀,每层确保捣实后方能浇筑上一层混凝土。插捣时,要插匀插全,尤其是主钢筋的下面、钢筋密集处、石子较多处、模板阴角处及施工缝处应特别注意捣实。实践证明,增加插捣次数比加大插捣力更为有效。用木锤敲击模板时,用力要适当,避免造成模板位移。

(2)机械振捣是采用振动机械将一定频率和振幅的振动力传给混凝土,使混凝土发生强迫振动,新浇筑的混凝土在振动力作用下,颗粒之间的黏结力和摩阻力大大减小,流动性增加。振捣时粗骨料在重力作用下下沉,水泥浆均匀分布填充骨料空隙,气泡逸出,孔隙减少,游离水分被挤压上升,使原来松散堆积的混凝土充满模板内,提高了密实度。振动停止后混凝土重新恢复其凝聚状态,逐渐凝结硬化。机械振捣比人工振捣效果好,混凝土密实度提高,水灰比可以减小。

(3)混凝土振动机械按其工作方式分为内部振动器、表面振动器、外部振动器和振动台,如图4-117所示。施工工地主要使用内部振动器和表面振捣器。

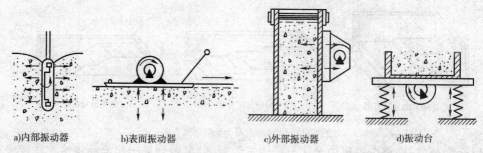

a)内部振动器　　b)表面振动器　　c)外部振动器　　d)振动台

图4-117　振动机械

①内部振动器又称为插入式振动器(振动棒),多用于振捣现浇基础、柱、梁、墙等结构构件和厚大体积设备基础的混凝土,如图4-118所示。采用内部振动器捣实混凝土时,振动棒宜垂直插入混凝土中,为使上下层混凝土结合成整体,振动棒应插入下层混凝土50mm。振动器移动间距不宜大于作用半径1.5倍;振动器距离模板不应大于振动器作用半径的1/2,并应避免碰撞钢筋、模板、芯管、吊环或预埋件。内部振动器插点的布置如图4-119所示。

②表面振动器又称平板式振动器,如图 4-120 所示,是将振动器安装在底板上,振捣时将振动器放在浇筑好的混凝土结构表面,振动力通过底板传给混凝土。在振捣中,底板必须与混凝土充分接触,以保证振动力的有效传递;振实厚度一般在无筋或单筋平板中约为 200mm,在双筋平板中约为 120mm;表面振动器在每一位置应连续振动一定的时间,在正常情况下约为 25～40s,并以混凝土表面均匀泛浆为准;表面振动器移动时应按照一定的路线,并保证前后左右相互搭接 30～50mm,防止漏振;振动倾斜混凝土表面时,振动路线应由低处向高处推进。

图 4-118　内部振动器

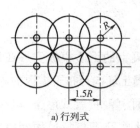

a) 行列式　　　b) 交错式

图 4-119　内部振动器插点的布置

图 4-120　表面振动器

③外部振动器又称附着式振动器(见图 4-121),它直接安装在模板外侧的横档或竖档上,将偏心块旋转时所产生的振动力经模板传给混凝土,使混凝土被振实。外部振动器优点是体积小、结构简单、操作方便,缺点是振动作用深度小(约 250mm),因此仅适用于钢筋较密、厚度较小以及不宜使用内部振动器的结构和构件中,并要求模板有足够的刚度。

使用外部振动器,其间距宜通过试验确定,一般为 1～1.5m;当结构尺寸较厚时,可在结构两侧同时安装振动器。混凝土入模后方可开动振动器,混凝土浇筑高度要高于振动器安装部位;振动时间以混凝土表面成水平面并不再出现气泡时为准。振动器开动后应随时观察模板的变化,防止模板位移或漏浆。

④振动台(见图 4-122)是支撑在弹性支座上的工作平台,在平台下面装有振动机械。当机械运转时,即带动工作台做强迫振动,从而使放在工作平台上制作的构件混凝土得到振实。振动台生产效率较高,是常用的预制构件生产用振动机械。

图 4-121　外部振动器

图 4-122　振动台

利用振动台生产构件,当混凝土厚度小于200mm时,可将混凝土一次装满振捣;如厚度大于200mm,则可分层浇筑;每层厚度不大于200mm时,亦可随浇随振。当采用振动台振实硬性混凝土和轻集料混凝土时,宜采用加压振动的方法,压力为1~3kN。

2. 混凝土其他捣实成型的方法

(1) 预制构件挤压成型工艺

预制构件挤压成型工艺是将倒入料斗的混凝土拌和料通过螺旋铰刀向后推挤,挤送过程中由于受到已成型空心板的阻力作用而被压密,挤压机在被压密的混凝土的反力作用下,沿着与挤压相反的方向前进,此时在挤压机后方形成一条连续的混凝土多孔板带。挤压成型工艺实现了混凝土成型过程的机械化连续生产,因而能够节约模板、降低劳动强度、提高生产效率,并可将构件(预制板)截成设计要求的长度提供现场使用。挤压法是预制构件厂生产预应力空心板的主要成型工艺。

(2) 离心法生产工艺

离心法生产工艺是将装有钢筋骨架(已固定在模板内)和混凝土的钢质模板安放在离心机上,当模板随离心机旋转时,由于摩擦力和离心力的作用,使混凝土环向分布于模板的内壁,并将混凝土中的部分水分挤出,使混凝土密实。离心法适用于管柱、管桩、管式屋架、电线杆、上下水管道等构件混凝土的振捣。采用离心法成型要求石子最大粒径不应超过构件壁厚的1/3~1/4,并不得大于15~20mm;砂率应为40%~50%;水泥用量不应低于350kg/m,且不宜使用火山灰水泥;坍落度控制在30~70mm以内。

(3) 真空吸水技术

在混凝土浇筑施工中,有时为了使混凝土易于成型,往往采用加大水灰比、提高混凝土流动性的方式,但此方式往往会降低混凝土的密实度和强度。真空吸水技术就是利用真空吸水设备,将已浇筑完毕的混凝土中的游离水和气泡吸出,以达到降低水灰比、提高混凝土强度、改善混凝土的物理力学性能、加快施工进度的目的。经过真空吸水的混凝土,其密实度大,抗压强度可提高25%~40%,与钢筋的握裹力可提高20%~25%,可减少收缩,增大弹性模量。混凝土真空吸水技术主要用于预制构件和现浇混凝土楼地面、道路及机场跑道等工程施工。

(4) 自流浇筑成型技术

自流浇筑成型技术是在混凝土拌和物中掺入高效减水剂,使其坍落度大大增加,以自流浇筑成型,是一种很有发展前途的浇筑工艺。

(六) 混凝土后浇带的设置和处理

后浇带是为在现浇钢筋混凝土结构施工过程中,克服由于温度、收缩等而可能产生有害裂缝而设置的临时施工缝。后浇带通常根据设计要求留设,并保留一段时间(若设计无要求,则至少保留28d)后再浇筑,将结构连成整体。后浇带接头的形式如图4-123所示。

填充后浇带可采用微膨胀混凝土,强度等级比原结构强度提高一级,并保持至少15d的湿润养护。后浇带接缝处按施工缝的要求处理。墙后浇带留设如图4-124所示,楼板后浇带留设如图 4-125 所示。

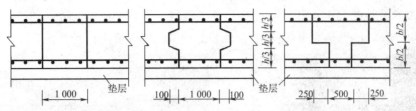

图 4-123 后浇带接头的形式（尺寸单位：mm）

图 4-124 墙后浇带留设

图 4-125 楼板后浇带留设

六、混凝土养护

混凝土浇筑成型后，为保证水泥水化作用能正常进行，应及时进行养护。养护的目的是为混凝土硬化创造必需的湿度、温度条件，防止水分过早蒸发或冻结，防止混凝土强度降低和出现收缩裂缝、剥皮、起砂等现象，确保混凝土质量。

混凝土养护分自然养护和人工养护。

1. 自然养护

自然养护就是在常温（平均气温不低于 5℃）下，用浇水或保水方法使混凝土在规定的时间内有适宜的温度和湿度条件，凝结硬化，逐渐达到设计要求的强度。混凝土的自然养护应符合下列规定：

（1）在浇筑完毕后的 12h 以内对混凝土加以覆盖保湿和洒水养护（见图 4-126）。

（2）混凝土浇水养护的时间：采用硅酸盐水泥、普通硅酸盐水泥或矿渣硅酸盐水泥拌制的混凝土，不得少于 7d；对掺用缓凝外加剂或有抗渗性要求的混凝土，不得少于 14d。

（3）浇水次数应能保持混凝土处于湿润状态，混凝土的养护用水应与拌制用水相同。

（4）对不易浇水养护的高耸结构、大面积混凝土或缺水地区，可在已凝结的混凝土表面喷涂塑料溶液，等溶剂挥发后，形成塑料薄膜，使混凝土与空气隔绝，以阻止水分蒸发，保证水化反应正常进行（见图 4-127）。

（5）大面积混凝土（如地坪、楼板）可采用蓄水养护。有些结构物，如储水池等，可待拆除内模板，混凝土达到一定强度后注水养护。

(6)对地下建筑或基础,可在其表面涂刷沥青乳液,以防混凝土内水分蒸发。

(7)混凝土强度达到1.2MPa前,不得在其上踩踏或安装模板与支架。

自然养护成本低、养护效果好,但养护期长。现浇结构多采用自然养护。

图4-126 混凝土洒水养护

图4-127 排桩塑料保湿养护

2. 人工养护

人工养护是人工控制混凝土的温度和湿度,使混凝土凝结硬化,达到设计要求的强度。如蒸汽养护、热水养护、电热养护、太阳能养护、塑料薄膜保湿养护等都属于人工养护。一般预制构件生产,为缩短养护期和提高模板周转率,常采用蒸汽养护。

蒸汽养护是将构件放在充有饱和蒸汽或蒸汽空气混合物的养护室内,在较高的温度和相对湿度的环境中进行的养护,用以加快混凝土的硬化。

蒸汽养护制度包括养护阶段的划分,静停时间,升、降温速度,恒温养护温度与时间,养护室相对湿度等。

常压蒸汽养护过程分为静停阶段、升温阶段、恒温阶段及降温阶段四个阶段。

(1)静停阶段:构件在浇灌成型后先在常温下放一段时间,称为静停。静停时间一般为2~6h,以防止构件表面产生裂缝和疏松现象。

(2)升温阶段:构件由常温升到养护温度的过程。升温温度不宜过快,以免由于构件表面和内部产生过大温差而出现裂缝。升温速度为:薄型构件不超过25℃/h,其他构件不超过20℃/h,用干硬性混凝土制作的构件,不得超过40℃/h。

(3)恒温阶段:温度保持不变的持续养护时间。恒温养护阶段应保持90%~100%的相对湿度,恒温养护温度不得大于95℃。恒温养护时间一般为3~8h。

(4)降温阶段:恒温养护结束后,构件由养护最高温度降至常温的散热降温过程。降温速度不得超过10℃/h,构件出室后,其表面温度与外界温差不得大于20℃。

七、混凝土质量的检查

(一)混凝土在拌制、浇筑和养护过程中的质量检查

(1)首次使用的混凝土配合比应进行开盘鉴定,其工作性能应满足设计要求。开始生产时应至少留置一组标准养护试件(见图4-128)做强度试验,以验证配合比。

(2)混凝土组成材料的用量,每工作班至少抽查2次,要求每盘称量偏差在允许范围之内(见表4-18)。

(3)每工作班混凝土拌制前,应测定砂、石含水率,并根据测试结果调整材料用量,提出施工配合比。

(4)混凝土的搅拌时间应随时检查。

(5)在施工过程中,应对混凝土运输浇筑及间歇的全部时间、施工缝和后浇带的位置、养护制度进行检查。

(6)搅拌及浇筑地点的坍落度的检查(见图4-129),每工作班内至少检查2次,对现场振捣质量也应随时检查。

图4-128 混凝土试件

图4-129 混凝土坍落度检查

原材料每盘称量的允许偏差 表4-18

材料名称	允许偏差
水泥掺和料	±2%
粗细骨料	±3%
水外加剂	±2%

(二)混凝土施工后检查

1. 外观检查

当混凝土结构构件拆模后,应对构件逐一进行检查,检查混凝土表面有无麻面、蜂窝、孔洞、露筋、缺棱掉角、缝隙夹层等缺陷,外形尺寸是否超过允许偏差(见表4-19),如超过允许偏差应及时加以修正。对经处理的部位,应重新检查验收。

现浇结构尺寸允许偏差和检验方法 表4-19

项目		允许偏差(mm)	检验方法
轴线位置	基础	15	用钢尺检查
	独立基础	10	
	墙、柱、梁	8	
	剪力墙	5	

续上表

项　目		允许偏差(mm)	检 验 方 法
垂直度	层高 ≤5m	8	用经纬仪或吊线、钢尺检查
	层高 >5m	10	用经纬仪或吊线、钢尺检查
	全高(H)	H/1 000且≤30	用经纬仪、钢尺检查
标高	层高	±10	用水准仪或拉线、钢尺检查
	全高	±30	
截面尺寸		+8～-5	用钢尺检查
电梯井	井筒长、宽对定位中心线	+25.0	用钢尺检查
	井筒全高(H)垂直度	H/1 000且≤30	用经纬仪、钢尺检查
表面平整度		8	用2m靠尺和塞尺检查
预埋设施中心线位置	预埋件	10	用钢尺检查
	预埋螺栓	5	
	预埋管	5	
预留洞中心线位置		15	用钢尺检查

注:检查轴线、中心线位置时,应沿纵、横两个方向量测,并取其中的较大值。

为了检查混凝土强度等级是否达到设计要求,或混凝土是否已达到拆模、起吊强度及预应力构件混凝土是否达到张拉、放松预应力筋时所规定的强度,应制作试件,做抗压强度试验。

2.检查混凝土是否达到设计强度等级

混凝土抗压强度(立方体抗压强度)是检查结构或构件混凝土是否达到设计强度等级的依据。其检查方法是,制作边长为150mm的立方体试块,在温度为$(20±2)$℃和相对湿度为95%以上的潮湿环境或水中的标准条件下,经28d养护后试验确定。试验结果作为核算结构或构件的混凝土强度是否达到设计要求的依据。

混凝土试块应用钢模制作,试块尺寸及强度的尺寸换算系数应符合表4-20规定。

混凝土试件尺寸及强度的尺寸换算系数　　　　表4-20

骨料最大粒径(mm)	试件尺寸(mm)	强度的尺寸换算系数
≤31.5	100×100×100	0.95
≤40	150×150×150	1.00
≤63	200×200×200	1.05

结构混凝土的强度等级必须符合设计要求。用于混凝土强度的试件,应在混凝土浇筑地点随机抽取,取样与试件留置应符合下列规定:

①每拌制100盘且不超过100m^3的同配合比的混凝土,其取样不得少于1次。

②每工作班拌制的同配合比的混凝土不足100盘时,其取样不得少于1次。

③当一次连续浇筑超过1 000m^3时,同一配合比的混凝土每200m^3取样不得少于1次。

④每一楼层,同一配合比的混凝土,取样不得少于1次。

⑤每次取样应至少留置1组(3个)标准试件,同条件养护试件的留置组数应根据实际需

要确定。

3. 检查施工各阶段混凝土的强度

为了检查结构或构件的拆模、出厂、吊装、张拉、放张及施工期间临时负荷的需要,尚应留置与结构或构件同条件养护的试件,试件的组数可按实际需要确定。

4. 混凝土强度验收评定标准

混凝土强度应分批进行验收。同一验收批的混凝土应由强度等级相同、龄期相同以及生产工艺和配合比基本相同的混凝土组成。每一验收批的混凝土强度应以同批内全部标准试件的强度代表值来评定。

每组(3个)试件应在同盘混凝土中取样制作,其强度代表值按下述规定确定:

(1)取3个试件试验结果的平均值,作为该组试块的强度代表值。

(2)当3个试块中的最大或最小的强度值,与中间值相比超过15%时,取中间值代表该组的混凝土试块的强度。

(3)当3个试块中的最大和最小的强度值,与中间值相比均超过中间值的15%时,其试验结果不应作为评定的依据。

八、混凝土常见质量事故

1. 缺陷分类及产生原因

(1)麻面

麻面是结构构件表面上呈现无数的小凹点,但无钢筋暴露的现象(见图4-130)。它是由于模板表面粗糙、未清理干净、润湿不足、漏浆、振捣不实、气泡未排出以及养护不好所致。

(2)露筋

露筋即钢筋没有被混凝土包裹而外露(见图4-131)。它主要是由于未放垫块或垫块位移、钢筋位移、结构断面较小、钢筋过密等使钢筋紧贴模板,以致混凝土保护层厚度不够所造成的,有时也因缺边、掉角而露筋。

图4-130 混凝土麻面

图4-131 混凝土露筋

(3)蜂窝

蜂窝是混凝土表面无水泥砂浆,露出石子的深度大于5mm但小于保护层的蜂窝状缺陷(见图4-132)。它主要是由配合比不准确、浆少石子多,或搅拌不匀、浇筑方法不当、振捣不合理，造成砂浆与石子分离、模板严重漏浆等原因所致。

(4) 孔洞

孔洞是指混凝土结构内存在着孔隙，局部或全部无混凝土（见图 4-132）。它是由于骨料粒径过大或钢筋配置过密造成混凝土下料中被钢筋挡住，或混凝土流动性差，或混凝土分层离析，振捣不实，混凝土受冻，混入泥块杂物等所致。

(5) 缝隙及夹层

缝隙及夹层是施工缝处有缝隙或夹有杂物（见图 4-133）。它主要是由于施工缝处理不当以及混凝土中含有垃圾杂物所致。

图 4-132 混凝土蜂窝、孔洞

图 4-133 混凝土缝隙夹层

(6) 缺棱、掉角

缺棱、掉角是指梁、柱、板、墙以及洞口的直角边上的混凝土局部残损掉落（见图 4-134）。它产生的主要原因是混凝土浇筑前模板未充分润湿，棱角处混凝土中水分被模板吸去，水化不充分使强度降低，以及拆模时棱角损坏或拆模过早，拆模后保护不好。

(7) 裂缝

裂缝有温度裂缝、干缩裂缝和外力引起的裂缝（见图 4-135）。其原因主要是温差过大、养护不良、水分蒸发过快以及结构和构件下地基产生不均匀沉陷，模板、支撑没有固定牢固，拆模时受到剧烈振动等。

图 4-134 混凝土缺棱掉角

图 4-135 混凝土裂缝

(8) 强度不足

混凝土强度不足原因是多方面的,主要原因是原材料达不到规定的要求,配合比不准、搅拌不均、振捣不实及养护不良等。

2. 缺陷处理

(1) 表面抹浆修补

对数量不多的小蜂窝、麻面、露筋、露石的混凝土表面,可用钢丝刷或加压水洗刷基层,再用 1:2～1:2.5 的水泥砂浆填满抹平,抹浆初凝后要加强养护。

当表面裂缝较细,数量不多时,可将裂缝用水冲并用水泥浆抹补;对宽度和深度较大的裂缝,应将裂缝附近的混凝土表面凿毛或沿裂缝方向凿成深为 15～20mm、宽为 100～200mm 的 V 形凹槽,扫净并洒水润湿,先用水泥浆刷第一层,然后用 1:2～1:2.5 的水泥砂浆涂抹 2～3 层,总厚控制在 10～20mm,并压实抹光。

(2) 细石混凝土填补

当蜂窝比较严重或露筋较深时,应按其全部深度凿去薄弱的混凝土和个别凸出的骨料颗粒,然后用钢丝刷或加压水洗刷表面,再用比原混凝土等级提高一级的细骨料混凝土填补并仔细捣实。

对于孔洞,可在旧混凝土表面采用处理施工缝的方法处理:将孔洞处不密实的混凝土凸出的石子剔除,并凿成斜面,避免死角;然后用水冲洗或用钢丝刷子清刷,充分润湿后,浇筑比原混凝土强度等级高一级的细石混凝土。细石混凝土的水灰比宜在 0.5 以内,并可掺入适量混凝土膨胀剂,分层捣实并认真做好养护工作。

(3) 环氧树脂修补

当裂缝宽度在 0.1mm 以上时,可用环氧树脂灌浆修补。修补时先用钢丝刷清除混凝土表面的灰尘、浮渣及散层,使裂缝处保持干净,然后把裂缝做成一个密闭性空腔,有控制的留出进出口,借助压缩空气把浆液压入缝隙,使浆液充满整个裂缝。这种方法具有很好的强度和耐久性,与混凝土有很好的黏接作用。

对混凝土强度严重不足的承重构件应拆除返工,尤其对结构要害部位更应如此。对强度降低不大的混凝土可不拆除,但应与设计单位协商,通过结构验算,根据混凝土实际强度提出处理方案。

九、混凝土工程安全施工技术

(1) 在进行混凝土施工前,应仔细检查脚手架、工作台和马道是否绑扎牢固,如有空头板应及时搭好,脚手架应设保护栏杆。运输马道宽度:单行道应比手推车的宽度大 400mm 以上;双行道应比两车宽度大 700mm 以上。搅拌机、卷扬机、皮带运输机和振动器等接电要安全可靠,绝缘接地装置应良好,并应进行试运转。

(2) 搅拌台上操作人员应戴口罩,搬运水泥工人应戴口罩和手套,有风时带好防风眼镜。搅拌机应由专人操作,中途发生事故,应立即切断电源进行修理。运转时不得将铁锹伸入搅拌筒内卸料。其外露装置应加保护罩。

（3）在井字架和拔杆运输时，应设专人指挥，井字架上卸料人员不能将头或脚伸入井字架内，在起吊时禁止在拔杆下站人。

（4）振动器操作人员必须穿胶鞋，振动器必须有专门防护性接地装置，避免火线漏电发生危险，如发生事故应立即切断电源修理。夜间施工应装设足够的照明，深坑和潮湿地点施工应使用36V以下低压安全照明。

十、混凝土工程冬期施工

（一）混凝土工程冬期施工原理及临界强度

混凝土工程冬期施工，当温度降至0℃以下时，水泥水化作用基本停止，混凝土强度停止增长。特别是温度降至混凝土冰点温度（新浇混凝土冰点为-0.3℃~-0.5℃）以下时，混凝土中的游离水开始结冻，结冰后的水体积膨胀约9%，在混凝土内部产生冰胀应力，使强度尚低的混凝土结构内部产生微裂缝，同时降低了水泥与砂石和钢筋的黏结力，导致结构强度降低。受冻的混凝土在解冻后，强度虽能继续增长，但已不能达到原设计的强度等级。试验证明，混凝土的早期冻害是由于内部水结冰所致。混凝土在浇筑后立即受冻，抗压强度约损失50%，抗拉强度约损失40%。受冻前混凝土养护时间愈长，所达到的强度愈高，强度损失就愈低。混凝土遭受冻结带来的危害与遭冻的时间早晚、水泥强度等级、水灰比、养护温度等有关。

混凝土受冻后而不致使其各项性能遭到损害的最低强度称为混凝土受冻临界强度。冬期浇筑的混凝土抗压强度，在受冻前硅酸盐水泥或普通硅酸盐水泥配制的混凝土不低于其设计强度标准值的30%；矿渣硅酸盐水泥配制的混凝土不得低于其设计强度标准值的40%；C10及以下的混凝土不得低于5.0MPa。掺防冻剂的混凝土，当室外最低气温不低于-15℃时不得小于4.0MPa，当室外最低气温不低于-30℃时不得小于5.0MPa。

（二）混凝土工程冬期施工的一般要求

为使混凝土强度在冰冻前达到受冻临界强度，冬期施工时对原材料和施工方法等均有相关要求，以保证混凝土的施工质量。

1. 对材料和材料加热的要求

（1）冬期施工中配制混凝土用的水泥，应优先选用活性高、水化热大的硅酸盐水泥和普通硅酸盐水泥。水泥的强度等级不应低于32.5级，最小水泥用量不少于280kg/m³。水灰比不大于0.55。使用矿渣硅酸盐水泥时，宜先用蒸汽养护，使用其他品种水泥，应注意其中掺和料对混凝土抗冻抗渗等性能的影响。掺用防冻剂的混凝土，不得使用高铝水泥。水泥不可直接加热，使用前宜运入暖棚内存放。

（2）混凝土所用骨料必须清洁，不含有冰、雪、冻块及易冻裂物质。

冬期施工拌制混凝土的砂、石温度要符合热工计算需要温度。骨料加热的方法包括将骨料放在底下加温的铁板上面直接加热；或者通过蒸汽管、电热线加热等，但不得用火焰直接加热骨料，并应控制加热温度（见表4-21）。加热的方法可因地制宜，但以蒸汽加热法为好。其优点是加热温度均匀,热效率高,缺点是骨料中的含水率增加。

拌和水及骨料加热最高温度(单位:℃)　　　　　　　　　表4-21

水泥品种及强度等级	拌和水	骨料
强度等级低于42.5的普通硅酸盐水泥、矿渣硅酸盐水泥	80	60
强度等级高于或等于42.5的硅酸盐水泥、普通硅酸盐水泥	60	40

(3)混凝土材料的加热,应优先考虑加热水,因为水的热容量大,加热容量大,加热方便,但加热温度不得超过表4-21所规定的数值。水的常用加热方法包括用锅烧水、用蒸汽加热水、用电极加热水。

(4)钢筋调制冷拉温度不宜低于-20℃。预应力钢筋张拉温度不宜低于-15℃。

2. 混凝土的搅拌、运输和浇筑

(1)混凝土的搅拌

混凝土不宜露天搅拌,宜搭设暖棚,优先选用大容量的搅拌机,减少混凝土的热量损失。搅拌前,用热水或蒸汽冲洗搅拌机。混凝土的拌和时间比常温规定时间延长50%。为满足热工计算要求,当水加热温度超过80℃时,材料投料顺序为:先将水和砂石投入拌和,再加入水泥。这样可防止水泥与高温水接触时产生假凝现象。混凝土拌合物的出料温度不低于10℃。

(2)混凝土的运输

混凝土的运输过程是热损失的关键阶段,应采取必要的措施减少混凝土的热损失,同时应保证混凝土的和易性。常用的主要措施为:减少运输时间和距离;使用大容积的运输工具并采取必要的保温措施,保证混凝土入模温度不低于5℃。

(3)混凝土的浇筑

混凝土在浇筑前,应清除模板和钢筋上的冰雪、污垢,加快混凝土的浇筑速度,防止热量过多散失。

冬期不得在强冻胀性地基土上浇筑混凝土。当在弱冻胀性地基土上浇筑混凝土时,地基土应进行保温,避免遭冻。对加热养护的现浇混凝土结构,混凝土的浇筑程序和施工缝的位置应采取能防止产生较大温度应力的措施。当分层浇筑厚大的整体结构时,已浇层的混凝土温度,在未被上一层混凝土覆盖前,不得低于2℃。采用加热养护时,养护前的温度不得低于2℃。

冬期施工混凝土振捣应采用机械振捣,振捣时间比常温时增加。

(三)混凝土的冬期养护方法

1. 蓄热法和综合蓄热法养护

蓄热法是利用加热混凝土组成材料的热量及水泥的水化热,并用保温材料(如草袋、锯末、炉渣等)对混凝土加以适当的覆盖保温,使混凝土在正温条件下硬化或缓慢冷却,并达到抗冻临界强度或预期的强度要求。

蓄热法施工简单,费用低廉,质量易保证。当室外最低温度不低于-15℃时,地面以下的工程或表面系数不大于$5m^{-1}$的结构,应优先采用蓄热法养护。对结构易受冻的部位,应采取加强保温措施。

综合蓄热法是在蓄热法的基础上,掺加相应的外加剂,利用复合外加剂早强组分的作用,来加快混凝土的硬化速度,使混凝土尽快达到其临界强度。同时,利用引气组分改善混凝土孔隙结构,缓冲冰晶冰胀压力,利用减水组分减小可冻水量,提高混凝土强度等,使混凝土的后期硬化速度满足施工要求。

综合蓄热法扩大了蓄热法的应用范围,适用于混凝土自入模降至0℃或冰点(掺防冻剂)这一阶段的室外平均气温高于-12℃且结构表面系数(即结构冷却的表面积与结构体积之比)在$5\sim15m^{-1}$之间的结构。

综合蓄热法施工应选用早强剂或早强型复合防冻剂,并具有减水、引气作用。混凝土浇筑后要在裸露混凝土表面采用塑料布等防水材料覆盖并进行保温。对边、棱角部位的保温厚度应增大到面部位的2~3倍。混凝土在养护期间还应该防风防失水。

2. 负温养护法

负温养护法是在混凝土中加入适量的抗冻剂、早强剂、减水剂及加气剂等外加剂,外加剂应符合现行国家标准《混凝土外加剂应用技术规范》(GB 50119—2013)的相关规定。负温养护法施工的混凝土,应以浇筑后5d内的预计日最低气温来选用防冻剂,起始养护温度不应低于5℃。负温养护法混凝土冬期施工工艺简化,节约能源,降低冬期施工费用,是冬期施工很有发展前途的施工方法。

3. 外部加热法养护

外部加热法养护是利用外部热源加热养护浇筑后的混凝土,让其温度保持在0℃以上,为混凝土在正温下硬化创造条件。这种方法的优点是混凝土强度增长迅速,短期内可达拆模条件,但费用较高,一般在蓄热法和综合蓄热法不能满足要求时采用。工程中也可将外部加热法与蓄热法或负温养护法相结合,常可取得较好的效果。

外部加热法养护根据热源种类及加热方法不同,可分为蒸汽加热养护法、电加热法养护法和暖棚法等。

(1) 蒸汽加热养护法是用低压饱和蒸汽养护新浇筑的混凝土,使混凝土处于湿热环境,加速混凝土硬化。蒸汽加热养护法又可分为棚罩法、热模法、蒸汽套法、内部通汽法。常用的是内部通汽法,即在混凝土内部预留孔道,让蒸汽通入孔道加热混凝土。预留孔道可采用预埋钢管和橡皮管,成孔后拔出,如图4-136所示。孔道的布置应能使混凝土加热均匀,埋设方便,位于受力最小的部位。孔道的总截面面积不应超过结构截面面积的2.5%。内部通汽法节省蒸汽,温度易控制,费用低,但要注意冷凝水的处理。

蒸汽养护的混凝土,采用普通硅酸盐水泥时最高养护温度不超过80℃,采用矿渣硅酸盐水泥时可提高到85℃;但采用内部通气法时,最高加热温度不超过60℃。整体结构的水泥用量不宜超过$350kg/m^3$,水灰比为0.4~0.6,坍落度不大于15cm。

(2) 电加热法是利用低压电流,通过电极、电阻丝、感应线圈、红外线加热器等媒介产生热量,加热模板或直接加热混凝土,使其在正温条件下迅速硬化。电加热法施工设备简单,操作方便,但耗电量多。电加热法分为电极加热法、电热毯法、线圈感应法、工频涡流法和电热红外线加热器法。

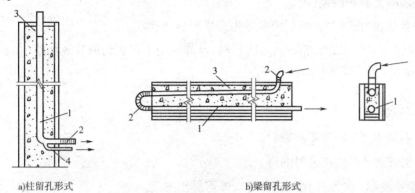

图 4-136　柱梁留孔形式
1-蒸汽管;2-胶皮连接管;3-湿锯末;4-冷凝水排出管

(3)暖棚法是指在被养护结构或构件周围搭成暖棚,棚内设置热源,使混凝土在正温环境下养护至临界强度或预期强度。热源可采取生火炉、热风机、热水管道、蒸汽等。

暖棚法施工时,棚内各测点温度不低于5℃,并设专人检测混凝土及棚内温度。暖棚内测温点应选择有代表性位置进行布置,在离地面5cm高度处必须设点,每昼夜测温不应少于4次。养护期间应测量棚内湿度,混凝土不得有失水现象。当有失水现象时,应及时采取增湿措施或在混凝土表面洒水养护。

(四)混凝土强度的测算

混凝土工程冬期施工中,常需要掌握混凝土在不同阶段所能达到的强度值。最直接的办法就是通过留置同条件养护的试块,试压后便可确定。实际工程中,试块留置组数往往有限,而且施工人员掌握的仅是试压时刻的强度。成熟度方法可以很方便地对混凝土早期强度进行预测,掌握混凝土强度增长情况,判定冬期施工方案的合理性。

所谓混凝土成熟度是指养护温度和相应时间的乘积。其原理是相同配合比的混凝土,在不同的温度和时间下养护,当成熟度相等时,强度大致相同。

成熟度法的适用范围及条件:

(1)适用于不掺外加剂在50℃以下正温养护和掺外加剂在30℃以下养护的混凝土,亦可用于掺防冻剂负温养护法施工的混凝土。

(2)适用于预估混凝土强度标准值60%以内的强度值。

(3)使用本法预估混凝土强度,需用实际工程使用的混凝土原材料和配合比,制作不少于5组混凝土立方体标准试件在标准条件下养护,得出1d、2d、3d、7d、28d的强度值。

(4)使用本法需取得现场养护混凝土的温度实测资料(温度、时间)。

1. 计算法步骤

(1)用标准养护试件的各龄期强度数据,经回归分析拟合成曲线方程。

$$f = a \cdot e^{-\frac{b}{D}} \tag{4-2}$$

式中：f——混凝土立方体抗压强度（MPa）；

D——混凝土养护龄期（d）；

a、b——参数，根据试件各龄期强度数据经回归分析确定。

（2）根据现场实测混凝土养护的温度资料，计算混凝土已达到的等效龄期（相当于20℃标准养护的时间）。

$$t = \sum (\alpha_T \cdot t_T) \tag{4-3}$$

式中：t——等效龄期（h）；

α_T——温度为T℃的等效系数（见表4-22）；

t_T——温度为T℃的持续时间（h）。

（3）以等效龄期t作为D代入式（4-2），即可算出强度。

2. 图解法步骤

（1）根据标准养护试件各龄期强度数据，在坐标纸上画出龄期-强度曲线。

（2）根据现场实测的混凝土养护温度资料，计算混凝土达到的等效龄期。

（3）根据等效龄期数值，在龄期-强度曲线上查出相应强度值，即所求。

温度 T 与等效系数 α_T 表　　　　　　表4-22

温度 T（℃）	等效系数（α_T）	温度 T（℃）	等效系数（α_T）	温度 T（℃）	等效系数（α_T）
50	3.16	28	1.45	6	0.43
49	3.07	27	1.39	5	0.40
48	2.97	26	1.33	4	0.37
47	2.88	25	1.27	3	0.35
46	2.80	24	1.22	2	0.32
45	2.71	23	1.16	1	0.30
44	2.62	22	1.11	0	0.27
43	2.54	21	1.05	−1	0.25
42	2.46	20	1.00	−2	0.23
41	2.38	19	0.95	−3	0.21
40	2.30	18	0.91	−4	0.20
39	2.22	17	0.86	−5	0.18
38	2.14	16	0.81	−6	0.16
37	2.07	15	0.77	−7	0.15
36	1.99	14	0.73	−8	0.14
35	1.92	13	0.68	−9	0.13
34	1.85	12	0.64	−10	0.12
33	1.78	11	0.61	−11	0.11
32	1.71	10	0.57	−12	0.11
31	1.65	9	0.53	−13	0.10
30	1.58	8	0.50	−14	0.10
29	1.52	7	0.46	−15	0.09

3. 成熟度法步骤

当采用蓄热法或综合蓄热法养护时,可按如下步骤求算混凝土强度。

(1) 用标准养护试件各龄期强度数据,经回归分析拟合成成熟度-强度曲线方程。

$$f = a \cdot e^{-\frac{b}{M}} \tag{4-4}$$

式中:f——混凝土抗压强度(N/mm^2);

a、b——参数;

M——混凝土养护的成熟度($℃ \cdot h$)。

其中成熟度 M 按下式计算:

$$M = \sum (T + 15) \cdot \Delta t \tag{4-5}$$

式中:T——在时间段 Δt 内混凝土平均温度($℃$);

Δt——温度为 T 的持续时间(h)。

(2) 取成熟度 M 代入式(4-4)可算出强度 f。

(3) 取强度 f 乘以综合蓄热法调整系数 0.8。

根据以上这些方法,确定混凝土达到规定拆模强度后方可拆模。对加热法施工的构件,模板和保温层应在混凝土冷却到 5℃ 后方可拆模。当混凝土和外界温差大于 20℃ 时,拆模后的混凝土应注意覆盖,并使其缓慢冷却。

(五) 混凝土温度测量和质量检查

1. 混凝土的温度测量

为了保证冬期施工质量,必须对施工全过程的温度进行测量监控,如表 4-23 所示。

施工期间的测温项目与频次 表 4-23

测 温 项 目	频 次
室外气温	测量最高,最低气温
环境温度	每昼夜不少于 4 次
搅拌机棚温度	每一工作班不少于 4 次
水、水泥、矿物掺和料、砂、石及外加剂溶液温度	每一工作班不少于 4 次
混凝土出机、浇筑、入模温度	每一工作班不少于 4 次

蓄热法或综合蓄热法养护从混凝土入模开始至混凝土达到受冻临界强度,或混凝土温度降到 0℃ 或设计温度以前,应至少每隔 6h 测量 1 次。掺防冻剂的混凝土在未达到临界强度前,应每隔 2h 测量 1 次,达到受冻临界强度后,每隔 6h 测量 1 次。采用加热法养护混凝土时,升温和降温阶段应每隔 1h 测量 1 次,恒温阶段每隔 2h 测量 1 次。

全部测温孔均应编号,并绘制布置图。测温孔应设在具有代表性的结构部位和温度变化大、易冷却的部位,孔深宜为 10~15cm,也可为板厚的 1/2 或墙厚的 1/3。

常用的测温仪有温度计、温度传感器等。测温时,测温仪表应采取与外界气温隔离措施,并留置在测量孔内不少于 3min。

2. 混凝土的质量检查

除按常温施工检查相应内容外,冬期施工还应检查外加剂质量及掺量。外加剂进场后需进行抽样检验,合格后方准使用。

检查混凝土表面是否受冻,是否产生收缩裂缝,粘连、边角是否脱落,施工缝处有无受冻痕迹。

检查同等条件养护试块的养护条件是否与施工现场结构养护条件相一致。

模板和保温层在混凝土达到要求强度并冷却到5℃后方可拆除。拆模时混凝土表面与环境温差大于20℃时,混凝土表面应及时覆盖,缓慢冷却。

混凝土抗压强度时间的留置除应按现行国家标准《混凝土结构工程施工质量验收规范》(GB 50204—2015)规定进行外,尚应增设不少于2组同条件养护试件。

案　　例

一、工程概况

某本工程地下1层、地上裙楼4层,A座24层,B座29层,总建筑面积74 000余平方米。结构形式为框支剪力墙结构。地下室为停车场,有消防水池、水泵室、配电室及发电机室,一层至四层主要是商业及办公用房,五层起为电梯公寓。基础地下室部分按后浇带分为6个作业分区,1区、3区为1 600mm厚筏板基础,其余为400mm厚基础抗水板,承台设计底标高为$-5.2m$,采用C40防渗混凝土,抗渗等级为0.8MPa,整个基础底板的混凝土量约为4 000立方米。本方案适用于2区、5区、6区的基础混凝土浇筑施工。

二、材料选择

(1)水泥:采用水化热比较低的矿渣硅酸盐水泥,强度为42.5MPa,通过掺加合适的外加剂可以改善混凝土的性能,提高混凝土的抗渗能力。

(2)粗骨料:采用碎石,粒径5~25mm,含泥量不大于1%。选用粒径较大、级配良好的石子配制的混凝土,和易性较好,抗压强度较高,同时可以减少用水量及水泥用量,从而使水泥水化热减少,降低混凝土温升。

(3)细骨料:采用中砂,平均粒径大于0.5mm,含泥量不大于5%。选用平均粒径较大的中、粗砂拌制的混凝土比采用细砂拌制的混凝土可减少用水量10%左右,同时相应减少水泥用量,使水泥水化热减少,降低混凝土温升,并可减少混凝土收缩。

(4)粉煤灰:由于混凝土的浇筑方式为泵送,为了改善混凝土的和易性以便于泵送,考虑掺加适量的粉煤灰。按照规范要求,采用矿渣硅酸盐水泥拌制大体积粉煤灰混凝土时,其粉煤灰取代水泥的最大限量为25%。粉煤灰对减少水化热、改善混凝土和易性有利,但掺加粉煤灰的混凝土早期极限抗拉值均有所降低,对混凝土抗渗抗裂不利,因此粉煤灰的掺量控制在10%以内,采用外掺法,即不减少配合比中的水泥用量,按配合比要求计算出每立方米混凝土所掺加粉煤灰量。

(5)外加剂:设计无具体要求,通过分析比较及过去在其他工程上的使用经验,每立方米混凝土使用2kg的减水剂可降低水化热峰值,对混凝土收缩有补偿功能,可提高混凝土的抗裂性。具体外加剂的用量及使用性能,商品混凝土站在浇筑前应报告送达施工单位。

三、大体积混凝土施工

1. 施工段的划分及浇筑顺序

由于基础底板已经分为不同的3个区,底板厚为400mm的2区、5区基础混凝土采取正常的喷水养护,因此基础底板以分区为一个自然施工段。

2区由2台混凝土泵管输送混凝土,从11轴右侧的后浇带1/3处的两个位置,从11轴右侧向18轴方向浇筑。混凝土浇筑量约为600m³,计划浇筑完成时间为20h。

6区的混凝土浇筑采用2台混凝土输送泵送筑,在1轴和B轴处架一梭槽至筏板的中央,后退浇筑,另一台泵从3轴与S轴交界的位置接入,置于筏板的H轴位置,同样是后退进行浇筑,混凝土总量约为2 000m³,计划完成浇筑混凝土时间为48h。

5区的混凝土浇筑采用2台混凝土输送泵送筑,混凝土总量约为500m³,计划完成浇筑时间为12h。

2. 混凝土浇筑

(1)混凝土采用商品混凝土,用混凝土运输车运到现场,每区采用2台混凝土输送泵送筑。

(2)混凝土浇筑时应采用"分区定点、一个坡度、循序推进、一次到顶"的浇筑工艺。根据钢筋泵车布料杆的长度,划定浇筑区域,每台泵车负责本区域混凝土浇筑。浇筑时先在一个部位进行,直至达到设计标高,混凝土形成扇形向前流动,然后在其坡面上连续浇筑,循序推进。这种浇筑方法能较好地适应泵送工艺,使每车混凝土都浇筑在前一车混凝土形成的坡面上,确保每层混凝土之间的浇筑间歇时间不超过规定的时间,同时可解决频繁移动泵管的问题,也便于浇筑完的部位进行覆盖和保温。

(3)混凝土浇筑时在每台泵车的出灰口处配置1~2台振捣器,因为混凝土的坍落度比较大,在1.5m厚的底板内可斜向流淌1m左右,2台振捣器主要负责下部斜坡流淌处振捣密实,另外2~4台振捣器主要负责顶部混凝土振捣。

(4)由于混凝土坍落度比较大,会在表面钢筋下部产生水分,或在表层钢筋上部的混凝土产生细小裂缝,为了防止出现这种裂缝,在混凝土初凝前和混凝土预沉后采取二次抹面压实措施。

(5)现场按每浇筑100m³(或一个台班)制作3组试块,1组压7d强度,1组压28d强度归技术档案资料用,1组仍作14d强度备用。

(6)防水混凝土抗渗试块按规范规定每单位工程不得少于2组。考虑本工程不太大,按规定取 2 组防水混凝土抗渗试块。

3. 混凝土测温

(1) 基础底板混凝土浇筑时应设专人配合预埋测温管。测温管的长度分为两种规格,测温线应按测温平面布置图进行预埋,预埋时测温管与钢筋绑扎牢固,以免位移或损坏。每组测温线有 2 根(即不同长度的测温线),在线的上端用胶带做上标记,便于区分深度。测温线用塑料袋罩好,绑扎牢固,不准使测温端头受潮。测温线位置用保护木框作为标志,便于保温后查找。

(2) 配备专职测温人员,按 2 班考虑。对测温人员要进行培训和技术交底。测温人员要认真负责,按时按孔测温,不得遗漏或弄虚作假。测温记录要填写清楚、整洁,换班时要进行交底。

(3) 测温工作应连续进行,在经技术部门同意后方可停止测温。

(4) 测温时发现混凝土内部最高温度与外部温度之差达到 25℃或温度异常,应及时通知技术部门和项目技术负责人,以便及时采取措施。

4. 混凝土养护

(1) 混凝土浇筑及二次抹面压实后应立即覆盖保温,先在混凝土表面覆盖两层草席,然后在上面覆一层塑料薄膜。

(2) 新浇筑的混凝土水化速度比较快,盖上塑料薄膜后可进行保温保养,防止混凝土表面因脱水而产生干缩裂缝,同时可避免草席因吸水受潮而降低保温性能。

(3) 柱、墙插筋部位是保温的难点,要特别注意盖严,防止造成温差较大或受冻。

(4) 停止测温的部位经技术部门和项目技术负责人同意后,可将保温层及塑料薄膜逐层掀掉,使混凝土散热。

任 务 要 求

练一练:

1. 混凝土的二次投料法是指( )和( )两种方法。

2. 混凝土实验室配比为 1:2.3:4.1,水灰比为 0.6,施工现场采用 400 L 的混凝土搅拌机,生产砂的含水率为 3%,石子含水率为 2%,混凝土重度为 $24kN/m^3$。试计算混凝土组成材料水泥和水的一次投料量。

想一想:

1. 混凝土表面产生蜂窝、麻面的原因是什么?

2. 混凝土的振捣方法有几种?各适用什么构件?

任 务 拓 展

请同学们根据教材内容,到图书馆和互联网上查阅资料,编制后浇带混凝土施工方案。

任务四　学会预应力混凝土施工

知识准备

预应力混凝土指的是混凝土结构(构件)受外荷载作用前,在结构(构件)的受拉区预先施加压力产生预压应力,当结构(构件)使用阶段因荷载作用产生拉应力时,要先全部抵消预应力后才开始受拉,从而推迟了裂缝出现的时间(指外荷载更大时才能出现裂缝)并限制裂缝的开展,从而提高结构(构件)的抗裂性和刚度,这种施加了预应力的混凝土称为预应力混凝土。我国预应力技术起源于20世纪50年代,60年来,预应力技术已从单个构件应用发展成为预应力结构阶段。目前,预应力混凝土广泛用于各种桥梁、工业与民用建筑、特殊结构中。

图4-137和图4-138分别为非预应力梁与预应力梁的受力状态。

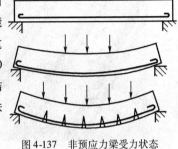

图4-137　非预应力梁受力状态

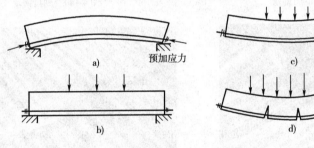

图4-138　预应力梁受力状态

一、预应力混凝土

1. 普通钢筋混凝土构件缺点

普通钢筋混凝土构件抗拉性能很差,使得钢筋混凝土结构在使用荷载作用下,通常都是带裂缝工作的,而从保证结构耐久性出发,必须限制裂缝的宽度,这样就需要增大构件的截面尺寸和用钢量,进而会导致结构自重过大。另外普通混凝土构件抗拉极限应变值只有0.000 1~0.000 15,即每米只允许伸长0.1~0.15mm,超过此值混凝土就会开裂,对于钢筋混凝土手拉构件,如果要保证混凝土不开裂,钢筋应力只能达到20~30MPa,远远低于钢筋的设计强度。如果允许构件开裂,由于钢筋混凝土构件受裂缝宽度的限制,受拉钢筋的应力也只能达到150~250MPa。因此,虽然高强钢材不断发展,却在普通钢筋混凝土构件中不能充分发挥其作用。

2. 预应力混凝土的优点

与普通混凝土相比,预应力混凝土除了提高构件的拉裂性和刚度外,还具有截面小、自重轻、能够增加构件的耐久性、可用于大跨度结构、节约钢材、综合经济效益好等优点。

预应力混凝土结构虽具有一系列优点,但并非所有结构都需采用预应力混凝土结构,因为预应力混凝土结构的构造、施工、设计计算均比普通钢筋混凝土结构复杂,同时在制作预应力混凝土构件时需要有必要的机具设备和具有一定精度的特制锚具。因此应从实际出发,合理地选择和推广预应力混凝土结构。

3. 预应力筋的种类

预应力钢筋宜采用螺旋肋钢丝(见图4-139)、刻痕钢丝(见图4-140)和低松弛钢绞线(见图1-141),也可采用热处理钢筋(见图4-142)和精轧螺纹钢筋。

图4-139 螺旋肋钢丝

图4-140 刻痕钢丝

图4-141 低松弛钢绞线

图4-142 热处理钢筋

4. 预应力混凝土

混凝土强度等级不宜低于C30,当采用碳素钢丝、钢绞线、热处理钢筋作预应力筋时,混凝土强度等级不宜低于C40。对于无黏结预应力结构,板的混凝土强度不宜低于C30,梁的混凝土强度不宜低于C40。

5. 预应力混凝土分类

预应力混凝土按施工方法不同可分为先张法和后张法两大类;按钢筋张拉方式不同可分为机械张拉、电热张拉与自应力张拉法三类;按预应力筋与混凝土之间是否允许相对滑动可分为有黏结预应力和无黏结预应力两类。

二、先张法预应力混凝土施工

先张法是在浇筑混凝土前,先张拉预应力钢筋,然后将钢筋用夹具固定在台座(或钢模)上,后浇筑混凝土,待混凝土达到设计强度75%以上,保证预应力筋与混凝土有足够的黏结力时,放松预应力筋,借助于预应力筋与混凝土间的黏结及预应力筋的回缩作用,对构件混凝土产生预压应力,如图4-143所示。

先张法生产时,可采用台座法和机组流水法。采用台座法时,预应力筋的张拉、锚固和混凝土的浇筑、养护及预应力筋放松等均在台座上进行,预应力筋放松前,其拉力由台座承受;采用机组流水法时,构件连同钢模通过固定的机组,按流水方式完成(张拉、锚固、混凝土浇筑和养护)每一生产过程,预应力筋放松前,其拉力由钢模承受。

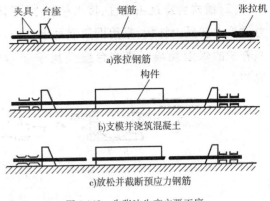

图4-143 先张法生产主要工序

(一)台座、夹具和张拉设备

先张法需要临时用台座锚固钢筋,台座所受拉力极大,要求其必须具有足够的强度、刚度和稳定性,故台座应作为先张法生产的永久性设备而适合在预制构件厂建造,用于批量生产中小型预应力混凝土构件,如空心板、多孔板、槽形板、双T板、V形折板、托梁、檩条、屋面板、吊车梁、檩条、屋面梁、在基础工程中应用的预应力方桩及管桩等。

1. 台座

台座按构造形式分为墩式台座和槽式台座等。

(1)墩式台座由承力台墩、台面和横梁组成,如图4-144所示。台墩和台面用钢筋混凝土制成,横梁可用钢筋混凝土或钢构件制成。台座各部分应满足强度和刚度的验算要求,台座整体亦应进行稳定性验算。台座的长度和宽度由场地大小、构件类型和产量而定,一般长度宜为100~150m,宽度为2~4m。台座的端部应留出张拉操作用地和通道,两侧要有构件运输和堆放的场地。墩式台座效果图如图4-145所示。

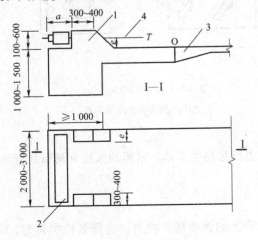

图4-144 墩式台座(尺寸单位:mm)
1-台墩;2-横梁;3-台面;4-预应力筋

图4-145 墩式台座效果图

(2)槽式台座是由端柱、传力柱和上、下横梁及砖墙组成的,如图4-146所示。端柱和传力柱是主要受力结构,采用钢筋混凝土结构。砖墙一般为一砖厚,起挡土作用,同时又是蒸汽养护的保温侧墙。槽式台座适用于张拉吨位较高的大型构件,如吊车梁、屋架、薄腹梁等。

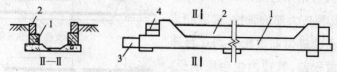

图4-146 槽式台座
1-传力柱;2-砖墙;3-下横梁;4-上横梁

2. 夹具

夹具是预应力筋张拉时临时夹持固定预应力筋的用具。对夹具的要求是具有可靠的锚固能力,应耐久,锚固与拆卸方便,能重复使用,适应性好,构造简单,加工方便,成本低,使用中不发生变形或滑移,且预应力损失较小。

夹具按其用途不同可分为锚固夹具和张拉夹具。

(1)锚固夹具

①钢质锥形夹具主要用来锚固直径为3~5mm的钢丝,如图4-147所示。

②镦头夹具用于预应力钢丝固定端的锚固,如图4-148所示。钢丝端部分冷镦或热镦形成粗镦头。

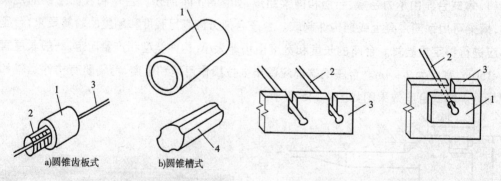

图4-147 钢质锥形夹具
1-套筒;2-齿板;3-钢丝;4-锥塞

图4-148 固定端镦头夹具
1-垫片;2-镦头钢丝;3-承力板

(2)张拉夹具

张拉夹具是将预应力筋与张拉机械连接起来进行张拉的工具。常用的张拉夹具有月牙形夹具、偏心式夹具和楔形夹具等,如图4-149所示。

3. 张拉设备

张拉设备要求工作可靠,控制应力准确,能以稳定的速率增大拉力。选择张拉机具时,为了保证设备、人身安全和张拉力准确,张拉机具的张拉力应不小于预应力筋张拉力的1.5倍;张拉机具的张拉行程不小于预应力筋伸长值的1.1~1.3倍;此外,还应考虑张拉机具与锚固夹具配套使用。

先张法常用的张拉设备有油压千斤顶、电动螺杆张拉机、卷扬机等,如图4-150~图4-153所示。

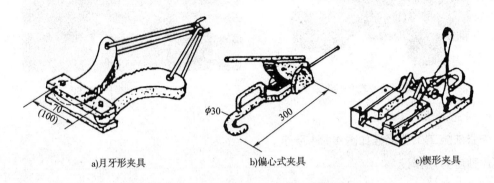

a)月牙形夹具　　b)偏心式夹具　　c)楔形夹具

图4-149　张拉夹具(尺寸单位:mm)

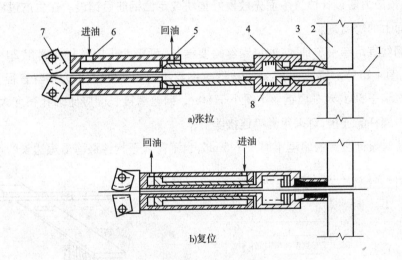

a)张拉

b)复位

图4-150　YC-20型穿心式千斤顶构造

1-钢筋;2-台座;3-穿心式夹具;4-弹性顶压头;5,6-油嘴;7-偏心式夹具;8-弹簧

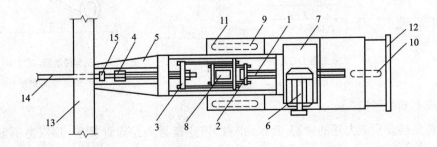

图4-151　动螺杆张拉机构造

1-螺杆;2,3-拉力架;4-张拉夹具;5-顶杆;6-电动机;7-减速器;8-测力计;9,10-胶轮;11-底盘;12-手柄;13-横梁;14-钢丝;15-锚固夹具

图4-152 穿心式千斤顶

图4-153 电动螺杆张拉机

（二）先张法施工工艺

先张法施工工艺流程如图4-154所示。

1. 预应力筋铺设

预应力筋铺设前，台面及模板要涂隔离剂。隔离剂不应沾污钢丝，以免影响钢丝与混凝土的黏结，应在预应力筋设计位置下面先放置好垫块或定位钢筋后铺设。在生产过程中，应防止雨水冲刷台面上的隔离剂。

预应力钢丝宜用牵引车铺放，如果钢丝需要接长，可借助于钢丝拼接器用20～22号铁丝密排绑扎（见图4-155）。绑扎长度：对冷拔低碳钢丝不得小于$40d$（d为钢丝直径）；对冷拔低合金钢丝不得小于$50d$；对刻痕钢丝不得小于$80d$。钢丝搭接长度应比绑扎长度大$10d$。钢筋接长或钢筋与螺杆的连接，可采用套筒连接器。

预应力筋对设计位置的偏差不得大于5mm，也不得大于构件截面最短边长的4%。

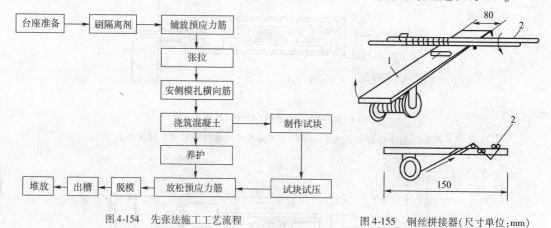

图4-154 先张法施工工艺流程

图4-155 钢丝拼接器（尺寸单位：mm）
1-拼接器；2-钢丝

2. 预应力筋的张拉

张拉前先检查预应力筋的级别、直径、根数、排距是否满足设计要求，预应力钢筋（丝）接头是否符合施工及验收规范要求，横梁、定位承力板是否贴合及严密稳固。

张拉、锚固预应力筋应专人操作，实行岗位责任制，并做好预应力筋张拉记录；同时张拉多根预应力钢丝时，应预先调整初应力，使其相互之间的应力一致；多根钢丝同时张拉时，断丝和滑脱钢丝的数量不得大于钢丝总数的3%,一束钢丝中只允许断丝1根;已张拉钢筋(丝)上进行绑扎钢筋、安装预埋铁件、支承安装模板等操作时,要防止踩踏、敲击或碰撞钢丝。

(1)张拉控制应力是指在张拉预应力筋时所达到的规定应力,应按设计规定采用。控制应力稍高,可以节约钢材、提高构件的抗裂性能和减小挠度;控制应力过高,构件在使用过程中预应力筋处于高应力状态,构件出现裂缝的荷载与破坏荷载接近,构件延性差,破坏时没有明显预兆,这是不允许的。

为了减少钢筋松弛、测力误差、温度影响、锚具变形、混凝土硬化时收缩徐变和钢筋滑移引起的预应力损失,施工中采用超张拉工艺,超张拉应力比控制应力提高3%~5%。预应力钢筋的控制应力和超张拉的最大应力不得超过表4-24的规定。

最大张拉控制应力允许值 表4-24

钢 筋 种 类	张 拉 方 法	
	先张法	后张法
碳素钢丝、刻痕钢丝、钢绞线	$0.80 f_{ptk}$	$0.75 f_{ptk}$
热处理钢筋、冷拔低碳钢丝	$0.75 f_{ptk}$	$0.70 f_{ptk}$
冷拉钢筋	$0.95 f_{pyk}$	$0.90 f_{pyk}$

注:ptk 为预应力筋极限抗拉强度标准值,pyk 为预应力筋屈服强度标准值。

(2)张拉程序可按下列方式之一进行,即

$$0 \rightarrow 1.03\% \sigma_{con}$$

$$0 \rightarrow 1.05 \sigma_{con} \xrightarrow{\text{持荷 2min}} \sigma_{con}$$

第一种张拉程序中,超张拉3%,并直接锚固,其目的是为了弥补预应力筋的松弛损失。经分析认为,应力松弛损失可减少(2%~3%)σ_{con}。

第二种张拉程序中,钢筋超张拉5%并持荷2min,其目的是为了使钢筋松弛尽早发展,以减少钢筋松弛、锚具变形和孔道摩擦所引起的应力损失。试验表明,钢筋的应力松弛损失,在高应力状态下的最初几分钟内可完成损失总值的40%~50%,因此,超张拉并持荷2min,再回到σ_{con}进行预应力筋锚固,可使近一半的应力松弛损失在锚固之前已损失掉,故可大大减少实际应力损失。

上述两种张拉程序是等效的。相比之下,第一种张拉程序施工方便,一般多采用第一种张拉程序(即 $0 \rightarrow 1.03\% \sigma_{con}$)进行张拉。

(3)预应力筋的张拉应根据设计的张拉控制应力与钢筋截面积及超张拉系数之积确定。

$$N = m \sigma_{con} A_y \tag{4-6}$$

式中:N——预应力筋张拉力(N);

m——超张拉系数,1.03~1.05;

σ_{con}——预应力筋张拉控制应力(N/mm²);

A_y——预应力筋的截面积(mm²)。

(4)预应力值的校核。预应力钢筋的张拉力,一般用伸长值校核。张拉预应力筋的理论伸长值与实际伸长值的偏差在±6%以内。如偏差超过±6%,应暂停张拉。

预应力筋理论伸长值 ΔL 按下式计算,即

$$\Delta L = F_p L / (A_p Es) \tag{4-7}$$

式中:F_p——预应力筋平均张拉力(kN);

  L——预应力筋的长度(mm);

  A_p——预应力筋的截面面积(mm^2);

  Es——预应力筋的弹性模量(kN/mm^2)。

预应力筋的实际伸长值,宜在初应力约为10%σ_{con}时测量,加上初应力以内的推算伸长值。

预应力钢丝张拉时,伸长值不进行校核。钢丝张拉锚固后,应采用钢丝内力测定仪检查钢丝的预应力值,偏差在±5%以内。

3. 混凝土的浇筑与养护

为了减少混凝土的收缩和徐变引起的预应力损失,在确定混凝土配合比时,应优先选用干缩性小的水泥,并采取低水灰比、控制水泥用量、选用良好骨料级配、振捣密实等技术措施。

预应力钢丝张拉、绑扎钢筋、预埋铁件安装及立模工作完成后,应立即浇筑混凝土。采用机械振捣密实时,要避免碰撞钢丝。混凝土未达到一定强度前,不允许碰撞或踩踏钢丝,以保证预应力筋与混凝土有良好的黏结力。

预应力混凝土可采用自然养护或湿热养护,自然养护不得少于14d。当预应力混凝土采用湿热养护时,为了减少温差造成的应力损失,在混凝土未达到一定强度前,温差不要太大,一般不超过20℃。待混凝土强度达到7.5MPa(粗钢筋)或10MPa(钢丝、钢绞线)以上时,可二次升温进行养护。

4. 预应力筋放张

放张预应力筋前,必须拆除模板,进行混凝土试块试压,混凝土强度必须符合设计要求。如设计无要求时,不得低于设计混凝土强度标准值的75%。

(1)放张顺序

放张顺序应符合设计要求,以避免放张时损坏构件。

①对承受轴心预压力的构件(如压杆、桩等),所有的预应力筋应同时放张。

②对承受偏心预压力的构件,应先同时放张预压力较小区域的预应力筋,再同时放张预压力较大区域的预应力筋。

③如不能按上述要求同时放张时,也应分阶段、对称、相互交错地进行放张,以防止放张过程中构件产生弯曲和预应力筋断裂。

(2)放张方法

构件预应力筋数量少,逐根放张时,预应力钢丝可用砂轮锯或切断机切断等方法放张;预应力钢筋可用加热熔断方法放张。构件预应力筋数量多时,应多根同时放张,其放张方法有下列几种。

①千斤顶放张放

单根预应力筋一般采用千斤顶放张(见图4-156),即用千斤顶拉动单根钢筋的端部,松开螺母;若多根预应力筋构件采用千斤顶放张时,应按对称、相互交错放张的原则,拟订合理放张顺序,控制每一次循环放张的吨位,缓慢逐根多次循环放松。

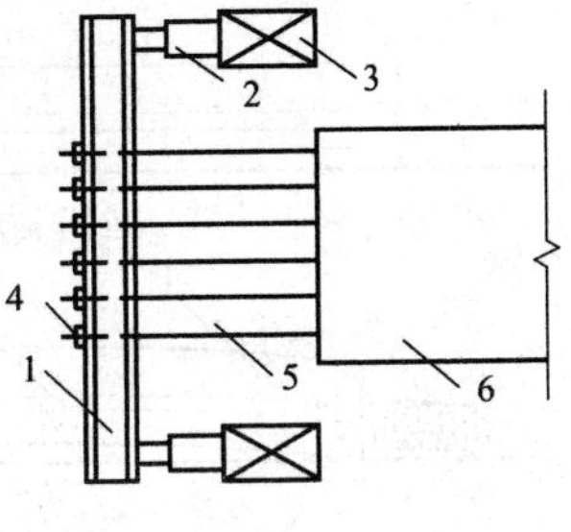

②砂箱放张

构件预应力筋较多时,整批同时放张可采用砂箱、楔块等放松装置。砂箱放张装置如图4-157所示,砂箱放张构造简单,能控制放张速度,工作可靠,常用于张拉力大于1 000kN的预应力筋的放张。

图4-156 千斤顶放张装置
1-横梁;2-千斤顶;3-承力架;4-夹具;5-钢丝;6-构件

③楔块放张

楔块放张装置由固定楔块、活动楔块和螺杆组成,楔块放置在台座与横梁之间,如图4-158所示,适用于300kN以下的预应力筋放张。

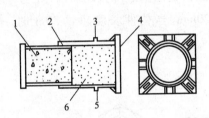

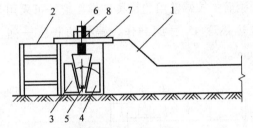

图4-157 砂箱放张装置
1-活塞;2-钢套箱;3-进砂口;4-钢套箱底板;5-出砂口;6-砂子

图4-158 楔块放张
1-台座;2-横梁;3,4-钢块;5-钢楔块;6-螺杆;7-承力板;8-螺母

先张法的生产工序少,工艺简单,质量容易保证,生产成本较低,台座越长,一条长线上生产的构件数量越多。但是,先张法生产所用的台座及张拉设备一次性投资费用较大,而且台座一般只能固定在一处,不够灵活。所以先张法适合于工厂内成批生产中小型预应力构件的张拉。

三、后张法预应力混凝土施工

后张法是在制作构件时预留孔道,待混凝土达到一定的强度后在孔道内穿入预应力筋(也可采用先穿束法)并进行张拉,然后利用锚具在结构或构件端部将预应力筋锚固,最后进行孔道灌浆的施工方法。预应力筋的张拉力主要靠端部的锚具传递给混凝土,使混凝土产生预压应力。按预应力筋与混凝土之间是否有黏结作用,分为后张有黏结预应力混凝土和后张无黏结预应力混凝土。后张有黏结预应力混凝土既可用于制作生产大型预制构件,又可用于各类现浇结构。后张法施工顺序如图4-159所示。

(一)锚具

锚具是张拉和永久固定预应力筋并传递预应力的工具,是建立预应力值和保证结构安全

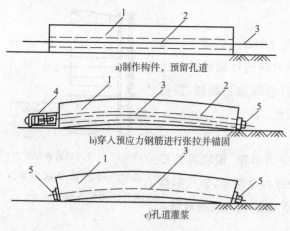

图 4-159 后张法施工顺序
1-混凝土构件；2-预留孔道；3-预应力筋；4-千斤顶；5-锚具

的关键，是预应力构件的一个组成部分。锚具要求尺寸形状准确，有足够的强度和刚度，受力后变形小，锚固可靠，不会产生预应力筋的滑移和断裂现象。锚具的类型很多，各有一定的适用范围。

1. 单根钢筋锚具

对于单根粗钢筋预应力筋，如果采用一端张拉，则在张拉端用螺丝端杆锚具，固定端用帮条锚具或镦头锚具；如果采用两端张拉，则两端均用螺丝端杆锚具。

（1）螺丝端杆锚具由螺丝端杆、螺母及垫板组成（见图4-160、图4-161），是单根预应力粗钢筋张拉端常用的锚具。螺丝端杆可采用与预应力钢筋同级冷拉钢筋制作，也可采用冷拉或热处理45号钢制作。端杆的长度一般为320mm，当构件长度超过30m时，一般为370mm。

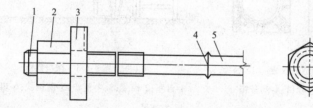

图 4-160 螺丝端杆锚具构造
1-螺丝端杆；2-螺母；3-垫板；4-焊接接头；5-钢筋

（2）帮条锚具由一块衬板和三根帮条焊接而成（见图4-162），是单根预应力粗钢筋非张拉端用锚具。帮条采用与预应力钢筋同级别的钢筋。

图 4-161 螺丝端杆锚具

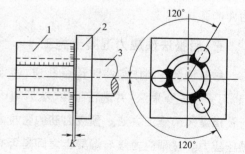

图 4-162 帮条锚具
1-帮条 2-衬板；3-预应力钢筋

（3）单根钢绞线锚具由锚环与夹片组成（见图4-163、图4-164）。夹片形状为三片式，强度高、耐腐性强。锚具尺寸根据钢绞线直径而定。

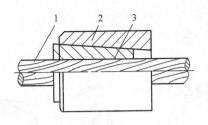

图4-163 单根钢绞线锚具构造
1-钢绞线;2-锚环;3-夹片

图4-164 单根钢绞线锚具

2. 钢筋束、钢绞线锚具

钢筋束、钢绞线采用的锚具有JM型、XM型、QM型和镦头锚具。

（1）JM型锚具由锚环与夹片组成（见图4-165）。钢筋束通常采用3~6根直径为12mm的冷拉Ⅳ级光圆钢筋或螺纹钢筋组成，与之相配套的锚具目前主要为JM12型锚具。

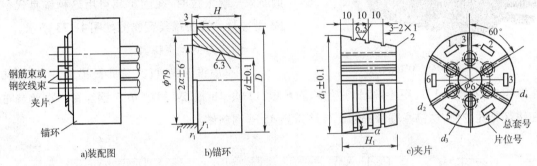

图4-165 JM型锚具（尺寸单位：mm）

JM是指这种锚具为夹片锚具，12是指锚固的每根钢筋直径均为12mm。这种锚具通过穿心式千斤顶张拉，并由其将全部夹片同步顶入锚环锥孔，达到锚固状态。JM12型锚具性能好，锚固时钢筋或钢绞线束被单根夹紧，不受直径误差的影响，且预应力筋是在呈直线状态下被张拉和锚固，受力性能好。

（2）XM型和QM型锚具是利用楔形夹片将每根钢绞线独立地锚固在带有锥形的锚环上，形成一个独立的锚固单元。其特点是每根钢绞线都是分开锚固的，任何一根钢绞线的锚固失效（如钢绞线拉断、夹片碎裂）都不会引起整束钢绞线锚固失效。

XM型锚具（见图4-166）由锚环和3块夹组成，适用于锚固1~12根直径为15mm的钢绞线，也可用于锚固钢丝束。QM型锚具（见图4-167、图4-168）适用于锚固4~31根直径

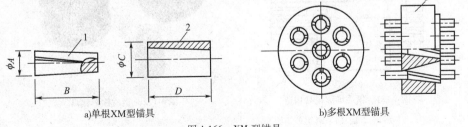

图4-166 XM型锚具
1-夹片;2-锚环;3-锚板

12mm 或 3～19 根直径为 15mm 的钢绞线。

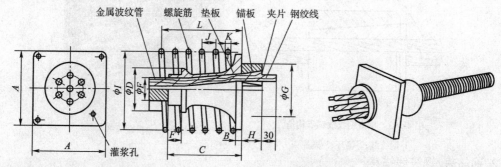

图 4-167 QM 型锚具端部构造(尺寸单位：mm)

图 4-168 QM 型锚具

（3）固定端用镦头锚具由锚固板和带镦头的预应力筋组成（见图 4-169、图 4-170）。当预应力钢筋束一端张拉时，在固定端可用这种锚具代替 JM 型锚具。镦头锚具实物图如图 4-173 所示。

3. 预应力钢丝束锚具

（1）钢质锥形锚具（又称弗氏锚具）由锚环和锚塞组成（见图 4-171、图 4-172），适用锚固 6 根、12 根、18 根、24 根中 $\Phi^S 5$ 钢丝束。钢丝分布在锚环锥孔内侧，由锚塞塞紧锚固。锚环采用 45 号钢制作。

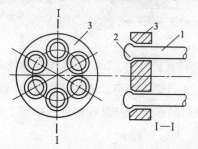

图 4-169 固定端用镦头锚具端部构造
1-预应力筋；2-镦粗头；3-锚固板

图 4-170 镦头锚具

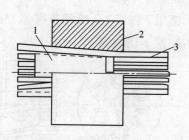

图 4-171 钢质锥形锚具构造
1-锚塞；2-锚环；3-钢丝束

图 4-172 钢质锥形锚具

（2）锥形螺杆锚具由锥形螺杆、套筒、螺母、垫板组成（见图 4-173、图 4-174），适用于锚固

14~28 根中直径 5mm 钢丝束。使用时,先将钢丝束均匀整齐地紧贴在螺杆锥体部分,然后套上套筒,用拉杆式千斤顶使端杆锥通过钢丝挤压套筒,从而锚紧钢丝。

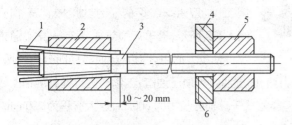
图 4-173 锥形螺杆锚具构造
1-钢丝;2-套筒;3-锥形螺杆;4-垫板;5-螺母;6-排气槽

图 4-174 锥形螺杆锚具

(3) 钢丝束镦头锚具适用于锚固任意根数 Φ^s5 钢丝束。镦头锚具的类型与规格,可根据需要自行设计。常用的镦头锚具为 A 型和 B 型(见图 4-175、图 4-176)。A 型由锚环与螺母组成,用于张拉端;B 型为锚板,用于固定端,利用钢丝两端的镦头进行锚固。

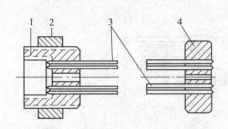
图 4-175 钢丝束镦头锚具构造
1-A 型锚环;2-螺母;3-钢丝束;4-B 型锚板

图 4-176 钢丝束镦头锚具

(二)张拉设备

1. 拉杆式千斤顶

拉杆式千斤顶(见图 4-177)适用于张拉以螺纹端杆锚具为张拉锚具的粗钢筋,张拉以锥形螺杆锚具为张拉锚具的钢丝束。YCL 拉杆式千斤顶如图 4-178 所示。

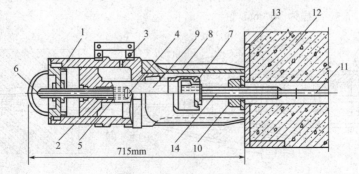
图 4-177 拉杆式千斤顶构造
1-主缸;2-主缸活塞;3-主缸油嘴;4-副缸;5-副缸活塞;6-副缸油嘴;7-连接器;8-顶杆;9-拉杆;10-螺母;11-预应力筋;12-混凝土构件;13-预埋钢板;14-螺纹端杆

图 4-178 YCL 拉杆式千斤顶

2. 穿心式千斤顶

YC60 型穿心式千斤顶是目前预应力混凝土施工中应用较多的张拉机械。其构造如图 4-179 所示,沿千斤顶纵轴线有一穿心通道,供穿过预应力筋用。沿千斤顶的径向分内外两层油缸,外层油缸为张拉油缸,工作时张拉预应力筋;内层油缸为顶压油缸,工作时进行锚具的顶压锚固,故称 YC60 为穿心式双作用千斤顶。YC60 型穿心式千斤顶张拉力为 600kN,最大行程为 200mm。

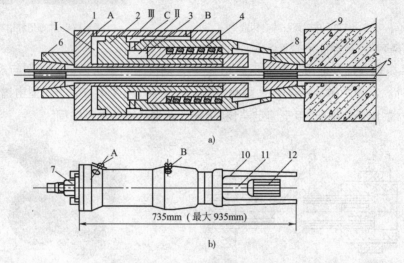

图 4-179 YC60 型穿心式千斤顶的构造

1-张拉液压缸;2-顶压液压缸(张拉活塞);3-顶压活塞;4-弹簧;5-预应力筋;6-工具式锚具;7-螺母;8-工作锚具;9-混凝土构件;10-顶杆;11-拉杆;12-连接器;Ⅰ-张拉工作油室;Ⅱ-顶压工作油室;Ⅲ-张拉回程油室;A-张拉缸油嘴;B-顶压缸油嘴;C-油孔

3. 锥锚式双作用千斤顶

锥锚式双作用千斤顶构造如图 4-180 所示,其主缸和主缸活塞用于张拉预应力筋。主缸前端缸体上有卡环和销片,用以锚固预应力筋。主缸活塞为一中空筒中活塞,中空部分设有拉力弹簧。副缸及活塞用于预压锚塞,将预应力筋锚固在构件端部。YZ60 型锥锚式双作用千斤顶拉力为 600kN,张拉行程为 300mm。

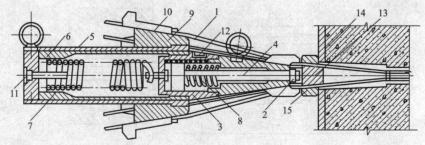

图 4-180 锥锚式双作用千斤顶构造

1-预应力筋;2-顶压头;3-副缸;4-副缸活塞;5-主缸;6-主缸活塞;7-主缸拉力弹簧;8-副缸压力弹簧;9-锥形卡环;10-楔块;11-主缸油嘴;12-副缸油嘴;13-锚塞;14-构件;15-锚环

(三)后张法施工工艺

后张法预应力混凝土施工包括预应力筋制作制作、孔道留设、穿筋、预应力筋张拉以及孔道灌浆等。用于现浇结构中时,后张法有黏结施工工艺流程如图 4-181 所示。

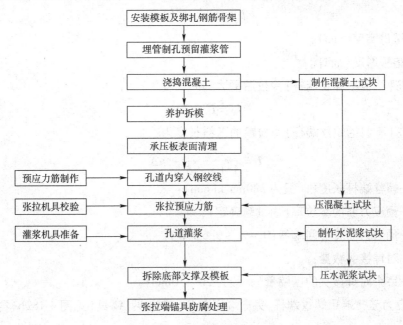

图 4-181 后张法有黏结施工工艺流程

1. 预应力筋制作

预应力筋的下料长度应由计算确定。计算时应考虑结构的孔道长度、锚夹具厚度、千斤顶长度、焊接接头或镦头的预留量、冷拉伸长率、弹性回缩值、张拉伸长值等。

(1)单根预应力粗钢筋下料长度计算

①当预应力筋两端采用螺纹端杆锚具(见图 4-182a)时,其成品全长 L_1(包括螺纹端杆在内冷拉后的全长)为:

$$L_1 = l + 2l_2 \tag{4-8}$$

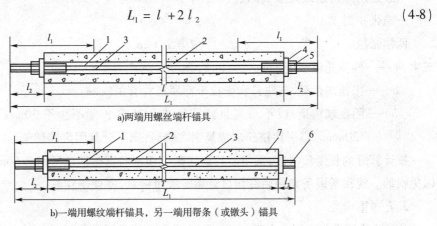

a)两端用螺丝端杆锚具

b)一端用螺纹端杆锚具,另一端用帮条(或镦头)锚具

图 4-182 粗钢筋下料长度计算示意

1-螺纹端杆;2-预应力钢筋;3-对焊接头;4-垫板;5-螺母;6-帮条锚具;7-混凝土构件

式中：l——构件孔道长度（mm）；

l_2——螺丝端杆伸出构件外的长度（mm）按下式计算：

张拉端 $\quad l_2 = 2H + h + 5 \quad$ (4-9a)

锚固端 $\quad l_2 = H + h + 10 \quad$ (4-9b)

式中：H——螺母高度（mm）；

h——垫板厚度（mm）。

预应力筋（不包括螺丝端杆）冷拉后需达到的长度为：

$$L_0 = L_1 - 2l_1 \quad (4\text{-}10)$$

预应力筋（不包括螺丝端杆）冷拉前的下料长度为：

$$L = \frac{L_0}{1 + r - \delta} + n\Delta \quad (4\text{-}11)$$

式中：l_1——螺丝端杆长度（一般为 320mm）（mm）；

r——预应力筋的冷拉率（由试验确定）；

δ——预应力筋冷拉回缩率（0.4% ~ 0.6%）；

n——对焊接头数量；

Δ——每个对焊接头的压缩量（一般为 20 ~ 30mm）。

②当预应力筋一端用螺纹端杆，另一端用帮条（或镦头）锚具（见图 4-182b）时，下料长度按下式计算：

$$L_1 = l + l_2 + l_3 \quad (4\text{-}12)$$

$$L_0 = L_1 - l_1 \quad (4\text{-}13)$$

$$L = \frac{L_0}{1 + r - \delta} + n\Delta \quad (4\text{-}14)$$

式中：l_3——镦头或帮条锚具长度（包括垫板厚度）（mm），其他符号含义同前。

（2）钢绞线作为预应力筋时下料长度计算

钢绞线应采用连续无接头的通长筋，下料长度 L 可按下式计算：

一端张拉时 $\quad L = l + a + b \quad$ (4-15a)

两端张拉时 $\quad L = l + 2a \quad$ (4-15b)

式中：l——构件孔道长度（mm）；

a——张拉端留量，与锚具和张拉千斤顶尺寸有关（mm）；

b——固定端留量，以不滑脱且锚固后夹片外露长度不少于 30mm 为准，一般取 80 ~ 120mm。当采用挤压式锚具固定端时，则不计算固定端留量。

按计算好的长度和根数，采用砂轮锯切割。切割前宜在切口两侧各 50mm 处用铁丝绑扎，以免松散。现在常采用切割后在切口处用宽胶带缠紧，亦便于穿筋。

2. 孔道留设

构件中孔道留设主要为穿预应力筋（束）及张拉锚固后灌浆用。孔道应按设计要求的位置、尺寸埋设准确，直径应保证预应力筋（束）能顺利穿过。采用螺丝端杆锚具的粗钢筋孔道的直径，应比钢筋对焊处外径大 10～15mm,钢丝束、钢绞线孔道的直径应比预应力束或锚具外径大5～10mm。在设计规定位置上应留设灌浆孔,构件两端每隔 12m 留设一个直径为20mm 的灌浆孔,并在构件两端各设一个排气孔;孔道应平顺光滑,端部预埋件垫板应垂直孔道中心线。

预留孔道形状有直线、曲线和折线形,孔道留设方法如下。

(1) 钢管抽芯法

钢管抽芯法只用于留设直线孔道,先将平直、表面圆滑的钢管埋设在模板内预应力筋孔道位置上,采用间距不大于 1m 的钢筋井字架(见图 4-183)将其固定在钢筋骨架上,浇筑混凝土时应避免振动器直接接触钢管而产生位移。在开始浇筑至浇筑后拔管前,间隔一定时间要缓慢匀速地转动钢管,使混凝土与钢管壁不发生黏结,待混凝土初凝后至终凝之前,用卷扬机匀速拔出钢管,即在构件中形成孔道。

钢管长度不宜超过 15m,钢管两端各伸出构件 500mm 左右,以便转动和抽管。构件较长时,可采用两根钢管,中间用套管连接(见图 4-184)。

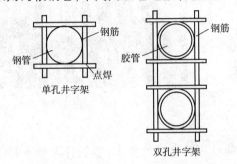
图 4-183 固定钢管或胶管位置的井架

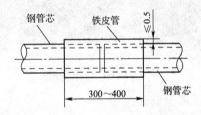
图 4-184 铁皮套管(尺寸单位:mm)

常温下抽管时间一般在浇筑混凝土后 3～5h 抽出。抽管应按先上后下,先中间、后周边的顺序进行,抽管可用人工或卷扬机,用力必须平稳,速度均匀,边转动钢管边抽出,并与孔道保持在同一直线上,防止构件表面发生裂缝。抽管后,立即进行检查、清理孔道工作,避免日后穿筋困难。

(2) 胶管抽芯法

胶管采用 5～7 层帆布夹层、壁厚 6～7mm 的普通橡胶管,用于直线、曲线或折线孔道成型。

胶管一端密封,另一端接上阀门,安放在孔道设计位置上,并用钢筋井字架(间距500mm)绑扎固定在钢筋骨架上。浇筑混凝土前,胶管内充入压力为 0.6～0.8MPa 的压缩空气或压力水,胶管鼓胀,直径可增大 3mm 左右。待混凝土初凝后、终凝前,将胶管阀门打开放水(或放气)降压,胶管回缩,混凝土自行脱落。抽管时间比抽钢管时间略迟,一般按先上后下、先曲后直的顺序将胶管抽出。抽管后,应及时清理孔道内的堵塞物。

(3) 预埋管法

预埋管法是用钢筋井字架将黑铁皮管、薄钢管或镀锌双波纹金属软管(见图 4-185)固定在设计位置上,在混凝土构件中埋管成型的一种施工方法。预埋管法可制成各种形状的孔道,并省去了抽管工序,适用于预应力筋密集或曲线预应力筋的孔道埋设。

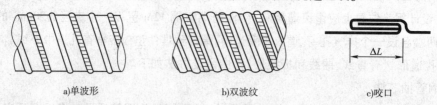

a)单波形　　　　b)双波纹　　　　c)咬口

图4-185　圆形金属螺旋管

波纹管安装时,宜先在构件底模、侧模上弹安装线,并检查波纹管有无渗漏现象,避免漏浆堵塞管道。同时,尽量避免波纹管多次反复弯曲,并防止电火花烧伤管壁。塑料波纹管如图4-186所示,金属波纹管如图4-187所示。

图4-186　塑料波纹管　　　　　　　图4-187　金属波纹管

3. 预应力筋张拉

用后张法张拉预应力筋时,结构的混凝土强度应符合设计要求;当设计无要求时,其强度不应低于设计强度标准值的75%。

(1) 穿筋

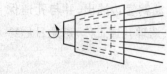

图4-188　穿束器

螺丝端杆锚具预应力筋穿孔时,用塑料套或布片将螺纹端头包扎保护好,避免螺纹与混凝土孔道摩擦损坏。成束的预应力筋将一头对齐,按顺序编号套在穿束器上(见图4-188),一端用绳索牵引穿束器,钢丝束保持水平并在另一端送入孔道,同时注意防止钢丝束扭结和错向。

(2) 预应力筋张拉顺序

预应力筋张拉顺序应按设计规定进行,如设计无规定时,应采取分批分阶段对称地进行,以免构件受过大的偏心压力而发生扭转和侧弯。

图4-189为预应力混凝土屋架下弦预应力筋张拉顺序。图4-189a)为2束预应力筋,能同时张拉,宜采用2台千斤顶分别设置在构件两端对称张拉;图4-189b)是对称的4束预应力筋,不能同时张拉,应采取分批对称张拉,用2台千斤顶分别在两端张拉对角线上两束,然后张拉另外两束。

图4-190为预应力混凝土吊车梁预应力筋采用2台千斤顶的张拉顺序。对配有多根不对称预应力筋的构件,应采用分批分阶段对称张拉。采用2台千斤顶先张拉上部2束预应力筋,

下部4束曲线预应力筋采用两端张拉方法分批进行。为使构件对称受力,每批2束先按一端张拉方法进行张拉,待两批4束均进行一端张拉后,再分批在另一端张拉,以减少先批张拉筋所受的弹性压缩损失。

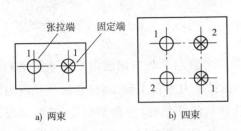

图4-189 屋架下弦杆预应力筋张拉顺序
1、2-预应力筋分批张拉顺序

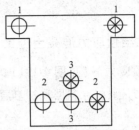

图4-190 吊车梁预应力筋的张拉顺序
1、2、3-预应力筋分批张拉顺序

平卧重叠浇筑(一般不得超过4层)的预应力混凝土构件,张拉预应力筋的顺序是先上后下,逐层进行。为了减少上下层之间因摩阻引起的预应力损失,可逐层加大张拉力,且要注意加大张拉控制应力后不允许超过最大张拉力。

(3)预应力筋张拉程序

用超张拉方法减少预应力筋的松弛损失时,预应力筋的张拉程序宜为:

$$0 \to 1.05\sigma_{con} \xrightarrow{持荷 2min} \sigma_{con}$$

如果预应力筋张拉吨位不大,根数很多,而设计中又要求采取超张拉以减少应力松弛损失时,其张拉程序可为:

$$0 \to 1.03\sigma_{con}$$

(4)预应力筋的张拉方法

为了减少预应力筋与预留孔壁摩擦而引起的应力损失,对于曲线预应力筋和长度大于24m的直线预应力筋,应采用两端同时张拉的方法;长度等于或小于24m的直线预应力筋,可一端张拉,但张拉端宜分别设置在构件两端。对预埋波纹管孔道曲线预应力筋和长度大于30m的直线预应力筋宜在两端张拉;长度等于或小于30m的直线预应力筋,可在一端张拉。

4. 孔道灌浆

预应力筋张拉后,应尽快地用灰浆泵将水泥浆压灌到预应力孔道中去,其目的是防止预应力筋锈蚀,同时可使预应力筋与混凝土有效黏结,提高结构的抗裂性、耐久性及承载能力。

灌浆用水泥浆应有足够的黏结力,且应有较大的流动性、较小的干缩性和泌水性,应采用不低于32.5级的普通硅酸盐水泥,水灰比为0.40~0.45。为了增加孔道灌浆的密实性,水泥浆中可掺入占水泥用量0.25%的木质素磺酸钙,或占水泥用量0.05%的铝粉。

灌浆前,用压力水冲洗和湿润孔道。用电动或手动灰浆泵灌浆,压力以0.5~0.6MPa为宜。灌浆顺序应先下后上,以免上层孔道漏浆把下层孔道堵塞。直线孔道灌浆时,应从构件一端灌到另一端;曲线孔道灌浆时,应从孔道最低处向两端进行。灌浆工作应缓慢均匀连续进行,不得中断,并防止空气压入孔道而影响灌浆质量。灌浆时,保持排气通畅直至气孔排出空气、水、稀浆、浓浆时为止。在孔道两端冒出浓浆并封闭排气孔后,继续加压灌浆,稍后再封闭灌浆孔。对不掺外加剂的水泥浆,可采用二次灌浆法,以提高孔道灌浆的密实度。

水泥浆强度达到 15MPa 时,方可移动构件,水泥浆强度达到 100% 设计强度时,才允许吊装或运输。

四、无黏结预应力混凝土施工

无黏结预应力筋(见图 4-191)是指施加预应力后沿全长与周围混凝土不黏结的预应力筋,是由预应力钢材、涂料层和护套层组成。无黏结预应力混凝土施工时,首先将预应力筋外表涂以防腐油脂并用油纸包裹,外套塑料管,然后像普通钢筋一样直接按设计位置放入钢筋骨架内并浇筑混凝土,当混凝土达到规定的强度(如不低于混凝土设计强度等级的 75%)后即可对无黏结预应力筋进行张拉,建立预应力。

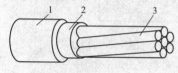

图 4-191 无黏结预应力筋
1—塑料护套;2—油脂;3—钢绞线或钢丝

无黏结预应力混凝土结构具有跨度大、自重轻、节约材料、综合经济效益高等突出优点,迎合了近代建筑结构的发展趋向,广泛用于大开间多层建筑、高层建筑,可改善开裂后的性能与破坏特征,提高结构的整体刚度,节约钢材和混凝土的用量,具有广阔的发展前景。

(一) 无黏结预应力筋

在无黏结预应力混凝土中,常用的预应力钢材主要有高强钢丝束和钢绞线。目前,常用钢绞线。

高强钢丝是由高碳镇静钢轧制盘圆后,经冷拔而成,故称为碳素钢丝。碳素钢丝直径为 3~9mm,建筑施工中多采用 $\Phi 4$ 和 $\Phi 5$,直径细,强度高。

钢绞线是由多根平行高强钢丝以一根直径稍粗的钢丝为轴心,沿同一方向扭转,并经低温回火处理而成。其规格有 2、3、7、19 股等,而最常用的是 7 股钢绞线,如 7 根 $\Phi 5$ 钢丝组成的钢绞线,可表示为 $\phi 15$。

涂料层一般采用防腐沥青,其作用是使预应力筋与混凝土隔离,减少摩擦力,并能防腐,故要求它具有良好的化学稳定性,温度高时不流淌,温度低时不硬脆。外包层选用高压聚乙烯塑料制作,其温度适应性范围大,化学稳定性好,具有足够的韧性和抗破损性,能保证无黏结预应力筋在运输、存放、铺放和浇筑混凝土过程中不损坏。

无黏结预应力混凝土中,主要用镦头锚具。锚具必须具有可靠的锚固能力,且不低于无黏结预应力筋抗拉强度的 95%。

(二) 无黏结预应力混凝土施工工艺

1. 无黏结预应力筋的制作与铺放

无黏结预应力筋的制作,采用挤压涂塑工艺而成,即外包聚乙烯或聚丙烯套管,内涂防腐建筑油脂,经过挤压机挤出成型,塑料包裹层一次成型在钢绞线或钢丝束上,如图 4-192 所示。

用于制作无黏结预应力筋的钢材是由 7 根直径 5mm 或 4mm 的钢丝绞合而成的钢绞线或 7 根

直径 5mm 的碳素钢丝束,其质量应符合现行国家标准。

无黏结预应力筋的涂料层应具有良好的化学稳定性,对周围材料无侵蚀作用;不透水,不吸湿,抗腐蚀性能强;润滑性能好,摩擦阻力小;在 -20～+70℃ 的温度范围内,高温不流淌,低温不变脆,并有一定韧性。

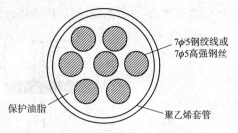

图 4-192 无黏结预应力筋截面示意图

无黏结预应力筋的护套材料,宜采用高密度聚乙烯,有可靠实践经验时,也可采用聚丙烯,不得采用聚氯乙烯。护套材料应具有足够的韧性、抗磨及抗冲击性,对周围材料应无侵蚀作用,在 -20～+70℃ 的温度范围内,低温不脆化,高温化学稳定性好。

铺放双向配筋的无黏结预应力筋时,应先铺放标高低的钢丝束,再铺放标高较高的钢丝束,以避免两个方向钢丝束相互穿插。

无黏结预应力筋应在绑扎完底筋后进行铺放。无黏结预应力筋应铺放在电线管下面,避免张拉时电线管弯曲破碎。钢丝束就位后,按设计要求调整标高及水平位置,用 20～22 号铁丝与非预应力细筋绑扎固定,以免浇筑混凝土过程中发生位移。

2. 端部锚具节点安装

(1) 无黏结钢丝束镦头锚具如图 4-193 所示。张拉端钢丝束从外包层抽拉起来,穿过锚环孔眼镦粗头。塑料套筒一端与承压板预留孔接口,另一端与无黏结预应力筋外包层接口,要求接口严实牢靠,以免浇筑混凝土时进浆影响张拉。塑料套管内应注满防锈润滑油脂。固定端镦头锚具设置在构件内,并用螺旋状钢筋加强。张拉端承压板和固定端锚板安装应紧贴端模。无黏结预应力筋在 300mm 区段内,应与承压板、锚板垂直。

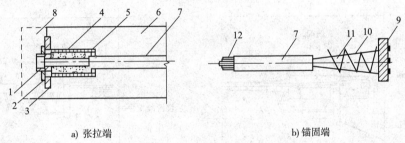

a) 张拉端　　　　　　　　　　　b) 锚固端

图 4-193 无黏结钢丝束镦头锚具

1-锚环;2-螺母;3-预埋件;4-照料套筒;5-建筑油脂;6-构件;7-软塑料管;8-C30 混凝土封头;9-锚板;10-钢丝;11-螺旋钢筋;12-钢丝束

无黏结预应力筋安装定位后,在锚具张拉端将螺母拧入锚环,顶紧锚环内的钢丝镦头,确定锚环埋入深度。用定位螺母将锚环固定在端模板上,使之不滑移错动,并固定端钢丝镦头与锚板紧贴,不允许有错落。

(2) 无黏结钢绞线夹片式锚具如图 4-194 所示。无黏结钢绞线夹片式锚具常采用 XM 型锚具,其固定端采用压花成型埋置在设计部位,待混凝土强度等级达到设计强度后,方能形成可靠的黏结式锚头。张拉端抽出钢丝,并用夹片夹紧,钢丝预留长度不小于 150mm。垫板按设计位置预埋,要求紧贴端模,经检查钢丝束(绞线)、锚具安装符合设计要求后,即可浇筑混凝土。

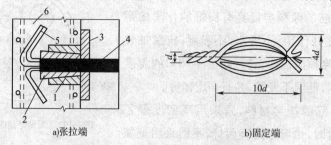

a)张拉端 b)固定端

图 4-194 无黏结钢绞线夹片式锚具

1—锚环;2—夹片;3—预埋件;4—软塑料管;5—散开打弯钢丝;6—圈梁

3. 无黏结预应力筋张拉及锚头处理

混凝土强度达到设计强度后,才能进行张拉,张拉程序采用 $0 \rightarrow 1.03\% \sigma_{con}$。由于无黏结预应力筋一般为曲线筋,故采用两端同时张拉;无黏结预应力混凝土楼盖结构的张拉顺序,宜先张拉楼板,后张拉楼面梁。板中的无黏结筋可依次张拉,梁中的无黏结筋宜对称张拉。

为了减小张拉摩阻损失,成束无黏结预应力筋张拉前,宜用千斤顶往复抽动 1~2 次。无黏结预应力筋张拉过程中,钢丝发生滑脱或断裂根数不应超过同一截面总根数的 2%。对于多跨双向连续板,其同一截面应按每跨计算。

目前无黏结预应力束锚头端部处理常用的办法有两种:一是在孔道中注入油脂并加以封闭;二是在两端留设的孔道内注入环氧树脂水泥砂浆,将端部孔道全部灌注密实,以防预应力筋发生局部锈蚀。灌注用环氧树脂水泥砂浆的强度不得低于 35MPa。灌浆时,将锚杯也用环氧树脂水泥砂浆封闭,这样既可防止钢丝锈蚀,又可起一定的锚固作用。锚固区保护措施如图 4-195 所示。

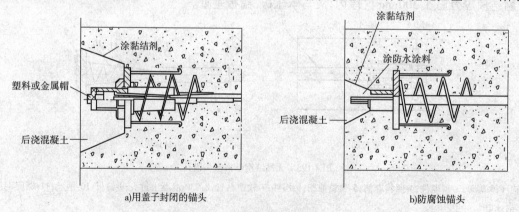

a)用盖子封闭的锚头 b)防腐蚀锚头

图 4-195 锚固区保护措施

案 例

预应力混凝土施工安全措施与质量检查

一、安全措施

(1)钢丝、钢绞线、热处理钢筋,严禁采用电弧切割。

(2)所用张拉设备仪表,应由专人负责使用与管理,并定期进行维护与检验,设备的测定期不超过半年,否则须及时重新测定。

(3)施工时,预应力筋的张拉力不应大于设备额定张拉力。

(4)先张法施工中,张拉机具与预应力筋应在一条直线上,顶紧锚塞时,用力不要过猛,以防钢丝折断。台座法生产时,其两端应设有防护设施,并在张拉预应力筋时,沿台座长度方向每隔 4~5m 设置 1 个防护架,两端严禁站人,更不准进入台座。

(5)后张法施工中,张拉预应力筋时,任何人不得站在预应力筋两端,同时在千斤顶后面设立防护装置。操作千斤顶的人员应严格遵守操作规程,并应站在千斤顶侧面工作。在油泵开动过程中,操作人员不得擅自离开岗位,如需离开,应将油阀全部松开或切断电路。

二、质量检查

(1)预应力筋进场时,应按现行国家标准的规定抽取试件做力学性能检验。

(2)预应力筋所用的锚具、夹具质量必须符合设计要求和施工规范及专业规定。锚具和夹具在同种材料和同一生产工艺条件下应以不超过 1 000 套为一个验收批,连接器应以不超过 500 套为一个验收批。在进场时按规定验收如下:

①外观检查。应从每批中抽取10%,但不能少于 10 套锚具,检查其外观和尺寸。当有一套表面有裂纹或超过产品标准及设计图纸规定尺寸的允许偏差时,应另取双倍数量的锚具重做检查,如仍有 1 套不符合要求,则不得使用或逐套检查,合格者方可作用。

②硬度检查。应从每批中抽取5%,但不少于 5 件锚具,每个零件测试 3 点,其硬度应在设计要求的范围内。当有一个零件不合格时,应另取双倍数的零件重做试验,如仍有不合格,则不得使用或逐个检查,合格者方可使用。

③静载锚固性能试验。经过上述两项试验合格后,应从同批中抽取 6 套锚具组成 3 个预应力筋锚,进行静载锚固性能试验。当有一个试件不符合要求时,应另取双倍数量锚具(夹具连接器)重做试验,如仍有 1 套不合格,则该批锚具(夹具或连接器)为不合格品。

(3)无黏结预应力筋的涂包质量应符合无黏结预应力钢绞线标准的规定。每60t 为 1 批,每批抽取 1 组试件,检查涂包层油脂用量、护套厚度及外观。

(4)预应力混凝土用金属螺旋管在使用前应进行外观检查,其内外表面应清洁,无锈蚀,不应有油污、孔洞和不规则的褶皱,咬口不应有开裂或脱扣。

(5)预应力筋端部锚具的制作质量应符合要求。

(6)在浇筑混凝土之前,应进行预应力隐蔽工程验收,其内容包括:

①预应力筋的品种、规格、数量、位置等。

②预应力筋锚具和连接器的品种、规格、数量、位置等。

③预留孔道的规格、数量、位置、形状及灌浆孔、排气兼泌水管等。

④锚固区局部加强构造等。

(7)预应力混凝土结构的允许偏差和检验方法应符合表 4-25 中的规定。

预应力混凝土结构的允许偏差和检验方法　　　　　　　表 4-25

项次	项　　目			允许偏差(mm)	检 验 方 法
1	截面尺寸	长度	块体	±5	尺量检查
			薄腹梁、桁架	+5 −10	
		宽度		±5	
		高度		±5	
2	侧向弯曲			构件长度的 1/1 000,且不大于 20	拉线和尺量检查
3	保护层厚度			+10 −5	尺量检查
4	块体对角线差			10	尺量两个对角线
5	块体表在平整度			5	用直尺和楔形塞尺检查
6	预应力筋预留孔道位置偏移			5	尺量检查
7	预埋钢板	中心线位置偏移		10	
		上表面平整度		5	用直尺和楔形塞尺检查
		构件两端锚固支承面平整度		2	
8	预埋螺栓	中心线位置偏移		5	尺量检查
		外露长度		+10 −5	
9	预埋管留孔中心线位置偏移			5	
10	预留洞中心线位置偏移			15	
11	采用钢丝束镦头锚具钢丝下料长度相对差值			钢丝下料长度的 1/5 000,且不大于 5	尺量检查

任 务 要 求

练一练:

1. 先张法预应力混凝土构件是利用(　　　　)使混凝土建立预应力的。
2. 后张法预应力混凝土施工,构件生产中预留孔道的方法有(　)、(　)、(　)三种。

想一想:

1. 在张拉程序中,预应力筋为什么要进行超张拉?
2. 简述先张法施工中预应力筋的放张方法和放张顺序。

任 务 拓 展

请同学们结合教材内容,到图书馆或互联网上查找资料,了解预应力混凝土工程施工质量通病(混凝土蜂窝、麻面;混凝土裂纹;外形尺寸偏差;预应力结构孔道压浆不实等)产生的原因、预防的措施。

任务五　主体结构工程——钢筋混凝土工程施工实训

一、实训目的

(1)学生在教师指导下,借助教学辅导资料,编制钢筋混凝土工程施工方案。

(2)通过实训,学生能够了解模板的发展趋势、钢筋的外观检查和混凝土的特性,掌握钢筋混凝土工程施工工艺,进一步巩固理所学论知识,灵活运用已学的理论知识解决实际问题。

(3)通过实训,培养学生刻苦钻研科学技术、独立分析问题和解决问题的能力,树立学生团结协作的团队精神,为今后工作打好基础。

二、实训内容

(1)学会读懂钢筋混凝土工程施工图,做好施工前的各项准备工作。

(2)在规定时间内完成钢筋混凝土工程施工图识读、施工材料准备,在施工过程中学会正确使用操作工具、设备,对已完成的施工任务进行记录、存档和质量检查。

(3)在校内实训基地进行梁、板、柱等主要构件的施工。

①钢筋工程实训

根据大样图进行钢筋放样,编制一般钢筋的配料单,进行各类钢筋绑扎的操作。

了解钢筋的种类、存放及验收,掌握钢筋的加工机械性能、加工方法,掌握钢筋的连接方式,适用条件、检验方法。

②模板工程实训

进行模板配板设计,绘制模板施工图。

了解模板和支撑种类,掌握一般构件模板的安装和拆除。

③混凝土工程实训

进行混凝土施工配比计算,编制混凝土工程施工技术交底,施工方案、进行质量检查。

掌握混凝土的组成材料选用、配合比换算、称量,掌握一般结构构件的混凝土浇筑的要求、施工方法。

④预应力混凝土施工实训

到构件厂参观学习,了解预应力混凝土施工方法,掌握预应力混凝土施工工艺、质量检查。

主体结构工程——钢筋混凝土工程施工模块归纳总结

任务一　学会模板工程施工

一、模板系统的组成、作用及要求

二、模板的分类

三、现浇结构中常用模板的构造与安装
四、模板工程安装要点
五、现浇结构模板的拆除

任务二 学会钢筋工程施工

一、钢筋的分类、验收和存放
二、钢筋加工
三、钢筋连接
四、钢筋配料与代换
五、钢筋绑扎与安装
六、钢筋安装质量检查
七、钢筋工程季节性施工

任务三 学会混凝土工程施工

一、混凝土的制备
二、混凝土的施工配料
三、混凝土的搅拌
四、混凝土的运输
五、混凝土的浇筑和捣实
六、混凝土养护
七、混凝土质量的检查
八、混凝土常见质量事故
九、混凝土工程安全施工技术
十、混凝土工程冬期施工

任务四 学会预应力混凝土施工

一、预应力混凝土
二、先张法预应力混凝土施工
三、后张法预应力混凝土施工
四、无黏结预应力混凝土施工

任务五 主体结构工程——钢筋混凝土工程施工实训

一、实训目的
二、实训内容

模块五　防水工程施工

 导读

建筑防水是利用防水材料对建筑物的某些部位(如地下室、外墙面、厕浴间楼地面、屋面等)所采取的防水或抗渗的措施,以此来防止地下水、雨水、工业与民用给排水、腐蚀性液体等对建筑物某些部位的渗透侵入,保护建筑物具有良好的使用环境和使用年限。

屋面防水工程施工应从选择防水材料、施工方法等方面着眼,从考虑对建筑物节能效果着手,遵循"按图施工、材料检验、工序检查、过程控制、质量验收"的原则。地下防水设计和施工按"防、排、截、堵相结合,刚柔相济、因地制宜、综合治理"的原则进行。

建筑防水按其采取的措施和手段不同,分为材料防水和构造防水两大类。材料防水是依靠防水材料经过施工形成整体封闭防水层,阻断水的通路,以达到防水的目的,按采用防水材料的不同,有刚性防水层和柔性防水层两类。刚性防水层是采用较高强度和无延伸能力的防水材料,如防水砂浆、防水混凝土所构成的防水层。柔性防水层是采用具有一定柔韧性和较大延伸率的防水材料,如防水卷材、有机防水涂料等构成的防水层。构造防水是依靠建筑物构件材料本身的厚度和密实性及构造措施使结构构件起承重围护和防水作用,如地下墙、底板、顶板等防水混凝土。

本模块从施工的角度着重介绍屋面防水、地下防水的施工。

施工单位应取得建筑防水和保温工程相应等级的资质证书。作业人员应持证上岗。防水专业队伍具备由省级以上建设行政主管部门颁发的资质证书。

新型防水材料和相应的施工技术,需经屋面工程实践检验,符合有关安全及功能要求的才能推广应用。

防水施工程序:图纸会审→施工方案及审查→专业队伍→三检制度→淋、蓄水试验。

 学习目标

(1)了解卷材屋面的构造及各层次的作用,掌握基层处理的要求,找平层的做法,找平层分格缝的作用、间距和做法;掌握铺贴卷材的方向与屋面坡度和主导风向的关系,各层卷材的搭接做法和搭接宽度,卷材铺贴方法;掌握涂膜防水屋面的构造,嵌缝材料与涂料的选用和性能、要求,施工准备工作的内容,嵌缝施工与涂料涂刷工艺,保护层所用材料及施工工艺。

(2)掌握地下建筑防水混凝土施工、水泥砂浆防水层施工、卷材防水层施工、涂膜防水层施工的工艺和施工方法,并具备组织地下防水工程施工的能力。

(3)掌握厕浴间防水砂浆施工、卷材防水层施工、涂膜防水层施工的工艺和施工方法,并具备组织厕浴间防水工程施工的能力。

(4)熟悉防水工程施工的安全技术要求;掌握防水工程常见的质量事故及处理办法。

任务一 学会建筑工程屋面防水施工

知识准备

屋面是建筑工程的主要分部工程,应具有防水功能,屋面防水层的选择和设计主要依据房屋的结构特点、用途、气候条件等。屋面防水层按所使用材料的不同,主要有卷材防水屋面、涂膜防水屋面、刚性防水屋面等。

屋面防水、保温材料应有产品合格证书和性能检测报告,材料品种、规格、性能等应符合现行国家产品标准和设计要求。

一、屋面防水等级和设防要求及屋面构造

（一）屋面防水等级

《屋面工程质量验收规范》(GB 50207—2012)根据建筑物的类别、重要程度、使用工程要求确定防水等级,并按相应等级进行防水设防,对防水有特殊要求的建筑屋面,应进行专项防水设计。屋面防水等级和设防要求应符合表5-1规定。

屋面防水等级和设防要求　　　　　表5-1

项目	屋面防水等级	
	Ⅰ	Ⅱ
建筑物类别	重要建筑和高层建筑	一般的建筑
防水做法	卷材防水层和卷材防水层、卷材防水层和涂膜防水层、复合防水层;瓦+防水层;压型金属板+防水垫层	卷材防水层、涂膜防水层、复合防水层;瓦+防水垫层;压型金属板、金属面绝热夹芯板
设防要求	2道防水设防	1道防水设防

（二）屋面构造

屋面的构造层次如图5-1、图5-2所示,具体施工层次应根据设计要求确定。

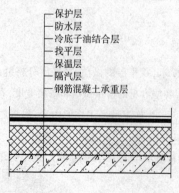

图5-1 屋面防水构造层次示意图　　　　图5-2 倒置式屋面防水构造示意图

二、卷材防水屋面

卷材防水屋面的防水层,应采用各种拉伸强度高、抗撕裂性能好、延伸率大、耐高低温性能优

良、使用寿命长的弹性或弹塑性的新型防水材料（如高聚物改性沥青防水卷材、合成高分子防水卷材）做屋面的防水层，能够提高屋面防水工程质量（满足耐久性、耐热性、重复伸缩要求；保持卷材防水层的整体性以及卷材与基层的黏结）和延长防水层使用年限，节省维修费用。

（一）屋面隔汽层施工

隔汽层可以采用冷底子油、卷材或涂膜，所用材料的质量应具有良好的气密性、水密性。在屋面与墙的连接处，隔汽层应沿墙面向上连续铺设，高出保温层上表面不得小于150mm。若采用冷底子油喷涂在基层表面上（冷底子油是利用30%～40%的石油沥青加入70%汽油或加入60%的煤油溶融而成），由于冷底子油渗透性强，可使基层表面具有憎水性并增强沥青胶结材料与基层表面的黏结力，涂刷或喷涂时应薄而均匀，不得有空白、麻点或气泡。涂刷时间应待基层干燥、铺卷材前1～2d进行，其目的是使油层干燥而又不沾染灰尘。

隔汽层施工时不得有破损现象；卷材隔汽层应铺设平整，宜空铺，搭接缝应满粘，黏结牢固，其搭接宽度不应小于80mm；涂膜隔汽应黏结牢固，表面平整，涂布均匀。

（二）屋面保温层施工

屋面保温层常设置于屋面基层（屋面板）之上、防水层之下，可分为板状材料保温层（如树脂珍珠岩板、加气混凝土块、聚苯乙烯泡沫塑料板块等）、纤维材料保温层、喷涂硬泡聚氨酯保温层、现浇泡沫混凝土保温层。一般房屋均设保温层，用以阻止室内温度下降过快。此外，保温屋在夏季还能起隔热作用。

保温材料的导热系数、表观密度或干密度、抗压强度或压缩强度、燃烧性能，必须符合设计要求。

图5-3为屋面发泡混凝土保温层，图5-4为屋面挤塑板保温屋。

图5-3 屋面发泡混凝土保温层

图5-4 屋面挤塑板保温层

（1）松散材料保温层的基层应平整、干燥、干净，松散保温材料应分层铺设，并适当压实（压实程度应经试验确定），铺设后要求表面平整，找坡正确。

（2）材料保温层分层铺设的板块上下层接缝应相互错开，粘贴的板状保温材料应贴严、粘牢。沥青膨胀蛭石、沥青膨胀珍珠岩宜用机械搅拌，并应色泽一致，无沥青团。硬质聚氨酯泡沫塑料应按配比准确计量，发泡厚度应均匀一致。

(3) 保温层厚度的允许偏差：松散保温材料和整体现浇保温层为 +10% ~ -5%；板状保温材料为 ±5%，且不得大于4mm。

(4) 保温层干燥有困难时，应采取排气措施。采用排气屋面做法，可以使受潮的保温材料通过屋面排气后达到其自然平衡含水率，满足屋面传热系数的要求。

(5) 保温层雨期施工要遮盖防雨，并在铺完后应及时做找平层和防水层覆盖。

（三）屋面找坡层和找平层施工

找坡层宜采用轻骨料混凝土，找坡材料应分层铺设和适当压实，表面应平整，允许偏差为7mm。

卷材防水屋面防水层下的找平层，一般多设置于保温层之上（除倒置式屋面外），其作用是保证卷材铺贴平整、牢固。找平层要求光滑平整，没有松动、起壳和翻砂现象。常用的找平层材料有水泥砂浆、细石混凝土。找平层的厚度和技术要求应符合表5-2的规定。

找平层厚度和技术要求　　　　表5-2

类别	基层种类	厚度(mm)	技术要求
水泥砂浆找平层	整体现浇混凝土板	15 ~ 20	1:2.5 ~ 1:3（水泥:砂）体积比，水泥强度等级不低于32.5级
	整体材料保温层	20 ~ 25	
细石混凝土找平层	装配式混凝土板	30 ~ 35	C20混凝土，宜加钢筋网片
	板状材料保温层		C20混凝土

屋面找平层的施工应满足如下要求：

(1) 找平层施工前应先检查屋面坡度，一般坡度以2% ~ 3%为宜。当屋面坡度为2%时，宜采用材料找坡。当屋面坡度为3%时，宜采用结构找坡。天沟、檐沟纵向找坡不应小于1%，沟底水落差不得超过200mm。

(2) 找平层与突出屋面结构（如变形缝、管道、女儿墙等）的交接处，应抹成均匀一致和平整光滑的小圆角；与檐口、天沟、排水口、沟脊等连接的转角处，应抹成光滑的圆弧或斜边长度为100 ~ 150mm钝角垫坡。高聚物改性沥青防水卷材的圆弧半径为50mm，合成高分子防水卷材的圆弧半径为20mm。节点处理如图5-5 ~ 图5-8所示。

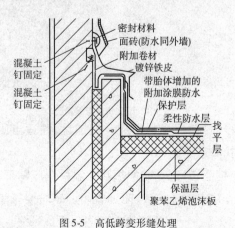

图5-5　高低跨变形缝处理　　　　图5-6　伸出屋面管道防水处理

(3) 找平层表面平整度不应超过5mm,用2m靠尺和楔形塞尺检查。

(4) 找平层宜设分格缝并嵌填密封材料,缝宽一般为5~20mm,纵横缝的间距不大于6m。

(5) 采用满贴法铺设卷材的找平层必须干燥。检查干燥程度的简易方法是在基层表面上铺设1m×1m的卷材,静置3~4h后掀开检查,如基层表面及卷材背面均无水印,含水率满足要求,可以进行防水层施工。

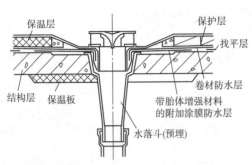

图5-7 直式水落口处理

图5-8 屋面分格缝的面层处理

(四)卷材防水层施工

屋面坡度大于25%时,卷材应采取满粘和钉压固定措施。

1. 高聚物改性沥青防水卷材施工

如图5-9所示,高聚物改性沥青防水卷材是以合成高分子聚合物改性沥青为涂盖层,以聚酯无纺布(PY)或玻纤毡(G)为胎体,以聚乙烯膜、铝薄膜、砂粒、彩砂、页岩片等材料为覆面材料制成的可卷曲片状防水材料,具有纵横向拉力大、延伸率好、韧性强、耐低温、耐老化、耐紫外线、耐温差变化、自愈力强等优良性能。

高聚物改性沥青卷材常用品牌有"SBS"、"APP",宽度均为1m,厚度为2~5mm,长度为20~50m。

图5-10为屋面防水卷材施工。

图5-9 高聚物改性沥青防水卷材

图5-10 屋面防水卷材施工

2. SBS高聚物改性沥青防水卷材施工

满粘法铺贴高聚物改性沥青防水卷材,采用热熔法或冷热结合法施工。

图 5-11 为高聚物改性沥青卷材屋面防水构造图。

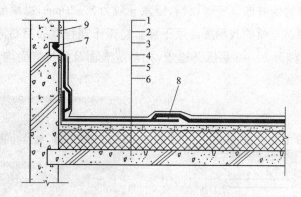

图 5-11　高聚物改性沥青卷材屋面防水构造图

1-保护材料；2-改性沥青卷材防水层；3-胶黏剂；4-水泥砂浆找平层；5-保温层；6-钢筋混凝土屋面板；7-密封膏封口；8-热熔焊接的搭接接缝；9-防水处理

（1）热熔法

热熔法是用专用的热熔机具烘烤卷材的底面与基层，使卷材表面的沥青融化，边烘烤边向前滚铺卷材，随后用压辊滚压，使其与基层或卷材粘贴牢固，适用于厚度大于 3mm 的高聚物改性沥青防水卷材。

施工工艺流程：清理基层→涂刷基层处理剂→附加层卷材铺贴→弹基准线→卷材铺贴→搭接部位粘贴和封边→端头和收头部位密封处理→蓄水试验→保护层施工。

①基层处理。如图 5-12 所示，工前清扫基层尘土及杂物，要求基层洁净、平整、干燥。

②涂刷基层处理剂。如图 5-13 所示，在干燥的基层上涂刷基层处理剂，基层处理剂是为了增强防水材料与基层之间的黏结力。常用的基层处理剂有冷底子油及各种高聚物改性沥青卷材和合成高分子卷材配套的底胶。涂刷时，要求用力薄涂、均匀一致、一次涂好，干燥时间为 5～10h（不粘脚为好）。

图 5-12　基层处理

图 5-13　涂刷基层处理剂

③附加层卷材铺贴。屋面卷材防水层施工时，应先做好节点、附加层和屋面排水等比较集中部位的处理，女儿墙、管根、烟筒、排气孔及落水口、伸缩缝等拐角部位应做附加层，宽一般为

500mm。节点构造的做法如图 5-14～图 5-19 所示。

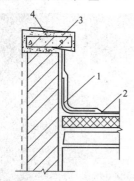

图 5-14　卷材泛水收头构造
1-密封材料;2-附加层;3-防水层;4-水泥钉

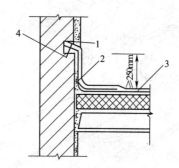

图 5-15　砖墙卷材泛水收头构造
1-附加层;2-防水层;3-压顶;4-防水处理

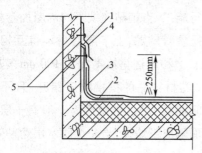

图 5-16　混凝土墙卷材泛水收头构造
1-密封材料;2-附加层;3-防水层;4-金属、合成高分子盖板;5-水泥钉

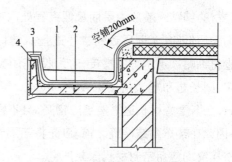

图 5-17　檐沟部位收头构造
1-防水层;2-附加层;3-水泥钉;4-密封材料

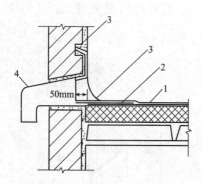

图 5-18　横式水落口部位收头构造
1-防水层;2-附加层;3-密封材料;4-水落口

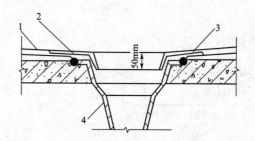

图 5-19　竖式水落口部位收头构造
1-防水层;2-附加层;3-密封材料;4-水落口

④弹基准线。从流水坡度的下坡按卷材幅宽及搭接宽度弹出卷材粘贴基准线。

⑤卷材铺贴。涂刷的基层处理剂干燥 8h 以上,将卷材(厚度应在 3mm 以上)展铺在预定的部位,确定铺贴的位置后,滚展卷材 1 000mm 左右,掀开已经展开的部分,用火焰加热器或汽油喷灯同时加热熔胶面和基层,喷灯距离卷材 0.5m 左右,卷材表面开始熔融至光亮黑色时,即可边加热边向前滚铺卷材,随后用压辊滚压,使其牢固地黏结在基层(找平层)表面上,

如图 5-20、图 5-21 所示。

图 5-20　卷材热熔法施工示意图

图 5-21　高聚物改性沥青防水卷材热熔法施工

卷材的铺贴一般应由屋面最低高程处向高处平行施工，当铺贴连续多跨的屋面卷材时，应按先高跨后低跨、先远后近的次序进行。卷材宜平行屋脊铺贴，上下层卷材不得互相垂直铺贴。卷材铺贴按流水方向搭接，若为胶黏剂施工，则长边和短边搭接宽度为 100mm；若为自粘法施工，则长边和短边搭接宽度为 80mm。相邻两幅卷材铺贴的搭接缝应错开，且不得小于 500mm，上下层卷材长边搭接缝应错开，且不得小于幅宽的 1/3。卷材表面一般有一层防粘隔离纸，因此在热熔黏结接缝之前，应先将下层卷材表面隔离纸烧掉，当整个防水层熔贴完毕后，所有搭接缝均应用密封材料涂封严密。

⑥端头和收头部位密封处理。可用密封膏或橡胶沥青胶黏剂与填料现场配置，嵌填后抹平，且必须保证嵌填密实，表面平滑，以达到密封防水的目的。必要时，也可在经过密封处理的末端收头处，再用掺入 20% 水泥质量的 107 胶水泥砂浆进行压缝处理，如图 5-22、图 5-23 所示。

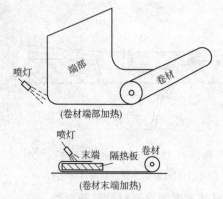

图 5-22　热熔卷材端部铺贴示意图

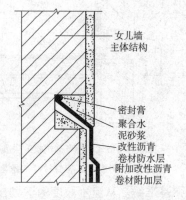

图 5-23　改性沥青卷材防水层末端收头构造

⑦蓄水试验。屋面卷材防水层施工完毕后，平屋面要做 24h 蓄水试验，蓄水深度宜大于 50mm。坡屋面可采用 2h 淋水试验。经过观察屋面不发生渗漏和积水，排水系统通畅时，方能进行保护层的施工。

⑧隔离层施工。在刚性保护层与卷材、涂膜防水层之间应设置隔离层。隔离层可采用干铺塑料膜、土工布、卷材或铺抹低强度等级砂浆,要求所用材料质量及配合比符合设计要求。隔离层不得有破损和漏铺现象。

⑨保护层施工。防水层铺设完毕,经清扫干净和质检合格后,即可做卷材保护层。

用块体材料做保护层时,宜设置分格缝,分格缝纵横间距不应大于10m,宽度宜为20mm;用水泥砂浆做保护层时,分格面积宜为$1m^2$;用细石混凝土做保护层时,混凝土应振捣密实,分格缝纵横间距不应大于6m,宽度宜为10~20mm。

块体材料、水泥砂浆或细石混凝土保护层与女儿墙、山墙之间,应预留宽度为30mm的缝隙,缝内宜填塞聚苯乙烯泡沫塑料,并应用密封材料嵌填密实。

(2) 冷热结合法

冷热结合法是在基层处理剂已干燥的基层(找平层)表面上,边涂刷胶黏剂(高聚物改性沥青胶黏剂)边滚铺卷材,并用压辊滚压卷材,排除空气,使其黏结牢固。对卷材搭接缝部位,可采用热风焊接机或火焰加热器(热熔法铺贴高聚物改性沥青防水卷材的专用机具)进行热熔焊接的方法,使其黏结牢固,封闭严密。

(3) 高聚物改性沥青防水卷材施工要求

①热熔法铺贴卷材不得加热不足或烧穿卷材,卷材表面热熔后应立即滚铺,卷材下面的空气应排尽,并应辊压粘贴牢固。卷材接缝部位溢出的改性沥青胶宽度宜为8mm,铺贴的卷材应平整顺直,搭接准确,不得扭曲、皱折。厚度小于3mm的高聚物改性沥青防水卷材,严禁采用热熔法施工。

②自粘法施工接缝处用密封材料封严,宽度不应小于10mm。低温施工时,接缝部位宜采用热风加热,并应随即粘贴牢固。

3. 合成高分子防水卷材施工

合成高分子防水卷材是以合成橡胶、合成树脂为基料,加入适量的化学助剂和填充料加工而成的可卷曲的片状防水材料,具有高强度、高伸长率、高撕裂强度和耐高低温、耐臭氧、耐老化、寿命长等特性。

合成高分子防水卷材常用品牌有"三元乙丙"(见图5-24)、"氯化聚乙烯"、"氯化聚乙烯-橡胶共混"等,宽度为1~1.2m,厚度有1mm、1.2mm、1.5mm、2mm四种规格,长度为10~20m。

图5-25为屋面三元乙丙防水卷材施工。

铺贴合成高分子防水卷材多采用冷粘法,即以专用胶黏剂为黏结材料,直接将卷材铺贴在已处理好的找平层上。卷材的铺贴方法及施工要点如下。

首先在已处理好的基层表面均匀涂刷基层处理剂,干燥4h以上。对于界面高低的转角以及与女儿墙、管道等相连接的阴角等易渗漏的薄弱部位,宜涂刷2~3遍涂膜防水材料,待涂膜固化后,再进行铺贴卷材施工。根据卷材的配置方案(见图5-26),从一端开始,即先从流水坡度的下坡弹出基准线,使卷材的长方向与流水坡度成垂直,再将已涂胶黏剂的卷材卷成圆筒形,然后在圆筒形卷材的中心插入1根φ30mm×150mm的钢管,由两人分别手持钢管的两端,并使卷材的一端固定在预定的部位,再沿基准线铺展。在铺设过程中,不要将卷材拉得过紧,更不允许拉伸卷材,也不得出现扭曲、皱折现象。

图 5-24 三元乙丙防水卷材

图 5-25 屋面三元乙丙防水卷材施工

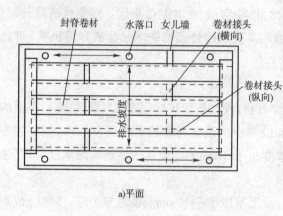

图 5-26 屋面卷材配置方案

在合成高分子卷材防水层铺设完毕,经过认真检查验收合格后,将卷材防水层表面的尘土杂物彻底清扫干净,再用长把滚刷均匀涂刷专用的银色、绿色或其他彩色涂料作保护层。保护层应与卷材黏结牢固,厚薄均匀,不得漏涂。

三、涂膜防水屋面

涂膜防水屋面是以防水涂料为防水材料,并涂刷在基层(找平层)表面所形成的一层连续、弹性、无缝、整体的涂膜防水层。常用的防水涂料有沥青基防水涂料(见图5-27)、高聚物改性沥青防水涂料和合成高分子防水涂料。依据防水涂料形成液态的方式,防水涂料可分为溶剂型、反应型和水乳型三类。

涂膜防水屋面具有施工操作简便、无污染、冷操作、无接缝、能适应复杂基层、防水性能好、温度适应性强、容易修补等优点。为避免基层变形导致涂膜防水层开裂,涂膜层内宜加铺胎体增强材料,如玻纤网布、化纤或聚酯无纺布等,与涂料形成一布二涂、二布三涂或多布多涂的防水层。

图5-28为涂膜防水施工。

图5-27 SBS改性沥青防水涂料

图5-28 涂膜防水施工

(一)涂膜防水屋面施工工艺流程

基层处理 → 涂刷底层涂料 → 涂刷第一道涂膜防水层 → 涂刷第二道涂膜防水层 → 涂刷第三道涂膜防水层 → 防水保护层 → 闭水试验。

(二)涂膜防水屋面施工

涂膜防水屋面采取"先高后低、先远后近、先立面后平面、先细部后大面"的施工顺序,同一屋面上先涂布排水比较集中的水落口、天沟、檐口等节点部位,再进行大面积的涂布。

1. 施工要点

(1)涂刷基层处理剂

屋面找平层及保温层的要求同屋面防水卷材施工,基层含水率视涂料特性而定。涂刷基层处理剂时,用刷子用力薄涂,并将基层可能留下来的少量灰尘等无机杂质,像填充料一样混入基层处理剂中,使之与基层牢固结合。

(2)涂布防水涂料

厚质涂料宜采用铁抹子或胶皮板刮涂施工;薄质涂料可采用棕刷、长柄刷、圆滚刷等进行人工涂布,也可采用机械喷涂。防水涂膜应分层分遍涂布,不得一次涂成。

(3)铺设胎体增强材料

在涂刷一层涂膜后,要及时满铺胎体增强材料(胎体增强材料可以混合采用玻璃纤维布和聚酯纤维布),并要求铺贴平整,滚压密实,不应有皱折和空鼓的现象存在。胎体材料长边搭接宽度不应小于50mm,短边搭接宽度不应小于70mm,上下层不得相互垂直铺设,搭接缝应错开不小于幅宽的1/3。

屋面坡度小于15%时,胎体增强材料应平行于屋脊铺设;屋面坡度大于15%时,胎体增强材料应垂直于屋脊铺设。

一层胎体材料铺完后,要干燥固化4h以上才能在其表面涂刷第二层涂膜。第二层涂膜固化24h后,开始涂布第三遍。每遍涂刷的防水涂料用量约为$0.6 \sim 0.7 kg/m^2$,涂膜防水层的总厚度以不小于2.0mm为宜,且前后两遍的涂料的涂布方向应相互垂直。

图5-29为玻璃纤维增强网格布,图5-30为增强材料铺贴施工。

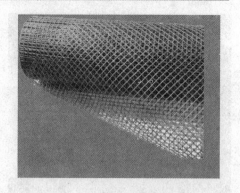
图 5-29 玻璃纤维增强网格布

图 5-30 增强材料铺贴施工

(4) 涂膜防水层收头处理

为了防止收头部位出现翘边现象,所有收头均应用密封材料压边,压边宽度不得小于10mm。收头处的胎体增强材料应裁剪整齐,如有凹槽时应压入凹槽内,不得出现翘边、皱折、露白等现象,否则应进行处理后再封涂密封材料。

(5) 保护层施工

可采用细砂、云母、蛭石、浅色涂料、水泥砂浆、块体材料或细石混凝土等做涂膜保护层,以延长防水层的使用寿命。

2. 涂膜防水施工要求

(1) 高聚物改性沥青防水涂料应检验固体含量、耐热性、低温柔性、不透水性、断裂伸长率或抗裂性。合成高分子防水涂料和聚合物水泥防水涂料应检验固体含量、低温柔性、不透水性、拉伸强度、断裂伸长率。

(2) 涂膜防水层的基层应坚实、平整、干净,无空隙、起砂和裂缝。基层的干燥程度应根据所选用的防水涂料特性确定,当采用溶剂型、热熔型和反应固化型防水涂料时,基层应干燥。

(3) 双组分或多组分防水涂料应按配合比准确计量,采用电动机具搅拌均匀。配料时,可加入适量的缓凝剂或促凝剂调节固化时间,但不得混合已固化的涂料。已配制的涂料应及时使用。

(4) 防水涂料应多遍均匀涂刷,涂膜总厚度应符合设计要求,且最小厚度不得小于设计厚度的80%。

(5) 涂膜间夹铺胎体增强材料时,宜边涂布边铺胎体。胎体应铺贴平整,排除气泡,并应与涂料黏结牢固。在胎体上涂布涂料时,应使涂料浸透胎体,并应覆盖完全,不得有胎体外露现象,且最上面的涂膜厚度不应小于1.0mm。

(6) 涂膜施工应先做好细部处理,再进行大面积涂布。

(7) 屋面转角及立面的涂膜应薄涂多遍,不得流淌和堆积。

(8) 防水涂料严禁在雨天、雪天和5级风以上时施工,以免影响涂料的成膜质量。施工人员要穿防滑鞋,在坡屋面涂刷防水涂料时,必须采取安全措施,如系安全带等。

四、屋面防水施工安全技术要求

（1）作业人员应经过安全技术培训、考核,持证上岗。

（2）在防水工程施工过程中,应执行自检、互检、交接检制度,以保证每一构造层、每一工序符合要求,从而确保整个防水工程的可靠性。

（3）施工操作时,应戴手套、防毒口罩和防护镜,穿工作服等。

（4）使用喷灯作业时,应符合下列要求：

①在有带电体的场所使用喷灯时,喷灯火焰与带电部分的距离应符合下列要求：10kV 及以下电压不得小于 1.5m,10kV 以上电压不得小于 3m。

②喷灯内油面不得高于容器高度的 3/4,加油孔的螺栓应拧紧,喷灯不得有漏油现象。

③严禁在有易燃易爆物质的场所使用喷灯。

④喷灯加油、放油及拆卸喷嘴和其他零件作业,必须熄灭火焰并待冷却后进行,喷灯用完后应卸压。

（5）临边作业必须采取防坠落的措施。

（6）作业现场严禁烟火。使用可燃性材料时,必须按消防部门的规定配备消防器材。

（7）运输和储存燃气罐瓶时,应直立放置,并加以固定。搬运时不得碰撞,使用时必须先点火后开气,使用后关闭全部阀门。

（8）屋面铺贴卷材时,四周应设置 1.2m 高的围栏。若遇斜屋面时,周边防护的高度视坡度增高,靠近屋面四周沿边应侧身操作。

（9）6 级以上大风时,应停止操作。

（10）患有皮肤病、眼病、刺激过敏者,不得参加防水作业。施工过程中发生恶心、头晕、过敏等,应停止作业。

（11）配制材料的现场应通风良好,有安全防火措施。

（12）搅拌材料时,加料口及出料口要关严,传动部件要加防护罩。

五、屋面保温、防水工程冬期施工

（1）保温工程、屋面防水工程冬期施工应选择晴朗天气进行,不得在雨天、雪天和 5 级及其以上风或基层潮湿、结冰、霜冻条件下进行。

（2）保温及屋面工程应依据材料性能确定施工气温界限,最低施工环境气温宜符合表 5-3 的规定。

（3）保温与防水材料进场后,应存放于通风、干燥的暖棚内,并严禁接近火源和热源。棚内温度不宜低于 0℃,且不得低于表 5-3 规定的温度。

（4）屋面防水施工时,应先做好排水比较集中的部位,凡节点部位均应加铺一层附加层。施工时,应合理安排隔汽层、保温层、找平层、防水层的各项工序,并应连续操作。已完成部位应及时覆盖,防止受潮与受冻。穿过屋面防水层的管道、设备或预埋件,应在防水施工前安装完毕。

(5) 屋面保温材料应符合设计要求,且不得含有冰雪,冻块和杂质。

(6) 干铺的保温层可在负温下施工。采用沥青胶结构的保温层应在气温不低于-10℃时施工。采用水泥、石灰或其他胶结料胶结的保温层应在气温不低于5℃时施工。当气温低于上述要求时,应采取防冻措施。

(7) 采用水泥砂浆粘贴板状保温材料以及处理板间缝隙时,可采用掺有防冻剂的保温砂浆。防冻剂掺量应通过试验确定。

(8) 干铺的板状保温材料在负温施工时,板材应在基层表面铺平垫稳,分层铺设。板块上下层缝应相互错开,缝间隙应采用同类材料的碎屑填嵌密实。

(9) 倒置式屋面所选用的材料应符合设计及《倒置式屋面工程技术规程》(JGJ 230—2010) 相关规定。施工前应检查防水层平整度及有无结冰、霜冻或积水现象,满足要求后方可施工。

保温及屋面工程施工环境气温要求　　　　　　表 5-3

防水与保温材料	施工环境气温
黏结保温板	有机胶黏剂不低于-10℃;无机胶黏剂不低于5℃
现喷硬泡聚氨酯	15℃~30℃
高聚物改性沥青防水卷材	热熔法不低于-10℃
合成高分子防水卷材	冷粘法不低于5℃;焊接法不低于-10℃
高聚物改性沥青防水涂料	溶剂型不低于5℃;热熔型不低于-10℃
合成高分子防水涂料	溶剂型不低于-5℃
防水混凝土,防水砂浆	符合《倒置式屋面工程技术规程》(JGJ 230—2010)混凝土、砂浆相关规定
改性石油沥青密封材料	不低于0℃
合成高分子密封材料	溶剂型不低于0℃

案　例

屋面防水工程施工方案

一、施工流程

基层清理 → 涂刷底层涂料 → 细部处理(附加层) → 铺贴 SBS 防水卷材 → 接缝收头处理 → 闭水试验 → 防水保护层。

二、施工工艺

(一)清理基层

基层表面凸部位应铲平,凹陷部位应用聚合物砂浆填平,并不得有空鼓、开裂及起砂、脱皮、翘起等缺陷。如沾有砂、灰尘、油污应清除干净,阴阳角处应做半径不小于 50mm 的圆弧。

(二)基层涂刷 SBS 黏结底胶

基层涂刷 SBS 黏结底胶是为了加强防水层与基层之间的黏结。SBS 黏结底胶涂刷工作在水泥砂浆养护完毕,表面基本干燥后进行。检查水泥砂浆基层是否干燥时,可用刀将其划成白口,或用塑料膜覆盖(密封)表面 3h,观察塑料布上有无水珠。

SBS 黏结底胶要用板刷或棕刷来涂刷,蘸油要少,涂刷要均匀,越薄越好,但不得留有空白。

(三)特殊结构部位的加强层防水施工

卷材防水在屋面与山墙、女儿墙、通气道、出屋面的管道等交接处,以及檐沟、雨水口等处都是薄弱环节,如果处理不当极易漏水。工程中,因为这些部位处理不当而发生漏水的比例相当大,因此屋面构造处理前应进行周密考虑。工程中,应在特殊部位(如天沟在做防水施工前先做一道附加层)做加强防水处理。

(1)雨水口构造。如图 5-31 所示,雨水口是屋面雨水排至雨水管的交汇点,在雨水口处要增铺一层沥青卷材,各层卷材和附加层均应粘贴在雨水口杯口上,用漏斗罩的底盘将其压紧。底盘与卷材间应涂沥青胶,压紧的宽度应不少于 100mm。雨水口在檐沟内应采用铸铁定型配件。穿过女儿墙时,应采用侧向铸铁雨水口。

铺雨水口卷材前,必须找好坡度。在雨水口四周,一般坡度为 2%~3%。如果屋面有垫层或保温层,可以在雨水口周围直径 500mm 范围内减薄,形成漏斗形,避免积水造成渗漏,如图 5-31a)所示。

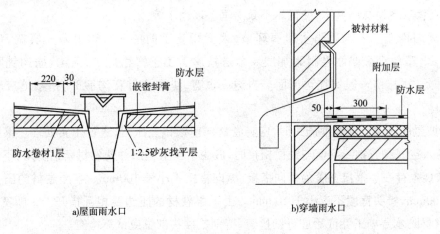

图 5-31 雨水口构造(尺寸单位:mm)

(2)穿过屋面防水层的管道、设备或预埋件应在防水层施工前安装好,并做好防水处理。卷材泛水高度不得低于 300mm。管道立面卷材的根部应做成喇叭形,且在管道周围增加一层卷材。水泥砂浆找平层在与管道等连接处应做成圆弧形,管道周围卷材防水层做好后,应用细石混凝土或水泥砂浆封压,高度要大于卷材泛水高度。混凝土(水泥砂浆上)口应留有凹槽,凹槽用沥青麻丝封严。

(3)泛水构造。泛水构造是指屋面与垂直屋面交接处的防水处理,如屋面与山墙、女儿墙、高低屋面之间的立墙、通风道下端等均应做泛水构造处理。

做泛水构造时,应将屋面水泥砂浆找平层继续抹到垂直墙面上,转角处抹成圆弧形,使屋面卷材延续至墙上时能够贴实;严禁把卷材折成直角或架空,以免卷材破裂;卷材的泛水高度不应小于500mm,以免屋面积水超过卷材浸湿墙身,造成渗漏。

(4)卷材收头处理:

①卷材防水收头直接压入女儿墙压顶下时,用20mm宽的薄钢板与水泥钉钉牢,然后用密封材料封严。

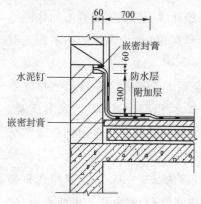

图5-32 女儿墙防水构造(尺寸单位:mm)

②在女儿墙应留凹槽,以利于卷材防水层"收头"做构造处理。如图5-32所示,当防水卷材收头做在女儿墙侧墙上时,在墙上应预留凹槽,槽高60mm,槽深40mm,沿女儿墙周围设置。同时将防水层压入凹槽内并用20mm宽压条与水泥钉钉牢,用密封材料封严,也可将卷材收头直接用20mm宽压条与水泥钉钉在女儿墙侧墙上,端头用密封材料封严,然后用0.55mm厚镀锌钢板封盖,并在上口填塞密封材料。收头处还应以油膏嵌填,最后用水泥砂浆填实,填缝砂浆与凹槽上部女儿墙抹灰一道完成。上屋面楼梯内墙体挑出1/4砖做成滴水,卷材在此收头。在挑砖上部用水泥砂浆抹出斜坡,下边抹出滴水,使雨水不致沿垂直墙面下流。

(5)天沟构造。天沟属防水薄弱环节,大面积施工前应在天沟上做一层宽500mm、厚3mm的SBS改性沥青防水卷材附加层。做法按施工工艺严格施工,天沟、檐沟铺贴卷材应从沟底开始,搭接缝一般留在沟侧面。当沟底过宽,纵向搭接在沟底时,搭接缝应增加密封材料封口。

(6)坡屋面施工。坡屋面施工时,应将卷材向前滚铺及压辊,进行压实处理。滚压时应注意不要卷入空气和异物。平面与立面相接时,应由下至上铺贴并使卷材紧粘阴角,不允许有明显的空鼓现象存在。搭接宽度为横向搭接、纵向搭接不小于100mm。各层卷材的压边宽度不应小于100mm,接头宽度不应小于100mm。上下层卷材的压边要相互措开1/3幅宽,即30~50cm。卷材防水层施工完成后应仔细检查,特别是接头部位应认真检查。

(7)预防卷材防水层开裂。一种方法是采用延伸率较大的特种卷材;另一种方法是在卷材的铺法上采用构造措施,以适应屋面板的位移所引起的开裂。

三、SBS改性沥青防水卷材屋面的铺贴

(1)热溶法铺贴SBS改性沥青卷材。

(2)火焰加热器的喷嘴距卷材面应适当。幅宽内加热应均匀一致,加热至卷材表面光亮黑色为宜。若熔化不够,影响黏结强度;若加热过高,改性沥青老化变焦,不但失去黏结性,且

易烧穿卷材。

(3) 卷材表面热熔后立即滚铺,铺贴应平整顺直,搭接准确,不得扭曲。滚铺时应排除卷材下面空气,使之平展,不得皱折,且应辊压黏结牢固。

(4) 搭接缝部位宜以溢出改性沥青热熔胶为宜,并应随即刮封接口,使接缝粘贴严密牢固。

(5) 采用条粘时,每幅卷材的每边粘贴宽度不应小于100mm。

(6) 坚持工序检查和验收。

坚持层层工序检查制度。第一道检查找坡层、找平层的排水坡度、平整度,找平层与突出屋面结构的连接处和转角处是否做成圆弧或钝角,以及排气道的留置和排气管的安装情况,各项符合要求后方可铺贴卷材。铺贴卷材时注意搭压宽度、压入女儿墙凹槽内的长度、管子根部和出水口的处理有无起鼓翘边,经检查符合要求后才能进入下道工序施工。

屋面卷材防水层的铺贴方向平行于屋脊,从天沟开始平行地向屋脊铺贴。

进行屋面卷材铺贴时,首先在找平层检查合格的基础上铺贴第一道卷材防水层。屋面与女儿墙交接处一般采用叉接法与坡面卷材层相连接。

各层卷材的压边宽度不应小于100mm,接头宽度不应小于100mm。上下层卷材的压边要相互错开1/3幅宽,即30~50cm。上下层及相邻卷材的接头要相互错开30~50cm。卷材防水层施工完成后应仔细检查,特别是接头部位应认真检查。符合要求后,按规定进行24h蓄水试验,并做好试验记录。

立面或大坡面铺贴SBS改性沥青防水卷材时,为防止卷材下滑和便于收头黏结,改性沥青胶黏剂应满涂,并宜减少卷材短边搭接。

檐口、立面卷材收头应裁齐压入预留凹槽内,用压条或垫片钉压固定,最大钉距不应大于900mm,并用密封材料将凹槽嵌填封严。

四、确保卷材防水屋面工程质量的主要措施

(1) 根据工程的具体情况,选择符合要求的防水材料,严把质量关。

(2) 严格按照施工操作规程进行每一个防水分项工程的施工。对于沥青胶的熬制,要严格控制温度和配合比。卷材的铺贴方法要正确,接头和压边的尺寸要满足要求,并粘贴牢固。对于防水的薄弱处,要增铺卷材附加层,砂浆保护层要铺均匀,厚度一致,同时要特别注意立面墙上砂浆的质量。

(3) 屋面施工完成后,必须采用蓄水法进行渗漏检查。

(4) 卷材屋面竣工后,禁止在其上凿眼、打洞或做安装、焊接等操作,以防破坏卷材造成漏水。

五、成品保护

做保护层时,应做到的成品保护措施如下:

(1)严禁斗车入内。

(2)请勿将成品碰撞、拖挂,以免破坏防水层。

(3)如有防水破坏及时用密封膏进行修补加强处理。

任 务 要 求

练一练:

1.防水卷材是建筑防水材料的主要品种之一,按材料的组成不同,分为(　　)(　　)两类。

2.卷材铺贴完毕,按要求进行检验。平屋顶可采用(　　)试验,坡屋面可采用(　　)试验,持续淋水时间不少于2h,屋面无渗漏和积水,排水系统通畅为合格。

想一想:

1.卷材防水屋面找平层为何要留分格缝? 分格缝留设有哪些规定?

2.试述涂膜防水屋面的组成及其施工过程。

任 务 拓 展

(1)请同学们结合教材内容,到图书馆或互联网上查找《屋面工程质量验收规范》(GB 50207—2012),进行学习。

(2)学习屋面工程各子分部和分项工程划分、屋面工程的隐蔽、屋面工程的验收规定等内容。

任务二　学会建筑工程地下防水施工

知识准备

建筑工程地下防水施工是指对地下室(结构主体和细部构造等部位)、大型设备基础、沉箱等防水结构,以及人防、地下商场、仓库等进行防水设计、防水施工和维护管理与技术的工程实体。

地下防水的主要形式有防水混凝土结构防水、刚性防水、卷材防水和涂膜防水。

一、地下防水等级和设防要求

(一)地下工程防水等级

地下工程的防水设防要求应根据使用功能、结构形式、环境条件、施工方法及材料性能等因素设定。《地下工程质量验收规范》(GB 50208—2011)根据工程的重要性和使用中对防水的要求,将地下防水分为4个等级(见表5-4)。其中工业与民用建筑的地下室,按其用途性质应达到一级或二级防水的等级标准。

地下工程防水等级标准与适用范围　　　　　　　　　表 5-4

防水等级	防水标准	适用范围
一级	不允许渗水,结构表面无湿渍	人员长期停留的场所;因有少量湿渍会使物品变质、失效的储存场所及严重影响设备正常运转和危及工程安全运营的部位;极重要的战备工程
二级	不允许漏水,结构表面可有少量湿渍; 房屋建筑地下工程:总湿渍面积不大于总防水面积(包括顶板、墙面、地面)的1‰;任意100m² 防水面积上的湿渍不超过2处,单个湿渍的最大面积不大于0.1m²; 其他地下工程:湿渍总面积不应大于总防水面积的2‰;任意100m² 防水面积上的湿渍不超过3处,单个湿渍的最大面积不大于0.2m²;其中,隧道工程平均渗水量不大于0.05L/(m²·d),任意100m² 防水面积上的渗水量不大于0.15L/(m²·d)	人员经常活动的场所;在有少量湿渍的情况下不会使物品变质、失效的储存场所及基本不影响设备正常运转和工程安全运营的部位;重要的战备工程
三级	有少量漏水点,不得有线流和漏泥砂; 任意100m² 防水面积上的漏水或湿渍点数不超过7处,单个漏水点的最大漏水量不大于2.5L/d,单个湿渍的最大面积不大于0.3m²	人员临时活动的场所;一般战备工程
四级	有漏水点,不得有线流和漏泥砂; 整个工程平均漏水量不大于2L/(m²·d),任意100m² 防水面积上的平均漏量不大于4L/(m²·d)	对渗漏水无严格要求的工程

(二)地下工程防水设防措施

地下工程的防水可分为两部分内容。一是结构主体防水,如地下室外墙、底板等;二是细部构造特别是施工缝、变形缝、诱导缝、后浇带的防水。地下工程的防水设防应按防水等级的不同采取不同的防水措施。表 5-5 为明挖法地下工程防水设防。

明挖法地下工程防水设防　　　　　　　　　表 5-5

工程部位	主体结构						施工缝							后浇带				变形缝、诱导缝				
防水措施	防水混凝土	防水卷材	防水涂料	塑料防水板	膨润土防水材料	防水砂浆	金属板	遇水膨胀止水条或止水带	外贴式止水带	中埋式止水带	外抹防水砂浆	外涂防水涂料	水泥基渗透结晶型防水涂料	预埋注浆管	补偿收缩混凝土	外贴式止水带	预埋注浆管	遇水膨胀止水条	中埋式止水带	外贴式止水带	可卸式止水带	防水密封材料	外贴防水卷材	外涂防水涂料
防水等级 一级	应选	应选1~2种						应选2种							应选	应选2种			应选	应选2种				
二级	应选	应选1种						应选1~2种							应选	应选1~2种			应选	应选1~2种				
三级		宜选1种						宜选1~2种								宜选1~2种				宜选1~2种				
四级	宜选	—						宜选1种								宜选1种				宜选1种				

注:明挖法是指先敞口开挖基坑,再在基坑中修建地下工程,最后用土石等回填的施工方法。

由表5-5可以看出,对于防水等级为一级、二级的地下工程,其结构主体的防水应采取防水混凝土和其他防水层(1~2种)结合使用的防水措施,以满足这些工程使用年限的需要。对于施工缝、后浇带、变形缝,应根据不同防水等级选用不同的防水措施(防水等级越高,拟采用的防水措施越多),以解决缝隙渗漏率高的问题。

二、防水混凝土结构

防水混凝土是在普通混凝土的基础上,通过调整配合比、掺外加剂、掺混合料配制而成的具有防水性能的混凝土。钢筋混凝土结构兼有承重、围护和抗渗功能,可满足一定的耐冻融及耐侵蚀要求,分为普通防水混凝土和外加剂防水混凝土及补偿收缩混凝土。钢筋混凝土作为一种防水混凝土,适用于抗渗等级不低于P6的地下混凝土结构,不适用于环境温度高于80℃的地下工程。

混凝土的抗渗性用抗渗等级P或渗透系数来表示,我国标准采用抗渗等级。抗渗等级是根据28d龄期的标准试件在标准试验方法下进行试验时所能承受的最大水压力来确定。《混凝土质量控制标准》(GB 50164—2011)根据混凝土试件在抗渗试验时所能承受的最大水压力,将混凝土的抗渗等级划分为P4、P6、P8、P10、P12等5个等级(见表5-6)。其含义表示混凝土抗渗试验时,1组(6个)试件中4个试件未出现渗水时最大水压力。

防水混凝土设计抗渗等级 表5-6

工程埋置深度(m)	设计抗渗等级	工程埋置深度(m)	设计抗渗等级
<10	P6	20~30	P10
10~20	P8	30~40	P12

(一)防水混凝土适用范围

防水混凝土适用于一般工业与民用建筑物的地下室、地下水泵房、水池、水塔、大型设备基础、沉箱、地下连续墙和屋面工程等防水建筑。

防水混凝土不适用于裂缝开展宽度大于0.2mm并有贯通裂缝的混凝土结构。防水混凝土结构不可能没有裂缝,但裂缝宽度控制太小,如在0.1mm以内,则结构配筋率增大,造价提高,钢筋稠密,混凝土浇筑困难,甚至会出现振捣不密实等缺陷,反而对混凝土抗渗性不利。

防水混凝土不适用于遭受剧烈振动或冲击的结构。振动和冲击使得结构内部产生拉应力,当拉应力大于混凝土自身抗拉强度时,就会出现结构裂缝,产生渗漏现象。

(二)防水混凝土材料要求

1. 水泥

(1)水泥品种宜采用普通硅酸盐水泥或硅酸盐水泥。采用其他品种水泥时,应经试验确定。在受侵蚀性介质作用时,应按介质的性质选用相应的水泥品种。

(2)水泥的强度等级不应低于32.5级,不得使用过期或受潮结块的水泥,并不得将不同品种或不同强度等级的水泥混合使用。

2. 砂、石骨料

(1)碎石或卵石的粒径宜为5~40mm,泵送时其最大粒径应为输送管径的1/4。吸水率不应大于1.5%,含泥量不得大于1.0%,泥块含量不得大于0.5%。不得使用碱活性骨料。

(2)砂宜采用中砂。含泥量不得大于3.0%,泥块含量不得大于1.0%。

3. 水

拌制混凝土所用的水应采用不含有害物质的洁净水。

4. 外加剂

防水混凝土可根据工程需要掺入减水剂、膨胀剂、防水剂、密实剂、引气剂、复合型外加剂等外加剂,其品种和掺量应经试验确定。所有外加剂应符合国家或行业标准一等品及以上的质量要求。常用的加气剂有松香酸钠、松香热聚物。加气剂防水混凝土含气量应控制在3%~6%,水灰比控制在0.5~0.6。常用的减水剂有木质素磺酸钙、多环芳香族磺酸钠、糖蜜。

5. 掺和料

防水混凝土可掺入一定数量的粉煤灰、磨细矿渣粉、硅粉等。粉煤灰的级别不应低于二级,掺量不宜大于水泥重量的20%。硅粉掺量不应大于3%。其他掺和料的掺量应经过试验确定。

(三)防水混凝土施工

防水混凝土工程质量的好坏不仅取决于混凝土原材料本身的质量,而且在施工过程中的配料、搅拌、运输、浇筑、振捣及养护等工序也将对混凝土的质量产生很大的影响。因此施工时,必须对上述各个环节严格控制。

1. 混凝土配料

对于现场有搅拌条件的工程,取得试验室配合比后,尚应根据现场材料的实际含水率大小等因素,对试验室配合比进行换算并调整,确定施工用配合比。对于现场无搅拌条件的工程,可考虑采用预拌混凝土(商品混凝土)。确定防水混凝土配合比时,应符合下列规定:

(1)试验室配制的防水混凝土,其抗渗水压值应比设计要求提高$0.2N/mm^2$,以利于保证施工质量和混凝土的防水性。

(2)水泥用量不得少于$320kg/m^3$。掺有活性掺和料时,水泥用量不得少于$260kg/m^3$。

(3)砂率宜为35%~45%,灰砂比宜为1:1.5~1:2.5,水灰比不得大于0.50。

(4)普通防水混凝土坍落度不宜大于50mm,泵送时入泵坍落度宜为120~140mm,入泵前坍落度每小时损失值不应大于20mm,坍落度总损失值不应大于40mm。

(5)对于拌制混凝土所用材料的品种、规格和用量,每工作班检查不应少于2次。每盘混凝土各组成材料计量结果的偏差应符合表5-7的规定。

混凝土组成材料计量结果的允许偏差(单位:%) 表5-7

混凝土组成材料	每盘计量	累计计量
水泥、掺合料	±2	±1
粗、细骨料	±3	±2
水、外加剂	±2	±1

注:累计计量仅适用于微机控制计量的搅拌站。

(6)使用减水剂时,应预先将其溶解成一定浓度的水溶液。

2. 混凝土的搅拌与运输

防水混凝土必须采用机械搅拌,搅拌时间不应小于2min,掺外加剂时还应根据外加剂的技术要求确定搅拌时间。

防水混凝土运输设备与方法应根据结构特点、混凝土程量大小、混凝土浇筑强度、水平及垂直运输距离、气候条件等各种因素综合考虑后确定。常用的混凝土运输设备有塔吊与料斗、混凝土泵等。运输距离较远或气温较高时,可掺入适量的缓凝剂或采用运输搅拌车运送。混凝土在运输过程中,要防止产生离析、漏浆和坍落度损失、含气量损失等现象。运输后如出现离析,必须进行二次搅拌。当坍落度损失后不能满足施工要求时,应加入原水灰比的水泥浆或二次掺加减水剂进行搅拌,严禁直接加水。

3. 混凝土的浇筑与振捣

地下室防水混凝土的浇捣尚应注意如下要点:

(1)防水混凝土应连续浇筑,尽量不留或少留施工缝,一次连续浇筑完成。当留有施工缝时,应遵守下列规定:墙体一般留有水平施工缝,水平施工缝不应留在剪力与弯矩最大处或底板与侧墙的交接处,而应留在高出底板表面不小于200mm的墙体上。墙体有预留孔洞时,施工缝距孔洞边缘不应小于300mm。施工缝可做成如图5-33所示形式。如必须留垂直施工缝时,应避开地下水和裂缝水较多的地段,并尽量与变形缝相结合。

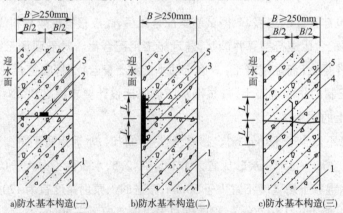

图5-33 施工缝防水的基本构造

1-先浇混凝土;2-遇水膨胀止水条;3-外贴防水层;4-中埋止水带;5-后浇混凝土

注:1. 图b)中外贴止水条$L \geq 150mm$,外涂防水涂料$L = 200mm$,外抹防水砂浆$L = 200mm$;

2. 图c)钢板止水带$L \geq 100mm$,橡胶止水带$L \geq 125mm$,钢边橡胶止水带$L \geq 120mm$。

(2)对于大体积的防水混凝土工程,可采取分区浇筑、使用发热量低的水泥或掺外加剂(如粉煤灰)等相应措施,以防止温度裂缝的产生。

(3)水平施工缝浇筑混凝土前,应将其表面浮浆和杂物清除,先铺净浆,再铺30~50mm厚的1:1水泥砂浆或涂刷混凝土界面处理剂,并及时浇筑混凝土。

(4)防水混凝土必须采用高频机械振捣密实,振捣时间宜为10~30s,以混凝土泛浆和不冒气泡为准,应避免漏振、欠振和超振。

(5)防水混凝土浇筑过程中,需在浇筑地点检测混凝土的坍落度,每工作班至少检查两次浇筑地点的坍落度。混凝土的坍落度试验应符合《普通混凝土拌合物性能试验方法标准》(GB/T 50080—2002)的有关规定,允许偏差应符合表5-8的规定。

混凝土坍落度允许偏差(单位:mm)　　　　表5-8

要求坍落度	允许偏差
≤40	±10
50~90	±15
≥100	±20

混凝土浇筑时,要留置强度试件和抗渗试件。强度试件留设同普通混凝土,连续浇筑混凝土每500m³应留置1组抗渗试件(1组为6个抗渗试件),且每项工程不得少于2组。防水混凝土抗渗试件,应在浇筑地点制作,在标准条件下养护。

4. 混凝土的养护

防水混凝土养护对其抗渗性能影响极大,因此,当混凝土进入终凝(约浇筑后4~12h)应立即进行浇水养护。大体积防水混凝土宜采用保温保湿养护。当防水混凝土进入冬期施工时,防水混凝土的养护应按冬期施工规范的要求执行,养护时间不得少于14d。

5. 结构细部防水的做法

防水混凝土结构内的预埋铁件、穿墙管道及结构的后浇缝、变形缝、施工缝等部位,均为防水薄弱环节,应采取有效的措施,仔细施工。

(1)固定模板用螺栓部位的防水做法

固定模板用的螺栓必须穿过混凝土结构时,可采用工具式螺栓或螺栓加堵头做法,螺栓或套管应满焊止水环或翼环。拆模后应采取加强防水措施,将留下的凹槽封堵密实(见图5-34),并宜在迎水面涂刷防水涂料。

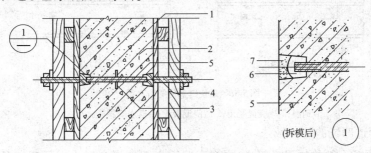

图5-34　固定模板用螺栓部位的防水做法

1-模板;2-结构混凝土;3-止水环;4-工具式螺栓;5-固定模板用螺栓;6-嵌缝材料;7-聚合物水泥砂浆

(2)预埋铁件部位的防水做法

混凝土结构内的预埋铁件的防水做法是用加焊止水钢板的方法或加套遇水膨胀橡胶止水环的方法(见图5-35),并注意将铁件及止水钢板或遇水膨胀橡胶止水环周围的混凝土浇捣密实。

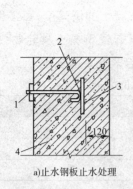 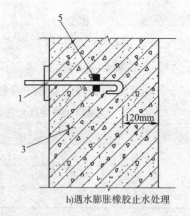

a) 止水钢板止水处理　　　　　　b) 遇水膨胀橡胶止水处理

图 5-35　预埋铁件部位的防水做法

1-预埋螺栓；2-焊缝；3-止水钢板；4-防水混凝土；5-遇水膨胀止水环

（3）后浇缝部位的防水做法

后浇缝主要用于大面积混凝土结构，是一种混凝土刚性接缝，能有效避免混凝土收缩裂缝的产生，适用于不允许设置柔性变形缝的工程及后期变形已趋于稳定的结构。

施工时，后浇缝留设的位置、形式（见图 5-36）及宽度应符合设计要求，缝内结构钢筋不能断开，后浇缝混凝土应在其两侧混凝土浇筑完毕，待主体结构达到标高或间隔 6 周（42d）后，再用补偿收缩混凝土进行浇筑，其强度等级应比两侧混凝土提高一个等级，混凝土浇筑后尚应湿润养护 4 周（28d）。

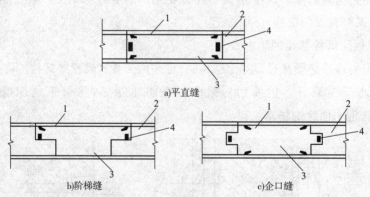

图 5-36　后浇缝部位的防水做法

1-钢筋；2-先浇混凝土；3-后浇混凝土；4-遇水膨胀橡胶止水条

（4）穿墙管道部位的防水做法

穿过防水混凝土结构的设备管道，需在穿墙管中部加焊金属止水环或加套遇水膨胀橡胶止水环，如图 5-37 所示。如为钢板止水，则满焊严密，止水环的数量应按设计规定。安装穿墙管时，应先将管道穿过预埋管，并找准位置临时固定，然后一端用封口钢板将套管焊牢，再将另一端管与穿墙管间的缝隙用防水密封材料嵌填严密，再封堵严密。

（四）减水剂防水混凝土施工

减水剂对水泥具有强烈的分散作用，它借助于极性吸附作用，大大降低了水泥颗粒间的吸引力,有效地阻碍和破坏了颗粒间的黏聚作用,并释放出凝聚体中的水,从而提高了混凝土的和易性。在满足施工和易性的条件下,减水剂可以大大降低拌和用水量,使硬化后孔结构的分布情况得以改变,孔径及总孔隙率显著减小,毛细孔更加细小、分散和均匀,混凝土的密实性、抗渗性从而得到提高。在大体积防水混凝土中,减水剂可使水泥热峰值推迟出现,也就减少或避免了在混凝土取得一定强度前因温度应力而开裂,从而提高了混凝土的防水效果。

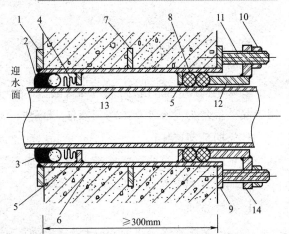

图 5-37　穿墙管道部位的防水做法(套管加焊止水环)
1-翼环;2-嵌缝材料;3-背衬材料;4-填缝材料;5-挡圈;6-套管;7-止水环;8-橡胶圈;9-翼盘;10-螺母;11-双头螺栓;12-短管;13-主管;14-法兰盘

(五)补偿收缩防水混凝土施工

补偿收缩防水混凝土是使用膨胀水泥或在水泥中掺入膨胀剂,使混凝土产生适度膨胀,以补偿混凝土的收缩,故称为补偿收缩混凝土。补偿收缩防水混凝土具有较高的抗渗功能。

(六)防水混凝土质量要求

(1)防水混凝土的原材料、配合比及坍落度必须符合设计要求。

(2)防水混凝土的抗压强度和抗渗性能必须符合设计要求。

(3)防水混凝土的变形缝、施工缝、后浇带、穿墙管道、埋设件等设置和构造均须符合设计要求,严禁有渗漏。

(4)防水混凝土结构表面应坚实、平整,不得有露筋、蜂窝等缺陷;埋设件位置应正确。

(5)防水混凝土结构表面的裂缝宽度不应大于 0.2mm,并不得贯通。

(6)防水混凝土结构厚度不应小于 250mm,其允许偏差为 +8mm ~ -5mm;迎水面钢筋保护层厚度不应小于 50mm,其允许偏差为 ±5mm。

三、水泥砂浆防水层

在混凝土结构的表面抹压防水砂浆的做法也称为刚性防水附加层。这种水泥砂浆防水主要依靠在水泥砂浆中掺入某种外加剂、掺和料或聚合物来提高它的密实性或改善它的抗裂性,从而达到防水抗渗的目的,具有高强度、抗刺穿、湿黏性等特点。水泥砂浆防水层适用于地下工程主体结构的迎水面或背水面,不适用于受持续振动或环境温度高于 80℃ 的地下工程。

(一)材料要求

1. 水泥

应采用强度等级不低于 32.5 级的普通硅酸盐水泥、硅酸盐水泥、特种水泥,严禁使用过期或受潮结块水泥。

2. 砂

宜采用中砂,粒径在 3mm 以下,含泥量不得大于 1%,硫化物和硫酸盐含量不得大于 1%。

3. 聚合物乳液

砂浆中掺用的聚合物有聚丙烯酸酯、乙烯—醋酸乙烯共聚物、有机硅等。配料时宜选用专用产品。聚合物乳液外观为均匀液体,无杂质、无沉淀、不分层。

4. 外加剂与掺和料

其技术性能应符合国家或行业标准的质量要求。

(二)水泥砂浆防水层施工

1. 基层处理

水泥砂浆防水层施工前,基层混凝土强度不应低于设计值的 80%。基层表面应平整、坚实、粗糙、清洁并充分湿润。一般混凝土应提前一天浇水,应无积水。基层表面如有孔洞、缝隙,应用与防水层相同的砂浆堵塞抹平,并在预埋件、穿墙管预留凹槽处嵌填好密封材料。

2. 防水砂浆的铺抹

对于掺聚合物的防水砂浆,宜先在处理好的基层表面由上而下均匀涂刮或喷涂聚合物水泥浆一遍(厚度在 1mm 左右),间隔 15~30min 左右后,即可将混合好的水泥砂浆抹在基层上。对于掺有机硅防水剂的水泥砂浆,宜先在基层上刮一层 2~3mm 厚水泥浆膏结合层,初凝后再分层铺抹防水砂浆。为抵抗裂缝,可在防水层内增设金属网片。

3. 施工要点

(1)水泥砂浆防水层不宜在雨天及 5 级以上大风中施工。冬季施工时,气温不应低于 5°,且基层表面温度应保持在 0℃以上。夏季不应在 35°以上或烈日照射下施工。

(2)防水砂浆分层铺抹时,同一层宜连续施工,尽量不留槎,如必须留槎时,采用阶梯形槎,但离阴阳角处不得小于 200mm,各层之间应紧密结合,无空鼓现象。

(3)铺抹聚合物水泥砂浆防水层时,由于其凝结较快,因此该类砂浆拌和后应在 1h 内用完,最好随用随配置。当出现有干结现象时,不得任意加水,以免破坏乳液的稳定性而影响防水功能。

(4)水泥砂浆防水层施工完 8~12h 后进行养护,24h 后应定期浇水,养护时间不少于 14d。聚合物水泥砂浆防水层未达到硬化状态时,不得浇水养护或直接受雨水冲刷,硬化后应采用干湿交替的方法进行养护。在潮湿环境中,可在自然状态下养护。

4. 水泥砂浆防水层施工质量要求

(1)防水砂浆的原材料及配合比必须符合设计规定。

(2)防水砂浆的黏结强度和抗渗性能必须符合设计规定。

(3)水泥砂浆防水层与基层之间应结合牢固,无空鼓现象。水泥砂浆防水层表面应密实、平整,不得有裂纹、起砂、麻面等缺陷。

(4)水泥砂浆防水层施工缝留槎位置应正确,接槎应按层次顺序操作,层层搭接紧密。

(5)水泥砂浆防水层的平均厚度应符合设计要求,最小厚度不得小于设计值的85%。

(6)水泥砂浆防水层表面平整度的允许偏差应为5mm。

四、卷材防水层

卷材防水层是指防水卷材和相应的胶结材料胶合而成的一种单层或多层防水层,属于柔性防水层,具有较好的韧性和延伸性。卷材防水层适用于受侵蚀性介质作用或受振动作用的地下工程,应铺设在主体结构的迎水面。

(一)材料要求

地下室卷材防水层,应选用高聚物改性沥青类或合成高分子类防水卷材。高聚物改性沥青卷材是以合成高分子聚合物改性沥青为涂盖层,纤维织物或纤维毡为胎体,粉状、粒状、片状或薄膜材料为覆面材料制成的可卷曲的片状防水材料。合成高分子卷材是以合成橡胶、合成树脂或两者的共混体为基料,加入适量的化学助剂和填充料等,经不同工序加工而成的可卷曲片状防水材料。这两种卷材应符合下列规定:

(1)卷材及其胶黏剂应具有良好的耐水性、耐久性、耐刺穿性、耐腐蚀性和耐菌性。

(2)高聚物改性沥青防水卷材的拉伸性能、低温柔度、不透水性和合成高分子防水卷材的拉伸强度、断裂伸长率、低温弯折性、不透水性等主要物理性能均应满足相应规范的要求。

(3)黏结各类卷材必须采用与卷材材性相容的胶黏剂。

(二)卷材防水层施工

将卷材防水层铺贴在地下结构的外侧(迎水面)称为外防水。地下室卷材防水层施工一般多采用整体全外包防水做法,按工艺不同可分为外防外贴法和外防内贴法两种。

1. 外防外贴法

如图5-38所示,外防外贴法是将地下建筑物墙体做好后,把立面卷材防水层直接粘贴在需要做防水的钢筋混凝土结构外表面上,然后砌筑保护墙。图5-39为地下室工程外贴法卷材构造。

(1)外防外贴法施工顺序

①底板垫层上水泥砂浆找平层干燥后,应在基面上涂刷基层处理剂,当基面较潮湿时,应涂刷湿固化型胶黏剂或潮湿界面隔离剂。

②在垫层上砌筑永久性保护墙,墙下铺一层干油毡。墙的高度(从底板以上)不小于500mm,保护墙上抹1:3水泥砂浆保护层,转角处抹成圆弧形。

③在永久保护墙上用石灰砂浆接砌临时保护墙,墙内表面应用石灰浆做找平层,并刷石灰浆。如用模板代替临时性保护墙时,应在其上涂刷隔离剂。

图5-38 地下室外防外贴法施工

④铺贴高聚物改性沥青卷材应优先采用热熔法施工。铺贴卷材应先铺平面,后铺立面,交

接处应交叉搭接。

⑤从底面折向立面的卷材与永久性保护墙的接触部位,应临时贴附在该墙上或模板上,卷材铺好后,其顶端应临时固定。

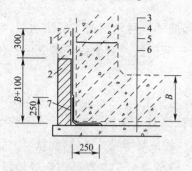
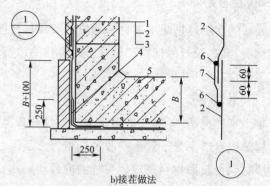

a)甩茬做法
1-临时保护墙;2-永久保护墙;3-细石混凝土保护层;4-卷材防水层;5-水泥砂浆找平层;6-混凝土垫层;7-卷材加强层

b)接茬做法
1-结构墙体;2-卷材防水层;3-卷材保护层;4-卷材加强层;5-结构底板;6-密封材料;7-盖缝条

图5-39 地下室工程外贴法卷材防水构造(尺寸单位:mm)

⑥主体结构完成后,铺贴立面卷材时,应先将接槎部位的各层卷材揭开,并将其表面清理干净,如卷材有局部损伤,应及时进行修补。卷材接槎搭接长度:高聚物改性沥青卷材为150mm,合成高分子卷材为100mm。当使用两层卷材时,卷材应错槎接缝,上层卷材应盖过下层卷材。

⑦地下室主体结构(外侧墙)防水层的外侧应做保护层(如聚乙烯泡沫塑料)或砌筑保护墙抹水泥砂浆,以防止回填土时打夯碰撞而使防水层受损。

(2)外防外贴法特点

优点是建筑物与保护墙有不均匀沉降时,对防水层影响较小;防水层做好后即进行漏水试验,修补方便。缺点是工期长,占地面积大;底板与墙身接头处卷材容易受损。

2. 外防内贴法

如图5-40所示,外防内贴法是在浇筑混凝土垫层后,在垫层上将永久保护墙全部砌好,然后将卷材防水层铺贴在保护墙上,再进行墙体施工。

外防内贴法的施工顺序如下:

①先做底板垫层,砌永久保护墙,然后在垫层和保护墙上抹1:3砂浆找平层,干燥后涂刷基层处理剂。

图5-40 地下室外防内贴法施工

②铺贴卷材防水层,按先贴立面、后贴水平面,先局部后大面积的顺行铺贴。

③墙上卷材应沿垂直方向铺贴,相邻卷材搭接宽度应不小于100mm,上下层卷材的接缝应相互错开1/3卷材宽度以上。墙面上铺贴的卷材如需接长时,应用阶梯形接缝,上层卷材盖

过下层卷材不少于150mm。

④卷材防水层铺完即应做好保护层,立面抹水泥砂浆,平面抹水泥砂浆或浇一层细石混凝土(厚30mm~50mm),然后施工防水结构,使其压紧防水层。

(三)卷材防水层施工质量要求

(1)卷材防水层所用卷材及其配套材料必须符合设计要求。

(2)卷材防水层在转角处、变形缝、施工缝、穿墙管等部位做法必须符合设计要求。

(3)卷材防水层的搭接缝应粘贴或焊接牢固,密封严密,不得有扭曲、皱折、翘边和起泡等缺陷。

(4)采用外防外贴法铺贴卷材防水层时,立面卷材接槎的搭接宽度:高聚物改性沥青类卷材应为150mm,合成高分子类卷材应为100mm,且上层卷材应盖过下层卷材。

(5)侧墙卷材防水层的保护层与防水层应结合紧密,保护层厚度应符合设计要求。

(6)卷材搭接宽度的允许偏差应为-10mm。

五、涂膜防水层

涂膜防水层是以无机防水涂料涂刷于结构主体的背水面或以有机防水涂料涂刷于结构主体的迎水面后,所形成的一层连续、无缝、整体的防水层。涂膜防水层具有重量轻、耐水性、耐蚀性优良、实用性强等优点,施工操作既安全又简便,且易于维修。其不足之处是涂布厚度不易做到均匀一致;多数材料抵抗结构变形能力差;作为单一防水层抵抗地下冻水压力的能力差。

(一)材料要求

涂膜防水层所选用的涂料主要有合成树脂、合成橡胶、高聚物改性沥青乳液。涂膜防水层应具有良好的耐水性、耐久性、耐腐蚀性及耐菌性,且无毒、难燃、污染低。

(二)涂料防水层施工

1. 施工顺序

基层处理→涂刷底层涂料→(增强涂布或增补涂布)→涂布第一道涂膜防水层→(增强涂布或增补涂布)→涂布第二道涂膜防水层→稀撒石碴→铺抹水泥砂浆→铺贴保护层。

2. 施工要点

(1)基层处理。涂刷涂料防水层前,应对基层表面的气孔、凹凸不平、蜂窝、缝隙、起砂等做好修补处理,并在基面上先涂一层与涂料相容的基层处理剂,其目的是隔离基层潮气,提高涂膜同基层的黏结力。基层阴阳角应做成圆弧形,阴角直径宜大于50mm,阳角直径宜大于10mm。

(2)涂膜应多遍完成。后遍涂层的施工需在前遍涂层干燥成膜后方可进行;涂布应按先垂直面、后水平面,先阴阳角及细部、后大面顺序进行。每遍涂刷时,应交替改变涂层的涂刷方向,同层涂膜的先后搭压宽度宜为30~50mm。

(3)涂层必须均匀,不得漏刷漏涂。施工缝处的接缝宽度不应小于100mm,涂布第二道涂膜与第一道涂膜的间隔时间一般不小于 24h，也不大于 72h。涂布达到 24h 以上后，方可以进行下道工序。

（4）增强涂布或增补涂布。在阴阳角、排水口、管道周围、预埋件及设备根部、施工缝或开裂处等需要增强防水层抗渗的部位，应增强涂布或增补涂布。

（5）稀撒石碴。在第二道涂膜固化之前，在其表面稀撒粒径约 2mm 的石碴，涂膜固化后，这些石碴就牢固的黏结在涂膜表面。

3. 涂膜总厚度

（1）水泥基防水涂料的厚度宜为 1.5～2.0mm。

（2）水泥基渗透结晶型涂料的厚度不应小于 0.8mm。

（3）有机防水涂料根据材料的性能要求，其厚度宜为 1.2～2.0mm。

（4）沥青基防水涂料，如石灰乳化沥青涂料、膨润土乳化沥青涂料以及聚氯乙烯胶泥等，其厚度约为 4～8mm。

4. 保护层厚度

（1）顶板的细石混凝土保护层与防水层之间宜设置隔离层。细石混凝土保护层厚度：机械回填时不宜小于 70mm，人工回填时不宜小于 50mm。

（2）底板的细石混凝土保护层厚度不应小于 50mm。

（3）侧墙宜采用软质保护材料或铺抹 20mm 厚 1:2.5 水泥砂浆。

（三）涂料防水层施工质量要求

涂料防水层分项工程检验批的抽检数量，应按铺贴面积每 $100m^2$ 抽查 1 处，每处 $10m^2$，且不得少于 3 处。

（1）涂料防水层所用的材料及配合比必须符合设计要求。

（2）涂料防水层的平均厚度应符合设计要求，最小厚度不得低于设计厚度的 90%。

（3）涂料防水层在转角处、变形缝、施工缝、穿墙管等部位做法必须符合设计要求。

（4）涂料防水层应与基层黏结牢固、涂刷均匀，不得流淌、鼓泡、露槎。

（5）涂层间夹铺胎体增强材料时，应使防水涂料浸透胎体覆盖完全，不得有胎体外露现象。

（6）侧墙涂料防水层的保护层与防水层应结合紧密，保护层厚度应符合设计要求。

案　　例

地下防水工程施工方案

一、工程概况

本工程为某校行政楼，地上八层，地下一层（人防工程），建筑面积 $15\ 000m^2$，建筑高度 35m。结构形式：地上为框架结构，地下室为现浇钢筋混凝土剪力墙结构。

地下室防水等级为二级，采用刚性防水与柔性防水相结合。筏板基础与地下室剪力墙均采用抗渗混凝土,抗渗等级为 P6,柔性防水采用 4mm 厚 SBS 防水卷材。

二、施工方法

(一)工艺流程

浇筑垫层→筏板、梁侧边砌保护墙→抹找平层→复杂部位加强处理→铺防水层→做保护层→底板和墙体结构→外墙找平层→粘贴防水层→做保护层。

(二)操作要点

(1)浇筑垫层

垫层浇筑从东往西分两次完成。

(2)筏板、梁侧边砌保护墙

基础梁侧砌 120mm 厚机红砖保护墙,筏板侧边(即周圈基础梁外侧)砌 240mm 厚砖墙,采用 M5 水泥砂浆。

(3)抹找平层(包括外墙部分)

在垫层、保护墙上抹 20mm 厚 1:2.5 水泥砂浆找平层,其表面要抹平压光,不允许有凹凸不平、松动和起砂掉灰等缺陷存在。阴阳角部位应做成半径约 10mm 的小圆角,以便涂料施工。

(4)复杂部位加强处理

复杂部位包括转角处、穿墙管道、预埋件、垂直施工缝、变形缝等处加铺一层 SBS 防水卷材,墙体穿墙螺栓采用止水螺栓。

施工缝采用埋入式橡胶止水带,其做法是在施工缝处预留 30mm 宽槽,浇筑混凝土前把止水带放入。止水带应埋入混凝土不小于 3mm,并顺墙连续设置。

筏板外侧:在永久性保护墙上加砌 200mm 高临时保护墙,将 SBS 防水卷材铺贴在拐角平面(宽 300mm),平面必须用涂料与垫层混凝土基面紧密粘牢,然后由下而上铺贴 SBS 防水卷材,并使卷材紧贴阴角,避免吊空。在永久性保护墙上不刷涂料,仅将网布空铺或点粘密贴永久砖墙身,在临时性保护墙上需用涂料粘铺网布并将它固定在临时保护墙上。

涂刷基层处理剂:基层处理剂应与铺贴的卷材材性相容。可将氯丁橡胶沥青胶黏剂加入工业汽油稀释,搅拌均匀,用长把滚刷均匀涂刷于基层表面上,常温经过 4h 后,开始铺贴卷材。

(5)附加层施工

采用热熔法施工 SBS 防水层时,在阴阳角先做附加层,附加的范围应符合设计和规范的规定。

(6)铺贴卷材

卷材的层数、厚度应符合设计要求。将改性沥青防水卷材剪成相应尺寸,用原卷心卷好备用。铺贴时随放卷随用火焰喷枪加热基层和卷材的交界处,喷枪距加热面 300mm 左右,经往返均匀加热,趁卷材的材面刚刚熔化时,将卷材向前滚铺、粘贴,搭接部位应满粘牢固。卷材铺贴方向、搭接宽度应符合规范规定。

(7)做保护层(包括墙体部分)

筏板下平面保护层采用 40mm 厚 C20 细石混凝土;墙外侧筏板上平面采用 120mm 保护墙;外墙部分采用 60mm 厚聚乙烯泡沫板,立墙泡沫板保护层在填土前随层摆放,应紧贴墙面,拼缝严密,以防回填土时损伤防水卷材。

(8)底板与墙体结构施工

绑扎时应按设计规定留足保护层,不得有负误差,留设保护层应以相同配合比的细石混凝土或水泥砂浆制成垫块,将钢筋垫起,严禁以钢筋垫钢筋或将钢筋用铁钉、铅丝直接固定在模板上。

本工程中混凝土为泵送,所以在运输中除了具有普通混凝土的注意事项外,还应注意以下几点:

①输送以前先用高压水洗管,再压送水泥砂浆,压送第一车混凝土时少增加水泥 100kg,为顺利泵送创造条件。

②控制坍落度。在混凝土浇筑地派专人每隔 2h 测试 1 次,以解决坍落度过大或过小的问题。泵送间歇时间可能超过 45min 或产生离析时,应立即以压力水将管道内残存的混凝土清除干净。

③混凝土的浇筑振捣。混凝土浇筑应分层,每层厚度不宜超过 30~40cm,相领两层浇筑时间间距不应超过 2h。振捣时一定要严格按规范进行。

④混凝土的养护。防水混凝土的养护对其抗渗性能影响很大,特别是早期湿润养护更为重要。混凝土浇筑 4~6h 后应进行覆盖,浇水湿润养护,时间不得少于 14d。

⑤混凝土试块制作。

防水混凝土的抗压强度和抗渗压力必须符合设计要求。试件在浇筑地点随机取样制作。抗渗试件每 $500m^3$ 留置 1 组(1 组为 6 个抗渗试件),基础留置 2 组,剪力墙每个施工段留置 1 组。标准养护抗压试件:垫层、保护层、每个施工段墙体各留置 1 组;基础每 $100m^3$ 取样一次,留置 9 组;每施工段梁、板留置 2 组,其中一组为拆模用;同条件养护抗压试件每一强度等级留置 10 组。

三、成品保护

卷材施工验收合格后应及时进行保护层施工,防止人为、机械、意外损坏。

四、施工现场安全措施

(1)加强施工管理人员及操作人员的安全知识教育,制定安全操作规程。

(2)安排专职安全员对现场严格监督,发现安全隐患及时处理。

(3)施工人员进场必须戴安全帽、安全带、防护眼镜和防护手套,严禁穿拖鞋或赤脚作业。施工区域应贴醒目标志。

(4)严禁酒后上岗及违规操作。

五、防水层验收

(1) 防水层不得有渗漏。
(2) 材料抽检合格,质量符合标准和设计要求。
(3) 防水层无剥落、皱折、损伤等现象。
(4) 细部构造做法必须符合设计要求。
(5) 施工完毕及时整理全部防水资料和验收记录表,做好归档工作。
(6) 防水验收后,及时做水泥砂浆保护层。

任 务 要 求

练一练:
1. 地下工程防水一般可采用(　　)、(　　)、(　　)等防水技术措施。
2. 地下工程卷材防水层的防水方法有两种,即(　　)法和(　　)法。(　　)是地下防水工程中最常见的防水方法。

想一想:
1. 地下防水工程有哪几种防水方案?
2. 简述地下卷材防水层的构造、铺贴方法及其特点。

任 务 拓 展

请同学们结合教材内容,到图书馆或互联网上查找资料,了解地下防水工程施工采用塑料防水板防水层、金属板防水层、膨润土防水材料防水层时的施工工艺,并熟悉地下防水工程施工细部构造的施工内容。

任务三　学会建筑工程厕浴间防水施工

 知识准备

厕所、浴室穿过楼地面或墙体的管道多,用水量大且使用频繁集中,空间虽小形状却较为复杂,阴阳角多,管道周围缝隙多,加之工种复杂、交叉施工、互相干扰,防水施工难度较大,防水处理不好就会出现渗漏水现象,影响建筑质量及使用。所以对厕浴间和防水有要求的建筑地面楼层结构必须采用现浇混凝土或整块预制混凝土板,混凝土强度等级不应小于C20。房间的楼板四周除门洞外应做混凝土翻边,高度不应小于200mm,宽度同墙厚,混凝土强度等级不应小于C20。施工时结构层标高和预留孔洞位置应准确,严禁乱凿洞,而且必须设置防水隔离层。防水隔离层施工应符合现行国家标准《建筑地面工程施工质量验收规范》(GB 50209—2010)、《屋面工程质量验收规范》(GB 50207—2012)的规定。

厕浴间防水工程既要解决地面防水,防止水渗漏到下层结构内,又要解决墙面防水,防止水渗漏到同一墙体的另外一侧。

一、厕浴间防水特点

（1）厕浴间不受大自然气候的影响，温度变化不大，对材料的延伸率要求不高。

（2）厕浴间面积小，阴阳角多，穿楼板管道多。

（3）厕浴间墙面防水层上贴瓷砖，与黏结剂亲和性能好。

建筑室内防水应遵循"以防为主、防排结合、迎水面防水"的原则。

二、厕浴间防水施工

（一）厕浴间防水施工流程

找平层施工 → 防水层施工 → 保护层施工 → 质量检查。

图 5-41 为厕浴间地面防水构造，图 5-42 为厕浴间防水施工。

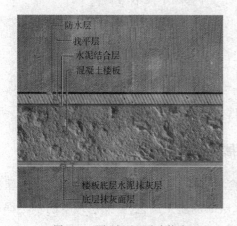

图 5-41　厕浴间地面防水构造

图 5-42　厕浴间防水施工

（二）厕浴间防水施工材料及施工要求

1. 防水材料

厕浴间地面防水宜选用防水涂料或刚性防水材料做迎水面防水，也可选用柔性较好且易与基层粘贴牢固的防水卷材。墙面防水层宜选用刚性防水材料或与粉刷层有较好结合性的其他防水材料。顶面防水层应选用刚性防水材料。

当厕浴间、厨房有较高防水要求时，应做两道防水层，但应考虑复合防水材料使用的相容性。

2. 厕浴间防水施工的要求

（1）找平层表面应坚固、洁净、干燥。铺设防水卷材或涂刷涂料前应涂刷基层处理剂。

（2）地面防水层应做在面层以下，四周卷起，高出地面不小于 100mm。

（3）地面向地漏处的排水坡度一般为 2%～3%，地漏周围 50mm 范围内的排水坡度为 3%～5%。地漏标高应根据门口距地漏的坡度确定，地漏上口标高应低于周围 20mm 以上，以利排水畅通。地面排水坡度和坡向应正确，不可出现倒坡和低洼。

(4)所有穿过防水层的预埋件、紧固件注意联结可靠(空心砌体必要时用 C10 混凝土进行局部填实),其周围均应采用高性能密封材料密封,洁具、配件等设备沿墙周边及地漏口周围、穿墙、地道管周围均应嵌填密封材料,地漏离墙面静距离不宜小于 80mm。

(5)混凝土空心砌块砌筑的隔墙,最下一层砌块的空心应用 C10 混凝土填实。卫生间防水层宜从地面向上一直做到楼板底,公共浴室还应在平顶粉刷中加做聚合物水泥基防水涂膜,厚度不小于 0.5mm。

3. 找平层施工

(1)厕浴间楼地面垫层已完成,穿过厕浴间地面及楼面的所有立管、套管已完成,并已固定牢固,经过验收后,管周围缝隙用细石混凝土填塞密实(楼板底需吊模板)。

(2)地面与墙交接处及转角处、管根部,均要抹成半径为 10mm 的均匀一致、平整光滑的小圆角(要用专用抹子)。凡是靠墙的管根处均要抹出 5% 坡度,避免在此处积水。

(3)找平层厚度小于 30mm 时,应用 1:(2.5~3)的水泥砂浆做找平层。当找平层厚度大于 30mm 时,采用细石混凝土做找平层,混凝土强度等级不低于 C20。

(4)厕浴间楼地面找平层标高应符合要求,表面应抹平压光、坚实、平整,无空鼓、裂缝、起砂和起皮等缺陷。

4. 防水层施工

(1)涂膜防水施工

防水涂料的种类主要有聚合物乳液类、高聚物改性沥青类、聚合物水泥防水涂料和聚氨酯类。用于厕浴间防水涂料主要品种有聚氨酯类(焦油聚氨酯类,沥青聚氨酯类)、高聚物改性沥青类以及聚合物水泥类。

图 5-43 为聚氨酯防水涂料,图 5-44 为高聚物改性沥青防水涂料。

图 5-43 聚氨酯防水涂料

图 5-44 高聚物改性沥青防水涂料

①基层必须基本干燥,一般在基层表面均匀泛白无明显水印时,才能进行涂膜防水层施工。

②与找平层相连接的管道、地漏、排水口等安装完毕,并已做好密封处理后,才能进行防水层施工。

③根据墙上的50cm标高线弹出墙面防水高度线,标出立管与标准地面的交界线,涂料涂刷时要与此线齐平。

④涂膜应根据防水涂料的品种分层分遍涂布,不得一次涂成。

第一道涂膜:将已搅拌好的专用防水涂料用塑料或橡胶刮板均匀涂刮在已涂好底胶的基层表面上,厚度为0.6mm,要均匀一致,操作时按先墙面后地面、从内向外顺序退着操作。

第二道涂膜:第一层涂膜固化到不粘手时,按第一遍材料施工方法,进行第二道涂膜防水施工。为使涂膜厚度均匀,刮涂方向必须与第一遍刮涂方向垂直,刮涂量比第一遍略少,厚度以0.5mm为宜。

第三道涂膜:第二层涂膜固化后,按前述两遍的施工方法,进行第三遍刮涂,刮涂量以$0.4\sim0.5kg/m^2$为宜(如设计厚度为1.5mm以上时,可进行第四道涂刷)。

⑤胎体增强材料铺设采用搭接接头,搭接长度不小于50mm,搭接宜顺排水方向;两层胎体铺设方向应一致,不得相互垂直铺设,且上下层搭接缝应错开。

⑥防水涂料和胎体增强材料等要有产品合格证,使用前要复验,合格后方能使用;涂膜厚度要符合设计要求,最小厚度不小于设计厚度的80%,且不小于1.5mm;防水层应符合排水要求,且无明显积水现象。

⑦要做蓄水试验,灌水高度应超过找平层最高点20mm以上,蓄水时间不少于24h,试验结果无渗漏现象时方可进行保护层施工。

图5-45为涂膜防水附加层,图5-46为涂膜防水施工。

图5-45 涂膜防水附加层

图5-46 涂膜防水施工

(2)卷材防水施工

①找平层表面坚固、洁净、干燥、验收合格,与地面相连接的管道、地漏和排水口等安装完毕,并做好密封处理。

②厕浴间地面铺贴卷材采用满粘法,接头采用搭接接头,搭接宜顺排水方向(搭接宽度同屋面防水层),上下层卷材铺贴方向应一致,不得互相垂直,上下层及相邻两幅卷材的搭接缝

应错开。

③卷材铺贴前应在基层上涂刷沥青冷底子油,涂刷要均匀,不得有空白、麻点和气泡。在四周墙面涂刷的冷底子油应高出地面100mm;在管根、地漏口、排水口等部位涂刷冷底子油时应仔细,不得漏刷;冷底子油干燥后方可铺贴卷材。

④卷材铺贴应黏结牢固、紧密、平整、顺直,不得有折皱、翘边和鼓泡现象;地面与墙面交接的阴角处应粘贴牢固,不得有空鼓;墙面卷材收头应粘贴紧密,封闭严密,与墙面防水层的搭接要封严。

(3) 防水砂浆施工

①根据排水坡度要求确定防水砂浆层铺设厚度,用墨斗在四周墙面标出铺设位置标准线。

②防水砂浆所用水泥、砂、防水剂等要符合设计要求,防水砂浆的防水性能和强度等级(或配合比)要符合设计要求。

③铺抹厚度为2mm的素水泥浆结合层,用力涂刷3～4次,以达到均匀压实填孔的目的。

④在结合层未干之前,及时铺抹第一层防水砂浆(找平层),铺抹厚度应保证第二层防水砂浆厚度为10mm。铺抹方法是用铁抹将砂浆铺在基层上,初步整平拍实,全部地面一次铺完,不留施工缝,然后用刮尺刮平,用塑料抹子压实抹平,搓出毛面。

⑤在第一层防水砂浆初凝前,均匀涂抹一道水泥防水剂素浆结合层,厚2mm,随后铺抹第二层防水砂浆,厚8mm,要求压实、抹平、搓毛。

⑥保湿养护下不能上人随意踩踏。厕浴间地面防水砂浆的铺设还可以先铺抹1:3水泥砂浆找平层,在其上做厚2mm的结合层,水泥砂浆层厚8mm。

⑦防水层厚度应符合设计要求,坡向坡度正确,不得有倒泛水和积水,严禁渗漏;防水层与底层应黏结牢固,不得有空鼓;表面平整,不得有裂纹、脱皮和起砂等缺陷;防水层表面平整度允许偏差为3mm。

(4) 厕浴间防水节点大样图(见图5-47～图5-51)。

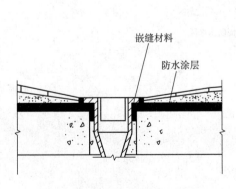

图5-47 地漏防水处理

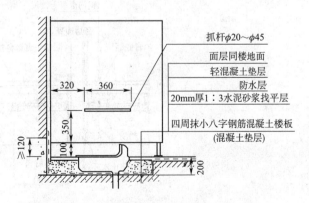

图5-48 蹲式便器防水处理(尺寸单位:mm)

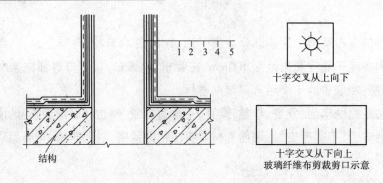

图 5-49 涂膜防水管道根部做法
1-穿墙管;2-第一道涂膜防水层;3-铺十字交叉玻璃纤维布并用铜线绑扎增强层;4-增强涂布层;5-第二道涂膜防水层

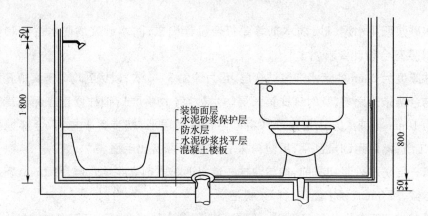

图 5-50 卫生间墙面防水高度(尺寸单位:mm)

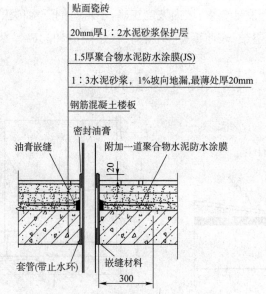

图 5-51 钢套管立管防水做法(尺寸单位:mm)

案 例

厨房、卫生间、阳台防水工程施工方案

一、工程概况及特点

（一）工程概况

（1）15号、18号楼为19层，20号楼为20层，均有1层地下室和1层阁楼。

（2）厨房、卫生间、阳台需要做防水。

1. 卫生间楼面做法

（1）钢筋混凝土楼板；

（2）40mm厚炉渣垫层；

（3）50mm厚C15细石混凝土，找坡不小于0.5%；

（4）15厚1:2水泥砂浆找平；

（5）刷基层处理剂一遍；

（6）1.5mm厚聚氨酯涂料防水层，面撒黄砂，四周沿墙上翻150mm；

（7）15mm厚1:2水泥砂浆保护层。

2. 厨房、非封闭阳台楼面构造做法

（1）钢筋混凝土楼板；

（2）30mm厚炉渣垫层；

（3）15mm厚1:3水泥砂浆找平层；

（4）1.5mm厚聚氨酯涂料防水层；

（5）15mm厚1:2水泥砂浆保护层。

（二）工程特点及应注意的问题

（1）楼地面设计做法较多，施工时应仔细区分楼地面的施工部位及详细构造做法。

（2）楼地面施工高度应注意的问题如下：

①住宅内厨房、阳台、卫生间完成后比楼层相对标高（±0.000m）低30mm（有坡度、地漏的房间指该房间门内口与其他房间的高差）。

②厨房、阳台、卫生间均设计1.5mm厚聚氨酯涂料防水层，20号楼水箱间设计1.2mm厚聚氨酯涂料防水层。防水层施工前基层应平整、干燥，施工后应注意成品保护。

③室内楼地面内设计较多预留、预埋管线，施工前先由安装班组配合，根据管线走向、位置在楼面板上放置方木，对管线位置进行预留，待管线安装完毕后根据设计要求对材料进行覆盖。

二、卫生间、厨房及非封闭阳台楼地面防水层施工

本工程卫生间、厨房及非封闭阳台楼面均设计一道1.5mm厚聚氨酯涂料防水层，20号楼

水箱间设计一道1.2mm厚聚氨酯涂料防水层。

(一)施工准备

1. 材料及主要机具

聚氨酯防水涂料是一种化学反应型涂料,以双组份形式使用,由甲组份和乙组份按规定比例配合后,发生化学反应,由液态变为固态,形成较厚的防水涂膜。

(1)主体材料

甲组份:异氰酸基含料,以3.5±0.2%为宜。

乙组份:羟基含量,以0.7±0.1%为宜。

甲、乙料易燃、有毒,均用铁桶包装,贮存时应密封,进场后存放在阴凉、干燥、无强光直晒的库房(或异间)。施工操作时,应按厂家说明的比例进行配合。操作场地要防火、通风,操作人员应戴手套、口罩、眼镜等,以防溶剂中毒。

(2)主要辅助材料

磷酸或苯磺酰氯:凝固过快时,作缓凝剂用。

二月桂酸二丁基锡:凝固过慢时,作促凝剂用。

二甲苯:清洗施工工具用。

乙酸乙酯:清洗手上凝胶用。

107胶:修补基层用。

(3)聚氨酯防水涂料

必须经试验合格方能使用,其技术性能应符合以下要求:

固体含量:≥93%;

抗拉强度:0.6MPa以上;

延伸率:≥300%;

柔度:在-20℃绕ϕ20mm圆棒无裂纹;

耐热性:在85℃加热5h,涂膜无流淌和集中气泡;

不透水水性:动水压0.2MPa,恒压1h不透水。

(4)主要机具

电动搅拌器、拌料桶、油漆桶、塑料刮板、铁皮小刮板、橡胶刮板、弹簧秤、油漆刷(刷底胶用)、滚动刷(刷底胶用)、小抹子、油工铲刀、笤帚、消防器材。

2. 作业条件

(1)穿过厕浴间楼板的所有立管、套管均已施工完毕并经验收合格,管周围缝隙用1:2:4豆石混凝土填塞密实(楼板底需支模板),并抹成小圆角。

(2)厕浴间地面垫层已做完,向地漏处找2%坡,厚度小于30mm时用混合灰,大于30mm厚用1:6水泥焦砟垫层。

(3)厕浴间地面找平层已做完,表面应抹平压光、坚实平整,不起砂,含水率低于90%(简易检测方法:在基层表面上铺一块 $1m^2$ 橡胶板,静置 3~4h,覆盖橡胶板部位无明显水印,即视为含水率达到要求)。

(4)找平层不得局部积水,与墙交接处及转角处均要抹成小圆角。凡是靠墙的管根处均抹出5%坡度,避免在此处存水。

(5)在基层做防水涂料之前,在以下部位用建筑密封膏封严,如穿过楼板的立管四周、套管与立管交接处、大便器与立管接口处、地漏上口四周等。

(6)厕浴间做防水之前必须设置足够的照明及通风设备。

(7)易燃、有毒的防水材料要有防火设施和工作服、软底鞋。操作时严禁烟火。

(8)操作温度保持+5℃以上。

(9)操作人员应经过专业培训、持上岗证,先做样板间,经检查验收合格后,方可全面施工。

(二)操作工艺

聚氨酯防水涂料施工工艺流程:清扫基层→涂刷底胶→细部附加层→第一层涂膜→第二层涂膜→第三层涂膜→防水层试水→防水层验收。

1. 清扫基层

用铲刀将粘在找平层上的灰皮除掉,用扫帚将尘土清扫干净,尤其是管根、地漏和排水口等部位要仔细清理。如有油污时,应用钢丝刷和砂纸刷掉。表面必须平整,凹陷处要用1:3水泥砂浆找平。

2. 涂刷底胶

将聚氨酯甲、乙两组份和二甲苯按1:1.5:2的比例(重量比)配合搅拌均匀,即可使用。用滚动刷或油漆刷蘸底胶均匀地涂刷在基层表面,不得过薄也不得过厚,涂刷量以 $0.2kg/m^2$ 左右为宜。涂刷后应干燥4h以上,手感不粘时才能进行下一工序的操作。

3. 细部附加层

将聚氨酯涂膜防水材料按甲组份:乙组份=1:1.5的比例混合搅拌均匀,用油漆刷蘸涂料在地漏、管道根、阴阳角和出水口等容易漏水的薄弱部位均匀涂刷,不得漏刷。

4. 第一层涂膜

将聚氨酯甲、乙两组份和二甲苯按1:1.5:0.2的比例(重量比)配合后,倒入拌料桶中,用电动搅拌器搅拌均匀(约5min),用橡胶刮板或油漆刷刮涂一层涂料,厚度要均匀一致,刮涂量以 $0.8~1.0kg/m^2$ 为宜,从内往外退着操作。

5. 第二层涂膜

第一层涂膜后,涂膜固化到不粘手时,按第一遍材料配比方法,进行第二遍涂膜操作。为使涂膜厚度均匀,刮涂方向必须与第一遍刮涂方向垂直,刮涂量与第一遍同。

6. 第三层涂膜

第二层涂膜固化后,仍按前两遍的材料配比搅拌好涂膜材料,进行第三遍刮涂,刮涂量以

0.4~0.5kg/m² 为宜。

在操作过程中根据当天操作量配料,不得搅拌过多。如涂料黏度过大不便涂刮时,可加入少量二甲苯进行稀释,加入量不得大于乙料的 10%。如甲、乙料混合后固化过快影响施工时,可加入少许磷酸或苯磺酚氯化缓凝剂,加入量不得大于甲料的 0.5%。如涂膜固化太慢,可加入少许二月桂酸二丁基锡作促凝剂,加入量不得大于甲料的 0.3%。

涂膜防水做完,经检查验收合格后,可进行蓄水试验,24h 无渗漏,可进行面层施工。

(三)质量标准

1. 主控项目

(1)所用涂膜防水材料的品种、牌号及配合比,应符合设计要求和国家现行有关标准的规定。防水涂料必须经实验室复验合格后,方可使用。

(2)涂膜防水层与预埋管件、表面坡度等细部做法,应符合设计要求和施工规范的规定,不得有渗漏现象(蓄水 24h 观察无渗漏)。

(3)找平层含水率低于 9%,并经检查合格后,方可进行防水层施工。

2. 一般项目

(1)涂膜层涂刷均匀,厚度满足设计要求,不露底。保护层和防水层黏结牢固,紧密结合,不得有损伤。

(2)底胶和涂料附加层的涂刷方法、搭接收头,应符合施工规范要求,黏结牢固、紧密,接缝封严、无空鼓。

(3)涂膜防水层上的撒布材料或保护层应铺撒均匀,黏结牢固。

(4)涂膜层不起泡、不流淌,平整无凹凸,颜色、亮度一致,与管件、洁具、地脚螺丝、地漏、排水口等接缝严密,收头圆滑。

(四)成品保护

(1)涂膜防水层操作过程中,不得污染已做好饰面的墙壁、卫生洁具、门窗等。

(2)涂膜防水层做完之后,要严格加以保护,在保护层未做之前,任何人员不得进入,也不得在卫生间内堆积杂物,以免损坏防水层。

(3)地漏或排水口内应防止杂物塞满,确保排水畅通。蓄水合格后,不要忘记要将地漏内清理干净。

(4)面层进行施工操作时,不得将凸出地面的管根、地漏、排水口、卫生洁具等与地面交接处的涂膜碰坏。

(五)应注意的质量问题

(1)涂膜防水层空鼓、有气泡:主要是基层清理不干净,底胶涂刷不匀或者是由于找平层潮湿,含水率高于 9%,涂刷之前未进行含水率试验,造成空鼓,严重者造成大面积起鼓包。因此,在涂刷防水层之前,必须将基层清理干净,并做含水率试验。

(2)地面面层做完后进行蓄水试验,有渗漏现象:涂膜防水层做完之后,必须进行第一次蓄水试验,如有渗漏现象,可根据渗漏具体部位进行修补,甚至于全部返工,直到蓄水2cm高,观察24h不渗漏为止。地面面层做完之后,再进行第二遍蓄水试验,观察24h无渗漏为最终合格,填写蓄水检查记录。

(3)地面存水排水不畅:主要原因是在做地面垫层时,没有按设计要求找坡,做找平层时也没有进行补救措施,造成倒坡或凹凸不平,进而存水。因此,在做涂膜防水层之前,先检查基层坡度是否符合要求,与设计不符时,应先进行处理后再做防水。

(4)地面二次蓄水做完之后,已验收合格,但在竣工使用后,蹲坑处仍出现渗漏现象:主要是蹲坑排水口与污水承插接口处未连接严密,或连接后未用建筑密封膏封密实,造成使用后渗漏。在卫生瓷活安装后,必须仔细检查各接口处是否符合要求,再进行下道工序。

(六)质量记录

聚氨酯防水涂料施工应具备以下质量记录:

(1)聚氨酯防水涂料必须有生产厂家合格证以及施工单位的技术性能复试试验记录。

(2)防水涂层隐检记录、蓄水试验检查记录。

(3)涂膜防水层检验批质量验收记录。

(4)密封材料嵌缝检验批质量验收记录。

(5)地漏及地面清扫口排水记录。

任 务 要 求

练一练:

1. 厕浴间的楼板四周除门洞外应做混凝土翻边,高度不应小于( )mm,宽同墙厚。
2. 厕浴间防水施工流程为( )。

想一想:

1. 厕浴间防水工程有哪几种防水方案?
2. 简述厕浴间涂膜防水施工方法。

任 务 拓 展

请同学们结合教材内容,到图书馆或互联网上查找资料,了解外墙防水施工的工艺流程,并熟悉外墙防水工程施工细部构造、施工操作要点及渗漏产生的原因和防治方法。

任务四　防水工程施工实训

一、实训目的

(1)了解房屋构造基本知识、结构体系及特点,丰富和扩大学生专业知识领域。

(2)了解防水工程节点构造图、常用防水材料性能、常用防水施工机具的种类和用途,掌握防水工程施工工艺、施工规范和质量验收标准。

（3）了解现场施工例会、技术交底、质量验收等工作内容，了解工地施工安全的要求和注意事项，增强安全意识。

（4）将理论知识和实践技能相结合，增强学生专业学习的兴趣和动力，培养学生严肃认真、实事求是、一丝不苟的实践科学态度。

（5）培养学生吃苦耐劳、爱护仪器用具、相互协作的职业道德。

二、实训内容

在学校实训基地和学校安排的在建工程施工现场进行实训，具体内容如下：

1. 防水材料进场验收实训

（1）防水材料进场验收项目。

（2）填写防水材料进场验收报告。

（3）填写防水材料送样复检单。

2. 防水工程施工准备工作

（1）防水工程设计图纸及施工规范、编制防水施工方案。

（2）防水材料、工具、设备、人员准备。

3. 防水材料施工方法、质量验收、施工安全

（1）防水卷材用于屋面、地下、卫生间防水的施工工艺流程、施工操作要点。

（2）防水涂料用于屋面、地下、卫生间防水的施工工艺流程、施工操作要点。

（3）防水砂浆用于地下、卫生间防水的施工工艺流程、施工操作要点。

防水工程施工模块归纳总结

任务一　学会建筑工程屋面防水施工

一、屋面防水等级和设防要求及屋面构造

二、卷材防水屋面

屋面隔汽层施工、屋面保温层施工、屋面找坡层和找平层施工、卷材防水层施工。

三、涂膜防水屋面

涂膜防水屋面施工工艺流程、涂膜防水屋面施工。

四、屋面防水施工安全技术要求

五、屋面保温、防水工程冬期施工

任务二　学会建筑工程地下防水施工

一、地下防水等级和设防要求

二、防水混凝土结构

防水混凝土适用范围、防水混凝土材料要求、防水混凝土施工、减水剂防水混凝土施工、补偿收缩防水混凝土施工。

三、水泥砂浆防水层

材料要求、水泥砂浆防水层施工。

四、卷材防水层

材料要求、卷材防水层施工、卷材防水层施工质量要求。

五、涂膜防水层

材料要求、涂料防水层施工、涂料防水层施工质量要求。

任务三　学会建筑工程厕浴间防水施工

一、厕浴间防水特点

二、厕浴间防水施工

厕浴间防水施工流程、厕浴间防水施工材料及施工要求。

任务四　防水工程施工实训

一、实训目的

二、实训内容

模块六　建筑装饰工程施工

 导读

建筑装饰工程是建筑工程的主要分部工程之一,按其使用材料和施工方法分为抹灰、门窗、吊顶、轻质隔墙、饰面板(砖)、幕墙、涂饰、裱糊与软包、细部和地面等子分部工程。

建筑装饰工程的作用是:保护结构构件免受大自然的侵蚀,维护建筑结构主体的完好,延长使用年限;改善建筑内外空间环境的清洁卫生条件,增加建筑物美观,增强艺术效果;具有隔热、隔声、防腐、防潮的功能,可协调建筑结构与设备之间的关系,以满足现代建筑不同使用功能的要求。

建筑装饰工程具有施工工期长(一般占总工期30%～40%,高级装修占总工期50%以上);手工作业量大;材料贵、造价高(一般占总造价30%,高者占总造价50%以上);施工要求高(满足功能要求,讲究色彩、造型、质感等外观效果)等特点。

建筑装饰工程的发展方向:

(1)追求结构和饰面合一:发展清水混凝土,利用模板的不同造型,对混凝土结构表面进行饰面处理,使外墙板表面形成有装饰性的凸肋、漏花、线角、图案或浮雕等质感,使结构的功能、耐久性与装饰相互统一。

(2)大力发展符合建筑节能和环保要求的新型装饰材料、制品以及配套的施工技术和施工机具。

(3)采用"干法"施工,发展裱糊墙纸;采用喷涂、滚涂和弹涂工艺施工涂料;采用胶黏剂粘贴面砖;石材采用干挂法施工。

(4)装饰工程要满足环保、防火和节能要求。

 学习目标

(1)通过学习,熟悉一般建筑装饰工程的施工过程,并能组织具体的施工实施活动。

(2)掌握一般抹灰和装饰抹灰的种类、作用以及施工工艺流程和操作要点。

(3)掌握各种饰面材料如瓷砖、花岗石、大理石等施工工艺和要求。

(4)掌握楼地面的种类、作用、施工工艺流程及施工操作要点。

(5)熟悉油漆和刷浆的质量要求和通病的防治,熟悉壁纸、壁布的施工工艺。

(6)掌握吊顶工程、隔墙工程的施工工艺流程和施工操作要点。

(7)熟悉节能保温工程和幕墙工程的施工工艺流程和施工操作要点。

任务一　学会抹灰工程施工

 知识准备

抹灰工程是最初始的装饰工程,就是将砂浆在建筑物(构筑物)的墙面、顶棚、楼地面等部位抹平的一种装修工程。

一、抹灰分类与组成

(一) 抹灰分类

1. 按使用材料和装饰效果不同分类

可分为一般抹灰和装饰抹灰两大类。

(1) 一般抹灰:所使用的材料有石灰砂浆、水泥砂浆、水泥混合砂浆、聚合物水泥砂浆和麻刀石灰、石膏灰、纸筋石灰等。

根据房屋使用要求、质量标准和操作工序不同,一般抹灰又可分为普通抹灰和高级抹灰两级。

普通抹灰为一底层、一面层,两遍成活。需作标筋,分层赶平、修整,表面压光。

高级抹灰为一底层、几遍中层、一面层,多遍成活。需作标筋,角棱找方,分层赶平、修整,表面压光。

(2) 装饰抹灰:其底层、中层同一般抹灰,但面层经特殊工艺施工,强化了装饰作用。按面层使用的材料分为水刷石、斩假石、干粘石、假面砖等。

2. 按施工部位不同分类

可分为室内抹灰与室外抹灰。

室内抹灰:包括墙面、顶棚、楼(地)面、墙裙、楼梯、踢脚板等抹灰。

室外抹灰:包括墙面、勒脚、阳台、雨篷、腰线、窗台、女儿墙和压顶等抹灰。

(二) 抹灰工程组成

抹灰工程一般应分层操作,多遍成活,通常由底层、中层和面层组成。

1. 各抹灰层的作用

底层为黏结层,其作用主要是与基层黏结并初步找平;中层为找平层,主要起找平作用;面层为装饰层,主要起装饰作用,即通过不同的操作工艺使抹灰表面最终达到预期的装饰效果。

2. 分层抹灰的目的

分层抹灰的目的是使抹灰层与基层黏结牢固,无脱落、开裂、空鼓,并保证墙面平整。

3. 抹灰层的厚度

为防止内外抹灰层收水快慢不一,应注意控制分层铺抹的厚度。各道抹灰的厚度一般由砂浆品种、抹灰部位、基层材料及气候条件等因素确定。每遍厚度控制:抹水泥砂浆每遍厚度为 5~7mm;抹混合砂浆或石灰砂浆每遍厚度为 7~9mm;抹纸筋灰、石膏灰每遍厚度不得大于 2mm;抹麻刀灰每遍厚度不得大于 3mm。

4. 抹灰层材料的选用

各层抹灰材料的选用,原则上应符合设计要求。当设计无规定时,宜根据抹灰的部位、基层材料的材质等分别选用。

室外抹灰或潮湿环境部位的抹灰应采用水泥砂浆打底;一般砌块或黏土砖基层的室内抹

灰,可采用石灰砂浆或混合砂浆打底;对于混凝土和加气混凝土基层,为提高黏结力效果,宜先用聚合物水泥砂浆或专用界面剂做一次密封处理,打底材料多用水泥砂浆、混合砂浆或聚合物水泥砂浆;对于木板钢丝网基层,抹灰打底材料宜优先考虑采用混合砂浆或玻璃丝灰、麻刀灰。中层灰所用的材料基本上与底灰相同。当要求抹灰层具有防水、防潮功能时,应采用防水砂浆。应指出的是,水泥砂浆不得抹在石灰砂浆层上,罩面石膏灰不得抹在水泥砂浆层上。

二、原材料质量要求

材料质量是保证抹灰工程质量的基础,因此,抹灰工程所用材料,如水泥、砂、石灰膏、石膏和有机聚合物等应符合设计要求及国家现行产品标准的规定,并应有出厂合格证;材料进场时应进行现场验收,不合格的材料不得用在抹灰工程上。

抹灰用砂浆一般由砂、胶结材料(水泥、石灰膏)和水三部分组成。

(一) 砂

抹灰砂浆中的砂多用自然河砂或山砂,按平均粒径分为粗砂(平均粒径不小于 0.5mm)、中砂(平均粒径为 0.35~0.5mm)和细砂(平均粒径为 0.25~0.35mm)。实际工程中,抹灰多是中砂、中粗砂混合掺用,并要求颗粒洁净坚硬,用前过筛,不得含有碱质、杂物或其他有机物。若砂中含泥量超标,应用水冲洗。

(二) 胶结材料

水泥的凝结时间和安定性应复验合格;抹灰用石灰膏的熟化时间不少于 15d,罩面用的磨细石灰粉的熟化时间不应少于 3d。

(三) 水

采用不含有害物质的洁净水。

三、一般抹灰工程施工

(一) 一般抹灰施工顺序

抹灰工程的施工顺序为:先外墙后内墙,先上后下,先顶棚、墙面后地面;外墙抹灰宜由屋檐开始自上而下,先抹阳角线、后抹窗台和墙面,再抹勒脚、散水和明沟等;顶棚和内墙抹灰,应待屋面防水结束后,且在不被后道工序损坏、沾污的情况下进行;室内楼梯抹灰最后进行,方法是自上而下;同楼层应按先房间后走廊的顺序进行。

(二) 一般抹灰施工工艺流程

基层处理→找规矩,做灰饼、标筋→阳角做护角→分层抹灰(底层灰、中层灰、罩面灰)→质量检查。

图 6-1 为一般抹灰的常用工具。

1. 基层处理

抹灰前基层表面的处理是确保抹灰质量和工程施工进度的关键。一般应做好如下几点工作。

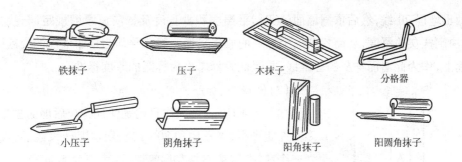

图 6-1　一般抹灰常用工具

（1）检查其他配合工种项目的完成情况，尽量避免返工。

①检查主体结构和水电等设备的预埋件设置位置、标高是否正确，是否齐全和牢固。

②检查门窗框位置标高是否正确，是否已做好塞缝工作。

③检查墙上的脚手眼、敷设管线时所剔的槽等线槽、洞口是否已堵砌和修补。

（2）检查基层表面的平整度，尤其是混凝土墙、混凝土梁和梁头位置的凸凹情况。凹陷部位宜用 1:3 水泥砂浆分层补平，外凸部位宜剔平或两者结合处理，以免抹灰层整体加厚或减薄。

（3）清除基层表面的污垢、碱膜、砂浆等杂物，并对基体浇水湿润，以确保抹灰砂浆与基层黏结牢固，防止空鼓、裂缝和脱落。

（4）对于平整光滑的混凝土基层面，宜先凿毛并刷聚合物水泥砂浆，常规做法是在浇水湿润后，用 1:1 水泥细砂浆（内掺 20% 107 胶）喷洒或用扫帚将砂浆甩在墙面上（见图 6-2），甩点要均匀，终凝后洒水养护，直到水泥砂浆疙瘩全部粘满光滑表面，并有较高强度，用手搬不动为宜。

（5）当抹灰总厚度大于或等于 35mm 时，应采取加强措施；不同材料基体交接处（如砖墙与板条墙、混凝土梁或墙的交接处）表面抹灰也应采取防止开裂的加强措施（见图 6-3）。如采用加强网时，与各基体的搭接宽度不应小于 100mm。

图 6-2　墙面基层甩浆

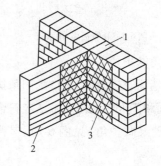

图 6-3　不同基层接缝处理
1-砖墙；2-板条墙；3-钢丝网

2. 找规矩、做灰饼、标筋

（1）找规矩

对内墙找规矩，即在室内抹灰前，为了控制房间的方正，先在地面弹出十字线，再由十字线向四周放出地面20线,然后依据墙面的实际平整度和垂直度及抹灰总厚度规定,与找方线进行比较,决定抹灰的厚度,从而找到一个抹灰的假想平面。将此平面与相邻墙面的交线弹在相邻的墙面上,作为此墙面抹灰的基准线,并以此为标志作为标筋的厚度标准。

(2)做灰饼、标筋

如图6-4所示,做灰饼目的是保证抹灰后墙面垂直平整。在距顶棚、墙角阴角20cm处,用水泥砂浆或混合砂浆各做一个灰饼,厚度与抹灰层等厚度,大小为5cm见方,一般在保证平整和垂直的前提下,可反复调整。灰饼既要避免局部太厚,出现开裂,又要保证最薄处的抹灰厚度符合设计要求。然后再用托线板靠、吊垂直(见图6-5),确定墙下部对应的两个灰饼的厚度。上下两个灰饼应在一条垂直线上。

标准灰饼做好后,再在灰饼的附近墙面上钉上钉子,拉上水平线,然后按间距1.2~1.5m做灰饼。

图6-4 做灰饼

如图6-6所示,做标筋也俗称冲筋,即在上下两个灰饼之间先抹出一长条梯形灰梗,其宽度为10cm左右,厚度与灰饼相平,作为墙面抹灰填平的标准。

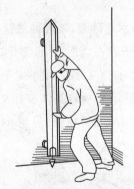

图6-5 托线板靠、吊垂直

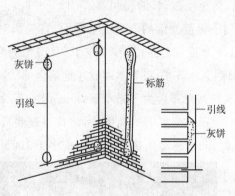

图6-6 灰饼标筋图

3.阳角做护角

室内墙面、柱面和门洞口的阳角抹灰要求线条清晰、挺直,并应防止碰撞损坏。因此,室内墙面、柱面和门洞口的阳角做法应符合设计要求。设计无要求时,应采用1:2水泥砂浆做护角(见图6-7),其高度不应低于2m,每侧宽度不应小于50mm。

4.分层抹灰(底层灰、中层灰、罩面灰)

抹灰工程应分层进行,如图6-8所示。

(1)待标筋达到一定强度后(刮尺操作不致损坏或标筋达到七至八成干)即可抹底层灰、中层灰。先将砂浆抹于墙面的两标筋或灰饼之间,底层灰要低于灰饼,待砂浆收水后,再抹中层灰,这道工序通常称为刮糙。一般从上而下进行,用力将砂浆推抹到墙

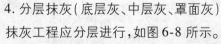

图6-7 阳角护角

面上。

（2）底层灰六至七成干（用手指按压有指印但不软）时即可抹中层灰。

（3）抹中层灰后,应有足够的间隔时间（一般待中层灰干燥至七、八成后）方可罩面灰,南方地区称之为"隔夜糙",避免抹灰层开裂或脱落。先在中层灰上洒水,然后将面层砂浆分遍均匀涂抹上去,抹满后,用铁抹子分遍压实压光。外墙抹灰分格缝的设置应符合设计要求,宽度和深度应均匀,表面应光滑,棱角应整齐。

（4）抹灰层厚度一般为 15～20mm,最厚不超过 25mm。室内墙裙和踢脚板一般要比罩面层凸出 3～5mm。

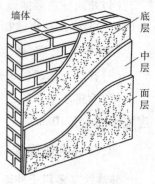

图 6-8　分层抹灰

（5）在加气混凝土基层上抹灰时,其底层灰和中层灰的砂浆强度宜与加气混凝土强度相近;底层灰宜用中砂。水泥砂浆不得抹在石灰砂浆层上。

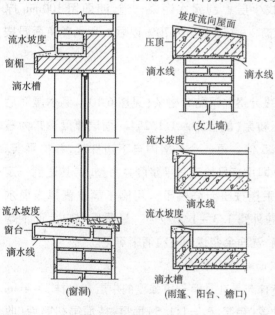

图 6-9　流水坡度、滴水线示意图

（6）对于外墙窗台、窗楣、雨篷、阳台、压顶和突出墙面腰线等,上面应做流水坡度（一般为 10%）,下面应做滴水线或滴水槽,其深度和宽度均不小于 10mm,如图 6-9 所示。

5. 一般抹灰质量检查

（1）相同材料、工艺和施工条件的室外抹灰工程,每 500～1 000m² 应划为一个检验批,不足 500m² 也应划为一个检验批。

（2）相同材料、工艺和施工条件的室内抹灰工程,每 50 个自然间（大面积房间和走廊按抹灰面积 30m² 为一间）应划分为一个检验批,不足 50 间也应划分为一个检验批。

（3）一般抹灰的允许偏差和检验方法见表 6-1。

一般抹灰的允许偏差和检验方法　　　　　　　　　　表 6-1

项次	项　目	允许偏差（mm）		检　验　方　法
		普通抹灰	高级抹灰	
1	立面垂直度	4	3	用 2m 垂直检测尺检查
2	表面平整度	4	3	用 2m 靠尺和塞尺检查
3	阴阳角方正	4	3	用直角检测尺检查
4	分格条（缝）直线度	4	3	用 5m 线,不足 5m 拉通线,用钢直尺检查
5	墙裙、勒脚上口直线度	4	3	拉 5m 线,不足 5m 拉通线,用钢直尺检查

注：1. 普通抹灰,本表第 3 项阴角方正可不检查。
　　2. 顶棚抹灰,本表第 2 项表面平整度可不检查,但应平顺。

(4) 普通抹灰表面应光滑、洁净、接槎平整,分格缝应清晰;高级抹灰表面应光滑、洁净、颜色均匀、无抹纹,分格缝和灰线应清晰美观。

(5) 护角、孔洞、槽、盒周围的抹灰表面应整齐、光滑;管道后面的抹灰表面应平整。

(6) 抹灰分格缝的设置应符合设计要求,宽度和深度应均匀,表面应光滑,棱角应整齐。

(7) 有排水要求的部位应做滴水线(槽)。滴水线(槽)应整齐顺直,内高外低,宽度和深度均不应小于10mm。

四、装饰抹灰施工

装饰抹灰多用于外墙,且种类较多。底层灰与中层灰的做法与一般抹灰基本相同(用1:3水泥砂浆刮糙使基体基本平整),仅面层的做法不同,下面简述几种常见的装饰抹灰的面层施工方法。

(一) 斩假石饰面层施工

斩假石也称剁斧石,其面层施工时,先在找平层上刮素水泥浆一道,随即用100mm厚1:1.25水泥石碴浆(内掺30%石屑)罩面,且养护2~3d(强度达70%以后),用剁斧将面层按设计要求斩毛,做出具有石材质感的装饰面层。

(二) 水刷石饰面层施工

待中层砂浆七、八成干燥时,按设计要求弹线分格并镶贴分格条(见图6-10),洒水湿润后再涂抹聚合物水泥砂浆一道,随即抹面层水泥石粒浆(配合比为1:1.25)。面层厚度通常为石粒粒径的2.5倍。每一个分格内自下边抹起,并拍平实。每抹完一格即用直尺检查其平整度并修整,待其达到一定强度后(用手指按压无陷痕印),用刷子蘸水刷掉表面水泥浆,使石粒外露1/3~1/2粒径。最后用水自上而下均匀喷洒一遍,洗净余浆达到石粒清晰可见。

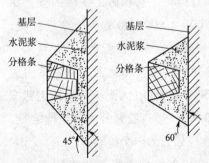

图6-10 镶贴分格条

(三) 假面砖饰面层施工

假面砖抹灰是在具有一定强度的中层灰上抹3~4mm厚的饰面砂浆(色浆:砂=1:1.5)面层,待面层初凝后(收水后),再根据假面砖的尺寸要求横向、竖向划出3~4mm深的沟,最后清扫墙面。

(四) 干粘石饰面层施工

首先在已找平并硬化的中层灰上洒水湿润,接着涂抹6mm厚的砂浆(水泥:砂:107胶=100:150:(10~15))黏结层,待黏结层干湿适宜时,即用手甩或喷枪将配有相同或不同颜色的小八厘石均匀地甩黏在黏结层上,最后用铁抹子轻轻拍压一遍,使表面搓平。

(五) 装饰抹灰施工注意事项

(1) 抹灰前,基层表面的尘土、污垢、油渍等应清除干净,并应洒水润湿;抹罩面灰或抹黏结层前,应先检查并控制好找平层的平整度和硬化程度,使装饰层大面平整、无空鼓。

（2）合理掌握水刷石喷水冲刷、斩假石面层斩剁、干粘石甩粘石粒、假面砖面层划纹的时间。

（3）大面积施工时宜先做小样，待符合要求后，方可配置大面积饰面材料，并避免出现前后使用的石粒种类、色浆配合比或石粒浆配合比不统一的现象。

（4）水刷石、干粘石面层所需石粒的粒径、颜色应符合设计要求，且使用前应过筛洗净，以免影响饰面效果。

（六）装饰抹灰工程质量检查

装饰抹灰的允许偏差和检验方法见表6-2。

装饰抹灰的允许偏差和检验方法　　　　　　表6-2

项次	项目	允许偏差（mm）				检验方法
		水刷石	斩假石	干粘石	假面砖	
1	立面垂直度	5	4	5	5	用2m靠尺和塞尺检查
2	表面平整度	3	3	5	4	用2m靠尺和塞尺检查
3	阳角方正	3	3	4	4	用直角检测尺检查
4	分格条（缝）直线度	3	3	3	3	用5m线，不足5m拉通线，用钢直尺检查
5	墙裙、勒脚上口直线度	3	3	—	—	用5m线，不足5m拉通线，用钢直尺检查

五、抹灰工程冬期施工

（一）热作法施工

热作法施工是利用房屋的永久或临时热源来保持操作环境的温度，使抹灰砂浆硬化和固结，常用于室内抹灰。热源有蒸汽、火炉、远红外线加热器等。

室内抹灰前，应先做好屋面防水层及室内封闭保温。室内抹灰的养护温度不应低于5℃。水泥砂浆层应在潮湿的条件下养护，并通风、换气。用冻结法砌筑的墙，室外抹灰应待其完全解冻后施工；室内抹灰应待抹灰的一面解冻深度不小于砖厚的一半时方可施工。不能用热水冲刷冻结墙面或用热水消除墙面的冰霜。砂浆应在搅拌棚中集中搅拌，运输中保温，随用随拌，防止冻结。

室内抹灰工程结束后，7d以内应保持室内温度不低于5℃。抹灰层可采取加温措施加速干燥。当采用热空气加温时，应注意通风、排湿。

（二）冷作法施工

冷作法施工是在砂浆中掺入防冻剂，在不采取保温措施的情况下进行抹灰，适用于装饰要求不高、小面积的外墙抹灰工程。

抹灰基层表面当有冰、霜、雪时，可采用与抹灰砂浆同浓度的防冻剂溶液冲刷，并应清除表面的尘垢。

砂浆内氯化钠或亚硝酸钠掺量分别见表6-3、表6-4。含氯盐的防冻剂不得用于高压电源部位和有油漆墙面的水泥砂浆基层内。

砂浆内氯化钠掺量（占用水质量的百分比）　　　　　　　　　　表6-3

项　目	室外气温(℃)	
	0～-5	-5～-10
挑檐、阳台、雨罩、墙面等用水泥砂浆	4%	4%～8%
水刷石、干粘石墙面用水泥砂浆	5%	5%～10%

砂浆内亚硝酸钠掺量（占水泥质量的百分比）　　　　　　　　　表6-4

室外气温(℃)	0～-3	-4～-9	-10～-15	-16～-20
掺量	1%	3%	5%	8%

案　例

斩假石施工方案

某工程外墙建筑装饰设计为斩假石，施工单位编制了如下的施工工艺。

一、施工准备

材料及主要机具：

（1）水泥：32.5级普通硅酸盐水泥（或白水泥）。应有出厂证明或复试单，当出厂超过3个月按试验结果使用。

（2）砂子：粗砂或中砂，使用前要过筛。砂的含泥量不超过5%，不得含有草根等杂物。对含泥量应定期试验。

（3）石碴：小八厘（粒径在4mm以下），应坚硬、耐光。

（4）107胶和矿物颜料：颜料应耐碱、耐光。

（5）主要机具：托灰板、木抹子、铁抹子、阴阳角抹子、单刃斧或多刃斧、细砂轮片（修理和磨斧用）、钢丝刷、大杠、中杠、小杠、小白线、粉线包、线坠、钢筋卡子、锤子、錾子等。

二、作业条件

（1）做斩假石前，首先要办好结构验收手续，少数工种（水电、通风、设备安装等）应做在前面，水电源齐备。

（2）做台阶、门窗套时，要把门窗框立好并固定牢固，把框的边缝塞实。特别是铝合金门窗框，宜粘贴保护膜，并按设计要求的材料嵌塞好边缝，预防污染和锈蚀。

（3）按照设计图纸的要求弹好水平标高线和柱面中心线，并提前支搭好脚手架（应塔双排架，其横竖杆及支杆等应离开墙面和门窗口角150～200m），且架子的步高要符合施工要求。

（4）墙面基层清理干净，堵好脚手眼，窗台、窗套等事先砌好。

（5）石碴用前要过筛，除去粉末、杂质，清洗干净备用。

三、操作工艺

（一）工艺流程

基层处理→吊垂直、套方、找规矩→贴灰饼→抹底层砂浆→抹面层石碴→浇水养护→弹线→剁石。

（二）操作要点

（1）基层处理。首先将凸出墙面的混凝土或砖剔平，对大钢模施工的混凝土墙面应凿毛，并用钢丝刷满刷一遍，再浇水湿润。如果基层混凝土表面很光滑，亦可采取如下的"毛化处理"办法，即先将表面尘土、污垢清扫干净，用10%的火碱水将板面的油污刷掉，随即用净水将碱液冲净、晾干。然后用1∶1水泥细砂浆内掺用水量20%的107胶，喷或用笤帚将砂浆甩到墙上，其甩点要均匀，终凝后浇水养护；直至水泥砂浆疙瘩全部粘到混凝土光面上，并有较高的强度（用手掰不动）为止。

（2）吊垂直、套方、找规矩、贴灰饼。根据设计图纸的要求，把设计需要做斩假石的墙面、柱面中心线和四周大角及门窗口角，用线坠吊垂直线，贴灰饼找直。横线则以楼层为水平基线或以+50cm 标高线交圈控制。每层打底时，以此灰饼作为基准点进行冲筋、套方、找规矩、贴灰饼，以便控制底层灰，做到横平竖直。同时要注意找好突出檐口、腰线、窗台、雨篷及台阶等饰面的流水坡度。

（3）抹底层砂浆。结构面提前浇水湿润，先刷一道掺水量10%的107胶的水泥素浆，紧跟着按事先冲好的筋分层分遍抹1∶3水泥砂浆，第一遍厚度约为5mm，抹后用笤帚扫毛；待第一遍六至七成干时，即可抹第二遍，厚度约为6～8mm，并与筋抹平，用抹子压实，刮杠找平、搓毛，墙面阴阳角要垂直方正。终凝后浇水养护。

台阶底层要根据踏步的宽和高垫好靠尺，抹水泥砂浆，抹平压实，每步的宽和高要符合图纸的要求。台阶面向外坡度为1%。

（4）抹面层石碴。根据设计图纸的要求在底子灰上弹好分格线，当设计无要求时，也要适当分格。

首先将墙、柱、台阶等底子灰浇水湿润，然后用素水泥膏把分格米厘条贴好。待分格条有一定强度后，便可抹面层石碴。先抹一层素水泥浆，随即抹面层，面层采用1∶1.25（体积比）水泥石碴浆，厚度为10mm左右。然后用铁抹子横竖反复压几遍直至赶平压实、边角无空隙。随即用软毛刷蘸水把表面水泥浆刷掉，使露出的石碴均匀一致。面层抹完后约隔24h浇水养护。

（5）剁石。抹好后，常温（15～30℃）约隔2～3d可开始试剁；在气温较低时（5～15℃）抹好后，约隔4～5d可开始试剁，如经试剁石子不脱落便可进行正式剁石。为了保证棱角完整无缺，使斩假石有真石感，可在墙角、柱子等边棱处横剁出边条或留出15～20mm 的边条不剁。

为保证剁纹垂直和平行，可在分格内划垂直控制线，或在台阶上划平行垂直线，控制剁纹，保持与边线平行。

剁石时用力要一致，且要垂直于大面，顺着一个方向剁，以保持剁纹均匀。一般剁石的深度以石碴剁掉 1/3 比较适宜,剁成的假石成品要美观大方。

四、质量标准

(一) 保证项目

斩假石所用材料的品种、质量、颜色、图案,必须符合设计要求和现行标准的规定;各抹灰层之间及抹灰层与基体之间必须黏结牢固,无脱层、空鼓和裂缝等缺陷。

(二) 基本项目

表面:剁纹均匀顺直,深浅、颜色一致,无漏剁处。阳角处横剁或留出不剁的边应宽窄一致,楞角无损坏。

分格缝:宽度和深度均匀一致,条(缝)平整光滑,拐角整齐,横平竖直、通顺。

滴水线(槽):流水坡向正确,滴水线顺直,滴水槽宽度、深度均不小于 10mm,且整齐一致。

(三) 斩假石允许偏差项目

斩假石的允许偏差见表 6-5。

斩假石的允许偏差　　　　　　表 6-5

项次	项　目	允许偏差(mm)	检　查　方　法
1	立面垂直	4	用 2m 托线板检查
2	表面平整	3	用 2m 靠尺及楔形塞尺检查
3	阴、阳角垂直	3	用 2m 托线板检查
4	阴、阳角方正	3	用 20cm 方尺及楔形塞尺检查
5	墙裙、勒脚上口平直	3	拉 5m 小线及尺量检查
6	分格条平直	3	拉 5m 小线及尺量检查

五、成品保护

(1) 要及时擦净残留在门窗框上的砂浆。特别是铝合金门窗框,宜粘贴保护膜,预防污染与锈蚀。

(2) 认真贯彻合理的施工顺序,少数工种(水电、通风、设备安装等)应做在前面,防止损坏面层和成品。

(3) 各抹灰层在凝结前应防止快干、曝晒、水冲、撞击和振动。

(4) 拆除架子时,注意不要碰坏墙面和棱角。

(5) 防止水泥浆及油质液体污染假石,保持假石清洁和颜色一致。

(6) 凡有楞角部位应用木板保护。

任 务 要 求

练一练:

1. 抹灰按使用材料和装饰效果不同分为(　)、(　)。

2. 抹灰工程的施工顺序为(　),(　),即先顶棚、墙面后(　)。

想一想：

1. 装饰工程的作用是什么？
2. 分层抹灰的目的是什么？

任务拓展

请同学们结合教材内容，到图书馆或互联网上查找资料，了解一般抹灰及装饰抹灰常见质量事故及处理方法，并整理成总结报告。

任务二 学会饰面板（砖）工程施工

知识准备

所谓饰面板（砖）工程，就是将大小不同的板（砖）材料采取镶贴或挂贴的方式固定到墙面上。饰面材料按用材可分为两类：一是板材类，如天然大理石、花岗岩、人造石以及金属饰面板材等；二是砖材类，如瓷砖、釉面砖、陶瓷玻璃锦砖等。

一、饰面砖粘贴工程

饰面砖一般可分陶瓷面砖和玻璃面砖两类。其中陶瓷面砖主要包括釉面瓷砖、陶瓷锦砖、外墙面砖、陶瓷壁画等；玻璃面砖主要包括玻璃锦砖、釉面玻璃、彩色玻璃面砖等。饰面砖适用于内墙面或高度不大于100m、抗震设防烈度不大于8度的外墙面装饰。

（一）机具准备

贴面装饰施工除一般抹灰常用的手工工具外，根据饰面的不同，还需要一些专用的手工工具，如手提切割机、橡皮锤（木锤）等，如图6-11所示。

手提切割机　　　　胡桃钳　　　　橡皮锤

图6-11 镶贴面砖常用工具

（二）饰面砖粘贴施工工艺

（1）选砖。饰面砖粘贴前应经挑选，使饰面砖的品种、颜色、规格和性能符合设计要求，剔除有色差或外形受损的块料。

(2)清理基层、找平。基层应平整且表面粗糙,其做法与基体抹灰前基层处理基本一致,找平层多用1:3水泥砂浆(7~10mm厚),打毛后养护2~3d。

(3)预排并设标志块(灰饼)。饰面砖粘贴前应找好规距,按块料实际尺寸弹出纵横向控制线,定出水平标准和皮数。然后用废块料根据黏结层厚度用混合砂浆贴标志块(灰饼间距1.5~1.6m),如图6-12~图6-14所示。

(4)饰面砖粘贴。如图6-15所示,饰面砖粘贴时先浇水湿润找平层,并选择粘贴顺序。外墙饰面砖的粘贴顺序应是自上而下分层分段进行,但每段内粘贴顺序应是自下而上逐排进行,且应先贴附墙柱,后贴墙面,再贴窗间墙。内墙饰面砖的粘贴顺序是先大面后阴阳角和凹槽部位,且大面粘贴由下而上。

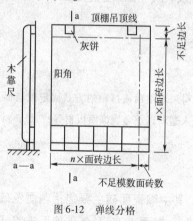

图6-12 弹线分格

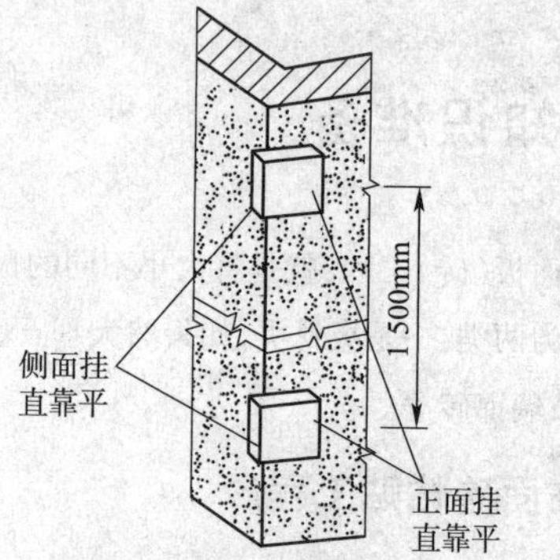

图6-13 贴标志块

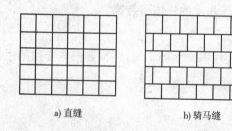

图6-14 排砖

图6-15 面砖粘贴

粘贴饰面砖时,在最下一皮砖的下侧位置,根据弹线稳好平尺板。从阳角开始,由下往上逐层粘贴,使不成整块的砖留在阴角部位;室内墙面如有水池、镜框,可以以水池、镜框为中心往两边分贴;粘贴时,在已湿润并阴干的饰面砖背面满刮黏结浆,上墙后用力捺压,并用橡皮锤或小铲轻轻敲击,使其与底层黏结密实牢固。贴完一行后,需及时检查饰面的平整度和上口的平直度并作调整,使整个饰面砖面层横平竖直、接缝平直。

厨房卫生间墙砖通常是从倒数第二张开始铺贴,在地砖铺贴好以后再铺贴最下层的墙砖,这样铺贴出的瓷砖既美观又防水。

图6-16、图6-17分别为阳角排砖粘贴示意图和外窗台面砖粘贴示意图。

(5)擦缝与勾缝。内墙釉面砖的接缝,宜用长毛刷蘸粥状白水泥素浆进行擦缝。外墙面砖的接缝,可用水泥浆或水泥砂浆勾出凹缝(深3mm左右)。最后,清除表面余浆并对饰面层做一次清洗。

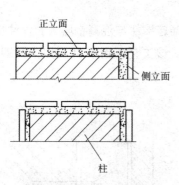

图6-16 阳角排砖粘贴示意图

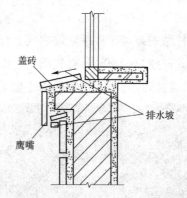

图6-17 外窗台面砖粘贴示意图

(三)饰面砖粘贴注意事项

(1)饰面砖粘贴必须牢固。对于外墙饰面砖,其粘贴前和施工过程中,尚应在相同基层上做样板件,并对样板件的饰面砖黏结强度进行试验。

(2)黏结材料的选用应符合设计要求。常用饰面砖黏结材料有水泥砂浆、聚合物水泥砂浆、专用黏结剂等。

(3)墙面突出物周围的饰面砖应用整砖套割吻合,边缘应整齐。墙裙、贴脸突出墙面的厚度应一致。有排水要求的部位尚应做出滴水线(槽),且饰面砖压向应采取顶面压立面的做法。

(四)饰面砖粘贴质量要求

(1)饰面砖表面应平整、洁净、色泽一致,无裂痕和缺损。

(2)饰面砖接缝应平直、光滑,填嵌应连续、密实;宽度和深度应符合设计要求。

(3)满粘法施工的饰面砖工程应无空鼓、裂缝。

(4)滴水线(槽)应顺直,流水坡向应正确,坡度符合设计要求。

(5)饰面砖粘贴的允许偏差和检验方法应符合表6-6的规定。

饰面砖粘贴的允许偏差和检验方法　　　　　表6-6

项次	项 目	允许偏差(mm)		检 验 方 法
		外墙面砖	内墙面砖	
1	立面垂直度	3	2	用2m垂直检测尺检查
2	表面平整度	4	3	用2m靠尺和塞尺检查
3	阴阳角方正	3	3	用直角检测尺检查
4	接缝直线度	3	2	拉5m线,不足5m拉通线,用钢直尺检查
5	接缝高低差	1	0.5	用钢直尺和塞尺检查
6	接缝宽度	1	1	用钢直尺检查

二、饰面板安装工程

石材类饰面板有大理石、花岗石、青石板、人造石材;金属饰面板有铝合金板、彩色压型钢板和不锈钢板等多种;采用的瓷板有磨边板和抛光板两种($0.5m^2 \leq$ 面积 $\leq 1.2m^2$)。现就石材类饰面板的干挂法与湿作业法施工工艺进行叙述,其要点如下。

(一)干挂法施工工艺

干挂法安装饰面板是直接在板上打孔,然后用不锈钢连接件与混凝土墙内的埋件相连,板与墙体间形成80~90mm空气层(见图6-18~图6-20)。该工艺多用于30m以下的钢筋混凝土结构,造价较高,不适用于砖墙或加气混凝土基层。

图6-18 干挂法施工图

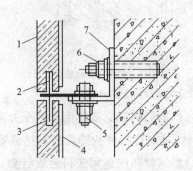

图6-19 干挂法节点大样图
1-饰面板;2-不锈钢销钉;3-板材钻孔;
4-玻纤布增强层;5-紧固螺栓;6-胀锚螺栓;7-L形不锈钢连接件

干挂施工方法施工工艺流程:基层处理→弹线→打孔开槽→固定连接件→装块、嵌缝清理。

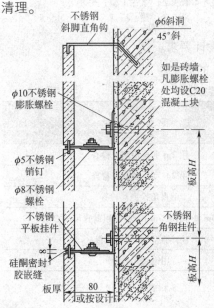

图6-20 干挂法安装示意图(尺寸单位:mm)

干挂安装方式的关键在预埋件(不锈钢角钢)安装尺寸和板块上凹槽位置的准确性。因此,墙内预埋件的设置宜采用后设预埋件的方法,且在板块安装前角钢骨架的几何尺寸和平整度需进行全面复核,尽量减少板块开槽位置的误差。

板块安装顺序宜自下而上,先将底层板块就位并作临时固定,再用不锈钢合缝销将板块与角钢连接,最后校正一层板块的平整度和垂直度,如此逐层操作直至安装完毕。

(二)湿作业法施工工艺

湿作业法可用于内墙饰面板安装工程和高度不大于24m、抗震设防烈度不大于7度的外墙饰面板安装工程。

1. 工艺流程

基层处理→选材、弹线及预排→饰面板固定→灌浆→擦缝、清洁、打蜡。

2. 施工工艺

(1) 基层处理

首先修整基体,使墙(柱)面的长、宽、高尺寸核对准确,并清理基层表面。再根据设计图纸和拟定的饰面板安装方案,在基体上钻孔或后置埋件。

饰面板安装锚固的方法有多种,可根据饰面板的基体材质、大小、厚薄、安装高度等实际情况综合考虑。常用方法:U形钉固定法、钢筋网片锚固法或用绑扎有双股铜丝的木塞子直接将板块与基体连接等。当采用钢筋网片锚固时,宜在基体结构施工时预埋埋件或在板块安装时后置埋件(见图6-21);当采用U形钉固定或用铜丝直接拉接时,应先在基体上按锚固要求钻孔(见图6-22、图6-23),以便安卧U形钉或木塞子。

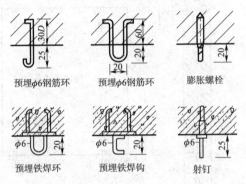

图6-21 预埋铁件示意图(尺寸单位:mm)

图6-22 基体斜孔示意图(尺寸单位:mm)
(安卧U形钉用)

(2) 选材、预排

根据设计要求选择饰面板的品种、颜色、规格。对于变色、缺棱掉角或局部污染的板块应挑出,并按照饰面板在柱(墙)面上的部位,在地面上摊摆预排,进行选色和拼花。预排确认合格后,宜将板块逐一按安装顺序编号。

(3) 饰面板固定

U形钉锚固法:用不锈钢U形钉(见图6-24)代替金属丝作为板块与基体的连接件,板块侧边钻直孔后,将U形钉一端勾进饰面板直孔内,另一端勾进基体斜孔内,饰面板就位后分别用小楔楔紧(见图6-25)。

钢筋网片锚固法:剔出结构施工时设置的预埋件或后置埋件,然后绑扎或焊接$\phi6 \sim \phi8$的钢筋网片(见图6-26、图6-27),先竖向筋(间距300~500mm),后横向筋(间距与饰面板连接孔网的尺寸一致)。再按设计要求在饰面板的上下两侧钻好穿不锈钢丝或铜丝的圆孔(牛鼻孔),剔槽并固定金属丝,然后拉通线,自下而上安装饰面板(见图6-28)。

(4) 灌浆

湿法工艺安装的饰面板,主要是靠专用连接件或金属丝与基体的拉接以及板块与基体间的灌浆材料黏结来保证饰面板安装牢固。所以每拉接固定好一层饰面板后应须灌浆。

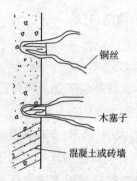
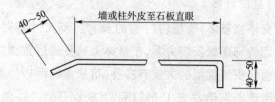

图 6-23 基体钻孔示意图
（打入木塞子用）

图 6-24 U形钉示意图（尺寸单位：mm）

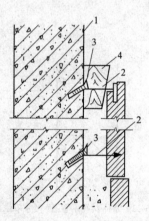
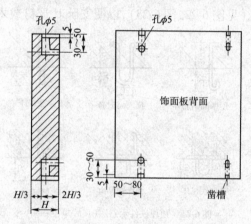

图 6-25 大理石板块安装示意图（U形钉锚固法）
1-基体；2-U形钉；3-硬木小楔；4-大头木楔

图 6-26 大理石钻孔示意图（尺寸单位：mm）

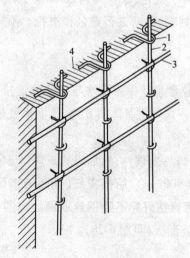
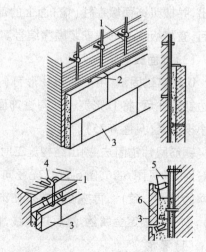

图 6-27 基体面钢筋网片构造形式
1-基体预埋铁件；2-绑扎竖向钢筋；3-绑扎横向钢筋；4-基体

图 6-28 大理石板块安装示意图（钢筋网片锚固法）
1-钢筋；2-钻孔；3-石板；4-预埋件；5-木楔；6-灌浆

灌浆应用1:2.5水泥砂浆分层进行。灌注时不得碰动已调整好的板块。每层灌注高度为15~20cm，并不超过板块高度的1/3。灌注后应捣实，上层砂浆的灌注需待下层砂浆初凝后方可进行。最后一层砂浆灌至低于板块上口50~100mm处，作为与上一层板灌浆的结合层。

（5）擦缝、清洁、打蜡

饰面板全部安装完，即刻清除余浆，用湿布擦净。按饰面板的颜色调制色浆并擦缝，使板块间的缝隙密实，颜色一致。擦缝后再次清洁板面并打蜡。

（三）饰面板安装注意事项

（1）饰面板安装工程的连接件、预埋件的位置、数量、规格、连接方法和防腐处理必须符合设计要求。对于后置的埋件，尚应在现场做拉拔强度试验。

（2）饰面板安装工程所用饰面板的品种、颜色、规格、性能应符合设计要求，并有合格证。对于室内用的天然花岗石，应对其放射性进行复验。不得使用放射性核素超标的石材。

（3）采用干挂法施工的饰面板工程适用于钢筋混凝土结构的基体，不适用于砖墙或加气混凝土墙的基体。

（4）采用湿作业法施工的饰面板工程，其石材应进行防碱背涂处理，且应保证饰面板与基体之间的灌注材料密实、饱满。

（5）饰面板上的孔洞边缘应整齐、套割吻合。

（四）饰面板安装质量要求

（1）饰面板嵌缝应平直、密实，宽度和深度应符合设计要求，且嵌填材料色泽一致。

（2）饰面板表面应平整、色泽一致，无裂痕和缺损。石材表面应无泛碱等污染。

（3）饰面板安装的允许偏差和检验方法应符合表6-7的规定。

饰面板安装的允许偏差和检验方法　　　　　表6-7

项次	项目	允许偏差（mm）							检验方法
		石材			瓷板	木材	塑料	金属	
		光面	剁斧石	蘑菇石					
1	立面垂直度	2	3	3	2	1.5	2	2	用2m垂直检测尺检查
2	表面平整度	2	3	—	1.5	1	3	3	用2m靠尺和塞尺检查
3	阴阳角方正	2	4	4	2	1.5	3	3	用直角检测尺检查
4	接缝直线度	2	4	4	2	1	1	1	拉5m线，不足5m拉通线，用钢直尺检查
5	墙裙、勒脚上口直线度	2	3	3	2	2	2	2	拉5m线，不足5m拉通线，用钢直尺检查
6	接缝高低差	0.5	3	—	0.5	0.5	1	1	用钢直尺和塞尺检查
7	接缝宽度	1	2	2	1	1	1	1	用钢直尺检查

三、饰面板（砖）工程冬期施工

（1）冬期室内饰面工程施工可采用热空气或火炉取暖，并应设有通风、排湿装置。室外饰面工程宜采用暖棚法施工，棚内温度不低于5℃，按常温方法施工。

（2）饰面板就位固定后，用1:2.5水泥砂浆灌浆，其保温养护时间不少于7d。

（3）外面饰面石材应根据当地气温条件及吸水率要求选材。采用螺栓固定的干作业法施工时，锚固螺栓应做好防水、防锈处理。

（4）釉面砖及外墙面砖在冬期施工时宜在2%的盐水中浸泡2h，并晾干后使用。

案 例

环宇广场工程干挂花岗岩施工方案

一、工程概况

环宇广场外墙装修为干挂花岗岩，干挂总高度为23.8m，采用钢骨架（主龙骨采用8号槽钢，次龙骨采用L50×5角钢）、-8mm厚钢板埋件、-5mm厚不锈钢连接件及干挂花岗石板材。

二、施工准备

（一）材料要求

（1）石材：石材的品种、颜色、花纹及尺寸规格由甲方确定，进场后根据样板严格控制质量，检查其抗折、抗拉及抗压强度以及吸水率、耐冻融循环等性能，检查花岗岩板材有无弯曲强度检测报告，检查规格尺寸、颜色是否与样板相符。

（2）云石胶：用于石材孔中，固定不锈钢构件。

（3）防污胶条：用于石材边缘，防止污染。

（4）嵌缝胶（胶霸）：用于嵌填石材接缝，需按国家标准并附检测报告。

（5）衬条（ϕ10塑料泡沫条）：用于嵌填石材接缝。

（6）化学螺栓和穿墙固定螺栓、不锈钢连接件、销子、螺杆、螺母、垫圈等必须符合设计要求。

（7）钢骨架：主龙骨采用8号槽钢，次龙骨采用L50×5角钢。

（8）钢骨表面为镀锌。

（二）主要机具

主要机具有台钻、石材切割石机、冲击钻（电锤）、手枪钻、活络扳手、开口扳手、嵌缝枪等。

（三）作业条件

（1）检查石材的质量、规格、品种、数量、检测报告等是否符合设计要求，并进行表面处理工作。

（2）处理结构基层，做好隐蔽验收记录，合格后进行安装工序。

(3) 对施工人员进行技术交底时,应强调技术措施、质量要求和成品保护,尤其是架子拆除时,不得碰撞已完成的成品。

三、施工工艺

(一) 工艺流程

尺寸结构检验→清理结构表面→结构上弹出垂直线→大角挂两竖直钢丝→临时固定上层墙板→钻孔插入膨胀螺栓→镶不锈钢固定件→镶顶层墙板→挂水平位置线→支底层板托架→放置底层板用其定位→调节与临时固定→嵌板缝密封胶→饰面板刷二层罩面剂→灌 M20 水泥浆→设排水管→结构钻孔并插固定螺栓→镶不锈钢固定件→用胶结剂灌下层墙板上孔→插入连接钢针→将胶结剂灌入上层墙板的下孔内。

(二) 操作工艺

(1) 现场收货:收货要设专人负责管理,要认真检查材料的规格、型号是否正确,与料单是否相符,发现石材颜色明显不一致的,要单独码放,以便退还给厂家,如有裂纹、缺棱掉角的,要修理后再用,严重的不得使用。还要注意石材堆放场地要夯实,垫 10cm×10cm 通长方木,让其高出地面 8cm 以上,方木上最好钉上橡胶条,让石材按 75° 立放斜靠在专用的钢架上,每块石材之间要用塑料薄膜隔开靠紧码放,防止粘在一起或倾斜。

(2) 石材准备:首先用比色法对石材的颜色进行挑选分类,安装在同一面的石材颜色应一致,并根据设计尺寸和图纸要求,将应用夹具固定在台钻上,进行石材打孔或开槽。

(3) 基层准备:清理结构表现,同时进行吊直、套方、找规矩,弹出垂直线和水平线,并根据设计图纸和实际需要弹出安装石材的位置线和分格线。

(4) 挂线:按设计图纸要求,石材、骨架安装前要用经纬仪弹出大角两个面的竖向控制线,最好弹在离大角 20cm 的位置上,以便随时检查垂直挂线的准确性,保证顺利安装骨架。竖向挂线宜用直径 1.0~1.2mm 的钢丝,上端挂在应用的挂线角钢架上,角钢架用化学螺栓固定在建筑物大角的顶端,一定要挂在牢固、准确、不易碰动的地方,并要注意保护和经常检查,并在控制线的上、下做好标记。然后连接两端竖向挂线,并以此作为安装竖向槽钢的基准检查线。影响槽钢安装的基层必须进行剔除,不够的地方用木片垫实。

(5) 骨架制安:因工程结构为框架结构,所以为了加强墙体与石材的附着力和支撑力(剪力和拉力),提高安全系数,必须用钢骨架来布设安装石材。

①根据竖向挂线和水平控制线安装竖向主龙骨,并用 12 号化学螺栓固定。螺栓埋置深度在 100mm 之内,必须使其垂直在同一个平面内,间距根据结构而确定。

②根据弹出的石材位置线及分块线安装次龙骨,并用 L50×5 角钢连接两端槽钢(根据现场尺寸而定),连接方法为焊接。焊接前必须检查石材位置线正确与否,有效焊接长度应大于 120mm,焊接时要求三面围焊,焊缝高度为 6mm,焊接施工完毕后,还必须进行防锈处理。

③横向次龙骨上打孔:按设计图纸及石材钻孔位置,在角钢上准确做好标记,然后再打孔。

(6) 上连接件:用设计规定的镀锌钢螺栓固定角钢(次龙骨)和镀锌平钢板。调整平钢板的位置,使平钢板的小孔正好与石材的插入孔对正,然后固定平钢板,用板子拧紧。

(7)底层石材安装:把侧面的连接件安好后,便可把底层石材靠角上的一块就位,其方法是用夹具临时固定,先将石材侧孔抹胶,调整挂件,或用不锈钢蝴蝶件调整面板固定,然后依照顺序安装底层石材。待底层面板全部就位后,检查一下各板是否在一条水平线上,如有高低不平的要进行调整;低的可用木楔垫实;高的可适当轻轻退出点木楔,退到面板上口在一条水平线上为止。先调整好面板的水平度与垂直度,再检查板缝,板缝宽应按设计要求,板缝均匀,并将板缝嵌紧背衬条。

(8)石材上孔抹胶:首先应将石材孔内(槽内)粉尘清理干净,然后把云石胶用小灰刀抹入孔中(槽内)。

(9)调整固定:面板暂固定后,调整水平度,如面板上口不平,可在板底的一端(低端)下口垫不锈钢垫片。如表面不平整,则调整不锈钢连接件距龙骨的空隙,直至面板垂直、平整。

(10)贴防污条、嵌缝:沿面板边缘贴防污条时,应选用4cm左右的纸带型不干胶带,边沿要贴齐严。在石材间隙处应嵌弹性背衬条,背衬条可用8mm厚的高连发泡片剪成10mm宽的条,嵌好后离装修面5mm。然后用嵌缝枪把硅胶(密封胶)打入缝内,打胶时用力要均匀,走枪要稳而慢。如胶面不太平顺,可用不锈钢小抹子刮平,小抹子要随用随擦干净。嵌底层石材缝时,注意不要堵塞流水管,嵌缝胶的颜色未定。

(11)清理石材表面:把石材表面的防污条撕掉,用棉丝将石材擦净,若有胶或其他黏结牢固的杂物,可用开刀轻轻铲除,然后用板丝沾丙酮擦干净。

四、质量标准

(一)主控项目

(1)饰面石材的品种、规格、形状、平整度、几何尺寸、光洁度及颜色等必须符合设计要求,并要有产品合格证。

(2)面层与基底应安装牢固。粘贴用料、干挂配件(镀锌化学螺栓、不锈钢螺栓、不锈钢挂件等配件)必须符合设计要求和国家现行有关标准的规定。

(3)饰面板安装工程预埋件(后置埋件)、连接件的数量、规格、位置、连接方法和防腐处理必须符合设计要求。后置埋件的现行拉拔强度必须符合设计要求。饰面板安装必须牢固。

(二)一般项目

(1)表面平整、洁净,拼花正确,纹理清晰通顺,颜色均匀一致,非整板部位安排适宜,阴阳角处的板压面正确。

(2)缝格均匀,板缝通顺,接缝填嵌密实,宽窄一致,无错位。

(3)突出物周围的板采取整板套割,尺寸准确,边缘吻合整齐、平顺,墙裙、贴脸等上口平直。

(4)滴水线顺直,流向坡面正确,清晰美观。

(5)允许偏差项目(见表6-8)。

允许偏差项目　　　　　　　　　　　　　　　　　　　　　　　　表6-8

项次	项目		允许偏差(mm)		检验方法
			光面	烧尾	
1	立面垂直	室内	2	2	用2m托线板和尺量检查
		室外	2	3	
2	表面平整		1	2	用2m线板和尺量检查
3	阴角方正		2	3	用20cm方尺和塞尺检查
4	接缝平直		2	3	用5m小线和尺量检查
5	墙裙上口平直		2	3	用5m小线和尺量检查
6	接缝高低		1	1	用钢板短尺和塞尺检查
7	接缝宽度		1	1	用尺量检查

(6)干挂竖向槽钢用化学螺栓固定在结构柱梁上,水平角钢与竖向槽钢焊接以及化学螺栓钻孔位置要准确。下化学螺栓前要将孔内粉尘清理干净,螺栓埋设要垂直、牢固,连接件要垂直、方正。

型钢安装前先刷两遍防锈漆,焊接时要求三面围焊,有效焊接长度大于120mm,焊接高度为6mm,并要求焊缝饱满,不准有砂眼、咬肉现象。槽钢安装完后要在焊接处补刷防锈漆。

五、成品保护

(1)要及时清擦干净残留在门窗框、玻璃和金属饰面板上的污物密封胶、手印、尘土和水等杂物,宜粘贴保护膜,预防污染、锈蚀。

(2)认真贯彻合理施工顺序,少数工种(水、电、通风、设备安装等)应做在前面,防止损坏、污染外挂石材饰面板。

六、安全环保措施

(1)进入施工现场必须戴好安全帽,系好风紧扣。

(2)高空作业必须佩带安全带,上架作业前必须检查脚手板搭放是否可靠,确认无误后方可上架作业。

(3)施工现场临时用电线路必须按用电规范布设,严禁乱接乱拉。远距离电缆线不得随地乱拉,必须架空固定。

(4)小型电动工具必须安装漏电保护装置,使用时应经试运转合格后方可操作。

(5)电器设备应有接地、接零保护,现场维护电工应持证上岗,非维护电工不得乱接电源。

(6)电源、电压须与电动机具的铭牌相符,电动机具移动应先断电后移动,下班或电源使用完毕必须拉闸断电。

(7)施工时必须按施工现场安全技术交底施工。

(8)施工现场严禁扬尘作业,清理打扫时必须洒少量水湿润后方可打扫,并注意成品的保护。废料及垃圾必须及时清理干净,装袋运至指定地点,堆放垃圾必须进行围挡。

(9)切割石材的临时用水必须有完善的污水排放措施。

(10) 对施工中噪声大的机具,尽量安排在白天及夜晚10点以前操作,严禁噪声扰民。

任 务 要 求

练一练:

1. 粘贴饰面砖时,在最下一皮砖的下侧位置,根据弹线稳好平尺板。从(　)开始,由下往上逐层粘贴,使不成整块的砖留在(　)部位。

2. 干挂法施工多用于(　)以下的钢筋混凝土结构,造价较高,不适用于砖墙或加气混凝土基层。

想一想:

1. 卫生间墙面砖镶贴工艺。
2. 天然花岗岩干挂法安装。

任 务 拓 展

请同学们结合教材内容,到图书馆或互联网上查找资料,了解干挂法的适用范围、工艺流程、施工要点。

任务三　学会楼地面工程施工

 知识准备

楼地面包括建筑物底层地面和楼层地面。楼面施工要注意防渗漏问题,地面施工要注意防潮问题。

一、地面组成与分类

建筑地面由面层与基层两大部分组成。

(一)面层

面层是地面的最上层,也是直接承受各种物理和化学作用的表面层。

按面层材料与地面结构可分为整体面层:如水泥混凝土面层、水泥砂浆面层、水磨石面层、防油渗面层;板块面层:如砖面层(陶瓷锦砖、地砖等)、大理石面层、预制板块面层(水磨石板块面层)、料石面层、塑料板面层等;木竹面层:如实木地板面层、复合地板面层、竹地板面层等。

(二)基层

地面面层以下至基土(夯实土)或基体(楼板)的各构造层通称为基层。基层构造层组成有垫层、找平层,有时还会增加填充层、隔离层或防潮层(防止地面上各种液体或地下水、潮气渗透地面等作用的构造层)等构造层。

图 6-29 为楼地面构造示意图。

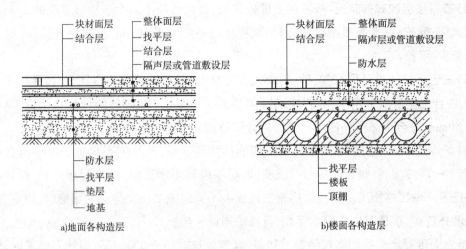

图 6-29　楼地面构造示意图

二、基层中各构造层施工

地面基层中各构造层的作用各不相同，若处理不当，均有可能造成地面开裂、空鼓、渗漏等质量通病，需按照设计和规范要求认真施工。

（一）基土施工

（1）地面应铺设在均匀密实的基土上。土层结构被扰动的基土应进行换填，并予以压实。设计无要求时，压实系数不应小于 0.9。

（2）填土应分层摊铺、分层压（夯）实、分层检验其密实度。填土质量应符合现行国家标准《建筑地基与基础工程施工质量验收规范》（GB 50202—2002）的有关规定。

（3）填土宜在土达到最优含水率时进行。重要工程或大面积的地面填土前，应取土样，按击实试验确定最优含水率与相应的最大干密度。

（4）基土不应用淤泥、腐殖土、冻土、耕植土、膨胀土和建筑杂物作为填土，填土土块的粒径不应大于 50mm。

（二）垫层施工

（1）常用的垫层材料有砂石、碎石、三合土和水泥混凝土等，其中以碎石、水泥混凝土作为垫层材料最为普遍。砂垫层厚度不应小于 60mm，砂石垫层和碎石垫层厚度不应小于 100mm，碎石粒径不得大于垫层厚度的 2/3。

（2）灰土垫层应采用熟化石灰与黏土（或粉质黏土、粉土）的拌和料（体积比为 3:7）铺设，其厚度不应小于 100mm。灰土垫层应分层夯实，经湿润养护、晾干后方可进行下一道工序施工。灰土垫层不宜在冬期施工，若必须在冬期施工，则不应在基土受冻的状态下铺设，也不应采用冻土或夹有冻土块的土料。

（3）砂垫层和砂石垫层：砂石应选用天然级配材料。铺设时不应有粗细颗粒分离现象，且应压(夯)至不松动为止;砂应采用中砂;石子最大粒径不得大于垫层厚度的2/3。

(4)碎石垫层和碎砖垫层:碎石的强度应均匀,最大粒径不应大于垫层厚度的2/3;碎砖不应采用风化、酥松、夹有有机杂质的砖料,颗粒粒径不应大于60mm;垫层应分层压(夯)实,直到表面坚实、平整。

(5)三合土垫层应采用石灰、砂(可掺入少量黏土)与碎砖的拌和料铺设,其厚度不应小于100mm;四合土垫层应采用水泥、石灰、砂(可掺入少量黏土)与碎砖的拌和料铺设,其厚度不应小于80mm;三合土垫层和四合土垫层应分层夯实。

(6)炉渣垫层应采用炉渣或水泥与炉渣的拌和料铺设,其厚度不应小于80mm,在垫层铺设前,其下一层应湿润;铺设时应分层压实,表面不得有泌水现象;铺设后应养护,待其凝结后方可进行下一道工序施工。炉渣垫层施工过程中不宜留施工缝。当必须留缝时,应留直槎,并保证间隙处密实,接槎时应先刷水泥浆,再铺炉渣拌和料。

(7)水泥混凝土垫层和陶粒混凝土垫层:当气温长期处于0℃以下,设计无要求时,垫层应设置伸缩缝,缝的位置、嵌缝做法等应与面层伸缩缝相一致;水泥混凝土垫层的厚度不应小于60mm;陶粒混凝土垫层的厚度不应小于80mm;室内地面的水泥混凝土垫层和陶粒混凝土垫层应设置纵向缩缝和横向缩缝,纵向缩缝、横向缩缝的间距均不得大于6m。

(三)填充层施工

填充层在建筑地面上起隔声、保温、找坡或敷设暗管线等作用。当采用松散材料做填充层时,应分层铺平拍实;当采用板、块材料时,应分层错缝铺贴。

(1)有隔声要求的楼面,隔声垫在柱、墙面的上翻高度应超出楼面20mm,且应收口于踢脚线内。地面上有竖向管道的,隔声垫应包裹管道四周,高度同卷向柱、墙面的高度。隔声垫保护膜之间应错缝搭接,搭接长度应大于100mm,并用胶带等封闭。

(2)对填充材料接缝有密闭要求的应密封良好,填充层的坡度应符合设计要求,不应有倒泛水和积水现象。

(四)找平层施工

由于找平层是在垫层上、楼板上或填充层上起整平、找坡或加强作用的构造层,故找平层应具有一定的强度。常用的材料有水泥砂浆和细石混凝土。

(1)有防水要求的建筑地面工程,铺设前必须对立管、套管、地漏和楼板节点之间进行密封处理,并应进行隐蔽验收。排水坡度应符合设计要求。

(2)在预制钢筋混凝土板上铺设找平层前,板缝填嵌时,板缝内应清理干净,保持湿润;预制钢筋混凝土板相邻缝底宽不应小于20mm;填缝采用细石混凝土,其强度等级不得小于C20。填缝高度应低于板面10~20mm,且振捣密实;填缝后应养护;当填缝混凝土的强度等级达到15MPa后方可继续施工;当板缝底宽大于40mm时,应按设计要求配置钢筋。

(五)隔离层施工

(1)卷材类、涂料类隔离层材料进入施工现场后,应对材料的主要物理性能指标进行复验。

(2)隔离层的铺设层数(或道数)、上翻高度应符合设计要求。

(3)隔离层兼作面层时,其材料不得对人体及环境产生不利影响。

(4)厕浴间和有防水要求的建筑地面必须设置防水隔离层。楼层结构必须采用现浇混凝土或整块预制混凝土板,混凝土强度等级不应小于C20;房间的楼板四周除门洞外应做混凝土翻边,高度不应小于200mm,宽同墙厚,混凝土强度等级不应小于C20。施工时结构层标高和预留孔洞位置应准确,严禁乱凿洞。

(5)防水隔离层严禁渗漏,排水的坡向应正确、排水通畅。

(六)绝热层施工

绝热层指的是地面辐射供暖系统的绝热层,其材料的性能、品种、厚度、构造做法应符合设计要求和国家现行有关标准的规定。

(1)建筑物室内接触基土的首层地面应铺设水泥混凝土垫层后方可铺设绝热层,垫层的厚度及强度等级应符合设计要求。首层地面及楼层楼板铺设绝热层前,表面平整度宜控制在3mm以内。

(2)有防水、防潮要求的地面,宜在防水、防潮隔离层施工完毕并验收合格后再铺设绝热层;绝热层与地面面层之间应设有水泥混凝土结合层,其构造做法及强度等级应符合设计要求。设计无要求时,水泥混凝土结合层的厚度不应小于30mm,层内应设置间距不大于200mm×200mm的$\phi 6$钢筋网片。

(3)有地下室的建筑,地上、地下交界部位楼板的绝热层应采用外保温做法,绝热层表面应设有外保护层。外保护层应安全、耐久,表面应平整、无裂纹。

三、地面面层施工

为了避免对地面的损伤和污染,地面面层的施工宜在室内装饰工程基本完成后进行。如室内抹灰工程、水暖试压等可能造成地面潮湿的工序应先完成,室内门框、地面预埋件等项目安装完毕并检查合格后方可进行。

(一)整体面层施工

地面整体面层种类较多,如水泥砂浆面层、水泥混凝土面层、水磨石面层等。整体面层因工艺简单,耐久性强,所以被广泛使用。

1. 水泥混凝土面层

建筑地面的水泥混凝土面层大多为细石混凝土,且以随捣随抹(原浆抹面)面层最为普遍。当现浇钢筋混凝土楼板或混凝土地坪采用水泥混凝土面层时,地面基层中的找平层一般与面层合二为一,即细石混凝土既为罩面层,又能通过调整罩面层的厚度同时完成找平。水泥混凝土面层施工要点如下:

(1)水泥混凝土采用的粗骨料最大粒径不应大于面层厚度的2/3,细石混凝土面层采用的石子粒径不应大于15mm。水泥混凝土面层强度等级不应低于C20,混凝土坍落度不宜大于3cm。

(2) 细石混凝土必须搅拌均匀,浇捣时一定要按水平基准线找平。混凝土搓平后,宜用滚筒来回滚压或用平板振捣器振实,并使其充分泛浆。

(3) 浇筑混凝土面层的前一天,应对基体表面进行清扫润湿。混凝土浇筑前还应在已湿润的基体表面刷一道水灰比为0.4~0.5的水泥浆,并尽量做到随刷随铺混凝土,使面层与基体黏结牢固。

(4) 水泥混凝土面层铺设不得留施工缝。当施工间隙超过允许的时间规定时,应对接槎处进行处理。

(5) 混凝土抹压宜分三次进行。混凝土浇筑完毕,随即用木抹子搓平,再用铁抹子将面层的砂眼、凹坑、脚印抹平压光;待第一遍压光并吸水后用铁抹子按先里后外的顺序进行第二遍压光;第三遍压光应在水泥终凝前完成,常温下不宜超过3~5h,以不留抹痕为准。

(6) 地面完成1d后,要及时洒水养护,常温下养护时间不少于7d,且在养护期内禁止上人走动或进行其他作业,以免损伤面层。

(7) 面层与下一层应结合牢固,且应无空鼓和开裂。当出现空鼓时,空鼓面积不应大于 $400cm^2$,且每自然间或标准间不应多于2处。

(8) 水泥混凝土散水、明沟应设置伸缩缝,其延米间距不得大于10m,对日晒强烈且昼夜温差超过15℃的地区,其延长米间距宜为4~6m。水泥混凝土散水、明沟和台阶等与建筑物连接处及房屋转角处应设缝处理。上述缝的宽度为15~20mm,缝内应填嵌柔性密封材料。

2. 水泥砂浆面层

水泥砂浆面层常铺抹在地面混凝土垫层或细石混凝土找平层上。水泥砂浆面层厚度不应小于20mm,太薄容易开裂。配制砂浆所用的水泥宜为硅酸盐水泥或普通硅酸盐水泥,强度等级不应低于32.5级。采用的砂应为中粗砂,当采用石屑时,其粒径应为1~5mm,且含泥量不应大于3%。水泥砂浆面层体积比应为1:2,防水水泥砂浆中掺入的外加剂的技术性能应符合国家现行有关标准的规定,外加剂的品种和掺量应经试验确定。砂浆强度等级不应小于M15。

水泥砂浆面层施工工艺:基层处理→抄平弹线→做标筋→面层铺抹→养护。

(1) 基层处理。面层多铺抹在垫层或找平层上。基层处理是防止水泥砂浆面层出现空鼓、裂纹、起砂等质量通病的关键工序。表面比较光滑的基层应进行凿毛,并应用清水冲洗干净。铺抹砂浆面层时,下部基层应达到一定的抗压强度(不小于1.2MPa),表面应粗糙、洁净、湿润并不得有积水。

(2) 弹线、找规矩。地面抹灰前,应先在四周墙上弹出一道500mm或1 000mm的水平基准线,作为确定水泥砂浆面层标高的依据。

根据水平线在地面四周做灰饼,用类似于墙面抹灰的方法拉线打中间灰饼,并做好地面标筋(纵横标筋间距为1 500~2 000mm)。

(3) 铺设水泥砂浆面层。砂浆面层铺抹时需按水平基准线找平,随铺随用2m刮尺反复搓刮平整并拍实。

面层要求三遍成活。初凝前抹平,终凝前压实、压光。表面要求平整、光滑无抹纹。

(4)面层砂浆抹压完工1~2d后洒水养护,养护期不少于7d,如采用矿渣水泥或有抗渗要求的水泥砂浆,地面养护期延长至14d。养护期内不允许上人行走或进行其他作业。

(5)楼层梯段相邻踏步高度差不应大于10mm,每踏步两端宽度差不应大于10mm。楼梯踏步的齿角应整齐,防滑条应顺直。

(6)有排水要求的水泥砂浆地面,坡向应正确,排水通畅。防水水泥砂浆面层不应渗漏。

3. 水磨石面层

现浇水磨石面层是在水泥砂浆或细石混凝土等找平层上按设计要求分格抹水泥石粒浆,硬化后磨光,并经补浆、细磨和酸洗打蜡后而制成的整体面层,如图6-30所示。

水磨石面层的优点是美观适用、耐磨,缺点是施工时湿作业过程较长,尤其是磨光工序会产生大量石浆污染,施工不便且不利于其他饰面层成品保护。

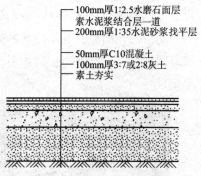

图6-30 现浇水磨石面层构造

(1)材料。水磨石面层厚度宜为12~18mm,按石子粒径确定。石粒应采用坚硬可磨白云石、大理石等,粒径为6~15mm。水泥强度等级不应小于32.5级,面层拌和料的体积比为1:1.5~1:2.5(水泥:石粒)。

(2)施工工艺流程:基层处理→抹找平层→设置分格缝、分格条→铺抹面层石粒浆→养护、磨光→涂刷草酸出光→打蜡抛光。

(3)水磨石面层施工技术要点如下:

①用水泥浆粘嵌分格条(铜条或玻璃条)时,应先在找平层上按设计要求的纵横分格或图案分界线弹线。

②分格条粘嵌要牢固,接头应严密,并保证分格条上口面平整一致。分格条正确的粘嵌高度应略大于分格条高度的1/2(见图6-31),并注意在分格条十字交叉接头处粘嵌水泥浆时,应留15~20mm的空隙,以确保铺设石粒浆时,石粒分布均匀、饱满。图6-32为分格条粘嵌效果图。

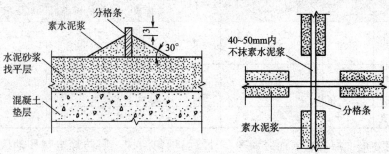

图6-31 分格条粘嵌示意图(尺寸单位:mm)

③拌制水泥石粒浆时,需严格按配合比计量。所选用的石粒品种、粒径应符合设计要求,石粒应洁净、无杂物。

④白色或浅色水磨石面层,应采用白色硅酸盐水泥;深色的水磨石面层,可采用普通硅酸盐水泥。当水泥中需掺入颜料时,应采用矿物颜料,不得使用酸性颜料,并控制好颜料的掺入量(宜为水泥质量的3%~6%)。

⑤石粒浆铺抹时,其厚度应高出分格条1~2mm,以防在压平、压实时损伤分格条。

⑥控制好开磨时间。水磨石开磨的时间与水泥强度等级及养护时的气温高低有关,一般应通过试磨,以石粒不松动、水泥浆面与石粒面基本平齐为准。

⑦当同一面层上有几种颜色的水磨石时,应先深色后浅色;先大面,后镶边。待前一种色浆凝固后,再抹后一种色浆,两种颜色的色浆不应同时铺抹,以免串色。图6-33为水磨石效果图。

图6-32 分格条粘嵌效果图

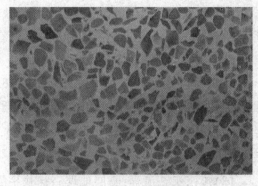

图6-33 水磨石效果图

⑧水磨石面层应采用磨石机至少分三遍磨光。磨石规格由粗到细,前后两遍磨光期间,尚应复补水泥浆或水泥色浆,以便于及时补平面层表面的砂眼、凹痕。

⑨水磨石面层表面应光滑、无眼和磨纹,且石粒应密实,其他质量要求同水泥砂浆面层。整体面层的允许偏差和检验方法见表6-9。

整体面层的允许偏差和检验方法(单位:mm)　　表6-9

项次	项目	允许偏差						检验方法
		水泥混凝土面层	水泥砂浆面层	普通水磨石面层	高级水磨石面层	水泥钢(铁)屑面层	防油渗混凝土和不发火(防爆的)面层	
1	表面平整度	5	4	3	2	4	5	用2m靠尺和楔形塞尺检查
2	踢脚线上口平直	4	4	4	4	4	4	拉5m线和用钢尺检查
3	缝格平直	3	3	3	2	3	3	

⑩防静电水磨面层应在表面经清净、干燥后,均匀涂抹一层防静电剂和地板蜡,并做抛光处理。采用导电金属分格条时,分格条应经绝缘处理,且十字交叉处不得碰接。在施工前及施

工完成表面干燥后,应进行接地电阻和表面电阻检测,并应做好记录。

(二)板块面层施工

板块面层的建筑地面是指采用陶瓷地砖、大理石、花岗石板块、塑料板块等装饰块材铺设的地面。这类地面具有耐磨损、易清洗等特点,且选择多样,已被广泛应用于各类公用建筑和住宅的楼地面。

1. 陶瓷地砖面层

地面铺贴陶瓷地砖,最普遍的做法是用水泥砂浆或聚合物水泥浆粘贴于地面找平层上。其施工程序及工艺要点如下。

(1)施工工艺流程

基层处理→抄平放线→做灰饼冲筋→试拼→铺贴地砖→压平拔缝→嵌缝、养护。

(2)操作要点

①基层处理要点同砂浆楼地面做法。

②做灰饼标筋。根据中心点在地面四周每隔1 500mm左右拉相互垂直的纵横十字线数条,并用半硬性水泥砂浆按间距1 500mm左右做一个灰饼,灰饼高度必须与找平层在同一水平面,纵横灰饼相连成标筋,作为铺贴地砖的标志。

③试拼。铺贴前根据分格线确定地砖的铺贴顺序和标准块的位置,并进行试拼,检查图案、颜色及纹理的方向和效果。试拼后按顺序排列编号,浸水备用。地砖块板铺贴形式如图6-34所示。

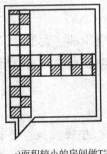 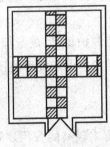 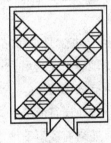

a)面积较小的房间做T字形　　b)大面积房间做法　　c)大面积房间做法

图6-34　地砖块板铺贴形式

试拼时应统筹兼顾以下几点:

a. 无拼花要求的地砖,尽量对称排砖。有拼花要求时,预排应满足拼花要求。

b. 房间与通道的砖缝尽可能通顺一致。当用不同颜色的地砖时,分色线应留置于门扇处。

c. 尽量少割砖,可适度用砖缝、镶边宽窄来调节尺寸。

④铺贴地砖。为防止地砖色差或接缝偏差过大,铺贴前应选砖分类。为保证黏结度,地砖在使用前还应在水中浸泡3~4h,取出阴干后方可铺贴。

地砖铺贴时先按定位线、标高线做出灰饼或标筋,并拉出通线。

地砖尺寸在400mm×400mm以下时,先在找平层上刷水泥浆一道,在地砖背面刮抹黏结材料(1:2水泥砂浆或聚合物水泥浆等)后铺贴于找平层上,并用橡皮锤敲震拍实,以防出现空鼓和裂缝。地砖尺寸在500mm×500mm以上时,先在地面上用1:3的干硬性水泥砂浆铺一层厚度为20~50mm的垫层。干硬性水泥砂浆密度大,干缩性小,以手捏成团、松手即散为好。找平层的砂浆应采用虚铺的方式,即把干硬性砂浆均匀铺在地面上,不可压实。然后将纯水泥浆刮在地砖背面,按地面纵横十字筋在干硬性水泥砂浆上通铺一行地砖作为基准板,再沿基准板的两边进行大面积铺贴。

图6-35和图6-36分别为地砖铺贴施工图和地砖铺贴效果图。

图6-35 地砖铺贴施工图

图6-36 地砖铺贴效果图

⑤压平拔缝。地砖铺贴过程中应注意检查其边楞是否跟线,是否找正、找直,并随时纠正出现的偏差,确保面层平整、接缝平直。对于有泛水要求的地面,应随时检查铺贴面的坡度(泛水坡度)。

⑥擦缝与养护。地面铺贴完毕,宜养护2d后进行擦缝。擦缝用的水泥颜色,当设计无规定时,宜根据地砖颜色选用。一般常用白水泥调成干性团,在缝隙处擦抹,使纵横缝隙处填塞饱满,再将地砖表面擦净。

2. 大理石、花岗石面层

大理石、花岗石多用于地面装饰要求较高的公用建筑的厅堂、电梯间及主要楼梯间等部位。用作地面面层的大理石、花岗石板块,其规格尺寸较多,一般厚度不应小于20mm。对于室内地面用的花岗石,其放射性核素指标不可超过《建筑材料放射性核素限量》(GB 6566—2001)允许值,且应有放射性限量合格的检测报告。

(1)施工工艺流程

基层处理→抄平放线→试拼→做灰饼、冲筋→铺板→灌缝、擦缝→打蜡养护。

(2)操作要点

①基层处理、抄平放线、做灰饼、冲筋等做法与地砖楼地面铺贴方法相同。

②选板试拼。根据实际尺寸、规格、镶边的宽窄等要求,进行计算排板,并绘出大样图。根据大样图进行选板、试拼、编号,以保证板的颜色纹理协调自然。

③铺找平层。根据地面标筋铺找平层,找平层起到控制标高和黏结面层的作用。按设计

要求用 1:1~1:3 干硬性水泥砂浆,在地面均匀铺一层厚度为 20~50mm 的干硬性砂浆。每次摊铺约 $1m^2$,宽度宜超出板宽度 20~30mm,摊铺厚度 20~30mm(虚铺应超出板块底标高 3~5mm)。由里面向门口方向铺抹,先用刮杠刮平,后用铁抹子拍实、拍平。

④铺板。板块铺贴时按定线拉通线。一般可由里向外沿控制线逐排逐块依次铺贴,逐步退至门口。对于面积较大的房间地面,宜按定线取中拉十字线,先确定基准板,再根据已拉好的十字基准线向两侧后退铺贴。铺贴方法是将素水泥浆均匀地刮在选好的石材背面,随即将石材铺贴在找平层上,边铺贴边用水平尺检查石材表面平整度,同时调整石材之间的缝隙,并用橡胶锤敲击石材表面,使其与结合层黏结牢固。

⑤抹缝、打蜡。铺装完毕后,用棉纱将板面上的灰浆擦拭干净,并养护 1~2d,经检查板块无空鼓、断裂后即可进行灌浆擦缝。用浆壶将稀水泥色浆灌入板缝,并用长把刮板把流出的水泥浆喂入缝隙内。灌浆 1~2d 后,用棉丝团蘸原浆擦缝,与板面擦平。在擦净的地面上,用干锯末和席子进行覆盖保护,2~3d 内禁止上人。最后用草酸清洗板面,再打蜡、抛光。

(3)板块铺贴注意事项

①正式铺贴前,还需试铺。即先摊铺一段砂浆结合层并拍实抹平,然后试铺板块。试铺合适(对缝通顺、标高吻合)后,将板块掀起移至一旁,在干硬性砂浆结合层上满浇一层水灰比为 0.4~0.5 的素水泥浆作为黏结层,再正式铺贴。

②板块正式铺贴时要将板块四角同时平稳下落,并用橡皮锤轻敲板块使之粘贴紧密,并随时用尺找平。

③铺贴好的板块应表面平整、接缝平直、镶嵌正确。镶边板块与墙、柱面交接处不得有空隙。

图 6-37 为楼梯花岗岩铺贴施工图,图 6-38 为花岗岩地面效果图。

图 6-37 楼梯花岗岩铺贴施工图

图 6-38 花岗岩地面效果图

(4)板块面层的允许偏差和检验方法

板块面层的允许偏差和检验方法应符合表 6-10 的规定。

板、块面层的允许偏差和检验方法（单位：mm）　　　　表6-10

项次	项　目	允　许　偏　差											检　验　方　法
		陶瓷锦砖面层、陶瓷地砖面层、高级水磨石面层	缸砖面层	水泥花砖面层	水磨石板块面层	大理石面层和花岗石面层	塑料板面层	水泥混凝土板块面层	碎拼大理石、碎拼花岗石面层	活动地板面层	条石面层	块石面层	
1	表面平整度	2.0	4.0	3.0	3.0	1.0	2.0	4.0	3.0	2.0	10	10	用2m靠尺和楔形塞尺检查
2	缝格平直	3.0	3.0	3.0	3.0	2.0	3.0	3.0	—	2.5	8.0	8.0	拉5m线和用钢尺检查
3	接缝高低差	0.5	1.5	0.5	0.5	0.5	0.5	1.5	—	0.4	2.0	—	用钢尺和楔形塞尺检查
4	踢脚线上口平直	3.0	4.0	—	4.0	1.0	2.0	4.0	—	1.0	—	—	拉5m线和用钢尺检查
5	板块间隙宽度	2.0	2.0	2.0	—	—	2.0	6.0	—	0.3	5.0	—	用钢尺检查

（三）木竹面层施工

木竹面层按其面层材质及板型的不同，可分为实木集成地板面层、竹地板面层、实木复合地板面层、浸渍纸层压木质地板面层、软木类地板面层、地面辐射供暖木板面层等。木竹面层具有弹性好、耐磨性能佳及不老化等优点，故在室内地面装饰中应用较多。复合地板摆脱了原实木地板铺设的复杂工艺，无需用钉或胶黏材料粘贴，而且又不易受潮，也不易出现翘曲、裂缝等，现已广泛应用。

1. 木地板的检查

木地板（实木地板、实木集成地板、竹地板，面层采用的材料进入施工现场时，应有以下有害物质限量合格的检测报告：

（1）地板中的游离甲醛（释放量或含量）。

（2）溶剂型胶黏剂中的挥发性有机化合物（VOC）、苯、甲苯+二甲苯。

（3）水性胶黏剂中的挥发性有机化合物（VOC）和游离甲醛。

此外，竹地板面层的品种与规格应符合设计要求，板面应无翘曲。

检查数量：同一工程、同一材料、同一生产厂家、同一型号、同一规格、同一批号检查1次。

2. 木地板（实木地板、复合地板）铺设的施工工艺

（1）实木地板的铺设

实木地板按其板型有条材与块材两种。其材质较多，如松木、柚木、榉木、水曲柳、花梨木等。实木地板多采用低架空铺做法，对于有拼花要求的小块料实木地板，则可采用实铺做法。

①低架空铺木地板

低架空铺做法在传统上常称作实铺木地板,其下部的木搁栅通常与地面的基层全长固定,不架空,是目前普遍采用的做法,如图6-39所示。

低架空铺实木地板施工的要点如下。

a. 平整度检查

首先检查地面平整度,如果原地面的平整度较差,应做水泥砂浆或细石混凝土找平层,使木搁栅下的基层基本平整,并在已干燥的地面基层上刷涂两道防水涂料。

b. 木搁栅固定

木搁栅与地面的固定,按设计要求采用的预埋件进行连接。即用冲击电钻在基层上钻洞(孔深50mm左右),打入木楔或塑料胀锚管。然后用长钉或专用膨胀螺栓将木搁栅与基层中的埋件连接。木搁栅应垫实钉牢,与柱、墙之间留出20mm的缝隙,表面应平直,其间距不宜大于300mm,且应与面板长度及排列方法相协调。木搁栅固定前,应根据设计标高在周边墙、柱面上弹出水平基准线,以便于木搁栅安装后进行拉通线找平,使木搁栅上口平直。

图6-40为木搁栅安装施工图。

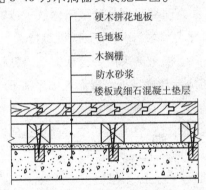

图6-39 低架空铺木地板构造

图6-40 木搁栅安装施工图

c. 面板铺钉

实木地板的面板多为企口(两边或四边)板块,与木搁栅呈垂直排放,并顺进门方向用圆钉或专用地板钉(螺旋钉)钉接。

单层木地板,其面板直接与木搁栅钉接。从墙面一侧开始,将板块材心向上逐块排紧铺钉。铺钉时,先将地板钉钉帽砸扁,从板的侧边凹角处斜向钉入,钉距以木搁栅间距为准。所有板块的端缝均应在木搁栅中线位置,相邻板块的端缝应间隔错开。铺钉至最后一条板块时,因无法继续斜钉,可改用明钉钉牢,但钉帽需砸扁冲入板内。面板与墙面之间宜留8~12mm(以防面板因热胀而起拱),并用踢脚板封盖。

图6-41为毛地板铺设施工图。

② 实铺木地板

如图6-42所示,实木地板采用实铺法,即按设计要求的拼花形式排列,以胶黏剂(环氧树脂或专用地板胶)将板块直接粘贴于地面基层上的做法。一般铺贴前应按设计的图案弹线,并宜从中央向四周铺贴。铺贴时要求接缝对齐、表面平整、胶合紧密。

图 6-41　毛地板铺设施工图　　　　图 6-42　实木地板铺设施工图

（2）复合地板的铺设

复合地板按其芯层的材质不同可分为实木复合地板、密度（强化）复合地板等，一般由底层、芯层和面层等数层组合而成。底层多为定型防潮层；芯层为中密度纤维板、高密度低胶无辐射防水合成层或实木片材胶合层等；面层多为经特殊处理高耐磨度的层压木纹板或特种耐磨塑料贴面等。复合地板具有耐磨性好、抗撞击、抗化学品侵蚀、耐烟烫及美观等特点。

复合地板的铺设也有低架空铺与实铺两种做法，但面板无需采用钉固或摊铺胶黏材料进行黏结，而是依靠其加工精密的企口，采用槽榫对接组成活动式地板面层而直接浮铺于楼地面基层上。为增加其附着力，改善隔声与弹性效果，安装时宜在面板与基层之间加铺一层发泡塑料卷材胶垫；为使相邻板块相互衔接严密而增加面层的整体性，在其企口交接的板边部位可事先涂抹一层胶黏剂。

图 6-43 为复合地板底垫铺设示意图，图 6-44 为复合地板实铺施工图。

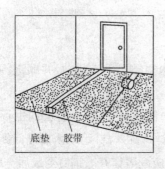 

图 6-43　复合地板底垫铺设示意图　　　　图 6-44　复合地板实铺施工图

复合地板铺设技术要点：

（1）由于复合地板表面无需涂饰即可终饰面层，故复合地板的铺设需待室内其他部位的装饰施工基本完成且做好清洁工作后方可进行。

（2）面板铺设时先按设计要求进行弹线、定位，确保接缝平直、错缝合理。

（3）基层表面必须平整。基层若不平整，必要时可铺钉毛地板，以改善基层的平整度。

木、竹面层允许偏差和检验方法见表6-11。

木、竹面层的允许偏差和检验方法（单位：mm）　　　　表6-11

项次	项目	允许偏差				检验方法
		实木地板面层			实木复合地板	
		松木地板	硬木地板	拼花地板	中密度（强化）复合地板面层、竹地板面层	
1	板面缝隙宽度	1.0	0.5	0.2	0.5	用钢尺检查
2	表面平整度	3.0	2.0	2.0	2.0	用2m靠尺和楔形塞尺检查
3	踢脚线上口平齐	3.0	3.0	3.0	3.0	拉5m通线，不足5m拉通线和用钢尺检查
4	板面拼缝平直	3.0	3.0	3.0	3.0	
5	相邻板材高差	0.5	0.5	0.5	0.5	用钢尺和楔形塞尺检查
6	踢脚线与面层的接缝	1.0				用楔形塞尺检查

注：毛地板、实木地板底架空铺，有时会做双层施工，即在门面板与木搁栅之间加铺一层基面板（材质多用20～25mm厚胶合板），以增强木地板的隔声、防潮效果，并提高面板的铺钉质量。

案　　例

环氧自流平地面施工方案

一、工程概况

（一）工程名称

黑龙江大新生物制造有限公司色氨酸工程，车间彩钢板围合的房间内（洁净区）地面为环氧自流平地面，面积400m^2，厚度2mm。

（二）施工要求

要求自流平地面漆膜丰满、平整，色彩艳丽，坚韧耐磨，漆膜不起尘，无毒，可防静电，耐酸、碱、有机溶剂等化学品和矿物油的侵蚀，具有很好的附着力，能抗强烈机械冲击，维护修补方便，应遵守《环氧自流平地面施工执行工程技术规范》（GB/T 50589—2010）。

二、施工准备

（1）施工前向施工队进行详细交底，使其明确各部位的施工做法、操作工艺、要求等。

（2）材料及机具准备见表6-12。

三、施工安排

（一）人员分工

具体人员分工见表6-13。

主要材料、机具工程量统计 表6-12

序号	名 称	规 格	主要技术要求	数 量	备 注
1	打磨机	LZ-30S		2台	
2	打磨机	JH-30S		1台	
3	喷涂机			1台	
4	滚筒			1台	
5	无溶剂型环氧树脂		附着强度:180Pa; 硬度:2~3H	3t	

人 员 分 工 表6-13

项目经理	现 场 总 负 责
总工	现场技术总负责,各专业之间协调
工程室	各施工队伍的进场安排,现场管理等协议的签订,施工队伍的进场教育和现场的各种教育,现场进度、人员安排,各施工队伍之间调度协调
工程室	各施工队伍的进场安排,现场管理等协议的签订;施工队伍的进场教育和现场的各种教育;现场进度、人员安排,各施工队伍之间调度协调
技术主管	施工方案的编制,技术指导以及与其他专业之间的技术配合,施工质量控制,组织材料的进场验收、报验
土建工程师	技术交底的编制,现场技术指导,相关隐检资料的填写,参与材料的进场检验
质检员	根据技术交底的要求对现场的施工进行质量检查、监督,相关质量资料的收集整理,负责向监理报验,针对现场的质量问题及时下发质量问题整改通知,并跟踪督促、检查
实验员	根据技术要求,对进场需要进行复试的材料委托试验室进行检验,并负责相关资料的收集整理
测量员	根据技术要求,对现场的找坡标高进行控制
安全主管	现场安全负责及相关内业资料和动火证的发放检查
材料主管	组织相关材料的进场,钢管等周转材料的进退场,参与材料的检查验收,并负责厂家资料的收集整理

(二)劳动力计划

(1)装修队伍:负责自流平地面以下的土建全部工序施工。

(2)防水队伍:负责防水施工以及蓄水试验。

(3)施工人员和工期计划:自流平地面根据实体施工进度进行,材料必须提前进场,其余机具按施工进度分别进场,作业人员10名,施工时间为17d。

四、主要施工方法及工艺

(一)工艺流程

施工工艺流程如图6-45所示。

(二)作业条件

(1)施工现场情况及对地坪的影响

①地面水分的情况及影响:环氧地坪对地面水分的要求比较高,不仅要求施工时水泥地面的水分必须小于7%,而且对于地势较低、地下水位较高的一层地面必须做防水处理。

②环境温度对地坪的影响:无溶剂环氧自流平地坪对环境温度的要求很严格,环境温度低于15℃时,地坪的固化就会非常困难。此外,因为环氧自流平地坪不含溶剂,所以不容易加入一般的低温固化促进剂,即使加入进口的低温固化促进剂,也要求环境温度必须在10℃以上方可施工。

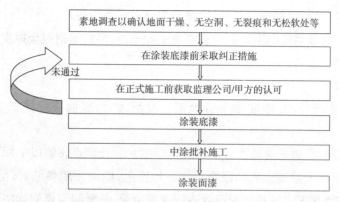

图6-45 施工工艺流程图

③地面平整度的影响:如果施工现场的地面平整度较差,落差超过5mm以上时,地坪的平整度就不容易得到保证,所以要加强施工控制,保证地面平整度满足要求。

④地面裂缝影响:对于施工现场的地面上存在的裂缝,可以用环氧腻子进行灌注填平。

⑤通风及灰尘的影响:施工现场应该保持良好的通风,否则会影响地坪的干燥程度。

⑥安装生产设备的影响:对不产生地坪施工死角的生产设备,可以在地坪施工前进行安装,对可能留有施工死角的生产设备,可以在地坪施工前先安装底座,其他部分应在地坪施工结束后进行安装,同时注意不要损坏地坪。

⑦其他方面的影响:施工现场应严禁明火,在施工前10d内,严禁向地面撒水、在地面上堆放底面积较大的重物。

施工现场满足以上作业条件之后方可施工。

（2）素地整理

素地整理的目的如下:

①清除地面表面的浮浆,提高混凝土表面的密度,增加地面与底漆的附着力。新水泥地面必须平整、坚固、不起砂,高低差在2mm以下,保养时间在30d以上,含水率在8%以下,且杂质、凸出部分必须清除,表面光滑部分必须打磨。打磨机采用全自动自吸尘JH-30S打磨机。

②施工区域的标注:用专用胶带标明施工区域和墙面踢脚线。在与设备的结合处,应先进行防腐预处理,然后用胶带标明施工区域。

③地面找平:将地面突起的水泥块打磨处理平整,然后用环氧树脂灌注料将地面上的较大裂缝和坑洞填平。干后对整个地面进行彻底打磨。

④墙角和柱脚的处理:根据要求可以将墙角和柱脚处理成R脚,墙角必须做踢脚线的防水和防腐处理。

⑤地面金属物的处理:将地面上的螺栓、下水井盖、立柱、地漏等金属部件打磨干净,去除表面上的锈蚀物、旧涂膜,用溶剂清洗干净后刷涂两道环氧金属防腐漆。

⑥下水口的处理:下水口结合处必须先进行防水及除锈处理,然后涂刷两道环氧防腐漆,最少涂刷至下水管内部10cm处。

⑦门口的处理:门口必须做成缓坡,必要时应该进行防滑处理。

⑧涂装地坪前必须将地面上的灰尘及杂物清理干净,等到溶剂完全挥发,防腐漆完全干透后方可施工。

(三)底漆施工

目的:封闭表面的尘土,使底漆渗透地面。做面漆时,表面应平滑光亮,不光亮部分需找补。

(1)底漆施工前,先进行曲地面含水率测定。以水分计测定,8%以下即可底漆涂装,若含水率8%以上,亦可用一块适当大的吸水纸铺在地面上,四周用胶带贴好,使吸水纸密封,1~2d后,检查吸水点燃情况。若易燃则可以进行底漆涂装;若断续可燃则含水率偏高,需用潮湿底漆或做断水处理;若难燃则含水率太高,地面应再保养,不宜施工或根据地面情况确定。

(2)底漆按比例将主剂、硬化剂混合,充分搅拌均匀,在可使用时间内滚涂或用刮片涂装。涂装时要做到薄而匀,涂布后有光泽,无光泽之处(粗糙之水泥地面)在适当时候进行补涂。

底漆施工后,可以进行机器设备安装,待所有工序施工完毕后再施工环氧中层或面漆。

(四)砂浆中层批补施工

(1)根据地面的情况施工砂浆中涂,以保证地面尽可能平整。

(2)中层施工方法:先将无溶剂中涂主剂充分搅拌均匀,然后按比例将主剂、硬化剂混合,充分搅拌均匀。混合时应将硬化剂向有主剂的桶中央倒入,避免材料混合不匀。搅拌后,加入适量细石英砂,充分搅拌均匀,倒在地面上,并以批刀全面做一层披覆填平砂孔,使表面平整。施工时,以齿尖除去大泡,挑去粗粒杂质。若批补不平整,或过于光滑,或间隔时间长(3d以上),则需待硬化干燥后进行全面砂磨,以吸尘器吸干净。根据地面实际情况批补第一道砂浆层后,如果表面不够平整或过于粗糙或厚度不够,则需要增加第二道砂浆层施工。

(五)腻子中层批补施工

(1)根据地面的情况施工中涂,以保证面漆表面平整光亮。

(2)中层施工方法:先将无溶剂中涂主剂充分搅拌均匀,然后按比例将主剂、硬化剂混合,充分搅拌均匀。混合时应将硬化剂向有主剂的桶中央倒入,避免材料混合不匀。搅拌后,加入适量细石英粉(或滑石粉),充分搅拌均匀,倒在地面上,并以批刀全面做一层披覆填平砂浆层砂孔,使表面平整。施工时,以齿尖除去大泡,挑去粗粒杂质。若批补不平整,或过于光滑,或间隔时间长(3d以上),则需待硬化干燥后进行全面打磨,以吸尘器吸干净。根据地面实际情况批补第一道腻子层后,如果表面不够光滑、平整,则需要增加第二道腻子施工。

(六)面漆施工

先将主剂充分搅拌均匀,然后将硬化剂向装有主剂的桶中央倒入,避免材料混合不匀。充分搅拌均匀后,用专用喷涂机喷涂或采用优质滚筒涂刷施工。施工时如发现砂粒杂质立即除去,搅拌桶涂料若呈硬化状态时,必须停止使用并随时更换搅拌桶。面漆施工一般分为两道工序:第一道为刮涂,其目的是为了清除杂质并作为着色层;第二道为镘涂施工,其目的是为了达到高光、色泽均匀的效果。

(七)保养

(1)面漆施工完毕48h后可上人,一周内不可用水、油、碱、酸等化学物涂粘。

(2)涂装中的保护:涂装过程中,对墙面应用塑料薄膜进行严密保护,慎防油漆沾污。塑料薄膜的高度不得低于1m;新涂装油漆的房间应立即封闭2h,然后保持通风,4d后方可进人;新涂装的油漆涂层应保证7d内不上重物,避免磕碰。

五、防火及安全要求

(1)施工现场严禁明火,禁止进行电焊作业,禁止吸烟,禁止放置易爆品。

(2)施工现场尽量不要放置易燃品,对于的确无法移开的易燃品,应设置明显标志,妥善保管,避免散落。

(3)对于施工中必须使用的临时电源,应由专业电工进行接线,严禁私自乱接。

(4)施工现场应放置灭火器,施工过程中应保持通风,夜里必须有人值班。

六、环氧地坪涂料质量技术标准

环氧地坪涂料质量技术标准见表6-14。

环氧地坪涂料质量技术标准　　　　表6-14

项 目	技术指标要求	实测结果
颜色及外观	符合标准涂膜,平整光滑	合格
面漆细度(μm)	≤50	≤45
附着力级(划格法)	1级	1级
表干(h)	4	3
实干(h)	24	24
冲击强度(kg/cm)	50	50
柔韧性(mm)	1	1
光泽	≥80	≥83
硬度(中华铅笔)	≥5H	≥6H
耐磨性(mg)	0.025	0.020
耐水性(7d)	不起泡,不脱落	合格
耐汽油性(70号,15d)	不起泡,不脱落	合格
耐碱性(20% NaOH,24h)	不起泡,不脱落	合格
耐酸性(20%硫酸,24h)	不起泡,不脱落	合格
耐温变性(5次循环)	不起皱,不龟裂	合格

任务要求

练一练:

1. 地面面层的分类包括( )、( )、( )。
2. 木竹地面按其面层材质及板型的不同,可分为( )面层、( )面层、实木复合地板面层、浸渍纸层压木质地板面层、( )、地面辐射供暖木板面层等。

想一想:

1. 水泥砂浆整体地面面层施工工艺。
2. 花岗岩块材地面施工工艺。

任务拓展

请同学们结合教材内容,到图书馆或互联网上查找《建筑地面工程施工质量验收规范》(GB 50209—2010)进行学习,熟悉地面辐射供暖的木板地面等各种地面面层的施工工艺。

任务四　学会吊顶与隔墙工程施工

知识准备

本任务的吊顶工程是悬吊式吊顶。它是指在建筑物结构层下部悬吊由骨架及饰面板组成的装饰构造层。

吊顶按结构形式分为活动式装配吊顶、隐蔽式装配吊顶、金属装饰板吊顶、开敞式吊顶和整体式吊顶;按使用材料分为轻钢龙骨吊顶、铝合金龙骨吊顶、木龙骨吊顶、石膏板吊顶、金属装饰板吊顶、装饰板吊顶和采光板吊顶;按照龙骨的明暗可分为暗龙骨吊顶、明龙骨吊顶。图 6-46 为吊顶效果图。

隔墙主要起分隔空间的作用,轻质隔墙一般由骨架和面层组成。常用的骨架有轻钢龙骨骨架、木龙骨骨架;常用的照面面层有石膏板、胶合板、纤维板等。图 6-47 为隔墙施工图。

图 6-46　吊顶效果图

图 6-47　隔墙施工图

一、吊顶工程施工

（一）吊顶构造组成

吊顶主要由支承、基层和面层三部分组成。

（1）支承

吊顶支承由吊杆（吊筋）和主龙骨组成。

①木龙骨吊顶的支承。如图6-48所示,木龙骨吊顶的主龙骨又称为大龙骨或主梁。传统木质吊顶的主龙骨,多采用50mm×70mm、60mm×100mm方木或薄壁槽钢、L60×6、L70×7角钢制作。龙骨间距如设计无要求,一般按1m设置。主龙骨一般用$\phi 8 \sim \phi 10$的吊顶螺栓或8号镀锌铁丝与屋顶或楼板连接。木吊杆和木龙骨必须做防腐和防火处理。

②金属龙骨吊顶的支承。如图6-49所示,轻钢龙骨与铝合金龙骨吊顶的主龙骨截面尺寸取决于荷载大小,其间距尺寸应考虑次龙骨的跨度及施工条件,一般取1~1.5m。其截面形状较多,主要有U形、T形、L形、C形等。主龙骨与屋顶结构、楼板结构多通过吊杆连接,吊杆与主龙骨用特制的吊杆件或套件连接。金属吊杆和龙骨应做防锈处理。

图6-48　木龙骨吊顶

图6-49　金属龙骨吊顶

（2）基层

基层由木材、型钢或其他轻金属材料制成的次龙骨组成。因吊顶面层使用材料不同,其基层次龙骨的布置方式和间距大小也不一样,但一般不大于600mm。

吊顶的基层要结合灯具位置、风扇或空调透风口位置等进行布置,留好预留洞穴及吊挂设施等,同时应配合线路、管道等安装工程施工。

（3）面层

木龙骨吊顶,面层多用人造板（如胶合板、纤维板、刨花板、木丝板）面层或板条（金属网）抹灰面层。轻钢龙骨、铝合金龙骨吊顶,面层多用装饰吸声板（如纸面石膏板、钙塑泡沫板、纤维板、玻璃丝棉板等）面层。

（二）木吊顶施工

（1）木质吊顶施工工艺流程

基层检查→放线→吊杆固定→木龙骨组装→固定沿墙龙骨→骨架吊装固定→安装罩

面板。

(2)木质吊顶施工操作要点

①基层检查。对屋面(楼面)进行结构检查,对不符合设计要求的及时进行处理,同时检查房屋设备安装情况、预留孔位置是否符合设计要求。

②弹水平线。首先将楼地面基准线弹在墙上,并以此为起点。弹线的内容主要包括标高线、造型位置线、吊点布置线、大中型灯位线等。

③吊杆固定。一是用屋面结构或楼板内预埋铁件固定吊杆;二是用射钉将角铁等固定在楼底面固定吊杆;三是用金属膨胀螺栓固定铁件与吊杆连接(见图6-50、图6-51)。

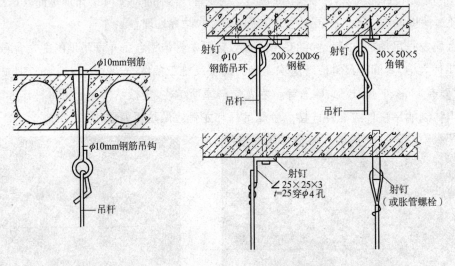

图6-50 预制板下悬挂吊杆　　图6-51 现浇板下悬挂吊件(尺寸单位:mm)

④木龙骨拼装。具体做法是在龙骨上开出凹槽,槽深、槽宽以及槽与槽之间的距离应符合有关规定,然后将凹槽与凹槽进行咬口拼装,凹槽处应涂胶并用钉子固定,如图6-52所示。

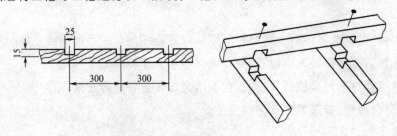

图6-52 木龙骨咬口拼装(尺寸单位:mm)

⑤固定沿墙龙骨。沿吊顶标高线固定沿墙木龙骨,木龙骨的底边与吊顶标高线齐平。一般是用冲击电钻在标高线以上10mm处墙面打孔,孔内塞入木楔,沿墙龙骨钉固在墙内木楔上。

⑥骨架吊装固定。将拼接组合的木龙骨架托到吊顶标高位置,整片调正调平后,将其与沿墙龙骨和吊杆连接(见图6-53)。

⑦安装罩面板。罩面板多采用人造板,应按设计要求切成方形、长方形等。板材安装前,

应按分块尺寸弹线,安装时由中间向四周呈对称排列,顶棚的接缝与墙面交圈应保持一致。面板应安装牢固且不得出现翘曲、折裂、缺棱掉角及脱层等缺陷。

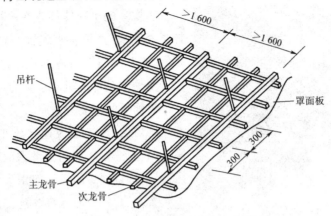

图 6-53 木龙骨吊顶(尺寸单位:mm)

(三)轻金属龙骨吊顶施工

(1)轻钢龙骨装配式吊顶施工

轻钢龙骨即为吊顶的骨架型材。轻钢吊顶龙骨有 U 形和 T 形两种。U 形上人轻钢龙骨吊顶示意图如图 6-54 所示,轻钢龙骨安装如图 6-55 所示。

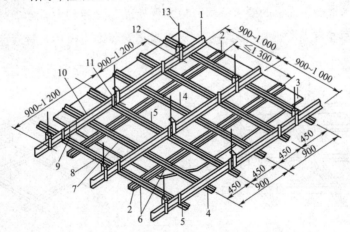

图 6-54 U 形上人轻钢龙骨吊顶示意图(尺寸单位:mm)

1-BD 大龙骨;2-UZ 横撑龙骨;3-吊顶板;4-UZ 龙骨;5-UX 龙骨;6-UZ_3 支托连接 7-UZ_2 连接件;8-UX_2 连接件;9-BD_2 连接件;10-UX_1 吊挂;11-UX_2 吊件;12-BD_1 吊件;13-UX_3 吊杆,$\phi 8 \sim \phi 10$

①工艺流程

弹顶棚标高线→划龙骨分档线→安装吊杆→安装主龙骨→安装次龙骨及配件→安装罩面板材。

②施工操作要点

施工前,先按龙骨的标高在房间四周的墙上弹出水平线,然后根据龙骨的要求按一定间距弹出龙骨中心线,找出吊点中心,将吊杆固定在埋件上。吊顶结构未设埋件时,要按确定的节点中心用射钉固定螺钉或吊杆,吊杆长度计算好后,在一端套丝,丝口的长度应考虑紧固余量,且配好紧固螺母。

图 6-55 轻钢龙骨安装

主龙骨的吊顶挂件连在吊杆上,校平调正后,拧紧固定螺母,再根据设计和饰面板尺寸要求确定间距,并用吊挂件将次龙骨固定在主龙骨上,调平调正后安装饰面板。

饰面板的安装方法有:

搁置法:将饰面板直接放在 T 形龙骨组成的格框内,有些轻质饰面板考虑刮风时会被掀起(包括通风口、空调口附近),可用木条、卡子固定。

嵌入法:将饰面板事先加工成企口暗缝,安装时将 T 形龙骨两肢插入企口缝内。

钉固法:将饰面板用钉、螺丝、自攻螺丝等固定在龙骨上。

粘贴法:将饰面板用胶黏剂直接粘贴在龙骨上。

卡固法:多用于铝合金吊顶,板材与龙骨直接卡接固定。

(2)铝合金龙骨装配式吊顶施工

铝合金龙骨吊顶按罩面板的要求不同分为龙骨底面不外露和龙骨底面外露两种形式,按龙骨结构形式不同分为 T 形和 TL 形。TL 形龙骨属于安装饰面板后龙骨底面外露的一种,如图 6-56、图 6-57 所示。

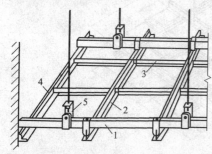

图 6-56 TL 形铝合金吊顶
1-大龙骨;2-大 T;3-小 T;4-角条;5-大吊挂件

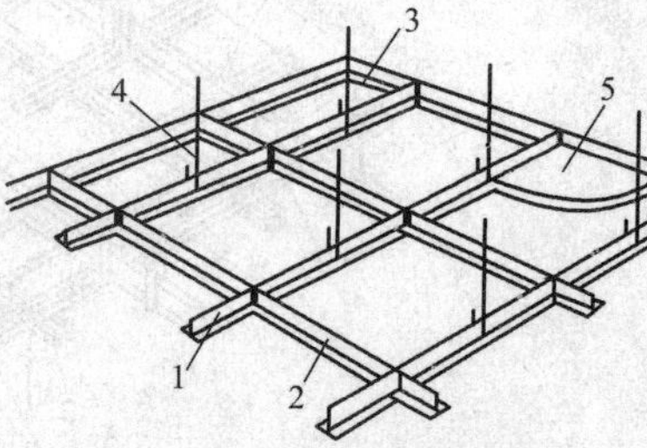

图 6-57 TL 形铝合金不上人吊顶
1-大 T;2-小 T;3-吊件;4-角条;5-饰面板

铝合金吊顶龙骨的安装方法与轻钢龙骨吊顶基本相同,此不再赘述。

(四)常见饰面板安装

石膏饰面板:如图 6-58 所示,安装可采用钉固法、粘贴法或暗式企口胶接法。U 形轻钢龙骨采用钉固法安装石膏板时,使用镀锌自攻螺钉与龙骨固定。钉头要求嵌入石膏板内 0.5～1mm,钉眼用腻子刮平。螺钉与板边距离不大于 15mm,螺间距为 150～170mm,并与板面垂直。石膏板之间应留出 8～10mm 的安装缝,待石膏板全部固定好后,用塑料压缝条或铝压缝条压缝。

图 6-59 为石膏复合饰面板。

图 6-58　石膏饰面板

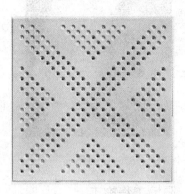

图 6-59　石膏复合饰面板

钙塑泡沫板:安装方法有钉固法和粘贴法。钉固法即用圆钉或木螺丝,将面板钉在顶棚的龙骨上,要求钉距不大于150mm。钙塑板的交角处,用木螺丝将塑料小花固定,并在小花之间沿板边按等距离加钉固定。用压条固定时,压条应平直,接口严密,不得翘曲。钙塑泡沫板用粘贴法安装时,胶黏剂可用 401 胶。涂胶后应待稍干,方可把板材粘贴压紧。

胶合板、纤维板:安装应采用钉固法。要求胶合板钉距为 80～150mm,钉长为 25～35mm；纤维板钉距为 80～120mm,钉长为 20～30mm,钉帽进入板面 0.5mm,钉眼用油性腻子抹平；硬质纤维板应用水浸透,自然阴干后安装。

矿棉板:如图 6-60 所示,安装方法有搁置法、钉固法和粘贴法。顶棚为轻金属 T 形龙骨吊顶时,在顶棚龙骨安装放平后,将矿棉板直接平放在龙骨上,矿棉板每边应留有板材安装缝,缝宽不宜大于 1mm。顶棚为木龙骨吊顶时,可在矿棉板每四块的交角处和板的中心用专门的塑料花托脚,用木螺丝固定在木龙骨上；混凝土顶面可按装饰尺寸做出平顶木条,然后再选用适宜的胶黏剂将矿棉板粘贴在平顶木条上。

金属饰面板(金属条板、金属方板和金属格栅):如图 6-61 所示,板材安装方法有卡固法和钉固法。卡固法要求龙骨形式与条板配套；钉固法采用螺钉固定时,后安装的板块压住前安装的板块,将螺钉遮盖,拼缝严密。方形板可用搁置法和钉固法,也可用铜丝绑扎固定。格栅安装方法有两种,一种是将单体构件先用卡具连成整体,再通过钢管与吊杆相连接；另一种是用带卡口的吊管将单体物体卡住,然后将吊管用吊杆悬吊。金属板吊顶与四周墙面的空隙,应用同材质的金属压缝条找齐。

(五)吊顶工程质量要求

吊顶工程所用材料的品种、规格、颜色、固定方法、基层构造等应符合设计要求。罩面板与龙骨应连接紧密,表面应平整,不得有折裂、污染、缺棱掉角、锤伤等缺陷,接缝应均匀一致。粘贴的罩面不得有脱层,胶合板不得刨透。搁置的罩面板不得有漏、透、翘角现象。吊顶工程安装的允许偏差和检验方法应符合相关规定。

图6-60 矿棉板

图6-61 铝塑板

二、隔墙工程施工

(一)隔墙构造类型

隔墙按构造方式可分为砌块式隔墙、骨架式隔墙和板材式隔墙。

砌块式隔墙构造方式与黏土砖墙相似,装饰工程中主要为骨架式隔墙和板材式隔墙。

骨架式隔墙骨架多为木材或型钢(轻钢龙骨、铝合金骨架),其饰面板多用纸面石膏板、人造板(如胶合板、纤维板、水泥纤维板、刨花板)。

板材式隔墙采用高度等于室内净高的条形板材进行拼装,板材包括复合轻质墙板、石膏空心条板、预制或现制钢丝网水泥板等。

(二)轻钢龙骨纸面石膏板隔墙施工

轻钢龙骨纸面石膏板隔墙具有施工速度快、成本低、劳动强度小、装饰美观及防火、隔声性能好等优点,因此应用广泛。

用于隔墙的轻钢龙骨有C50、C75、C100三种系列。轻钢龙骨由沿顶龙骨、沿地龙骨、竖向龙骨、加强龙骨和横撑龙骨以及配件组成,如图6-62所示。

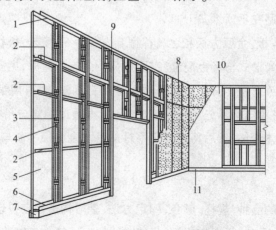

图6-62 轻钢龙骨纸面石膏板隔墙

1-沿顶龙骨;2-横撑龙骨;3-支撑卡;4-贯通孔;5-石膏板;6-沿底龙骨;7-混凝土踢脚座;8-石膏板;9-加强龙骨;10-塑料壁纸;11-踢脚板

轻钢龙骨隔墙的施工工艺流程：弹线→固定沿地、沿顶和沿墙龙骨→龙骨架装配及校正→石膏板固定→饰面处理。

(1) 弹线。根据设计要求确定隔墙、隔墙门窗、地面、墙面、高度位置以及隔墙的宽度。在地面和墙面上弹出隔墙的宽度线和中心线，按所需龙骨的长度尺寸，对龙骨划线配料，其原则是先配长料，后配短料。此外，还要按尺寸在龙骨上划出切截位置线。

(2) 固定沿地、沿顶龙骨。沿地、沿顶龙骨固定前，将固定点与竖向龙骨位置错开，用膨胀螺栓和打木楔钉、铁钉与结构固定，或直接与结构预埋件连接。图 6-63 为轻钢龙骨隔墙下部构造。

(3) 骨架连接。按设计要求和石膏板尺寸进行骨架分格设置，然后将预选切裁好的竖向龙骨装入沿地、沿顶龙骨内，校正其垂直度后，将竖向龙骨与沿地、沿顶龙骨固定起来，固定方法用点焊，或用连接件与自攻螺钉固定。

(4) 石膏板固定。固定石膏板用平头自攻螺钉，其规格通常为 M4×25 或 M5×25 两种，螺钉间距为 200mm 左右。安装时，将石

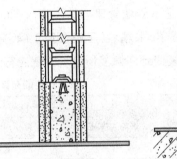
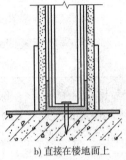

a) 现浇素混凝土带　　b) 直接在楼地面上

图 6-63　轻钢龙骨隔墙下部构造

膏板竖向放置，贴在龙骨上并用电钻同时将板材与龙骨一起打孔，再拧上自攻螺丝。螺钉要沉入板材平面 2~3mm。

石膏板之间的接缝分为明缝和暗缝两种做法。明缝是用砂浆胶合剂勾成立缝。暗缝的做法首先要求石膏板有斜角，在两块石膏板拼缝处用嵌缝石膏腻子嵌平。然后贴上 50mm 的穿孔纸带，再用腻子补一道，与墙面刮平。

(5) 饰面。待嵌缝腻子完全干燥后，即可在石膏板隔墙表面裱糊墙纸、织物或进行涂料施工。

(三) 铝合金隔墙施工

铝合金隔墙是用铝合金型材组成框架，再配以玻璃等其他材料装配而成。

施工工艺流程：弹线→下料→组装框架→安装玻璃。

(1) 弹线。根据设计要求确定隔墙在室内的具体位置、墙高以及竖向型材的间隔位置等。

(2) 划线。用钢尺和钢划针对型材划线，要求长度误差为 ±0.5mm。下料时先长后短，并将竖向型材与横向型材分开。沿顶、沿地型材要划出与竖向型材的各连接位置线，并划出连接部位的宽度。

(3) 铝合金隔墙的安装固定。半高铝合金隔墙通常先在地面组装好框架后再竖立起来固定，全封铝合金隔墙通常是先固定竖向型材，再安装横挡型材来组装框架。铝合金型材连接主要用铝角和自攻螺钉，与地面、墙面的连接则主要用铁脚固定法。

(4)玻璃安装。先按框洞尺寸缩小3~5mm,裁好玻璃,将玻璃就位后,用与型材同色的铝合金槽条将玻璃两侧夹定,校正后将槽条用自攻螺钉与型材固定。

(四)隔墙质量要求

(1)隔墙所用材料的品种、规格、颜色、性能应符合设计要求。有隔声、隔热、防火、防潮等特殊要求的工程,板材应有相应性能等级的检测报告。

(2)隔墙板材安装应位置正确、平整、垂直,板材不应有裂缝、缺损;表面应平整、洁净光滑、色泽一致、接缝均匀,且无凹凸、裂缝。

(3)板材隔墙安装所需预埋件、连接件的位置、数量及连接方法应符合设计要求,并应与周边墙体连接牢固。隔墙骨架与基体结构连接牢固,并应位置正确、平整、垂直。

(4)隔墙上的孔洞、槽、盒座应位置正确、套割方正、边缘整齐。

(5)隔墙安装的允许偏差和检验方法应符合相表6-15规定。

隔墙安装的允许偏差和检验方法 表6-15

项次	项 目	允许偏差(mm)		检 验 方 法
		纸面石膏板	人造木板、水泥纤维板	
1	立面垂直度	3	4	用2m垂直检测尺检查
2	表面平整度	3	3	用2m靠尺和塞尺检查
3	阴阳角方正	3	3	用直角检测尺检查
4	接缝直线度	—	3	拉5m线,不足5m拉通线,用钢直尺检查
5	压条直线度	—	3	拉5m线,不足5m拉通线,用钢直尺检查
6	接缝高低差	1	1	用钢直尺和塞尺检查

案 例

铝扣板吊顶施工工艺

一、施工准备

(一)作业条件

(1)安装完顶棚内的各种管线及设备,确定好灯位、通风口及各种照明孔口的位置。

(2)顶棚罩面板安装前,应做完墙、地湿作业工程项目。

(3)搭好顶棚施工操作平台架子。

(4)轻钢骨架顶棚在大面积施工前,应做样板间,对顶棚的起拱度、灯槽、窗帘盒、通风口等处进行构造处理,经鉴定后再大面积施工。

(二)材质准备

铝合金方板板材、龙骨、吊杆等。

(三)施工机具

冲击钻、无齿锯、钢锯、射钉枪、刨子、螺丝刀、吊线锤、角尺、锤子、水平尺、白线、墨斗等。

二、质量要求

吊顶工程所用材料的品种、规格、颜色、固定方法、基层构造等应符合设计要求。罩面板与龙骨应连接紧密,表面应平整,不得有折裂、污染、缺棱掉角、锤伤等缺陷,接缝应均匀一致。粘贴的罩面不得有脱层,胶合板不得刨透。搁置的罩面板不得有漏、透、翘角现象。吊顶工程安装的允许偏差和检验方法应符合相关规定。

三、工艺流程

基层弹线→安装吊杆→安装主龙骨→安装边龙骨→安装次龙骨→安装铝合金方板→饰面清理→分项、检验批验收。

四、施工工艺

(1)弹线。根据楼层标高水平线,按照设计标高,沿墙四周弹顶棚标高水平线,找出房间中心点,并沿顶棚的标高水平线,以房间中心点为中心在墙上画好龙骨分档位置线。

(2)安装主龙骨吊杆。在弹好顶棚标高水平线及龙骨位置线后,确定吊杆下端头的标高,安装预先加工好的吊杆,吊杆用 $\phi 8$ 膨胀螺栓固定在顶棚上。吊杆选用 $\phi 8$ 圆钢,吊筋间距控制在 1 200mm 范围内。

(3)安装主龙骨。主龙骨一般选用 C38 轻钢龙骨,间距控制在 1 200mm 范围内。安装时采用与主龙骨配套的吊件与吊杆连接。

(4)安装边龙骨。按天花净高要求在墙四周用水泥钉固定 25mm×25mm 烤漆龙骨,水泥钉间距不大于 300mm。

(5)安装次龙骨。根据铝扣板的规格尺寸,安装与板配套的次龙骨,次龙骨通过吊挂件吊挂在主龙骨上。当次龙骨长度需多根延续接长时,用次龙骨连接件,在吊挂次龙骨的同时,将相对端头相连接,并先调直后固定。

(6)安装金属板。铝扣板安装时,在装配面积的中间位置垂直次龙骨方向拉一条基准线,对齐基准线向两边安装。安装时,轻拿轻放,必须顺着翻边部位顺序将方板两边轻压,卡进龙骨后再推紧。

(7)清理。铝扣板安装完后,需用布把板面全部擦拭干净,不得有污物及手印等。

吊顶工程验收时应检查下列文件和记录:

①吊顶工程的施工图、设计说明及其他设计文件。

②材料的产品合格证书、性能检测报告、进场验收记录和复验报告。

③隐蔽工程验收记录。

④施工记录。

五、成品保护

轻钢骨架、罩面板及其他吊顶材料在入场存放、使用过程中应严格管理,保证不变形、不受潮、不生锈。

（1）装修吊顶用吊杆严禁挪作机电管道、线路吊挂用，机电管道、线路如与吊顶吊杆位置矛盾，须经过项目技术人员同意后更改，不得随意改变、挪动吊杆。

（2）吊顶龙骨上禁止铺设机电管道、线路。

（3）轻钢骨架及罩面板安装时，应注意保护顶棚内各种管线，轻钢骨架的吊杆、龙骨不准固定在通风管道及其他设备件上。

（4）为了保护成品，罩面板安装必须在棚内管道试水、保温等一切工序全部验收后进行。

（5）设专人负责成品保护工作，发现有保护设施损坏的，要及时恢复。

（6）工序交接全部采用书面形式由双方签字认可，由下道工序作业人员和成品保护负责人同时签字确认，并保存工序交接书面材料。下道工序作业人员对防止成品的污染、损坏或丢失负直接责任，成品保护专人对成品保护负监督、检查责任。

六、安全措施

（1）现场临时水电设专人管理，防止长明灯、长流水。用水、用电分开计量，通过对数据的分析得到节能效果并逐步改进。

（2）工人操作地点和周围必须清洁整齐，做到活完脚下清，工完场地清，并制定严格的成品保护措施。

（3）持证上岗制：特殊工种必须持有在有效期内的上岗操作证，严禁无证上岗。

①中小型机具必须经检验合格，履行验收手续后方可使用。同时应由专门人员使用操作并负责维修保养。

②必须建立中小型机具的安全操作制度，并将安全操作制度牌挂在机具旁明显处。

③中小型机具的安全防护装置必须保持齐全、完好、灵敏有效。

④使用人字梯攀高作业时只准1人使用，禁止2人同时作业。

任 务 要 求

练一练：

1. 吊顶按结构形式分为活动式装配吊顶、（　　）、金属装饰板吊顶、（　　）和整体式吊顶。

2. 隔墙主要起分隔空间的作用，轻质隔墙一般由（　　）和（　　）组成，常用的骨架有轻钢龙骨骨架、木龙骨骨架、（　　）。

想一想：

1. 轻钢龙骨吊顶施工工艺有哪些？
2. 轻钢龙骨骨架隔墙施工工艺有哪些？

任 务 拓 展

请同学们结合教材内容，到图书馆或互联网上查找相关资料，对轻钢龙骨吊顶、金属装饰板吊顶常见质量缺陷及处理办法进行学习,熟悉轻钢龙骨吊顶、金属装饰板吊顶常见质量缺陷及处理办法。

任务五　学会门窗工程施工

知识准备

门窗工程是建筑装饰装修分部工程中主要的子分部工程,包括木门窗制作与安装、塑料门窗安装、金属门窗安装、特种门安装和门窗玻璃安装等分项工程。门窗的种类很多,一般由门(窗)框、门(窗)扇、玻璃、五金配件等部件组成。本任务主要叙述木门窗、塑料门窗的安装方法及其质量要求。

一、门窗安装前预检

（一）部分材料及其性能指标复验

选用人造木板门窗时,应对其甲醛的含量进行复验,且应符合国家有关建筑装饰装修材料有害物质限量标准《室内装饰装修材料人造板及其制品中甲醛释放限量》（GB 18580—2001）的规定。对于建筑外墙塑料窗、金属窗应复验其抗风压性能、雨水渗透性能和空气渗透性能。

（二）门窗及其附件验收

门窗安装前,应根据门窗工程的施工图、设计说明和其他设计文件,结合厂方提供的结构图和门窗节点进行检查,核对门窗的品种、规格、开启方向及附件、组合杆是否符合设计要求,是否有材料的合格证书、性能监测报告。特种门安装前,还应检查相应的生产许可证等。

（三）门窗洞口尺寸检查

除检查单个门窗洞口尺寸外,还应对能够通视的成排或成列的门窗洞口进行拉通线或目测检查。如果发现明显偏差,采取处理措施后再安装门窗。

二、木门窗安装

木门和木窗是室内外装饰造型的一个主要组成部分,也是创造装饰气氛与效果的一个主要手段,在装修工程中被普遍使用。

木门和木窗均由框与扇两部分组成,其中框的构造基本相同,但扇的区别很大,已达到不同的装饰效果。图6-64为常见木门扇构造形式,图6-65为常见木门窗构造形式。

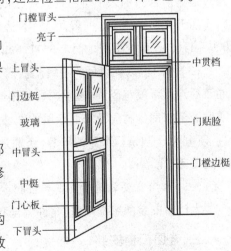

图6-64　常见木门扇构造形式

（一）门窗框安装

安装木门窗框一般有两种方法,一种是先安装后砌口的方法(先立口),另一种是预留洞口的方法(后塞口)。为避免门窗框在施工中受损、受挤压变形或受到污染,宜优先采用后塞口的方法施工。

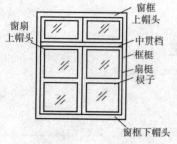

图6-65 常见木窗扇构造形式

施工时,门窗洞口要按图纸上的位置和尺寸先行留出。预留洞口应比相应位置的门窗洞口大30~40mm(每边大15~20mm)。砌墙时,洞口两侧按规定砌入防腐木砖,木砖大小约为半砖(115mm×115mm×53mm),间距不大于1.2m,且每边不少于2块。

在抹灰前,先将门窗框立于洞口处,用木楔临时固定,检查门窗的开启方向是否正确后,卡方、吊直,保证框到墙面距离一致,并与墙面装饰层收口的要求吻合,最后用钉把门窗框钉牢在木砖上。每块木砖上宜钉2颗钉子,钉帽砸扁冲入框内。框与墙体间缝隙的填嵌材料应符合设计要求并填嵌饱满。寒冷地区的外门窗框与砌体间尚应填充保温材料。

(二)门窗扇安装

门窗扇安装前,应检查门窗框上、中、下三部分的宽度是否一致,如果偏差大于5mm要进行修正。再根据框口的实际净尺寸,考虑留缝的大小后,确定门窗扇的宽度和高度并进行修刨。修刨好的门窗扇用合页与框在扇高的1/8~1/10处连接并调整至符合要求。

木门窗扇安装时应注意如下要点:

(1)由于门窗框、扇在制作时误差难免且不相同,所以每一门扇或窗扇需要安装一扇、修刨一扇。

(2)门窗小五金件安装齐全,位置适宜,牢固可靠。框扇连接件(合页)的大小、数量与位置应适当。合页的大小可由设计或根据门窗扇的大小确定;合页位置宜设于有利于合页受力且可避开榫头的部位,一般距上、下边的距离为门窗扇高度的1/8~1/10。门拉手距地面0.9~1.05m,窗拉手距地面1.5~1.6m。

(3)木门窗扇安装后的留缝限值应满足规范规定。考虑到木材的干缩湿胀和门窗框、扇油漆后涂层厚度等因素,这里的留缝限值可以有一定的范围,所以实际安装时留缝宽度应结合所安装门窗扇的材质及饰面涂层的做法来综合确定。

(4)对于双扇门窗扇的安装,还需注意其错口工序。按扇开启方向看,左手扇是等口,右手扇是盖口。

(三)木门窗安装质量要求和检验方法

木门窗安装的留缝限值、允许偏差和检验方法如表6-16所示。

三、金属门窗安装

金属门窗包括铝合金门窗、涂色镀锌钢板门窗等,不包括金属卷帘门等特种门。金属门窗安装方法应采用预留洞口(后塞口)的方法施工。各类金属门窗的安装工艺流程基本一致,即先把门窗框在洞口内摆正并用楔块临时固定,校正至横平竖直,再用连接件把外框与墙体连接牢固,并选用适当材料填缝,最后装扇、五金件或玻璃、配件等。

木门窗安装的留缝限值、允许偏差和检验方法　　　　表 6-16

项次	项　目		留缝限值(mm)		允许偏差(mm)		检 验 方 法
			普通	高级	普通	高级	
1	门窗槽口对角线长度差		—	—	3	2	用钢尺检查
2	门窗框的正、侧面垂直度		—	—	2	1	用1m垂直检测尺检查
3	框与扇、扇与扇接缝高低差		—	—	2	1	用钢直尺和塞尺检查
4	门窗扇对口缝		1~2.5	1.5~2	—	—	用塞尺检查
5	工业厂房双扇大门对口缝		2~5	—	—	—	
6	门窗扇与上框间留缝		1~2	1~1.5	—	—	
7	门窗扇与侧框间留缝		1~2.5	1~1.5	—	—	
8	窗扇与下框间留缝		2~3	2~2.5	—	—	
9	门扇与下框间留缝		3~5	3~4	—	—	
10	双层门窗内外框间距		—	—	4	3	用钢尺检查
11	无下框时门扇与地面间留缝	外门	4~7	5~6	—	—	用塞尺检查
		内门	5~8	6~7	—	—	
		卫生间门	8~12	8~10	—	—	
		厂房大门	10~20	—	—	—	

铝合金门窗具有较优良的性能,不仅具有很好的气密性、水密性、隔热性、隔声性等,而且具有质轻、耐腐蚀、色泽美观等优点,因此在建筑工程室内外装饰中已得到普遍使用。

铝合金门窗安装采用预留洞口(后塞口)法施工。

(一)铝合金门窗安装工艺流程

划线定位→门窗框安装就位→门窗框固定→门窗框与墙体间隙填塞→门窗扇及玻璃安装→五金配件安装。

(二)铝合金门窗安装要点

(1)划线定位。门窗安装在内外装修基本结束后进行,以避免土建施工的损坏;门窗框的上下口标高以室内"50线"为控制标准,外墙的下层窗应从顶层垂直吊正。

(2)安装就位。根据门窗定位线安装门窗框,并调整好门窗框的水平、垂直及对角线长度,符合标准后用木楔临时固定。

(3)门窗框校正无误后,将连接件按连接点位置卡紧于门窗框外侧。铝合金门窗框与墙体之间连接一般采用镀锌锚固板(或称镀锌铁脚)连接,切记不可将门窗外框直接埋入墙体。镀锌锚固板先与门窗框用射钉或自攻螺栓连接,再用射钉直接紧固于混凝土墙体或有混凝土块埋件的砌体上(见图6-66)。当门窗洞口墙体是砖砌体且未设混凝土块埋件时,应使用冲击钻钻入10mm的深孔,再用胀锚螺栓紧固连接件(见图6-67)。

(三)门窗框与墙体之间的填嵌材料

铝合金门窗框与墙体之间的缝隙应用玻璃毡条或矿棉等软质材料分层填入,不宜使用水泥砂浆,且框边需留5~8mm深的槽口,待洞口饰面完成并干燥除浮灰后再嵌填防水密封胶。

密封胶表面应光滑、顺直、无裂纹。阳极氧化处理的铝合金型材严禁与水泥砂浆接触。

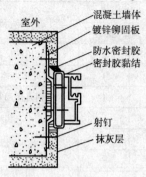
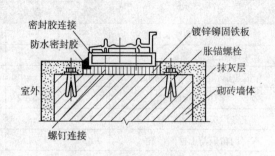

图 6-66 射钉紧固连接件示意图　　　　图 6-67 胀锚螺栓紧固连接件示意图

（四）门窗扇安装时间

铝合金门窗框的安装宜在抹灰前进行，而门窗扇的安装可安排在抹灰后，且需在土建施工基本完成后方可施工，避免受污受损。

（五）金属门窗安装的允许偏差和检验方法

铝合金门窗安装的允许偏差和检验方法应符合表 6-17 的规定。

铝合金门窗安装的允许偏差和检验方法　　　　表 6-17

项次	项　目		允许偏差（mm）	检 验 方 法
1	门窗槽口宽度、高度	≤1 500mm	1.5	用钢尺检查
		>1 500mm	2	
2	门窗槽口对角线长度差	≤2 000mm	3	用钢尺检查
		>2 000mm	4	
3	门窗框的正、侧面垂直度		2.5	用垂直检测尺检查
4	门窗横框的水平度		2	用1m水平尺和塞尺检查
5	门窗横框标高		5	用钢尺检查
6	门窗竖向偏离中心		5	用钢尺检查
7	双层门窗内外框间距		4	用钢尺检声
8	推拉门窗扇与框搭接量		1.5	用钢直尺检查

四、塑料门窗安装

塑料门窗是以聚氯乙烯、改性聚氯乙烯或其他树脂为主要原料，轻质碳酸钙为填料，添加适量助剂和改性剂，采用挤压成型的办法制成的空腹门窗。塑料门窗造型美观，具有良好的耐腐蚀性和装饰性，但刚度稍差，一般可在空腔内加入型钢，以增强抗弯变形的能力，称为塑钢门窗。

（一）塑料门窗安装工艺流程

找规矩→弹线→立框→门窗框固定→门窗框嵌缝→安装门窗扇→安装五金玻璃→调试、

清理→成品保护。

(二)塑料门窗安装操作要点

1. 弹线、找规矩

弹放垂直控制线。按设计要求,从顶层至首层用大线坠或经纬仪吊垂直,检查外立面门、窗洞口的位置的准确度,并在墙上弹出垂直线,出现偏差超标时,应先对其进行处理。室内用线坠或垂直弹线。

弹放水平控制线。门窗的标高应根据设计标高,结合室内标高控制线进行放线。在同一场所的门窗,当设计标高一致时,要拉通线或用水准仪进行检测,使门窗安装标高一致。

弹墙厚度方向的位置线应考虑墙面抹灰的厚度,根据设计的门窗位置、尺寸及开启方向,在墙上弹出安装位置线。

2. 立框

将门窗框就位,检验校正门窗框的水平度、垂直度。用木楔临时固定门窗框连接件与墙体时,应分别采用相应的固定方法。混凝土墙体宜采用射钉或塑料膨胀螺栓固定;砖墙或其他砌体墙,门窗框连接件直接与墙上预埋件固定。连接件与门窗框和墙体应固定牢固,防止门窗框松动。

3. 门窗框固定

先将塑料门窗安装连接件用自攻螺钉与门窗框固定,且应先钻孔再拧入自攻螺钉。连接件的位置应距窗角、中竖框、中横框 150~200mm,连接件之间的距离不大于600mm。

4. 门窗框嵌缝

门窗框固定后,框与墙体之间的空隙一般采用泡沫塑料条或单组分发泡胶进行嵌缝,门窗框四周的内外接缝应采用密封膏嵌填收口。对保湿、隔声要求高的工程,外门窗框与洞口的缝隙应采用聚氨酯发泡密封胶等隔热隔声材料嵌填收口。门窗框周围缝隙嵌填软质材料时,应填塞松紧适度,以免门窗框受挤变形。

5. 安装门窗扇

塑料门窗通常采用推拉、平开、翻转等方式开启。安装推拉门窗的滑轨时,将专用配套的轨道与塑料门窗扣紧卡牢,把门窗扇放入卡槽即可。安装平开窗时,把专用配套合页用自攻螺钉安装到塑料门窗框和扇上。合页安装位置应距端头 150~200mm。合页之间的距离应不大于 1 000mm。

6. 安装五金配件

在门窗框上安装连接件、五金配件时,需先钻孔后用自攻螺丝拧入,严禁直接锤击钉入,以防损坏门窗,且安装要牢固,动作灵活,以满足使用功能。

7. 调试、清理

塑料门窗安装后,要逐个进行启闭调试,保证开关灵活,性能良好,关闭严密,表面平整。玻璃及框周边注入的密封胶要平整、饱满。

8. 成品保护

施工时,及时清理砂浆,并防止热源灼伤、利器划伤面层,施工后及时清理型材保护膜;外墙施工时,不得堵塞塑料门窗的排水口,保证排水通畅。

9. 质量标准

塑料门窗安装的允许偏差和检验方法应符合表 6-18 的规定。

塑料门窗安装的允许偏差和检验方法　　　　　　　　　表 6-18

项次	项　　目		允许偏差(mm)	检验方法
1	门窗槽口宽度、高度	≤1 500mm	2	用钢尺检查
		>1 500mm	3	
2	门窗槽口对角线长度差	≤2 000mm	3	用钢尺检查
		>2 000mm	5	
3	门窗框的正、侧面垂直度		3	用1m垂直检测尺检查
4	门窗横框的水平度		3	用1m水平尺和塞尺检查
5	门窗横框标高		5	用钢尺检查
6	门窗竖向偏离中心		5	用钢直尺检查
7	双层门窗内外框间距		4	用钢尺检查
8	同樘平开门窗相邻扇高度差		2	用钢直尺检查
9	平开门窗铰链部位配合间隙		+2;−1	用塞尺检查
10	推拉门窗扇与框搭接量		+15;−2.5	用钢直尺检查
11	推拉门窗扇与竖框平行度		2	用1m水平尺和塞尺检查

五、玻璃安装

玻璃工程应在框、扇校正和五金件安装完毕后,在框、扇进行最后一遍涂料前进行。

玻璃宜集中裁割,边缘不得有斜曲和缺口。木框、扇玻璃按实测尺寸或设计尺寸,长、宽各应缩小一个裁口宽度的 1/4 裁割。铝合金及塑料(塑钢)框、扇玻璃的裁割尺寸应符合现行国家标准对玻璃与玻璃之间配合尺寸的规定,并满足安装和设计要求。

六、门窗安装质量验收

(1) 质量证明文件:材料产品合格证书、性能检测报告、进场验收记录和复验报告。

(2) 隐蔽验收项目:预埋件和锚固件,隐蔽部位的防腐、填嵌处理。

(3) 验收批的划分:相同品种、类型和规格的门窗,每 100 樘为一检验批,每检验批至少抽查 5%,且不少于 3 樘;高层建筑的外墙窗,每检验批至少抽查 10%,且不少于 6 樘。

(4) 性能指标复验:外墙金属窗、塑钢窗的抗风压性能、空气渗透性能和雨水渗漏性能。

案 例
塑窗安装方案

一、工程概况

本工程是由宏宇房产开发有限公司开发的高档住宅生活小区,采用高档彩色塑钢门窗,使用 5+9A+5 中空玻璃。

二、塑钢窗安装工艺

塑钢窗的安装采用后塞口法,在室内外墙体装饰结束、洞口抹好底灰后进行,这样能使窗框免受污染、损伤。但是,后塞口安装要求土建施工预留门窗洞口尺寸必须准确,给土建施工带来一定的难度。

(一)塑钢窗安装准备工作

1. 洞口准备

安装人员会同土建人员依照图纸检查洞口的尺寸、位置和标高,检查是否能满足安装间隙的需要。若发现洞口不符合要求,应进行剔凿和修补。

2. 材料准备

塑钢窗的规格、型号应符合设计要求,五金配件应配套、齐全,并应有相应的出厂合格证明。

3. 机具准备

生产安装塑钢窗需准备切割机、下料锯、水槽铣、焊接机、四角焊、清角机、电钻、冲击钻、射钉枪、胶枪、玻璃吸盘、螺丝刀、木楔、线锤、水平尺等工具。

4. 作业条件

(1)主体结构工程质量经有关部门验收,达到合格要求,工种之间已办好交接手续。

(2)校核窗预留洞口的位置、尺寸、标高符合图纸要求,有问题的已经处理完毕。

(3)安装人员参加了技术交底,熟悉图纸要求、操作规程及质量标准。

(4)塑钢窗的材料已运到安装地点,并经拆包核对型号、开启方向、数量、质量。若检查有劈棱窜角、翘曲不平、严重碰损、偏差超标、严重划伤及外观色差大者,应找有关人员协商解决。合格品应按照设计要求搬运到相应的安装位置,不合格品须经整修、鉴定合格后,方可安装。

(二)塑钢窗安装工艺流程

弹线、找规距→做防腐处理→门窗框就位→找正、暂固定→框与墙连接→窗边外粉,粉好后塞周边缝隙→安装门窗固定玻璃→安装门窗扇→装五金配件→打胶与擦拭。

(三)塑钢窗安装施工操作

1. 弹线、找规矩

(1)引铅直线:在建筑物最顶层找出窗位置后,以其门窗边线为准,用经纬仪将边线下引,并分别在各层门窗口处做出标识。对个别不直的门窗边，应进行剔凿修整。

(2) 弹水平线：窗口水平位置应以+50cm(90cm 或 100cm)的水平线为准往上返，量出窗下皮标高，弹线找直。每一楼层和同一房间窗下皮的标高应保持一致。

2. 定进出位置

根据外墙大样图和窗台板的宽度，确定铝合金窗的墙厚方向的进出位置。若外墙厚度有偏差，原则上应以同一房间的窗台板外露宽度一致为准。

3. 防腐处理

窗框外四周应按照设计图纸要求做防腐处理。

4. 窗框就位

窗框上墙后，大致安放在洞口内的安装位置线上。

5. 找正、暂时固定

立框后，应调整、校正其垂直度、水平度、对角线及进深位置，符合要求后，暂时用木楔固定。

6. 框与墙连接

通过预先安装在窗框上的连接件采用固定片(射钉、射弹、水泥钉)与墙连接(按照设计要求做好防雷连接)。

7. 塞周边缝隙

塑钢窗框安装固定后，应检查其垂直度、水平度、对角线及进深位置是否固定在当中位置，如不符合要求，立即整改，确定无误后，才可进行周边塞缝。按照设计要求处理窗框与墙体之间的缝隙。在填塞过程中，要防止碰撞窗框，以免变形。

8. 安装门窗、固定玻璃

安装玻璃先撕掉门窗上的保护膜，清洁干净，再将玻璃就位。单块玻璃尺寸较小时，可用双手操作就位；单块玻璃尺寸较大时，可用玻璃吸盘安装。安装玻璃前，应先在玻璃周边垫3mm 厚的弹性垫块，以缓冲启闭等力的冲击。垫块应设在玻璃边长的1/4处。玻璃不可与型材和螺钉直接接触，以防碎裂。再将压条扣上，然后按照设计要求填塞密封胶条和打胶。密封胶条(打胶)应平整、光滑、无松动、密实，以免产生渗水。

9. 安装窗扇

(1) 安装条件：塑钢窗扇的安装应在土建工程施工基本完成的情况下进行，以保持塑钢窗完好无损。

(2) 安装推拉窗扇：安装推拉窗扇前，首先撕掉保护胶带纸，检查扇上各密封毛条有无少装或脱落。如有脱落现象，可用玻璃胶等黏结。将窗扇的顶部插入窗框的上滑槽中，并使滑轮卡在下滑槽的轨道上，待安装好后，进行调试，确保推拉灵活、密实。

10. 装五金配件

待内装饰装修结束后，即可安装五金配件(执手、锁扣等)。五金件应齐全、配套，安装牢固,使用灵活,位置正确,端正美观,达到各自的功能。

11. 打胶与擦拭

(1)打胶:在窗框内外两面靠墙的周边上,以及框与框之间的接缝处,先剪掉外框周边残留的保护纸,再将与胶接触的表面清洗干净,然后用胶枪沿缝隙压注密封胶,并使胶面平整、均匀、光滑、无气孔。打胶后须保证在24h内不受振动,确保密封牢固。

(2)清理:将沾污在框、扇、玻璃与窗台上的水泥浆、胶迹等污物用拭布清擦干净。

(四)门窗安装检验

(1)塑钢窗及附件质量必须符合设计要求和有关标准规定。

(2)塑钢窗的位置、开启方向必须符合设计要求。

(3)塑钢窗必须安装牢固,与墙连接位置、数量必须符合设计要求。

(五)塑钢窗安装注意事项

(1)运入施工现场的塑钢窗框扇,应按型号和规格分类堆放整齐。下边须垫实、垫平,避免在存放期间因受压或碰撞而引起变形或损坏。

(2)框应用保护膜封闭好再进行安装,若发现保护膜有缺损处,要补贴后再上墙,防止受污染。

(3)安装位置必须正确,安装后应规矩、牢固、对角线卡方,并应该不歪斜、不翘曲、不窜角、不松动。

(4)安装好的塑钢窗,应保证各楼层的窗上下顺直,左右通平。

(5)窗上的保护膜应轻轻撕掉,不可使用刀割,以防划伤塑钢型材表面。

(6)临时固定框的木楔必须塞在能承受压力的部位,不得塞在空当中,以免塑钢窗框因受挤压而变形。

(7)安装后的塑钢窗必须有可靠的刚度。否则,必须增设加固件,并应做好防腐、防锈处理。

(8)组合塑钢窗安装前,必须对照设计图纸在地面上进行试拼装,试拼装无误后,再正式安装。先安通长竖拼樘料,再装分段横拼樘料,最后安装基本窗框。

(9)塑钢推拉窗周边与结构之间的缝隙嵌塞软填料后,所留下5~8mm的胶口应在洞口粉刷干燥后再打胶。

三、质量标准

(一)主控项目

(1)塑钢门窗的品种、类型、规格、尺寸、开启方向、安装位置、连接方式及填嵌密封处理应符合设计要求。

(2)塑钢门窗框、副框和扇的安装必须牢固。固定片的数量和位置应正确,连接方式应符合设计要求。

(3)塑钢门窗应开关灵活、关闭严实、无倒翘。配件的型号、规格、数量应符合设计要求,安装应牢固,位置应正确,功能应满足使用要求。

(4)塑钢门窗与墙体间缝隙应采用闭孔弹性材料填嵌饱满,表面应采用密封胶密封。密封胶应黏结牢固,表面光滑、顺直、无裂纹。

(二)一般项目

(1)塑钢门窗表面应洁净、平整、光滑,大面应无划痕、碰伤。

(2)平开门窗扇平铰链的开关力应不大于80kN;滑撑铰链的开关力应不大于80kN,并不小于30kN。推拉门的开关力应不大于100kN。

(3)塑钢门窗扇的密封条不得脱槽。

(4)玻璃密封条与玻璃及玻璃槽口的接缝应平整,不得卷边、脱槽。

(5)排水孔应畅通,位置和数量应符合设计要求。

(6)塑钢门窗的允许偏差和检验方法如表6-19所示。

塑钢窗的允许偏差和检验方法 表6-19

项次	项 目		允许偏差(mm)	检验方法
1	门窗槽口宽度、高度	≤1 500mm	2	用钢尺检查
		>2 000mm	3	
2	门窗槽口对角线长度差	≤2 000mm	3	用钢尺检查
		>2 000mm	5	
3	门窗框的正侧面垂直度		3	用1m垂直检测尺检查
4	门窗横框的水平度		3	用1m水平尺和塞尺检查
5	门窗横框的标高		5	用钢尺检查
6	门窗竖向偏离中心		5	用钢尺检查
7	平开门铰链部位配合间隙		+2,-1	用钢尺检查
8	推拉门窗扇与框搭接量		+1.5;-2.5	用钢尺检查
9	推拉门窗扇与竖框平行度		2	用1m水平尺和塞尺检查

四、成品保护

(1)窗框四周嵌防水密封胶时,操作应仔细,油膏不得污染门窗框。

(2)外墙面涂刷、室内顶墙喷涂时,应用塑料薄膜封挡好门窗,防止污染。

(3)室内抹水泥砂浆以前,必须遮挡好塑料门窗,以防水泥浆污染门窗。

(4)污水、垃圾、污物不可从窗户往下扔、倒。

(5)搭、拆、转运脚手杆和脚手板不得在门窗框、扇上拖拽。

(6)安装设备及管道时,应防止物料撞坏门窗。

(7)严禁在窗扇上站人。

(8)门窗扇安装后,应及时安装五金配件,关窗锁门,以防风吹损坏门窗。

(9)不得在门窗上锤击、钉钉子或刻划,不得用力刮或用硬物擦磨等办法清理门窗。

任 务 要 求

练一练：
1. 窗的种类很多，一般由窗框、（ ）、玻璃、（ ）等部件组成。
2. 对于建筑外墙塑料窗、金属窗，进场应复验其抗风压性能、（ ）性能和（ ）性能。

想一想：
1. 铝合金门窗安装施工工艺。
2. 塑钢门窗安装施工工艺。

任 务 拓 展

请同学们结合教材内容，到图书馆或互联网上查找相关资料进行学习，总结塑料门窗安装常见质量缺陷及处理办法。

任务六　学会裱糊、涂饰工程施工

知识准备

裱糊工程是将壁纸或玻璃纤维布等，用胶黏剂裱糊在内墙面上的一种装饰工程。涂饰工程是将胶体的溶液涂敷于物体表面，与基层黏结并形成一层完整而坚韧的薄膜，借此达到美化、装饰、保护基层免受外界侵蚀目的的一种装饰工程。涂饰包括水性涂料涂饰、溶剂性涂料涂饰和美术涂饰。

一、裱糊工程施工

（一）裱糊工程常用材料

常用材料有塑料壁纸（纸基，用高分子乳液涂布面层，再印花、压纹而成）、玻璃纤维布（玻璃纤维布为基层，涂耐磨的树脂，印压彩色图案、花纹或浮雕）、无纺墙布（用天然纤维和合成纤维，无纺成型，上树脂，印压彩色图案、花纹）及黏结剂。

图 6-68 为常见的各种壁纸，图 6-69 为裱糊工程常用的工具。

图 6-68　常见的各种壁纸

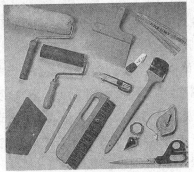

图 6-69　裱糊工程常用的工具

（二）裱糊工程施工工艺流程

清扫基层、填补缝隙→墙面接缝处贴接缝带、补腻子、磨砂纸→满刮腻子、磨平→涂刷防潮剂→涂刷底胶→墙面弹线→壁纸浸水→壁纸、基层涂刷黏结剂→墙纸裁纸、刷胶→上墙裱贴、拼缝、搭接、对花→赶压胶黏剂气泡→擦净胶水→修整。

（三）裱糊工程施工要点

1. 基层处理

（1）混凝土或抹灰基层。墙面清扫干净，将表面裂缝、坑洼不平处用腻子找平。先在墙面上满刮乙烯乳胶腻子一遍，干后用砂纸磨平磨光，将灰尘清扫干净，再用排笔或喷枪涂刷一遍1:1的107胶溶液作底胶，要求薄而均匀，不得漏刷和流淌。

（2）木基层。木基层应刨平，无毛刺、饿茬，无外露钉头。接缝、钉眼用腻子补平。满刮腻子应打磨平整。

（3）石膏板基层。石膏板接缝用嵌缝腻子处理，并用接缝带贴牢。表面刮腻子，涂刷底胶一般使用107胶，底胶一遍成活，不得有遗漏。

2. 塑料壁纸的裱糊

（1）弹垂直线。为使壁纸的花纹、图案、线条纵横连贯，在底胶干后，根据房间大小、门窗位置、壁纸宽度和花纹图案的完整性进行弹线，从墙的阳角开始，以壁纸宽度弹垂直线，作为裱糊的准线。

（2）裁纸。壁纸粘贴前应进行预拼试贴，以确定裁纸尺寸，使接缝花纹完整、效果良好。裁纸应根据弹线实际尺寸，以墙面高度进行分幅拼花裁切，并注意留有20~30mm的余量。

（3）闷水。好的壁纸应放入水槽中浸泡3~5min，取出后把明水抖掉，静置10min左右。

（4）刷胶。墙面和纸背面的刷胶应同时进行。墙面涂刷胶黏剂应比壁纸宽20~30mm，涂刷一段，裱糊一张。墙纸胶液用毛刷涂刷在墙纸背面，注意四周边缘要涂满胶液。

胶黏剂应涂刷均匀、不漏刷，背面带胶的壁纸则只在墙面涂刷胶黏剂，涂好的墙纸涂胶面对折放置5min，使胶液透入纸底后即可张贴。每次涂刷数张墙纸，并依顺序张贴。

（5）裱糊壁纸。以阴角处弹好的垂直线作为裱糊第一幅壁纸的基准，第二幅开始先上后下对称裱糊，对缝必须严密、不显接槎，花纹图案的对缝端正吻合；拼缝对齐后用刮板由上至下抹压平整，挤出多余的胶黏剂并用湿棉丝及时揩擦干净，不得有气泡和斑污，上下多出的壁纸用刀切削整齐。

（6）修边清洁。将上下两端多余墙纸裁掉，刀要锋利以免毛边，再用清洁湿毛巾或海绵蘸水将残留在墙纸表面的胶液完全擦干净，以免墙纸变黄。

（7）施工注意事项。墙纸干燥后若发现表面有气泡，用刀割开注入胶液再压平即可消除。胶面墙纸施工室温最好在18℃左右，过冷或过热都会影响施工质量。张贴后、干燥前，应保持通风干燥，避免过堂风急骤。

图6-70为塑料壁纸裱糊施工。

图 6-70 塑料壁纸裱糊施工

3. 玻璃纤维布和无纺墙布的裱糊

玻璃纤维布和无纺墙布的裱糊与塑料壁纸基本相同,但应注意以下几点:

(1)基层处理。玻璃纤维布和无纺墙布布料较薄,盖底能力较差,若基层表面颜色较深或相邻基层颜色不同时,应在满刮腻子中掺入适量白色涂料等。

(2)裁剪。裁剪尺寸应适当放长 100~150mm,裁边应顺直,裁剪后应卷拢,横放贮存备用,切勿直立。

(3)刷胶黏剂。玻璃纤维布和无纺墙布无吸水膨胀现象,裱糊前无须用水湿润,粘贴时背面不用刷胶。

(4)裱糊墙布。在基层上用排笔刷好胶黏剂后,把裁好成卷的墙布自上而下按对花要求缓缓放下,墙布上边应留出 50mm 左右,然后用湿毛巾将墙布抹平贴实,再用裁纸刀割去多余布料;阴阳角、线角及偏斜过多的部位,可以裁开拼接,也可搭接,对花要求可适当放宽,但切忌将墙布横拉斜扯,以致造成墙布歪斜变形甚至脱落。

(四)裱糊工程施工质量要求

(1)壁纸、墙布的种类、规格、图案、颜色和燃烧性能等级必须符合设计要求及国家现行标准的有关规定。

(2)裱糊后各幅拼接应横平竖直,拼接处花纹、图案应吻合,不离缝,不搭接,不显拼缝。

（3）壁纸、墙布应粘贴牢固，不得有漏贴、补贴、脱层、空鼓和翘边现象。

二、涂饰工程施工

涂饰工程施工常用工具如图6-71所示。

a) 板刷

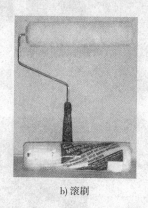
b) 滚刷

c) 喷枪

图6-71 涂饰工程施工常用工具

（一）水性涂料涂饰

建筑装饰工程中常用的水性涂料有乳液型涂料、水溶性涂料、无机涂料等。水性涂料涂饰适用于建筑室内外混凝土或抹灰面的涂饰。根据使用要求的标准不同，水性涂料涂饰可分为普通涂饰和高级涂饰两个等级。

1. 内墙、顶棚涂料涂饰施工

内墙、顶棚涂料的涂层较薄，一般可两遍成活。内墙、顶棚表面涂饰用的水性涂料品种较多，在施工中因涂料品种不同，做法略有差异。下面叙述混凝土面或抹灰面的内墙、顶棚涂饰施工要点。

（1）基层处理

涂饰之前先将基层表面松散、起皮和凸出物清除干净，用腻子嵌补缺陷（如坑洼、钉眼、缝隙等）。待腻子干燥后，用钢皮刮板刮平，然后进行满刮腻子。满刮腻子遍数由涂饰等级决定。一般满刮腻子不少于2遍，第一遍腻子干燥后，用钢皮刮板刮去不平处并用砂纸磨，然后满刮第二遍腻子，使其与第一遍腻子黏结牢固，并在其干燥后再次打磨至表面光滑、平整为止。内墙涂饰工程的基层处理应满足如下要求：

①新建筑物的混凝土或抹灰基层在涂刷涂料前应涂刷抗碱封闭底漆。

②旧墙面在涂饰涂料前应清除疏松的旧装修层，并涂刷界面剂。

③基层腻子需平整、坚实、牢固，无裂缝、起皮和粉化现象。

④基层含水率不得大于10%。

⑤厨房、卫生间墙面必须用耐水腻子。

（2）涂料使用前的准备

①涂料使用前需充分搅拌，使之均匀，以免涂料厚薄不均、填料结块或色泽不一致。

②当涂料出现稠度过大或因存放时间较久而呈现"增稠"现象时,可在充分搅拌的基础上,掺入不超过 8% 的涂料稀释剂进行稀释。当内墙用的水性涂料掺水稀释时,应严格控制掺水量,以免影响涂膜强度以及涂饰面的光洁度和质感。

③备料时应备同一批号,且足量,以防涂料颜色和稠度不一致而影响装饰效果。

(3) 刷涂、滚涂、喷涂施工

内墙水性涂料涂饰工程施工的环境温度在 5~35℃ 之间。涂饰方法一般有刷涂、滚涂和喷涂等。

①刷涂多用排笔或油漆刷施工。排笔着力小,刷涂后的涂层相对较厚,所以现场施工时,可根据施工时温度及涂料黏度,选择合适的刷涂工具。通常内墙涂饰工程两遍成活,第一遍涂料略稠,涂刷距离以 20~30cm 为宜,且反复运刷两三次。待第一遍涂料干燥后用砂纸打磨,再刷涂第二遍。第二遍刷涂需注意上下接槎严密,且同一大面的涂饰应连续进行,避免涂层出现色差。

②滚涂多用滚筒施工。由于滚涂施工的涂层表面易出现拉毛现象,不易做到像刷涂那样平整光滑,所以要根据基层的干湿程度、吸水的快慢来调整涂料的黏度,使涂料的表面张力适应滚涂的要求,又不致使饰面出现皱纹。滚涂施工一般也是两遍成活,同一大面从上往下进行操作,且应保证滚压方向一致。在阴角、电门、插座及界面交接处等用滚筒较难涂饰到的部位,宜采用刷涂与滚涂结合的做法,以防漏涂,并确保涂饰均匀。

③喷涂需配有专用机具(由喷枪、空气压缩机、高压胶管组成)施工。该方法工效高、涂膜外观质量好,适合涂饰面积大、装饰要求高的涂饰工程。喷涂施工宜先用稀释的同种涂料或专用封底涂料(配套的成品)进行封底涂饰,以增强涂层与基层的黏结力,也可节省涂料。大面积喷涂前应进行试喷,通过试喷调整涂料黏度、喷涂压力和喷嘴距喷涂面的距离等。喷涂施工时,每一独立单元墙面尽量不出现涂层接槎现象。无法避免时,涂层接槎尽量安排在不明显部位,并且当接槎部位出现颜色不均匀时,宜先用砂纸打磨掉较厚部位后再大面积喷涂,不可进行局部修补。

2. 外墙涂料涂饰施工

外墙面涂饰所用的涂料应具耐水、耐酸碱、耐老化、耐污染、耐冻融以及保色和良好的附着力等性能。现就混凝土或抹灰面基层的外墙涂饰施工要点叙述如下。

(1) 基层处理

①基层要有足够的强度,无脱皮、起砂、酥松、粉化等现象。

②施工前需将基层表面的灰浆、浮灰、附着物等清除干净,必要时用水冲洗干净。基层的空鼓必须剔除,连同蜂窝、孔洞等提前 2~3d 用聚合物水泥腻子修补完整。

③新建筑物的混凝土或抹灰基层尚应涂刷抗碱封闭底漆。

④旧墙面应清除疏松的旧装修层,并涂刷界面剂。

(2) 施工操作要点及注意事项

①刷涂前需清洁墙面，无明水后才可涂刷。涂刷应小幅度，勤蘸短刷，刷涂方向长短一致，涂层饰面接槎应在分格缝处，一般刷涂两遍盖底。

②滚涂时先将涂料按刷涂做法的要求刷在基层上，随即用滚筒滚净。滚筒上所蘸涂料量要适当，滚压方向要一致，操作应迅速，以免出现皱皮、透底、漏刷等现象。

③采用喷涂施工时，空气压缩机以将涂料喷成雾状为准。喷涂时喷枪需与墙面垂直，以免出现虚喷发花、不能漏喷、挂流等现象。漏喷应及时补上，挂流应及时除掉。喷涂厚度以盖底后最薄为佳，不宜过厚。

④外墙涂料涂饰施工温度不宜低于5℃，涂饰后4~8h内应避免淋雨。

3. 水性涂料涂饰施工质量要求

(1) 水性涂料涂饰工程的颜色、图案应符合设计要求。

(2) 水性涂料涂饰工程应涂饰均匀、黏结牢固，不得透底、漏涂、起皮、掉粉。

(3) 薄涂料、厚涂料及复层涂料的涂饰质量和检验方法分别见表6-20、表6-21和表6-22。

薄涂料的涂饰质量和检验方法　　　　　　　　　　　　　表6-20

项次	项　目	普通涂饰	高级涂饰	检验方法
1	颜色	均匀一致	均匀一致	观察
2	泛碱、咬色	允许少量轻微	不允许	
3	流坠、疙瘩	允许少量轻微	不允许	
4	砂眼、刷纹	允许少量轻微砂眼，刷纹通顺	无砂眼，无刷纹	
5	装饰线、分色线直线度允许偏差(mm)	2	1	拉5m线，不足5m拉通线，用钢直尺检查

厚涂料的涂饰质量和检验方法　　　　　　　　　　　　　表6-21

项次	项　目	普通涂饰	高级涂饰	检验方法
1	颜色	均匀一致	均匀一致	观察
2	泛碱、咬色	允许少量轻微	不允许	
3	点状分布	—	疏密均匀	

复层涂料的涂饰质量和检验方法　　　　　　　　　　　　　表6-22

项次	项　目	质量要求	检验方法
1	颜色	均匀一致	观察
2	泛碱、咬色	不允许	
3	喷点疏密程度	均匀，不允许连片	

(二) 溶剂型涂料涂饰

溶剂型涂料多以合成树脂为基本原料配制而成，亦称油漆。根据使用要求的标准不同，溶剂型涂料涂饰分为普通涂饰和高级涂饰两个等级。在此仅对木质制品表面的色漆和清漆涂饰的施工技术和工艺要点作一概括介绍。

1. 表面清扫

为提高木质制品涂层的附着效果,应进行表面清理。

清理工作:清扫木质制品表面污迹、黏胶;对于木材节疤中渗出的油脂,应用铲刀刮去,清洗并点刷漆片,防止以后再有油脂渗出。

2. 打磨

在木质制品涂饰工程中,砂纸磨平是贯穿于涂层施工过程的一道工序。首次打磨,即对于木质制品表面清扫后的打磨,也是基层处理的重要内容之一。其目的使木质制品表面干净、平整,并可去除木制品表面白坯木毛等。首次打磨所用砂纸可根据材质和工艺工序不同分别选用(手工打磨时,一般可选80~120号木砂纸)。打磨时应顺木纹方向进行,以不留磨痕、不磨损木纹且使木制品表面平整光滑为佳。对于涂料施涂过程中的层间打磨,宜改用水砂纸(400~600号),一般是施涂一层打磨一次。

3. 嵌批、润粉及透明着色

(1)嵌批腻子的作用是填平木质材料表面的洞眼、裂缝、接榫处缝隙,防止渗漆且保证涂层平整。油漆涂饰中的腻子是基层与面层的中介层,既要与基层黏结牢固,又要在填平表面后与面层结合,以形成良好的整体性。所以选配腻子时,应根据基层、底漆和面漆的性质配套使用。在施工中应根据涂饰等级确保嵌批的遍数,同时必须待腻子彻底干燥并打磨平整后方可进行涂饰,以免影响涂层的附着力。

(2)润粉是指在木质材料表面的涂饰工艺中,用油粉或水粉揩擦木质基层面的工序,起封闭基层和适当着色的作用。润粉方法是用棉纱团蘸油粉(或水粉)来回多次揩擦物面,并力求大面一次做成。用润水粉填棕眼上色时,宜在刷好一遍稀漆片后进行,以免局部出现明显着色。

(3)着色是指对木质材料面基层进行染色,多见于清漆涂饰工程中。其方法是在木质基面上涂刷着色剂,以达到涂层饰面效果,也可适当纠正木质基层面的色差。

4. 色漆、清漆的涂饰工序

木质制品(如木门窗、木墙裙、木隔断、装饰木线等)表面油漆涂饰分色漆和清漆。一般松木等软材类的木质表面,以采用普通级涂饰较多,而硬材类的木质表面则多采用漆片、蜡克面的清漆,属于高级涂饰。

(1)色漆涂饰工艺流程

表面清扫→打磨→刷清油→嵌批腻子→打磨→刷铅油(厚漆)→复补腻子、打磨→刷面漆。

(2)涂饰施工要点

①木质材料表面首次打磨后,宜刷一道较稀的清油(熟桐油:松香水 = 1:2.5)封底,使其渗透入木材内部,防止木料受潮变形、防腐,并使后道嵌批的腻子与底层黏结可靠。

②清油干后才可嵌批腻子,腻子干后才可打磨,打磨平整并清扫干净后再刷铅油。刷铅油宜顺木纹进行,不可横刷,线角处不能刷得过厚,以免产生皱纹。

③待铅油干后,应再次打磨至表面光洁为止,必要时复补腻子并修补铅油。

④刷面漆时,刷毛不能过短或过长。如刷毛过短会产生漆膜上有刷痕和露底等缺陷;刷毛过长,油漆不易刷匀,容易产生皱纹、流坠现象;罩面色漆黏度较大,涂饰时要多刷多理,还应注意做好成品的保护工作。

(3)清漆涂饰工艺(清油、色油、清漆面)

操作程序与刷色漆基本相同。一般在刷清油时宜加入少量颜料,使清油带色,以调整木材的色泽及利于刷色油。同时在腻子中要加色,最好与清油颜色一致。腻子干后需打磨干净,否则上清漆后会显现批痕。在刷色油时注意每个刷面要一次刷好,不能留接头,并要求涂刷后能使木材色泽一致而不盖住木纹。整个刷油面的厚薄要均匀一致。清漆饰面一般多遍成活,后一遍清漆需待前遍清漆干透并充分打磨后方可涂刷,以确保罩面清漆的漆面光亮丰满。

5.溶剂型涂料涂饰质量要求

(1)溶剂型涂料涂饰工程应涂饰均匀、黏结牢固,不得漏涂、透底、起皮和反锈。

(2)溶剂型涂料涂饰工程的颜色、光泽、图案应符合设计要求。

(3)色漆和清漆的涂饰质量和检验方法分别见表6-23、表6-24。

色漆的涂饰质量和检验方法　　　　表6-23

项次	项目	普通涂饰	高级涂饰	检验方法
1	颜色	均匀一致	均匀一致	观察
2	光泽、光滑	光泽基本均匀光滑无挡手感	光泽均匀一致光滑	观察、手摸检查
3	刷纹	刷纹通顺	无刷纹	观察
4	裹棱、流坠、皱皮	明显处不允许	不允许	观察
5	装饰线、分色线直线度允许偏差(mm)	2	1	拉5m线,不足5m拉通线,用钢直尺检查

注:无光色漆不检查光泽。

清漆的涂饰质量和检验方法　　　　表6-24

项次	项目	普通涂饰	高级涂饰	检验方法
1	颜色	基本一致	均匀一致	观察
2	木纹	棕眼刮平、木纹清楚	棕眼刮平、木纹清楚	观察
3	光泽、光滑	光泽基本均匀光滑无挡手感	光泽均匀一致光滑	观察、手摸检查
4	刷纹	无刷纹	无刷纹	观察
5	裹棱、流坠、皱皮	明显处不允许	不允许	观察

三、裱糊、涂饰工程冬期施工

(1)油漆、刷浆、裱糊、玻璃工程应在采暖条件下进行施工。当需要在室外施工时,其最低环境温度不应低于5℃。

(2) 刷调合漆时,应在其内加入调合漆质量2.5%的催干剂和5.0%的松香水,施工时应排除烟气和潮气,防止失光和发黏不干。

(3) 室外喷、涂、刷油漆、高级涂料时应保持施工均衡。粉浆类料浆宜采用热水配置,随用随配并应将料浆保温,料浆使用温度宜保持在15℃左右。

(4) 裱糊工程施工时,混凝土或抹灰基层含水率不应大于8%。施工中当室内温度高于20℃,且相对湿度大于80%时,应开窗换气,防止壁纸皱折起泡。

案　　例

外墙涂料施工方案

一、工程概况

美丽家园小区住宅楼工程,外墙装饰采用水性外墙乳胶漆、专用腻子粉。

二、施工准备

(一) 材料要求

进场材料具有合格证、检验报告、自检记录以及相关材料复试报告,材料进场后必须注意防水和防潮。

(二) 主要机具

电动喷浆机、大浆桶、小浆桶、刷子、排笔、开刀、胶皮刮板、塑料刮板、木砂纸、浆罐、大小水桶、胶皮管、钳子、铅丝、腻子槽、腻子托板、笤帚、擦布、棉丝等。

(三) 作业条件

(1) 施工要求基层含水率不得大于10%,pH值小于9,表面干燥相对湿度不高于85%(24h计),干燥、无油腻和疏松。

(2) 大面积施工前应事先做好样板间,经有关质量部门检查鉴定合格后,方可组织班组进行大面积施工。

三、工艺流程

基层聚合物砂浆找平、修整→满刮腻子→打磨→涂刷底漆→复找腻子→打磨→刷、喷第一遍浆→刷、喷第二遍浆。

四、施工要求

(一) 基层处理

本工程为外墙外保温墙面涂料施工,涂料刮腻子前必须先用同保温施工一样的面层聚合物砂浆进行基层找平、棱角修整等。

(二) 满刮腻子

本工程为厂家直供成品专用腻子,腻子粉直接加适量水调至适合黏度即可使用,一般刮涂

1～2遍,参考用量为 1.2～1.5kg/m², 腻子加水配好须当天用完。每遍腻子干后应用砂纸磨平,腻子磨平磨完后将浮尘清理干净。面层涂刷带颜色的浆料时,则腻子亦要掺入适量与面层带颜色相协调的颜料。

(三)涂刷抗碱封闭底漆

底漆为配套油漆,涂刷一遍,参考用量为 7～8kg/m²(一遍),使用前需将底漆充分搅拌均匀。刷、喷第一遍浆:刷、喷浆前,应先将门窗口圈用排笔刷好。如墙面为两种颜色时,应在分色线处用排笔齐线并刷 20cm 宽以利接槎,然后再大面积喷浆。刷、喷顺序应按先上后下顺序进行。喷浆时喷头距墙面宜为 20～30cm,移动速度要平稳,以便使涂层厚度均匀。

(四)刷、喷乳乳胶面层漆

使用的 W9917 丙烯酸精品外墙乳胶漆可刷涂、滚涂、喷涂,黏稠时可加 10%～15% 自来水,参考用量为 5～6kg/m²(两遍)。两次重涂间隔时间为 4h。

五、质量标准

(一)保证项目

(1)选用刷(喷)浆的品种、质量等级、图案与颜色,必须符合设计和选定样品的要求及有关标准的规定。

(2)刷(喷)工程严禁起皮、掉粉、漏刷和透底。

(二)基本项目

室内、外刷(喷)浆工程基本项目见表6-25。

室内、外刷(喷)浆工程基本项目　　　　表6-25

项次	项　目	中级标准	检验方法
1	颜色	均匀一致	观察
2	光泽、光滑	光泽基本均匀,光滑无手感	观察、手摸
3	刷纹	刷纹通顺	观察
4	流坠、裹棱、皱皮	明显处不允许	观察
5	装饰线、分色线平直	误差2mm	偏差不大于2mm 拉5m小线检查,不足5m拉通线检查

六、成品保护

(1)已完成的刷(喷)浆成品应做好成品保护工作,防止其他工序对产品的污染和损坏。

(2)为减少污染,应事先将门窗口圈用排笔刷好,再进行大面积浆活的施涂工作。

(3)刷(喷)浆前应对已完成的地面面层进行保护,严防落浆造成污染。

(4)吊篮喷浆机等施工工具严禁在地面上拖拉,防止损坏地面的面层。

七、应注意的质量问通

(1)刷(喷)浆工程整体或基层的含水率:混凝土和抹灰表面施涂水性和乳液浆时,含水率不得大于10%,以防止脱皮。

(2)刷(喷)工程使用的腻子应坚实牢固,不得粉化、起皮和裂纹。

(3)浆皮开裂:主要原因是基层粉尘没清理干净,墙面凸凹不平,腻子超厚或前道腻子未干透即刮第二道腻子,这时腻子干后收缩形成裂缝会把浆皮拉裂。

(4)脱皮:刷(喷)浆层过厚,面层浆内胶量过大,基层胶量少强度低,干后面层浆形成硬壳使之开裂脱皮。因此,应掌握浆内胶的用量,为增加浆与基层的黏结强度,可在刷(喷)浆前先刷(喷)一道胶水。

(5)掉粉:主要原因是面层浆液中胶的用量少。为解决掉粉的问题,可在原配好的浆液内多加一些乳液使其胶量增大,用新配浆液在掉粉的面层上重新刷(喷)一道(此道胶俗称"扫胶")即可。

(6)反碱、咬色:主要原因是墙面潮湿,或墙面干湿不一致;或因赶工期,浆活每遍跟得太紧,前道浆没干就喷刷下道浆;或因冬期施工室内生火炉后墙面泛黄;或因室内跑水、漏水,形成水痕。解决办法是,冬期施工取暖采用暖气或电炉,将墙面烘干,浆活遍数不能跟得太紧,应遵循合理的施工顺序。

(7)流坠:主要原因是路面潮湿,浆内胶多不易干燥,喷刷浆过厚等。解决办法是,应待墙面干后再刷(喷)浆,刷(喷)浆时最好设专人负责,喷头要匀速移动。配浆要设专人掌握,保证配合比正确。

(8)透底:主要原因是基层表面太光滑或表面有油污没清洗干净,浆刷(喷)上去固化不住,或由于配浆时稠度掌握不好,浆过稀,喷几遍也不盖底。解决办法是,喷浆前将混凝土表面油污清刷干净,浆料稠度要合适,刷(喷)浆时设专人负责,喷头距墙20~30cm,移动速度均匀,不漏喷等。

(9)室外刷(喷)浆与油漆或涂料接槎处分色线不清晰:主要原因是技术人员素质差,施工时不认真。

(10)皱折、开裂:主要原因是浆刷后未干遇雨造成浆皮皱折,故应加强成品保护,并密切注意天气变化,尤其是雨施期间更要引起重视。

(11)表面划痕或腻子斑痕明显:主要原因是刮腻子后没认真用磨砂纸找平,又不进行二次找腻子。

八、施工安全

(1)本工程涂料施工为高空作业,所以必须遵行有关高空作业的规范要求。

(2)施工中使用的吊篮、滑板必须符合安全要求。

(3)吊篮在使用过程中,严禁上下人员及物料,以防坠人坠物。严禁交叉作业。

(4)上篮人员必须系好安全带,当吊篮上下运行及停在空中作业时,作业人员必须将安全带扣在自锁器上,自锁器(自锁器由吊篮租赁公司提供)扣在保险绳上。

(5)吊篮操作人员应严格按照《电动吊篮技术交底兼安全操作规程》进行施工。

(6)在雨季,将吊篮的提升机、电箱用防水布遮盖,并在电缆和电控箱的各个承插接口处用防水胶布密封住,以便尽可能地防止雨水进入。使用前,必须打开各承插接口,通风凉干,以免发生电器事故。

(7)雷雨天绝对禁止施工,并在雷雨到来之前彻底检查吊篮的接地情况。

(8)6级以上大风天气里,必须将吊篮下降到地面或施工面的最低点并固定好。

(9)安装悬臂机构时,做好成品保护工作,不得损坏安装好的门窗及做好的防水层。搬运配重及悬臂机构应轻拿轻放,前、后支架下垫木板,不得损坏防水层。对安装人员要做到技术安全交底。

(10)吊篮要距墙面200mm左右,操作人员面向墙遇到凸起物时不要用力推开,以避免对墙体造成碰撞。

(11)在女儿墙上转角的电缆线及安全绳应当由使用方采取软材料(如塑料布、麻袋片等)包裹,防止电缆线和安全绳的磨损及女儿墙角的损坏。

任 务 要 求

练一练:

1. 裱糊工程常用材料有塑料壁纸、(　)、无纺墙布及(　)。

2. 色漆涂饰工艺流程为表面清扫→打磨→(　)→嵌批腻子→打磨→刷铅油(厚漆)→(　)→刷面漆。

想一想:

1. 裱糊工程施工工艺。

2. 内墙涂料施工工艺。

任 务 拓 展

请同学们结合教材内容,到图书馆或互联网上查找相关资料,进行外墙真石漆施工工艺的学习,总结涂饰工程常见质量缺陷及其处理办法。

任务七　学会节能保温工程及幕墙工程施工

 知识准备

外墙通常采用外保温做法,就是在承重墙体的外侧粘贴(钉、挂)膨胀型聚苯乙烯板(EPS)、挤塑型聚苯乙烯板(XPS),并喷涂聚氨酯硬泡(PUR)和粉刷胶粉聚苯颗粒保温砂浆等。挤塑型聚苯板和聚氨酯硬泡喷涂的价格稍高,目前应用最多的是膨胀型EPS聚苯板外保温。

幕墙是运用玻璃、金属、石材等作为墙面的面饰材料,并与金属构件共同组成悬挂在建筑物主体结构外面非承重的外围护墙。由于造型具有整体连续性,并似帷幕,所以称之为幕墙。常见的幕墙工程按面饰的材料的不同分为玻璃幕墙工程、金属幕墙工程、石材幕墙工程。本任务介绍玻璃幕墙工程的施工。

一、EPS 聚苯板外保温施工

EPS 复合式保温由承重或围护墙体、EPS 复合式保温层、耐碱玻纤网布抗裂砂浆保护层、弹性腻子、外墙涂料或瓷砖面层组成。图 6-72 为外墙 EPS 聚苯板保温构造。

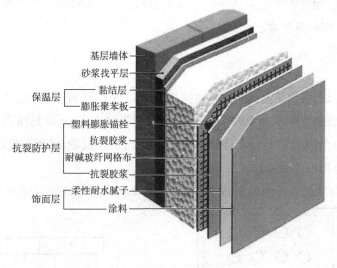

图 6-72　外墙 EPS 聚苯板保温构造

（一）施工前准备工作

1. 施工材料

聚合物胶浆粉、耐碱纤维网（见图 6-73）、锚固件、伸缩缝塑料条、EPS 聚苯板（见图 6-74）或挤塑板（XPS 板）、挤塑板专用界面剂。

图 6-73　耐碱纤维网

图 6-74　EPS 聚苯板

2. 施工工具

电热丝切割器、开槽器、劈纸刀、螺丝刀、剪刀、钢锯条、墨斗、棕刷、粗沙纸、电动搅拌器、塑料搅拌桶、冲击钻、电锤、抹子、压子、阴阳角抿子、托线板、2m 靠尺、操平水管等。

（二）EPS 聚苯板外保温施工工艺

1. 施工工艺流程

基层处理→测量放线→粘贴 EPS 聚苯板→聚苯板打磨→涂抹面胶浆→铺压耐碱玻纤网

格布→涂抹面胶浆→涂耐水弹性腻子→面层涂料或面砖施工。

2. 操作要点

(1) 墙体基面处理及测量放线

墙体基面须清理干净。用 2m 靠尺检查墙面平整度和垂直度,最大偏差不大于 5mm。在墙面弹出水平控制线,建筑物外墙阳角挂垂直基准钢线,每个楼层在适当位置挂水平线,以控制 EPS 聚苯板的垂直度和平整度。

(2) EPS 板固定方法

① 粘贴法

粘贴法有点框法、条粘法和满粘法,通常采用点框法。用钢抹子沿 EPS 板的四周涂抹配制好的黏结剂,宽度为 50mm,板的中间均匀设置 8 个直径 100mm 的黏结点,厚 10mm,黏结剂的涂抹面积不得小于 40%。板应自下而上沿水平方向横向铺贴,错缝 1/2 板长。粘贴法适用于外墙饰面采用涂料的外墙外保温层施工。

图 6-75 为点框法黏结剂涂抹示意图,图 6-76 为 EPS 聚苯板的排列及错缝示意图。

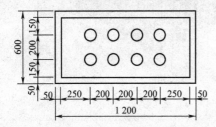

图 6-75 点框法黏结剂涂抹示意图(尺寸单位:mm)

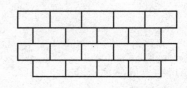

图 6-76 EPS 聚苯板的排列及错缝示意图

② EPS 板粘贴与锚栓结合法

EPS 板粘贴与锚栓结合法是在粘贴法的基础上设置若干锚栓固定 EPS 保温板。锚栓(见图 6-77)为高强超韧尼龙或塑料精制而成,尾部设有螺丝自攻性胀塞结构。锚栓用量每平方米 10 层以下约 6 个,10～18 层 8 个,19～24 层 10 个,24 层以上 12 个。单个锚栓抗拉承载力极限值不小于 1.5kN。EPS 板粘贴与锚栓结合法适用于外墙饰面为瓷砖的外墙保温层施工,尤其适用于基面附着力差的既有建筑围护结构的节能改造。

图 6-78 为锚栓布置图。

图 6-77 锚栓

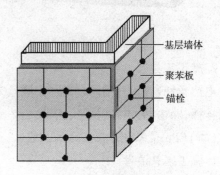

图 6-78 锚栓布置图

(3) EPS 板打磨

如图 6-79 所示,EPS 板粘贴固定后需静置 24h 才能进行打磨,以防 EPS 板移动。用打磨专用的搓抹子将板边的不平之处磨平,消除板间接缝的高低差,打磨时散落的 EPS 碎屑随时清理干净。板缝间隙大于 1.6mm 时,应用 EPS 板条填实后磨平。

(4) 网格布铺设

如图 6-80 所示,用不锈钢抹子在 EPS 板表面均匀涂抹面积略大于一块网格布的抹面砂浆,随即将网格布压入抹面砂浆中,待砂浆稍干至可碰触时,立即用抹子涂抹第二道抹面砂浆,将网格布埋在两道抹面砂浆的中间。全部抹面砂浆和网格布铺设完毕后,静置养护 3d,方可进行下一道工序的施工。

图 6-79　EPS 板打磨

图 6-80　抹面砂浆

(5) 饰面层

EPS 复合式外墙保温层属于轻质、柔性的保温构造,饰面材料采用涂料属"柔—柔"搭配,外保温体系自重约 $10kg/m^2$;而瓷砖面层外保温自重可达 $50kg/m^2$ 以上,即便用附加锚栓或埋入法来确保瓷砖与保温层间的附着安全性,但"柔性基底—刚性面层"的构造缺陷仍然明显,瓷砖背面的冷凝水易发生冻融破坏,温湿应力导致砖缝处面层开裂较难避免。EPS 复合式外墙保温层的饰面层应优先选用高弹性涂料,饰面材料为石材,并应采用"干挂法"施工。

图 6-81 为涂料饰面实图,图 6-82 为面砖饰面实图。

图 6-81　涂料饰面实图

图 6-82　面砖饰面实图

(6) 门窗洞口及阳角处理

门窗洞口角部的聚苯板应采用整块聚苯板切割出洞口,不得用碎(小)块拼接。铺设网格布时,应在洞口四角处沿45°方向贴补一块标准网格布(200mm×300mm),以防止角部开裂。图6-83为门窗洞口的加强处理,图6-84为玻纤网PVC护角条实图。

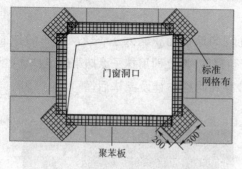

图6-83 门窗洞口的加强处理(尺寸单位:mm)

图6-84 玻纤网PVC护角条实图

3. EPS聚苯板外保温施工注意事项

(1)基层墙体平整度偏差在4mm之内。

(2)基层表面必须黏结牢固,无空鼓、风化、污垢等影响黏结强度的物质及质量缺陷。

(3)黏结胶浆中确保不掺入砂、速凝剂、防冻剂、聚合物等到其他添加剂。

(4)保温板到场、施工前应进行验收,保温板的切割应尽量使用标准尺寸。

(5)保温板的粘贴应采用点框法,黏结胶浆的涂抹面积不应小于保温板总面积的30%。

(6)保温板的接缝应紧密且平齐,板间缝隙不得大于2mm,且应用保温条填实后磨平。

(7)保温板的黏结操作应迅速,安装就位前黏结胶浆不得有结皮,板与板间不得有黏结剂。

(8)门、窗、洞口及系统终端的保温板应用整块板裁出直角,不得有拼接,接缝距拐角不小于200mm。

(9)保温板粘贴完毕至少静置24h,方可进行下一道工序。

(10)不得在雨中铺设网格布,以保护已经完工的部分免受雨水的渗透和冲刷。

(11)标准网布搭接至少100mm,阴阳角搭接不小于200mm。

(12)若用聚苯板做保温层时,建筑物2m以下或易受撞击部位可加铺一层网格布,以增加强度。铺设第一层网格布时不需搭接,只对接即可。

(三)外墙外保温工程冬期施工

(1)建筑外墙外保温冬期施工最低温度不应低于-5℃。

(2)建筑外墙外保温工程期间以及完工后的24h内,基层及环境空气温度不应低于5℃。

(3)进场的EPS板胶黏剂、聚合物抹面胶浆应存放于暖棚内,液态材料不得受冻,粉状材料不得受潮,其他材料应符合本章有关规定。

(4)胶黏剂和聚合物抹面胶浆拌和温度皆应高于5℃,聚合物抹面胶浆拌和水温度不宜大于80℃,且不宜低于40℃。

(5)拌和完毕的 EPS 板胶黏剂和聚合物抹面胶浆每隔 15min 搅拌一次,1h 内使用完毕。

(6)施工前应按常温规定检查基层施工质量,并确保干燥,无结冰,霜冻。

(7)EPS 板粘贴应保证有效粘贴面积大于 50%。

二、玻璃幕墙工程施工

(一)玻璃幕墙分类及构造特点

玻璃幕墙是以玻璃板片作墙面材料,与金属构件组成的悬挂在建筑物主体结构上的非承重连续外围墙体,具有防水、隔热保温、气密、防火、抗震和避雷等性能。

1. 幕墙分类

幕墙按结构形式可分为点式玻璃幕墙、框支撑玻璃幕墙、全玻璃幕墙。框支撑玻璃幕墙又分为明框玻璃幕墙、全隐框玻璃幕墙、半隐框玻璃幕墙。

幕墙按安装方式可为单元式玻璃幕墙、框架式玻璃幕墙。

2. 全隐框玻璃幕墙

如图 6-85、图 6-86 所示,玻璃框和铝合金框格体系均隐在玻璃后面,幕墙全部荷载均由玻璃通过胶传给铝合金框架。

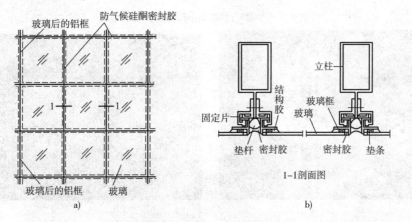

图 6-85 全隐框玻璃幕墙示意图

图 6-86 全隐框玻璃幕墙

3. 半隐框玻璃幕墙

(1) 竖隐横不隐

如图 6-87、图 6-88 所示,立柱隐在玻璃后面,玻璃安放在横梁的玻璃镶嵌槽内,镶嵌槽外加盖铝合金压板。

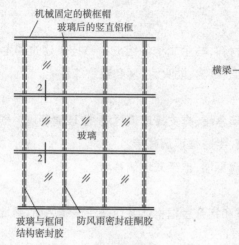

图 6-87 半隐框(竖隐横不隐)玻璃幕墙示意图

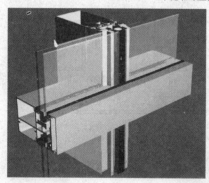

图 6-88 半隐框(竖隐横不隐)玻璃幕墙

(2) 横隐竖不隐

如图 6-89 所示,幕墙玻璃横向用结构胶粘贴方式在车间制作后运至现场,竖向采用玻璃镶嵌槽固定,镶嵌槽外竖边用铝合金压板固定。

4. 挂架式(点支承)玻璃幕墙

挂架式玻璃幕墙又称点式玻璃幕墙,是采用四爪式不锈钢挂件与立柱相焊接,玻璃四角在厂家生产时钻 $\phi 20$ 孔,挂件的每个爪与 1 块玻璃 1 个孔相连接,玻璃固定于 4 个挂件上。

图 6-90 为点式幕墙不锈钢挂件示意图,图 6-91 为弧形点式玻璃幕墙。

5. 无骨架(全玻)玻璃幕墙

无骨架幕墙的玻璃既是饰面,又是承受自重和风载的结构构件。

无骨架玻璃幕墙常用于建筑物首层,下端为支点。但高度大于 4m 时,幕墙应吊挂在主体结构上。

图 6-92 为无骨架玻璃幕墙构造示意图。

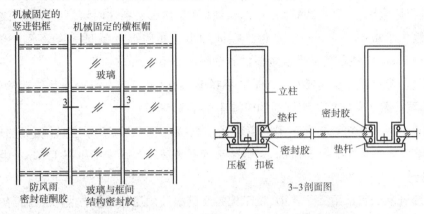

图 6-89　半隐框（横隐竖不隐）玻璃幕墙

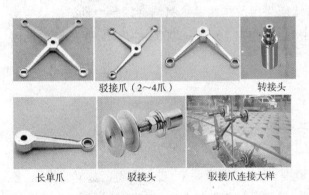

图 6-90　点式幕墙不锈钢挂件

图 6-91　弧形点式玻璃幕墙

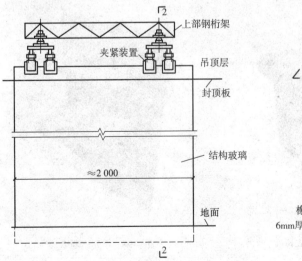

图 6-92　无骨架玻璃幕墙构造示意图（尺寸单位：mm）

(二)幕墙材料要求

(1)铝合金型材。质量应符合现行国家标准,尺寸允许偏差应达到高精级或超高精级,型材表面应进行阳级氧化(厚度 AA15)、电泳涂漆(厚度 B 级)、粉沫喷涂(厚度 40~120um)和氟碳涂层(厚度大小或等于 40um)。幕墙连接处和吊挂处的铝合金型材的壁厚应通过计算确定,并不小于 5mm,立柱和横梁铝合金型材的壁厚不小于 3mm。

(2)钢材。宜采用含镍量不小于 8% 的不锈钢,钢材表面应进行表面热浸镀锌处理、无机富锌涂料处理。幕墙吊挂处的钢型材的壁厚不小于 3.5mm。

(3)玻璃。应根据功能要求选用安全玻璃(钢化和夹层玻璃)、中空玻璃、吸热玻璃、防火玻璃等,幕墙玻璃的厚度不小于 6mm,无骨架玻璃幕墙玻璃的厚度不小于 12mm。中空玻璃应采用双道密封。

(4)橡胶制品。宜采用三元乙丙、氯丁橡胶及硅橡胶的压模成型产品;密封胶条应采用挤出成型产品,并符合现行标准。

(5)硅酮结构密封胶。隐框、半隐框幕墙所采用的结构黏结材料必须是中性硅酮结构密封胶,其性能必须符合《建筑用硅酮结构密封胶》(GB 16776—2005)的规定,并在有效期内使用。

(三)幕墙安装施工工艺

1. 工艺流程

放样定位→安装支座→安装立柱→安装横梁→安装玻璃→打胶→清理。

2. 操作要点

(1)放样定位、安装支座。根据幕墙的造型、尺寸和图纸要求,进行幕墙的放样、弹线。各种埋件的数量、规格、位置及防腐处理须符合设计要求;在幕墙骨架与建筑结构之间设置连接固定支座,上下支座须在一条垂直线上,如图 6-93、图 6-94 所示。

图 6-93 框架式幕墙

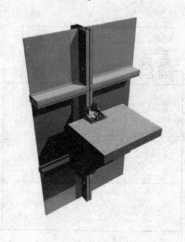

图 6-94 单元式幕墙

(2)安装立柱。在两固定支座间,用不锈钢螺栓将立柱按安装标高要求固定,立柱安装轴线偏差不大于2mm,相邻两立柱安装标高偏差不大于3mm。支座与立柱接触处用柔性垫片隔离。立柱安装调整后应及时紧固,如图6-95所示。

(3) 安装横梁。确定各横梁在立柱的标高,用铝角将横梁与立柱连接起来,横梁与立柱的接触处设置弹性橡胶垫。相邻两横梁水平标高偏差不大于1mm。同层横梁的标高偏差,当幕墙宽度小于或等于35m时,不大于5mm;当幕墙宽度大于35m时,不大于7mm,同层横梁安装应由下而上进行。

(4) 安装玻璃面板如图6-96所示,安装时注意以下几点:

①明框幕墙:明框幕墙是用压板和橡皮将玻璃固定在横梁和立柱上。固定玻璃时,

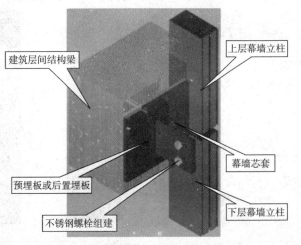

图6-95 玻璃幕墙立柱安装及连接图

在横梁上设置定位垫块,垫块的搁置点离玻璃垂直边缘的距离宜为玻璃宽度的1/4,且不宜小于150mm,垫块的宽度应不大于所支撑玻璃的厚度,长度不宜小于25mm。

图6-96 玻璃面板安装

②隐框幕墙玻璃:隐框幕墙玻璃是用结构硅酮胶黏结在铝合金框格上,从而形成玻璃单元块。玻璃单元块在工厂用专用打胶机完成。玻璃单元块制成后,将单元块中铝框格的上边挂在横梁上,再用专用固定片将铝框格的其余3条边钩夹在立柱和横梁上,框格每边的固定片数量不少于2片。

③半隐框幕墙:半隐墙幕墙在一个方向上为隐框,在另一方面上则为明框。隐框方向上的玻璃边缘用结构硅酮胶固定,在明框方向上的玻璃边缘用压板和连接螺栓固定。隐框边和明框边的具体施工方法可分别参照隐框幕墙和明框幕墙的玻璃安装方法。

④玻璃与构件不得直接接触,玻璃四周与构件凹槽底部应保持一定的空隙,每块玻璃下应至少放置两块宽度与槽口宽度相同、长度不小于100mm的弹性定位垫块。玻璃四周镶嵌的橡胶条材质应符合设计要求,镶嵌应平整,橡胶条比边框内槽长1.5%～2%,橡胶条在转角处应斜面断开,并用黏结剂黏结牢固后嵌入槽内。

图6-97、图6-98分别为点支式和拉索点支式玻璃固定方式。

⑤高度超过4m的无骨架玻璃(全玻)幕墙应吊挂在主体结构上,吊夹具应符合设计要求,玻璃与玻璃、玻璃与玻璃肋之间的缝隙应用硅酮结构密封胶填嵌密实。

⑥挂架式(点支承)玻璃幕墙应采用带万向头的活动不锈钢爪,其钢爪间的中心距离应大于250mm。

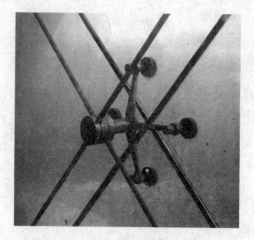

图6-97 点支式玻璃固定方式　　　　图6-98 拉索点支式玻璃固定方式

(5)打胶、清理。嵌缝注胶所用的耐候胶应经过相容性试验合格后方可使用。嵌缝注胶时,先将填缝部位用规定的溶剂按工艺要求进行净化处理,净化后嵌入泡沫填充条,在外侧胶缝两侧的玻璃上贴上保护胶带纸,然后用耐候胶进行注胶。打胶的温度和湿度应符合相关规范的要求。注胶后将胶缝压紧,抹平,撕去两侧胶带纸,将玻璃表面的污渍和铝型材用中性清洁剂和水进行清洗,并擦干净。

(四)玻璃幕墙施工质量检查

(1)明框玻璃幕墙安装的允许偏差和检验方法应符合表6-26的规定。

明框玻璃幕墙安装的允许偏差和检验方法　　　　　表6-26

项次	项　目		允许偏差(mm)	检 验 方 法
1	幕墙垂直度	幕墙高度≤30m	10	用经纬仪检查
		30m<幕墙高度≤60m	15	
		60m<幕墙高度≤90m	20	
		幕墙高度>90m	25	
2	幕墙水平度	幕墙幅宽≤35m	5	用水平仪检查
		幕墙幅宽>35m	7	
3	构件直线度		2	用2m靠尺和塞尺检查
4	构件水平度	构件长度≤2m	2	用水平仪检查
		构件长度>2m	3	
5	相邻构件错位		1	用钢直尺检查
6	分格框对角线长度差	对角线长度≤2m	3	用钢尺检查
		对角线长度>2m	4	

(2) 隐框、半隐框玻璃幕墙安装的允许偏差和检验方法应符合表 6-27 的规定。

隐框、半隐框玻璃幕墙安装的允许偏差和检验方法表　　　　表 6-27

项次	项目		允许偏差(mm)	检验方法
1	幕墙垂直度	幕墙高度≤30m	10	用经纬仪检查
		30m<幕墙高度≤60m	15	
		60m<幕墙高度≤90m	20	
		幕墙高度>90m	25	
2	幕墙水平度	层高≤3m	3	用水平仪检查
		层高>3m	5	
3	幕墙表面平整度		2	用 2m 靠尺和塞尺检查
4	板材立面垂直度		2	用垂直检测尺检查
5	板材上沿水平度		2	用 1m 水平尺和钢直尺检查
6	相邻板材板角错位		1	用钢直尺检查
7	阳角方正		2	用直角检测尺检查
8	接缝直线度		3	拉 5m 线,不足 5m 拉通线,用钢直尺检查
9	接缝高低差		1	用钢直尺和塞尺检查
10	接缝宽度		1	用钢直尺检查

案　　例

明框玻璃幕墙安装施工方案

一、测量放线

幕墙支座的水平放线每 4m 设一个固定支点,用水平仪检测其准确性,同样按中心放线方法放出立柱的进出位线。每层楼的支座点焊后,由水平仪检测相邻支座水平误差,并应符合设计标准。支座的焊接应防止焊接时的受热变形,其顺序为上、下、左、右对称焊接,并应检查、校核焊缝质量。

二、明框玻璃幕墙图纸分析

(1) 对于跨度较大的玻璃幕墙,通过结构计算,选择工字钢作为竖向龙骨,选择方钢作为横向龙骨,钢龙骨外包铝合金外盖,以保证外观效果。

(2) 铝合金内框料通过机制螺栓固定在钢龙骨上,内外框料通过螺栓连接形成空槽,再通过密封胶条将中空玻璃固定在其内。

(3) 铝合金外框自两端插入铝合金装饰条,最后进行密封打胶处理。

图 6-99、图 6-100 分别为明框玻璃幕强水平剖面和竖直剖面图。

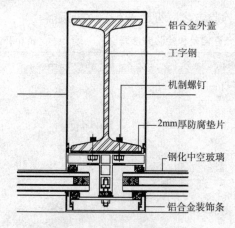

图6-99 明框玻璃幕墙水平剖面

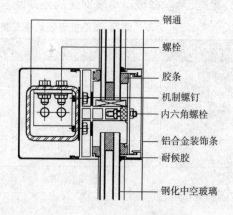

图6-100 明框玻璃幕墙竖直剖面

(4) 铝板幕墙部分采用铝合金立柱,如图6-101所示。

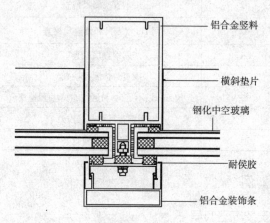

图6-101 明框玻璃幕墙水平剖面(铝合金龙骨)

三、钢支座及立柱安装

(1) 将立柱与钢支座相连接,钢支座再与埋件相焊接,并调整、固定。按立柱轴线及标位,将立柱标高偏差调整至不大于3mm,轴线前后偏差调整至不大于2mm,左右偏差调至不大于3mm。

(2) 相邻两根立柱安装标高偏差不大于3mm,同层立柱的最大标高偏差不大于5mm(平面玻璃幕墙),相邻两根立柱安装标高偏差不大于2mm,同层立柱的最大标高偏差不大于2mm。

(3) 立柱的安装顺序:幕墙立柱的安装工作是从结构的底部向上安装,待支座的安装校核完毕后就可进行。先对照施工图检查立柱的尺寸及加工孔位是否正确,然后将副件、钢垫片、副支座安装上立柱。立柱与支座接好后,先放螺栓,调整立柱的垂直度与水平度,然后上紧螺栓。相邻的立柱水平差不得大于1mm,同层内最大水平差不大于2mm。

(4) 立柱找平、调整:立柱的垂直度可用吊锤控制,平面度由两根定位轴线之间所引的水平线控制。平板玻璃幕墙安装误差控制:标高±3mm、前后±2mm、左右±3mm。该工程的立柱为每层楼1根,设2个点,立柱采用吊装,上下立柱的连接用芯套,上下之间可自由伸缩。

(5) 防锈处理方法:涂上含锌防锈油漆。

(6) 当立柱或横梁安装完后,经复测符合垂直、水平标准之后,就可进行补焊。把所有支座、螺栓、垫片等按设计图要求的焊缝高度和长度进行焊接。焊接时要特别注意防火,应在焊件下方加设接火斗,以免发生火灾。当焊接好之后,请有关单位进行隐蔽验收,符合要求之后,再刷 2 遍防锈漆。

四、横梁安装

（1）将横梁两端的连接件与弹性橡胶垫安装在立柱的预定位置，要求安装牢固，接缝严密。

（2）相邻两根横梁的水平标高偏差不大于 1mm。

（3）同一层横梁安装应由下向上进行，当安装完一层高度时，应进行检查、调整、校正、固定，使其符合质量要求。

（4）调整好整幅幕墙的垂直度、水平度后，加固好支座，进行玻璃安装。

（5）明框玻璃横梁安装，如图 6-102 所示。

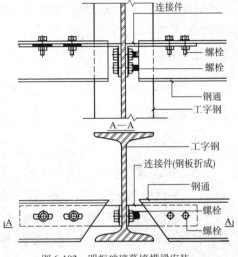

图 6-102　明框玻璃幕墙横梁安装

五、防火层安装

（1）安装防火层时要注意上下楼板间的镀锌钢板要密封、牢固、美观，且所有的防火石棉严禁直接接触到玻璃，以防对玻璃膜层的腐蚀，且所有镀锌板外边与玻璃之间要有 3mm 左右的间隙，并封上防火硅酮胶，以防玻璃振动时撞击镀锌板而引起玻璃破裂。

（2）防火层安装好之后要做好隐蔽签证。

六、避雷系统安装

按设计图纸的要求，认真安好避雷均压环，并经测试合格，做好隐蔽签字工作之后才可进入下道工序的施工。

七、玻璃安装

（1）安装玻璃框时要严格按施工图确认每块玻璃的安装位置，从幕墙的顶部由上至下进行。

（2）安装玻璃时，检查及调整好玻璃间隙、水平度及垂直度，并将立柱上的勾块勾入玻璃小框的框槽内。在横梁上要加压块，玻璃及玻璃之间要加泡沫垫，然后打密封胶，刮胶至平整。

（3）玻璃幕墙四周与主体结构之间的缝隙要用防火保温材料填塞，内外表面用密封胶连接密封，以保证接缝严密不漏水。

（4）平面的玻璃平整度要控制在 3mm 以内，嵌缝的宽度误差也要控制在 2mm 以内。

八、胶嵌缝、封顶、封边

（1）板材安装之后，就应进行密封处理并墙边、幕墙顶部、底部用复合铝板折边后进行修边处理。本工程耐候胶采用进口耐候胶，打密封耐候胶时应特别注意。

（2）分清洁板材间间隙不应有水、油渍、灰尘等杂物，应充分清洁黏结面，并加以干燥。工程中，可用甲苯或甲基二乙酮作清洁剂。

（3）整缝的深度，避免三边粘胶，缝内应充填聚氯乙烯发泡材料（小圆棒）；打胶的厚度应大于4mm且小于胶缝宽度。胶体表面应平整、光滑，玻璃清洁无污物。封顶、封边、封底应牢固美观、不渗水，封顶的水应向里排。

九、清洗

整体外装工程应在施工完毕后，进行一次室内、室外全面彻底清洗，以保证工程能圆满达到竣工验收要求。

十、成品保护

当板材安装好之后，一定要安排专职人员对产品进行保护，其措施如下：

（1）铝材的保护胶纸暂不要撕开，等到要验收前再撕开。

（2）容易碰撞到的地方要用夹板或其他材料挡住，防止机械撞击及化学药品、水泥砂浆、腐蚀性气体的腐蚀，如强酸、强碱及沥青燃烧等气体等。

（3）玻璃的保护薄膜不要撕开，以避免强碱腐蚀。在玻璃框上还要贴上如"小心玻璃划伤"等字样，以警示其他人员。

任 务 要 求

练一练：

1. 外墙通常采用外保温做法，就是在承重墙体的外侧粘贴（   ）、（   ），并喷涂聚氨酯硬泡（PUR）和粉刷胶粉聚苯颗粒保温砂浆等。

2. 常见的幕墙工程按面饰材料的不同分为玻璃幕墙工程、（   ）、（   ）。

想一想：

1. EPS聚苯板外保温施工工艺。

2. 玻璃幕墙施工工艺流程。

任 务 拓 展

请同学们结合教材内容，到图书馆或互联网上查找相关资料，进行挤塑型聚苯板外保温施工、聚氨酯硬泡体保温防水屋面喷涂施工、聚氨酯外墙保温喷涂施工、石材幕墙施工、金属板幕墙施工的学习，并做好学习笔记。

任务八 建筑装饰工程施工实训

一、实训目的

通过实训，学生应掌握主要装饰工程对材料的要求、施工工艺流程和施工方法，了解装饰工程的质量标准和质量保证措施。

二、实训内容

实训地点:建筑装饰实训室校内外施工现场、录像。

(一)墙面抹灰工程

(1)进行砂浆配料计算,按要求进行砂浆搅拌、运输、使用。

(2)墙面一般抹灰的施工步骤、方法及质量检查。

(3)针对质量缺陷,如抹灰层发生空鼓、脱层,面层出现裂缝,分析原因,并采取相应的补救措施。

(4)操作中必须正确使用防护措施,严格遵守各项安全规定。

(二)水泥砂浆楼地面工程

(1)水泥砂浆配料计算,稠度测定。

(2)水泥砂浆地面的施工步骤、施工方法,操作要点。

(三)墙面、地面面板(砖)工程

(1)工具、设备的使用。

(2)材料进场的验收,以及施工前的准备工作。

(3)墙面瓷砖镶贴施工操作方法。在镶贴过程中随时用靠尺以灰饼为准检查平整度和垂直度,发现问题及时处理。

(4)发生质量缺陷时,分析原因,制定出相关解决方案。

建筑装饰工程施工模块归纳总结

任务一 学会抹灰工程施工

一、抹灰分类与组成

二、原材料质量要求

三、一般抹灰工程施工

四、装饰抹灰施工

五、抹灰工程冬期施工

任务二 学会饰面板(砖)工程施工

一、饰面砖粘贴工程

二、饰面板安装工程

三、饰面板(砖)工程冬期施工

任务三 学会楼地面工程施工

一、地面组成与分类

二、基层中各构造层施工

三、地面面层施工

任务四 学会吊顶与隔墙工程施工

一、吊顶工程施工

二、隔墙工程施工

任务五 学习门窗工程施工

一、门窗安装前预检

二、木门窗安装

三、金属门窗安装

四、塑料门窗安装

五、玻璃安装

六、门窗安装质量验收

任务六 学会裱糊、涂饰工程施工

一、裱糊工程施工

二、涂饰工程施工

三、裱糊、涂饰工程冬期施工

任务七 学会节能保温工程及幕墙工程施工

一、EPS 聚苯板外保温施工

二、玻璃幕墙工程施工

任务八 建筑装饰工程施工实训

一、实训目的

二、实训内容

模块七　结构安装工程施工

 导读

结构安装工程就是用起重机械将预先在预制厂或现场预制好的构件,按照设计图纸要求,组装成完整建筑物或构筑物的过程。

装配式厂房施工中,结构安装工程是主要工序,直接影响着整个工程的施工进度、工程质量、生产效率、施工安全和工程造价,具有设计标准化、构件定型化、产品工厂化、安装机械化等优点。

钢结构是以钢材为主要材料构成的建筑物受力骨架,具有强度高、自重轻、截面小、抗震性能好、平面布置灵活、节约空间、质量可靠、施工速度快、建设周期短等优点,适合轻型仓库、大跨度公共建筑、超高层地标性建筑。

本模块介绍吊装工程施工的基本知识。其内容包括介绍起重卷扬机、钢丝绳、吊具索具等的规格和使用注意事项;介绍各种起重机械的特点、工作性能与适用性,详细叙述柱、吊车梁、屋架等几种基本构件的吊装工艺;介绍工业厂房中的门式刚架、多高层建筑中的钢框架,以及钢—混凝土组合结构的制造与安装。

 学习目标

(1)了解单层厂房的安装程序。
(2)了解起重机械、索具、设备的性能。
(3)熟悉单层工业厂房的结构安装工艺。
(4)掌握单层厂房柱、吊车梁、屋架等主要构件的平面布置及安装工艺。
(5)掌握结构安装的质量检查验收标准。
(6)了解钢结构构件工厂制作的工艺过程,了解钢结构常用焊接方法、特点及适用范围。
(7)熟悉手工电弧焊施工要点,了解钢结构紧固件连接方法、特点及适用范围,熟悉高强螺栓施工要点。
(8)掌握轻型钢结构以及多、高层钢结构的基本概念,掌握单层钢结构安装的一般方法及质量检查验收标准。

任务一　学习起重机械与设备

 知识准备

应合理地选择和使用结构安装用的起重机械,以便加快施工进度,降低工程成本。

一、起重机械

在结构吊装工作中,常用的起重机械有桅杆式起重机、履带式起重机、轮胎式起重机、汽车式起重机和塔式起重机。

(一)桅杆式起重机

桅杆式起重机有独脚拔杆、人字拔杆、悬臂拔杆、牵缆式拔杆等。桅杆式起重机的优点是能就地取材,制作简单,装拆方便,起重量大(可达100t以上),缺点是起重半径小,移动困难,需要设置多道缆风绳等缺陷,因此只适用于安装工程量集中,场地较狭窄,结构重量大,安装高度大的工程。

1. 独脚拔杆

独脚拔杆是由拔杆、起重滑轮组、卷扬机、缆风绳和地锚等组成,如图7-1所示。根据制作材料的不同,独脚拔杆可分为木独脚拔杆、钢管独脚拔杆和金属格构拔杆等。

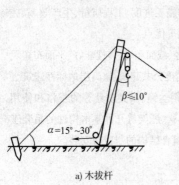

木独脚拔杆由圆木制成,直径为200~300mm,起重高度在15m以内,起重量在10t以下;钢管独脚拔杆起重量在30t以下,起重高度在20m以内;金属格构式独脚拔杆起重量可达100t。

独脚拔杆在使用时倾角不宜大于10°。拔杆的稳定主要依靠缆风绳,缆风绳一般为6~12根,根据计算确定,但不能少于4根。缆风绳与地面夹角 α 一般为30°~45°,角度过大会对拔杆产生过大压力。

a) 木拔杆　b) 格构式钢拔杆

图7-1 独脚拔杆

2. 人字拔杆

人字拔杆是由两根圆木或钢管,或格构式构件,用钢丝绳绑扎或铁件铰接成人字形而成,如图7-2所示。拔杆在顶部相交成30°夹角。两杆下端要用拉杆或钢丝绳拉住。

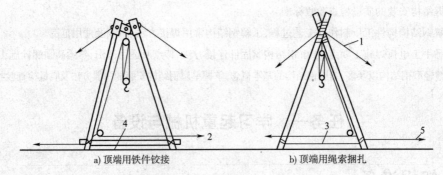

a) 顶端用铁件铰接　　　　b) 顶端用绳索捆扎

图7-2 人字拔杆

1—缆风绳;2—卷扬机;3—拉绳;4—拉杆;5—锚锭

3. 悬臂拔杆

所谓悬臂拔杆,是在独脚拔杆的中部2/3高处,铰装一根起重杆,即成悬臂拔杆,如图7-3所示。悬臂拔杆可以顺转和起伏,具有较大的起重高度和起重半径。悬臂拔杆能左右摆动(120°~270°),但起重量小,多用于安装轻型构件。

4. 牵缆式拔杆

牵缆式拔杆是在独脚拔杆的根部装一可以回转和起伏的吊杆而成，如图 7-4 所示。这种起重机的起重臂不仅可以起伏，而且整个机身可作全回转，具有工作范围大、机动灵活的特点。由钢管做成的牵缆式起重机，其起重量在 10t 左右，起重高度达 25m；由格构式结构组成的牵缆式起重机，其起重量达 60t，起重高度达 80m，多用于吊装重型构件。

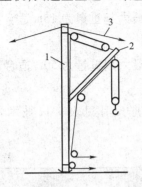
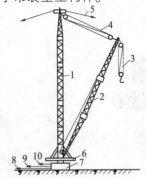

图 7-3　悬臂拔杆

1-拔杆；2-起重臂；3-缆风绳

图 7-4　牵缆式拔杆

1-桅杆；2-起重臂；3-起重滑轮组；4-变幅滑轮组；5-缆风绳；6-回转盘；7-底座；8-回转索；9-起重索；10-变幅索

（二）自行式起重机

自行式起重机主要有履带式起重机、汽车式起重机和轮胎式起重机等。

1. 履带式起重机

履带式起重机主要由动力装置、传动机构、行走机构（履带）、工作机构（起重杆、滑轮组、卷扬机）、平衡设备等组成，如图 7-5、图 7-6 所示。它是一种 360° 全回转的起重机，能在服务范围内，灵活地将构件吊到设计的位置上，但稳定性较差，行走慢且破坏路面，长距离转移时，需用拖车运输。履带式起重机是结构吊装工程中常用的机械之一。

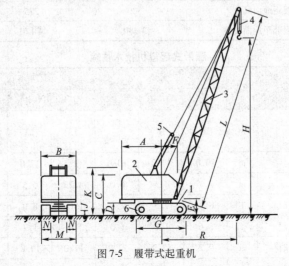

图 7-5　履带式起重机

1-底盘；2-机棚；3-起重臂；4-起重滑轮组；5-变幅滑轮组；6-履带

A、B…N-外形尺寸符号；L-起重臂长度；H-起升高度；R-工作幅度

(1) 常用型号和性能

常用的履带式起重机主要有国产 W1-50 型、W1-100 型、W1-200 型及进口型。

图 7-6 履带式起重机实图

W1-50 型起重机的最大起重量为 10t,适合吊装跨度在 18m 以下,高度在 10m 以内的小型单层厂房结构和装卸工作。

W1-100 型起重机的最大起重量为 15t,适合吊装跨度在 18~24m 之间厂房。

W1-200 型起重机的最大起重量为 50t,适合吊装大型厂房。

履带式起重机的外形尺寸见表 7-1,技术性能见表 7-2。

履带式起重机外形尺寸(单位:mm)　　　　　　　　　　表 7-1

符号	名称	型号		
		W1-50	W1-100	W1-200
A	机棚尾部到回转中心距离	2 900	3 300	4 500
B	机棚宽度	2 700	3 120	3 200
C	机棚顶部距地面高度	3 220	3 675	4 125
D	回转平台底面距地面高度	1 000	1 045	1 190
E	起重臂枢轴中心距地面高度	1 555	1 700	2 100
F	起重臂枢轴中心至回转中心的距离	1 000	1 300	1 600
G	履带长度	3 420	4 005	4 950
H	履带架宽度	2 850	3 200	4 050
I	履带板宽度	550	675	800
J	行走底架距地面高度	300	275	390
K	双足支架顶部距地面高度	3 480	4 170	4 300

履带式起重机技术性能　　　　　　　　　　表 7-2

参数		单位	型号						
			W1-50			W1-100		W1-200	
起重臂长度		m	10	18	18 带鸟嘴	13	23	15	30	40
最大工作幅度		m	10.0	17.0	10.0	12.5	17.0	15.5	22.5	30.0
最小工作幅度		m	3.7	4.5	6.0	4.23	6.5	4.5	8.0	10.0
起重量	最小工作幅度时	t	10.0	7.5	2.0	15.0	8.0	50.0	20.0	8.0
	最大工作幅度时	t	2.6	1.0	1.0	3.5	1.7	8.2	4.3	1.5
起升高度	最小工作幅度时	m	9.2	17.2	17.2	11.0	19.0	12.0	26.8	36.0
	最大工作幅度时	m	3.7	7.6	14.0	5.8	16.0	3.0	19.0	25.0

注:表中数据所对应的起重臂倾角为:$\alpha_{min} = 30°$,$\alpha_{max} = 77°$。

履带式起重机的起重能力常用三个主要参数表示,即起重量、起重高度、起重半径。三者的相互关系可用曲线形式表示,如图7-7、图7-8所示。

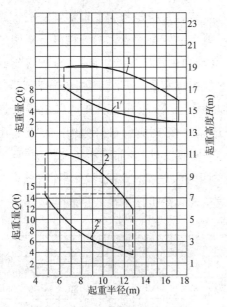

图7-7 W1-100型履带式起重机性能曲线
1 $-L=23m$ 时 R-H 曲线;$1'-L=23m$ 时 $Q-R$ 曲线;$2-L=13m$ 时 R-H 曲线;$2'-L=13m$ 时 $Q-R$ 曲线

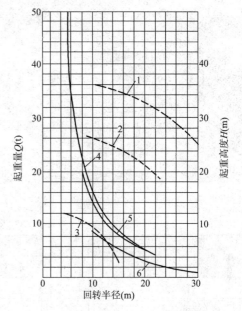

图7-8 W1-200型起重机性能曲线
1 $-L=40m$ 时 R-H 曲线;$2-L=30m$ 时 R-H 曲线;$3-L=15m$ 时 R-H 曲线;$4-L=15m$ 时 $Q-R$ 曲线;$5-L=30m$ 时 $Q-R$ 曲线;$6-L=40m$ 时 $Q-R$ 曲线

图7-7及图7-8中,起重量Q是指所吊物件重量,不包括吊钩、滑轮组重量,起重高度H是指起重吊钩中心至停机面的垂直距离,回转半径R是指回转中心至吊钩的水平距离。三个参数的关系:当起重臂长度一定时,随着仰角的增加,起重量和起重高度增加,而起重半径减小;当起重臂仰角不变时,随着起重臂长度增加,起重半径和起重高度增加,而起重量减小。

(2)履带式起重机的稳定性验算

履带式起重机超载吊装或接长吊杆时,需要进行稳定性验算,以确保起重机在吊装时不发生倾倒事故。

履带式起重机稳定性应以起重机处于最不利工作状态,即在车身与行驶方向垂直的位置进行验算。当不考虑附加荷载(风荷、刹车惯性力和回转离心力等)时,应满足下式要求:

$$K = 稳定力矩/倾覆力矩 \geq 1.4 \tag{7-1}$$

考虑附加荷载时,$K \geq 1.15$。

(3)起重臂接长验算

当起重机的起重高度或起重半径不足时,在起重臂的强度和稳定性得到保证的前提下,可将起重臂接长,接长后的起重量Q'应依据起重臂接长前后力矩相等的原理计算。

当算得的起重量Q'小于所吊构件重量时,必须进行稳定性验算,并采取相应措施解决。

如在起重臂顶端拉设缆风绳,用以加强起重机稳定性。

2. 汽车式起重机

汽车式起重机是将起重机构安装在普通载重汽车或专用汽车底盘上的一种自行式回转起重机,其动力由汽车发动机供给,行驶时驾驶室与起重的操纵室是分开的。如图7-9所示,起重臂可以伸缩,全液压操纵。其特点是行驶速度快,可迅速转移,对路面破坏性很小。但是吊重物时必须支腿落地,因而不能负荷行驶,且工作场地必须平整、压实,以保证操作平稳安全。

汽车式起重机技术性能见表7-3。

图 7-9 汽车起重机

汽车式起重机技术性能　　表 7-3

参数		单位	型号									
			Q2-8				Q2-12			Q2-16		
起重臂长度		m	6.95	8.50	10.15	11.70	8.5	10.8	13.2	8.80	14.40	20.0
最大起重半径时		m	3.2	3.4	4.2	4.9	3.6	4.6	5.5	3.8	5.0	7.4
最小起重半径时		m	5.5	7.5	9.0	10.5	6.4	7.8	10.4	7.4	12	14
起重量	最小起重半径时	t	6.7	6.7	4.2	3.2	12	7	5	16	8	4
	最大起重半径时	t	1.5	1.5	1.0	0.8	4	3	2	4.0	1.0	0.5
起升高度	最小起重半径时	m	9.2	9.2	10.6	12.0	8.4	10.4	12.8	8.4	14.1	19
	最大起重半径时	m	4.2	4.2	4.8	5.2	5.8	8	8.0	4.0	7.4	14.2

3. 轮胎式起重机

轮胎式起重机是将起重机构安装在由加重型轮胎和轮轴组成的特制底盘上的全回转起重机,装有可伸缩的4个脚撑,如图7-10、图7-11所示。轮胎式起重机特点与汽车式起重机相同。

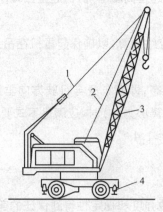

图 7-10 轮胎起重机
1-起重杆;2-起重索;3-变幅索;4-支腿

图 7-11 轮胎起重机实图

国产轮胎式起重机型号有 QL2-8 型、QL3-16 型、QL3-25 型、QL3-40 型、QL1-16 型等。QL3-16 型、QL3-25 型、QL1-16 型轮胎式起重机技术性能见表 7-4。

轮胎式起重机技术性能　　　　　　　　　　　　　　　　表 7-4

参　数		单位	型　号									
			QL3-16			QL3-25					QL1-16	
起重臂长度		m	10	15	20	12	17	22	27	32	10	15
最大起重半径时		m	4	4.7	8	4.5	6	7	8.5	10	4	4.7
最小起重半径时		m	11.0	15.5	20.0	11.5	14.5	19	21	21	11	15.5
起重量	最小起重半径 用支腿	t	16	11	8	25	14.5	10.6	7.2	5	16	11
	最小起重半径 不用支腿	t	7.5	6	—	6	3.5	3.4	—	—	7.5	6
	最大起重半径 用支腿	t	2.8	1.5	0.8	4.6	2.8	1.4	0.8	0.6	2.8	1.5
	最大起重半径 不用支腿	t				0.5						
起升高度	最小起重半径时	m	8.3	13.2	17.95	4.9	14.8	18.9	2.3	28.0	8.3	13.2
	最大起重半径时	m	5.3	4.6	6.85	10.0	5.4	6.8	7.6	8.3	5.0	4.6

（三）塔式起重机

塔式起重机是将起重臂置于型钢格构式塔身上部的一种起重机，具有较大的起重高度和工作幅度，其特点是工作速度快，生产效率高，广泛用于多层和高层的工业与民用建筑施工。

塔式起重机按起重量可分为：

轻型塔式起重机：起重量为 0.5～3t，多用于 6 层以下民用建筑。

中型塔式起重机：起重量为 3～15t，多用于一般工业建筑与高层民用建筑。

重型塔式起重机：起重量为 20～40t，多用于大型工业厂房的施工和高炉等设备吊装。

塔式起重机按构造性能可分为轨道式、爬升式、固定式、附着式四种。下面简单介绍几种常用型号的塔式起重机。

1. 轨道式起重机

（1）QT1-6 型塔式起重机

QT1-6 型塔式起重机（见图 7-12）是一种轨道式上旋转塔式起重机，起重量为 2～6t，幅度为 8.5～20m，最大起重力矩为 400kN·m，轨距为 3.8m，自重 24t，能负荷行走，同时能完成水平和垂直运输，且能在直线和曲线轨道上运行，

图 7-12　QT1-6 型塔式起重机

使用安全、生产效率高，起重高度可按需要增减塔身、互换节架，多用于工业与民用建筑的吊装、材料运输及装卸工作。QT1-6 型塔式起重机技术性能见表 7-5。

QT1-6型塔式起重机技术性能　　　　表7-5

幅度 (m)	起重量 (t)	起重高度		
		无延接架	带一节延接架	带两节延接架
8.5	6.0	30.4	35.5	40.6
10	4.9	29.7	34.8	39.9
12.5	3.7	28.2	33.6	38.4
15	3	26.0	31.1	36.2
17.5	2.5	22.7	27.8	32.9
20	2.0	16.2	21.3	26.4

（2）QT1-2型塔式起重机

QT1-2型塔式起重机（见图7-13）为轨道式塔身下回转式轻型起重机，起重量为1～2t，起重力矩为160kN·m，轨距为2.8m，起升速度为14.1m/min，自重13t，适用于5层以下民用建筑和中小型多层工业厂房的结构吊装。

（3）QT60/80型塔式起重机

QT60/80型塔式起重机（见图7-14）是轨道式上旋转塔式起重机，起重力矩为600～800kN·m，最大起重量达10t，多用于工业厂房与较高的民用建筑结构吊装。

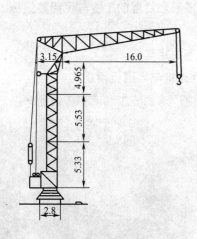

图7-13　QT1-2型塔式起重机(尺寸单位:m)

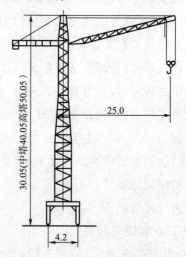

图7-14　QT60/80型塔式起重机(尺寸单位:m)

2. 爬升式塔式起重机

爬升式塔式起重机主要安装在建筑物内部框架或电梯间结构上，每隔1～2层楼爬升一次。其特点是机身体积小，安装简单，多用于现场狭窄的高层建筑结构安装。

爬升式塔式起重机（见图7-15）是由底座、塔身、塔顶、行走式起重臂、平衡臂等部分组成，其技术性能见表7-6。

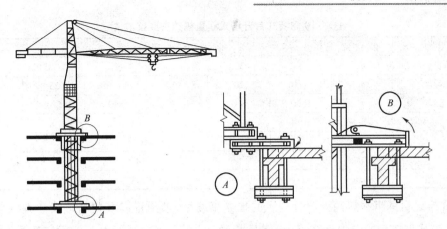

图 7-15 爬升式塔式起重机

爬升式塔式起重机技术性能　　　　　　　　　　　　表 7-6

型　号	起重量(t)	幅度(m)	起重高度(m)	一次爬升高度(m)
QT4-4/40	4	2~11	110	8.6
	2~4	11~20		
QT4-4	4	2.2~15	80	8.87
	3	15~20		

爬升式塔式起重机的爬升过程如图 7-16 所示，即固定下支座→提升套架→下支座脱空→提升塔身→固定下支座。

3. 附着式塔式起重机

附着式塔式起重机（见图 7-17）是固定在建筑物附近钢筋混凝土基础上的起重机，它随建筑物的升高，利用液压自升系统逐步将塔顶顶升，并接高塔身。为了减少塔身的计算长度，应每隔 20m 左右将塔身与建筑物用锚固装置联结。QT4-10 附着式自升塔式起重机的主要技术性能表见表 7-7。

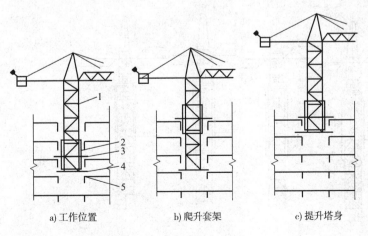

图 7-16 爬升式塔式起重机爬升过程
1-塔身；2-套架；3-套架梁；4-塔身底座梁；5-建筑物楼盖梁

图 7-17 附着式塔式起重机

QT4-10 附着式自升塔式起重机的主要技术性能　　　　　　　　表 7-7

项　目		单　位	数　据					
起重臂长		m	30			35		
工作幅度		m	3~16	20	30	3~16	25	35
起重量		t	10.0	8.0	5.0	8.0	5.0	3.0
起升速度	4索	m/min	80					
	2索	m/min	160					
小车牵引速度		m/min	18					
回转速度		r/min	0.47					

塔式起重机的塔身接高到设计规定的独立高度后,须用锚固装置将塔身与建筑物相联结(附着),以减小塔身的自由高度、保持塔吊的稳定性、提高起重能力。锚固装置由附着框架、附着杆和附着支座组成。附着装置的布置方式、相互间距和附着距离按使用说明书规定执行。图 7-18 为塔吊与建筑物的附着节点,图 7-19 为塔吊的附着装置构造。

图 7-18　塔吊与建筑物的附着节点

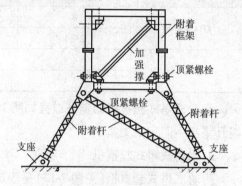

图 7-19　塔吊的附着装置构造

附着式塔式起重机的液压顶升系统包括顶升套架、长行程液压千斤顶、支承座、顶升横梁及定位销等。液压千斤顶的缸体装在塔吊上部结构的底端支承座上,活塞杆通过顶升横梁支承在塔身顶部。附着式塔式起重机爬升过程如图 7-20 所示。

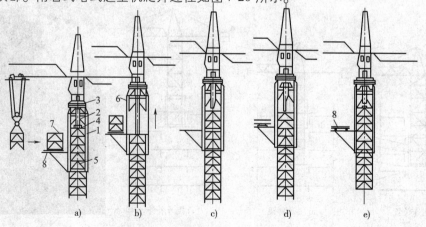

图 7-20　附着式塔式起重机爬升过程

1-顶升套架;2-液压千斤顶;3-支承座;4-顶升横梁;5-定位销;6-过渡节;7-标准节;8-摆渡小车

二、索具设备

(一)钢丝绳

(1)钢丝绳是吊装工作中常用的绳索,具有强度高、韧性好、耐磨性好等优点。钢丝绳磨损后表面产生毛刺,便于发现检查,可预防事故的发生。

(2)常用的钢丝绳是由直径相同的光面钢丝捻成钢丝股,再由 6 股钢丝股和 1 股钢丝芯搓捻而成。在吊装结构中所用的钢丝绳,一般有 $6 \times 19 + 1$、$6 \times 37 + 1$、$6 \times 61 + 1$ 三种,分别表示每股为 19、37、61 根钢丝,中间加 1 根绳芯,如图 7-21 所示。$6 \times 19 + 1$ 钢丝粗、硬而耐磨,不宜弯曲,一般用于缆风绳;$6 \times 37 + 1$ 钢丝细、较柔软,多用于穿滑车组和作为吊索;$6 \times 61 + 1$ 质地软,多用于重型起重机械。

(3)钢丝绳按钢丝和钢丝股搓捻方向的不同可分为顺捻和反捻两种,如图 7-22 所示。顺捻绳每股钢丝的搓捻方向与钢丝股的搓捻方向相同,其特点是柔性好、表面平整、不易磨损,但易松散和扭结卷曲,吊重物时,易使重物旋转,适用于拖拉或牵引装置。反捻绳每股钢丝的搓捻方向与钢丝股的搓捻方向相反,其特点是钢丝绳较硬,不宜松散,吊重物不扭结旋转,适用于吊装工作。

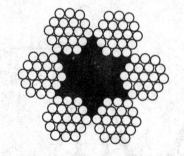

图 7-21 $6 \times 19 + 1$ 钢丝绳构造

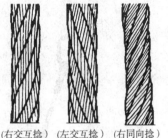

(右交互捻) (左交互捻) (右同向捻) (左同向捻)

图 7-22 钢丝绳搓捻方法

(4)钢丝绳抗拉强度分为 1 400、1 550、1 700、1 850、2 000MPa 五种。

(5)钢丝绳的允许拉力应满足下式要求:

$$[F] = \frac{\alpha P}{K} \tag{7-2}$$

式中:$[F]$——钢丝绳允许拉力(kN);

α——钢丝绳破断拉力换算系数,按表 7-8 取用;

P——钢丝绳的钢丝破断拉力总和(kN),按有关手册查表取用;

K——钢丝绳安全系数,按表 7-9 取用。

钢丝绳破断拉力换算系数 α 表 7-8

钢丝绳结构	α
$6 \times 19 + 1$	0.85
$6 \times 37 + 1$	0.82
$6 \times 61 + 1$	0.80

钢丝绳安全系数 K　　　　　　表 7-9

用　　途	安全系数 K	用　　途	安全系数 K
缆风绳	3.5	吊索（无弯曲时）	6~7
手动起重设备	4.5	捆绑吊索	8~10
电动起重设备	5~6	载人升降机	14

（二）吊具

1. 吊索

吊索也称千斤绳，根据形式不同可分为环状吊索、万能吊索、开口吊索，如图 7-23、图 7-24 所示。作吊索用的钢丝绳要求质地软，易弯曲，直径大于 11mm，多用 $6 \times 37 + 1$、$6 \times 61 + 1$ 规格制成。

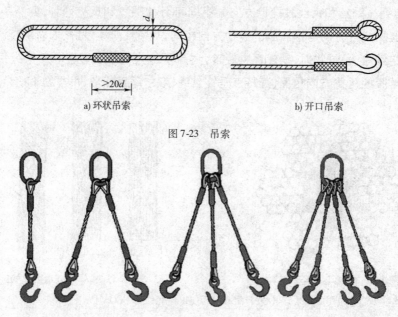

a) 环状吊索　　　　b) 开口吊索

图 7-23　吊索

图 7-24　钢丝绳吊索实图

2. 吊钩

如图 7-25 所示，吊钩分单钩和双钩。吊装时一般用单钩，双钩多用于塔式或桥式起重机上。使用时，要认真进行检查，表面应光滑，不得有剥裂、刻痕、裂缝、锐角等缺陷。吊钩不得直接钩在构件的吊环中。

3. 卡环（卸甲）

如图 6-26 所示，卡环用于吊索与吊索之间或吊索与构件吊环之间的连接，由弯环与销子两部分组成。弯环形式有马蹄形和直形；销子的形式有活络式和螺栓式。活络卡环绑扎柱子如图 7-27 所示。

4. 钢丝绳卡扣

钢丝绳卡扣主要用来连接钢丝绳或固定钢丝绳末端，其外形如图 7-28 所示。

5. 横吊梁（铁扁担）

为了减小吊索对构件的轴向压力和减少起吊高度,可采用横吊梁,又称"铁扁担"。图 7-29 为吊柱子用的横吊梁,用横吊梁吊柱易使柱身保持垂直,便于安装。图 7-30 为吊屋架用的横吊梁,用横吊梁吊屋架可降低起吊高度,减少吊索的水平分力对屋架的压力。

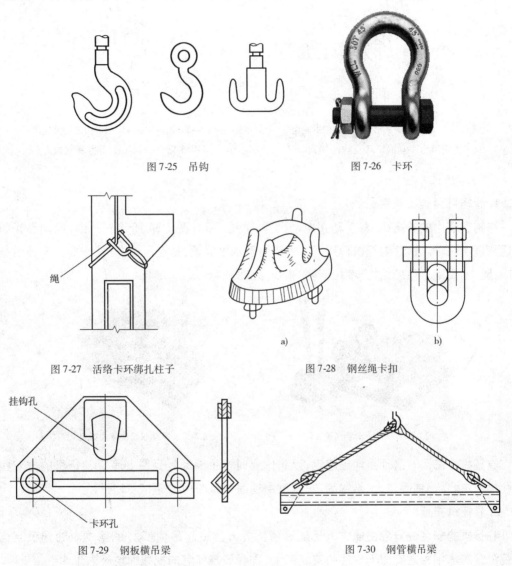

图 7-25 吊钩　　　　　　　　　　图 7-26 卡环

图 7-27 活络卡环绑扎柱子　　　　图 7-28 钢丝绳卡扣

图 7-29 钢板横吊梁　　　　　　　图 7-30 钢管横吊梁

（三）滑轮组

滑轮组是由一定数量的定滑轮和动滑轮及绕过它们的绳索所组成。滑轮组既能省力又可以改变力的方向。

滑轮组中共同负担构件重量的绳索根数称为工作线数,也就是在动滑轮上穿绕的绳索根数。滑轮组起重省力的多少,主要取决于工作线数和滑动轴承的摩阻力大小。滑轮组可分为绳索跑头从定滑轮引出和绳索跑头从动滑轮引出两种,如图 7-31 及图 7-32 所示。

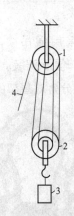
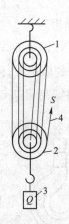

图 7-31　绳索跑头从定滑轮引出的滑轮组
1-定滑轮；2-动滑轮；3-重物；4-绳索

图 7-32　绳索跑头从动滑轮引出的滑轮组
1-定滑轮；2-动滑轮；3-重物；4-绳索头

（四）卷扬机

1. 卷扬机分类及使用

结构安装中的卷扬机，有手动和电动两类，如图 7-33、图 7-34 所示。其中，电动卷扬机有快速和慢速两种。快速卷扬机（JJK 型）主要用于水平运输、垂直运输、打桩作业。慢速卷扬机（JJM 型）主要用于吊装结构、冷拉钢筋、张拉预应力筋。

图 7-33　手动卷扬机　　　　　图 7-34　电动双筒快速卷扬机

卷扬机在使用时必须用地锚固定，以防作业时产生滑动或倾覆。固定卷扬机的方法包括螺栓锚固法、立杆锚固法、水平锚固法、压重物锚固法等四种，如图 7-35 所示。

2. 卷扬机布置

卷扬机的安装位置应使操作人员能看清指挥人员或起吊（拖动）的重物。卷扬机至构件安装位置的水平距离应大于构件的安装高度（即保证操作者的视线仰角不大于 45°）。

为使钢丝绳能自动在卷筒上往复缠绕，应在卷扬机的正前方设置导向滑轮，滑轮至卷扬机的距离为卷筒宽度的 15 倍，以保证钢丝绳在卷筒边时与卷筒中垂线的夹角不大于 2°，如图 7-36所示。

（五）地锚

地锚又称锚碇，其作用是用来固定卷扬机、缆风绳、导向滑车、拔杆的平衡绳索等。常用的地锚有水平地锚、桩式地锚。

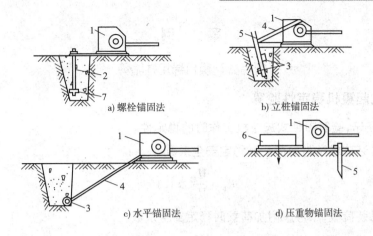

图 7-35　卷扬机的锚固方法

1—卷扬机；2—地脚螺栓；3—横木；4—拉索；5—木桩；6—压重；7—压板

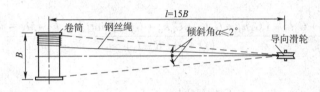

图 7-36　卷扬机布置图

1. 水平地锚

水平地锚是将一根或几根圆木绑扎在一起，水平埋入土内而成。钢丝绳系在横木的一点或两点，成 30°～50°斜度引出地面，然后用土石回填夯实。水平地锚一般埋入地下 1.5～3.5m。为防止地锚被拔出，当拉力大于 75kN 时，应在地锚上加压板；当拉力大于 150kN 时，还应在地锚前加立柱及垫板（板栅），以加强土坑侧壁的耐压力。水平地锚构造如图 7-37 所示。

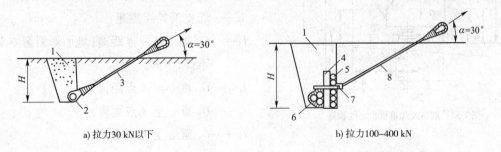

图 7-37　水平地锚构造

1—回填土层夯实；2—地龙木 1 根；3—钢丝绳或钢筋；4—柱木；5—挡木；6—地龙木 3 根；7—压板；8—钢丝绳圈或钢筋环

2. 桩式地锚

桩式地锚是将圆木打入土中承担拉力，多用于固定受力不大的缆风绳。圆木直径为 18～30cm，桩入土深度为 1.2～1.5m，根据受力大小，可打成单排、双排或三排。桩前一般埋有水平圆木，以加强锚固。桩式地锚承载力为 10～50kN。

案 例

履带式起重机稳定性验算

一、履带式起重机稳定性验算

如图 7-38 所示,验算履带式起重机工作时的稳定性。

① 当考虑吊装荷载及附加荷载时稳定安全系数

$$K_1 = \frac{M_稳}{M_倾} \geq 1.15$$

② 当考虑吊装荷载,不考虑附加荷载时稳定安全系数

$$K_2 = \frac{M_稳}{M_倾} \geq 1.4$$

即

$$K_1 = \frac{G_1 l_1 + G_2 l_2 + G_0 l_0 - (G_1 h_1 + G_2 h_2 + G_0 h_0 + G_3 h_3)\sin\beta - G_3 l_3 - M_F - M_G - M_L}{(Q+q)(R-l_3)} \geq 1.15$$

(7-3)

$$K_2 = \frac{G_1 l_1 + G_2 l_2 + G_0 l_0 - G_3 l_3}{(Q+q)(R-l_3)} \geq 1.4 \tag{7-4}$$

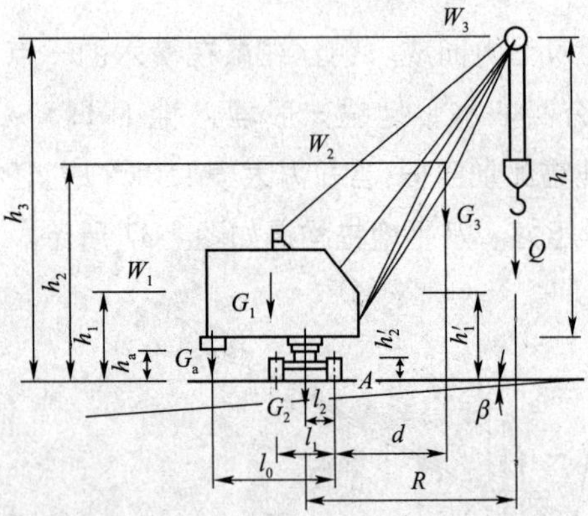

图 7-38 履带式起重机稳定性验算

式中：G_0——平衡重的重量;
G_1——起重机机身可转动部分重量;
G_2——起重机机身不转动部分重量;
G_3——起重臂重量;
Q——起重荷载(包括构件及索具重量);
q——起重滑轮组重量;
l_0——G_0 重心至 A 点距离(地面倾斜影响忽略不计,下同);
l_1——G_1 重心至 A 点距离;
l_2——G_2 重心至 A 点距离;
l_3——G_3 重心至 A 点距离;

h_0——G_0 重心至地面距离;
h_1——G_1 重心至地面距离;
h_2——G_2 重心至地面距离;
h_3——G_3 重心至地面距离;
β——地面倾斜角(不大于3°);
R——起重半径;

M_F——风载引起的倾覆力矩(6级以上风时,不能进行高空安装作业,而6级以下风对起重机影响较小。因此,当起重机的臂长小于25m时,不计风载力矩的影响);

M_G——重物下降时突然刹车惯性力引起的倾覆力矩;

$$M_G = \frac{(Q+q)v}{gt}(R - l_2) \tag{7-5}$$

v——吊钩下降速度(m/s),取吊钩起重速度的1.5倍;

g——重力加速度(9.8m/s^2);

t——制动时间(由 $v \sim 0$),取1s;

M_L——起重机回转时离心力引起的倾覆力矩;

$$M_L = \frac{(Q+q)Rn^2}{900 - n^2 h} H \tag{7-6}$$

n——起重机回转速度(r/min);

h——所吊构件于最低位置时,其重心至起重杆顶端距离;

H——起重杆顶端至地面距离。

二、起重臂接长验算

当起重机的起重高度或起重半径不能满足需要时,则可采用接长臂杆的方法予以解决。此时起重量 Q' 可根据 $\sum_{M_A} = 0$ 求得。

根据图7-39可得:

$$Q'\left(R' - \frac{M}{2}\right) + G'\left(\frac{R+R'}{2} - \frac{M}{2}\right) \leq Q\left(R - \frac{M}{2}\right) \tag{7-7}$$

整理得:

$$Q' = \frac{1}{2R' - M}[Q(2R - M) - G'(R + R' - M)] \tag{7-8}$$

当计算 Q' 值大于所吊构件重量时,即满足稳定安全条件;反之,则应采取相应措施,如增加平衡重,或在起重臂顶端拉设2根临时性风缆,以加强起重机的稳定。必要时,尚应考虑对起重机其他部件进行验算和加固。

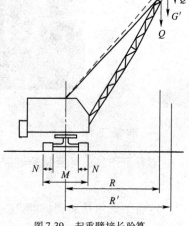

图7-39 起重臂接长验算

任 务 要 求

练一练:

1. 自行式起重机包括( )、( )、轮胎式起重机。
2. 履带式起重机工作参数是( )、( )、起重半径,其大小与( )、( )有关。

想一想:

1. 钢丝绳的种类及适用范围有哪些?

2. 塔式起重机的种类及工作性能有哪些?

任 务 拓 展

请同学们结合教材内容,到图书馆或互联网上查找相关资料,了解起重机械的种类、工作性能,学会合理选择起重机械。

任务二 学会单层工业厂房结构安装

 知识准备

如图 7-40 所示,单层工业厂房的结构安装,一般包括安装柱、吊车梁、连系梁、层架、天窗架、屋面板、地基梁及支撑系统等。

图 7-40 单层工业厂房结构安装

一、准备工作

准备工作的好坏直接影响整个施工进度和安装质量,所以在结构安装之前要做好各项准备工作。

准备工作包括清理场地、道路修筑、基础准备、构件运输、堆放、拼装加固、弹线编号、检查清理及吊装机具的准备等。

(一)构件检查与清理

为保证施工质量,在结构吊装前,应对所有构件作全面检查。

(1)构件强度检查。构件吊装时混凝土强度不低于设计强度标准值的75%。大跨度构件,如屋架,吊装时混凝土强度则应达到设计强度标准值的100%。

(2)检查构件的表面有无损伤、变形、缺陷、裂缝等。预埋件要清污,以免影响构件的拼装和焊接。

(3)检查构件的外形尺寸、预埋件的大小、位置。

(4)检查吊环的位置以及吊环有无变形损伤。

（二）构件弹线与编号

在每个构件上弹出安装时的定位线和校正用基准线,作为构件安装、对位、校正的依据,步骤如下：

(1)柱子。在柱身三面弹出安装中心线,所弹中心线的位置与柱基杯口面上的安装中心线相吻合。另外,在柱顶与牛腿面上还应弹出安装屋架及吊车梁的定位线,如图 7-41 所示。

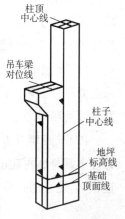

图 7-41　柱身弹线

(2)屋架。屋架上弦顶面应弹出几何中心线,并从跨中向两端分别弹出天窗架、屋面板或檩条的安装定位线。屋架两端还应弹出安装中心线。

(3)梁。梁两端及顶面弹出安装中心线。

(4)编号。按图纸标注对构件进行编号。

（三）杯形基础准备

准备工作主要是在柱吊装前对杯底抄平和在杯口顶面弹线。

(1)杯底抄平。杯底抄平是对杯底标高进行检查和调整,以保证吊装后牛腿面标高准确。杯底标高在制作时通常比设计要求低 50mm,以便柱子长度有误差时可抄平调整。测量杯底标高,先在杯口内弹出比杯口顶面设计标高低 100mm 的水平线,再用尺对杯底标高进行测量(小柱测中间一点,大柱测四个角点),得出杯底实际标高。牛腿面设计标高与杯底实际标高之差,就是柱子牛腿面到柱底的应有长度,与实际量得的长度相比,得到制作误差,再结合柱底平面的平整度,用水泥砂浆或细石混凝土将杯底抹平,垫至所需标高。

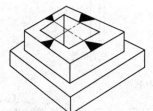

图 7-42　柱基础弹安装中线

(2)基础顶面弹线。基础顶面弹线要根据厂房的定位轴线测出,并与柱的安装中心线相对应。通常在基础顶面弹十字交叉的安装中心线,如图 7-42 所示。

（四）构件运输

一些重量小且数量多的构件,宜在预制厂制作,用汽车运到工地。运输时要保证构件不损坏、不变形。构件的混凝土强度达到设计强度 75% 时方可运输。构件的支垫位置应正确,符合受力情况且上下垫木要在同一垂直线上。

构件的运输顺序及卸车位置应依照施组织设计的方案进行,防止构件二次就位。

（五）构件堆放

堆放构件的场地应平整压实,且按设计的受力情况搁置在垫木或支架上。重叠堆放时,梁堆叠 2~3 层；大型屋面板不超过 6 块；空心板不超过 8 块。构件吊环向上,标志向外。

二、构件吊装工艺及技术要求

单层工业厂房构件吊装过程主要有绑扎、吊升、就位、临时固定、校正、最后固定等工序。

（一）柱子吊装

1. 绑扎

绑扎柱子的吊具有吊索、卡环、铁扁担等。为了在高空中脱钩方便，应尽量用活络式卡环。为避免起吊时吊索磨损柱子表面，一般在吊索和柱子之间垫上麻袋等。柱子的绑扎位置和点数应根据柱子的形状、长度、断面、配筋和起重机性能等确定，绑扎点位置常选在牛腿下200mm处。工字形截面和双肢柱的绑扎点选在实心处，或在绑扎位置用方木垫平。

（1）一点绑扎斜吊法。如图7-43所示，这种方法不需要翻动柱子，但柱子平放起吊时抗弯强度要符合要求。柱吊起后呈倾斜状态，由于吊索歪在柱的一边，起重钩低于柱顶，因此起重臂长度可稍短。

（2）一点绑扎直吊法。如图7-44所示，当柱平卧起吊的抗弯刚度不足时，可在吊装前，先将柱子翻身后再起吊，此法吊索从柱两侧引出，上端通过卡环或滑轮挂在铁扁担上，柱身成垂直状态，便于插入杯口和对中校正，由于铁扁担高于柱顶，起重臂长度稍长。

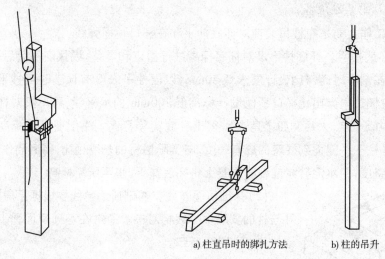

a) 柱直吊时的绑扎方法　　b) 柱的吊升

图7-43　一点绑扎斜吊法　　　图7-44　一点绑扎直吊法

（3）两点绑扎法。如图7-45所示，一点绑扎时柱的抗弯能力若不足，可采用两点绑扎起吊，吊索合力点应高于柱重心，常用于吊装重型柱子或配筋少且细长的柱子。

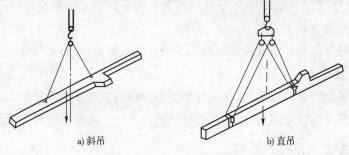

a) 斜吊　　　　　　b) 直吊

图7-45　两点绑扎法

2. 吊升

柱子的吊升方法根据柱子重量、长度、起重机性能和现场施工条件而定,按柱子吊升过程中的运动特点可分为滑行法和旋转法。

(1) 滑行法。如图 7-46 所示,柱的绑扎点宜靠近基础,绑扎点与杯口中心均位于起重机的同一起重半径的圆弧上,即两点共圆弧。柱子吊升时,起重机只升钩,起重臂不转动,使柱脚沿地面滑行并逐渐直立,然后插入杯口。此法的特点是柱的布置灵活、起重半径小、起重杆不转动、操作简单,适用于柱子较长较重、现场狭窄或桅杆式起重机吊装,缺点是柱在滑行过程中会受到振动。

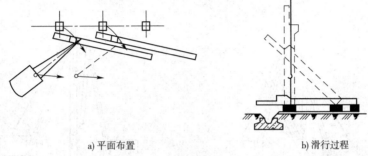

a) 平面布置   b) 滑行过程

图 7-46　单机滑行法吊柱

(2) 旋转法。如图 7-47 所示,柱的绑扎点、柱脚、柱基中心三者位于起重机的同一工作幅度的圆弧上,即三点共弧。起吊时,起重臂边升钩边回转,柱顶随重钩的运动,边升起边回转,绕柱脚旋转起吊。当柱子呈直立状态后,起重机将柱吊离地面,并将柱脚插入杯口。旋转法吊升柱振动小、效率高,适用于履带式、汽车式、轮胎式等起重机。一般中小型柱多采用旋转法吊升,但对起重机的机动性要求高。

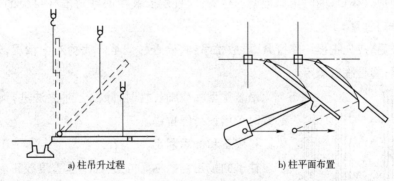

a) 柱吊升过程   b) 柱平面布置

图 7-47　单机旋转法吊柱

(3) 双机抬吊滑行法。柱为一点绑扎,且绑扎点宜靠近基础,起重机在柱的两侧,并在柱的同一绑扎点吊升抬吊,使柱脚沿地面向基础滑行,呈直立状态后,再将柱脚插入基础杯口。

(4) 双机抬吊旋转法。对于重型柱子,一台起重机吊不起来,可采用两台起重机抬吊。采用旋转法双机抬吊时,应两点绑扎,一台起重机抬上吊点,另一台起重机抬下吊点。当双机将柱子抬至离地面一定距离(下吊点到柱脚距离 $D+300\text{mm}$)时,上吊点的起重机将柱上部逐渐提升,下吊点则不需再提升,使柱子呈直立状态后旋转起重臂,将柱脚插入杯口,如图 7-48 所示。

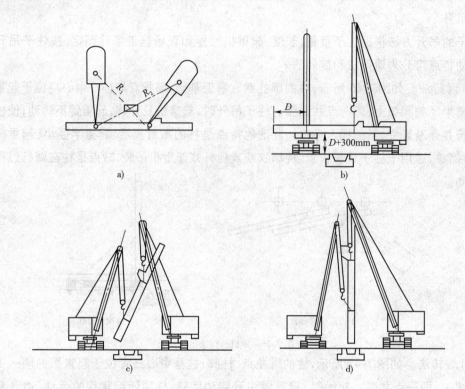

图 7-48 双机抬吊旋转法

3. 就位和临时固定

柱子就位时,一般柱脚插入杯口后应在悬离杯底 30~50mm 处。对位时用 8 只木楔或钢楔从柱的四边放入杯口,同时用撬棍撬动柱脚,让柱的安装中心线对准杯口上的安装中心线,使柱子基本保持垂直。

柱子对位后,应先把楔块略打紧,再放松吊钩,检查柱沉至杯底的对中情况,若符合要求,便将楔块打紧,将柱临时固定。

吊装重型柱或细长柱时,除按上述方法进行临时固定外,必要时可增设缆绳拉锚。

4. 校正和最后固定

柱子的校正包括平面位置校正、垂直度校正。平面位置校正一般在临时固定时已校正完毕。垂直度检查是用 2 台经纬仪从柱的两个垂直方向同时观测柱的正面和侧面的中心线,如图 7-49 所示。垂直度偏差要在规范允许范围内:柱高 $H \leqslant 5$m 时为 5mm;柱高 $H > 5$m 时为 10mm;柱高 $H > 10$m 时为 1/1 000 柱高,且最大不超过 20mm。若超过允许偏差,可采用钢管撑杆校正法、千斤顶校正法等进行校正,如图 7-50 所示。

柱子的最后固定是在柱子与杯口的空隙内用细石混凝土

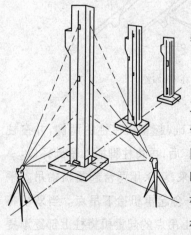

图 7-49 柱垂直度检查

浇筑密实。所用的细石混凝土应比柱子混凝土强度提高一级,并分两次浇筑。第一次浇到楔块底面,等混凝土强度达到25%时拔去楔块,再第二次浇混凝土,直到浇满杯口为止。

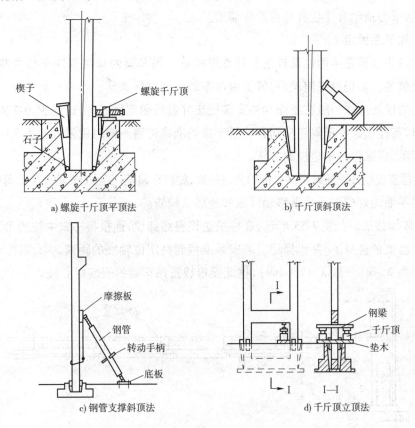

图 7-50 柱垂直度校正方法

(二)吊车梁吊装

吊车梁的吊装应在柱子杯口第二次浇筑混凝土强度达到70%时才可进行。

1. 绑扎、吊升、就位与临时固定

吊车梁的绑扎宜采用两点绑扎,对称起吊,如图 7-51 所示。吊钩应对称梁的重心,以便使梁起吊后保持水平。梁的两端用溜绳控制,防止在吊升过程中碰撞柱子,如图 7-52 所示。

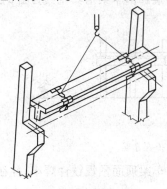

图 7-51 吊车梁对称起吊

图 7-52 吊车梁吊装实图

吊车梁对位后，由于梁本身稳定性较好，只用垫铁垫平即可，但当梁的高宽比大于 4 时，宜用铁丝将吊车梁临时绑在柱上。若发生位置偏差，不宜用撬棍在纵轴方向撬动，因为柱在此方向刚度较差，过分撬动会使柱身弯曲产生偏差。

2. 校正和最后固定

吊车梁校正主要是平面位置校正和垂直度校正。吊车梁的标高取决于柱牛腿标高，在柱吊装前已经调整。如仍存在偏差，可等安装吊车轨道时进行调整。

吊车梁的校正工作一般在屋面构件安装校正并最后固定后进行，这是因为在安装屋架、支撑等构件时，可能引起柱子偏差从而影响吊车梁的准确位置。但对重量大的吊车梁，脱钩后再撬动比较困难，应采取边吊边校的方法。

吊车梁垂直度校正一般采用吊线锤的方法检查，如存在偏差，在梁的支座处垫上薄钢板调整。

吊车梁平面位置校正多用平移轴线法和通线法检查。

（1）平移轴线法。如图 7-53 所示，在柱列边设置经纬仪，逐根将杯口中柱的吊装准线投影到吊车梁顶面处的柱身上，并作标记。若安装准线到柱定位轴线的距离为 a，则标记距吊车梁定位轴线应为 $\lambda - a$（一般 $\lambda = 750mm$），据此逐根拨正吊车梁的安装中心线。

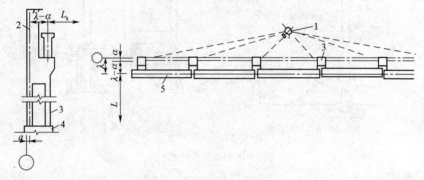

图 7-53　平移轴线法校正吊车梁

1-经纬仪；2-标志；3-柱；4-柱基础；5-吊车梁

（2）通线法。如图 7-54 所示，根据柱的定位轴线，在车间两端地面用木桩定出吊车梁定位轴线位置，并设置经纬仪。先用经纬仪将车间两端的四根吊车梁位置校正准确，用钢尺检查两列吊车梁之间的跨距是否符合设计要求，再根据校正好的端部吊车梁沿其轴线拉上钢丝通线，逐根拨正。

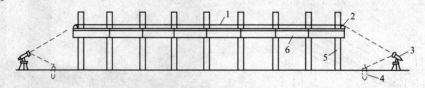

图 7-54　通线法校正吊车梁

1-通线；2-支架；3-经纬仪；4-木桩；5-柱；6-吊车梁

吊车梁的最后固定是将吊车梁所用钢板与柱侧面、吊车梁顶面预埋铁件焊牢，并在接头处及吊车梁与柱的空隙处支模浇筑细石混凝土。

(三)屋架吊装

钢筋混凝土预应力屋架一般在施工现场采用平卧叠浇方式生产,吊装前再将屋架扶直、就位。屋架安装的主要工序有绑扎、扶直与就位、吊升、对位、校正、最后固定等。

1. 绑扎

屋架的绑扎点应选在屋架上弦节点处,左右对称于屋架的重心。一般当屋架跨度小于或等于18m时两点绑扎;大于18m时四点绑扎;大于30m时可使用铁扁担,以减少绑扎高度。对刚性较差的组合屋架,因下弦不能承受压力,也可采用铁扁担四点绑扎。屋架绑扎时,吊索与水平面夹角不宜小于45°,否则应采用铁扁担,以减少屋架的起重高度或减少屋架所承受的压力。屋架的绑扎方法如图7-55所示。

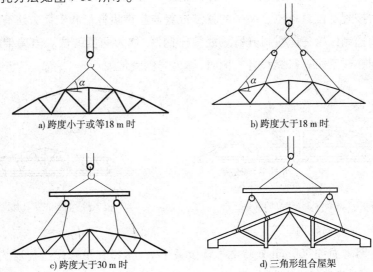

图 7-55 屋架的绑扎方法

2. 屋架扶直与就位

按照起重机与屋架预制时相对的位置不同,屋架扶直包括正向扶直、反向扶直。

(1)正向扶直。起重机位于屋架下弦杆一边,吊钩对准上弦中点,收紧吊钩后略起臂使屋架脱模,然后升钩并起臂,使屋架绕下弦旋转呈直立状态,如图7-56a)所示。

(2)反向扶直。起重机位于屋架上弦杆一边,吊钩对准上弦中点,收紧吊钩接着升钩并降臂,使屋架绕下弦旋转呈直立状态,如图7-56b)所示。

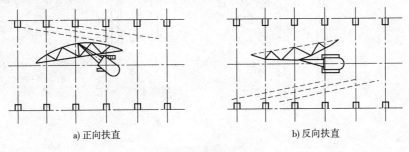

图 7-56 屋架的扶直

正向扶直与反向扶直不同之处在于前者升臂,后者降臂。因升臂比降臂操作简单、安全,因此尽量采用正向扶直。

钢筋混凝土屋架的侧向刚度较差,扶直时由于自重作用使屋架产生平面弯曲,部分杆件将改变应力情况,特别是下弦杆极易扭曲造成屋架损伤。因此吊前应进行吊装应力验算,如果截面强度不够,应采取必要的加固措施。

24m 以上的屋架当验算抗裂度不够时,可在屋架下弦中节点处设置垫点,使屋架在翻身过程中下弦中节点始终着实。扶直后,下弦的两端应着实,中部则悬空,因此中垫点的厚度应适中,如图 7-57 所示。

屋架高度大于 1.7m 时,应加绑木、竹或钢管横杆,以加强屋架平面刚度,如图 7-58 所示。

屋架扶直后按规定位置就位。屋架的就位位置与起重机性能和安装方法有关。当屋架就位位置与屋架的预制位置在起重机开行路线同一侧时,称为同侧就位。当屋架就位位置与屋架预制位置分别在起重机开行路线各一侧时,称为异侧就位。

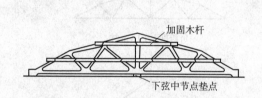

图 7-57 屋架设置中垫点的翻身扶直

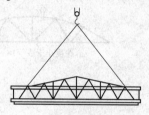

图 7-58 屋架的绑扎加固方法

3. 屋架吊升、对位与临时固定

屋架起吊后离地面约 300mm 处转至吊装位置下方,再将其吊升超过柱顶约 300mm,然后缓缓下落在柱顶上,尽量对准安装准线。

第一榀屋架对位后,先进行临时固定,可用 4 根缆风绳从两边拉牢。屋架是单片结构,也是第二榀屋架的支撑,侧向稳定性差,如图 7-59 所示。

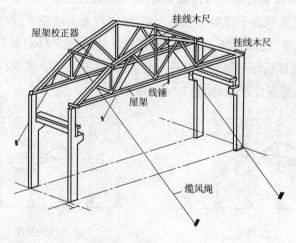

图 7-59 屋架的临时固定

第二榀屋架以及以后各榀屋架可用工具式支撑(见图7-60)临时固定到前一榀屋架上。

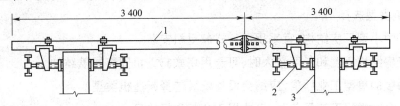

图7-60　工具式支撑构造(尺寸单位:mm)
1-钢管;2-撑脚;3-屋架上弦

4. 校正、最后固定

如图7-61所示,屋架校正是用经纬仪或垂球检查屋架垂直度。施工规范规定,屋架上弦中部对通过两支座中心的垂直面偏差不得大于$h/250$(h为屋架高度)。若超过允许偏差,应用工具式支撑加以纠正,并在屋架端部支承面垫入薄钢片。校正无误后,即用电焊焊牢做最后固定。

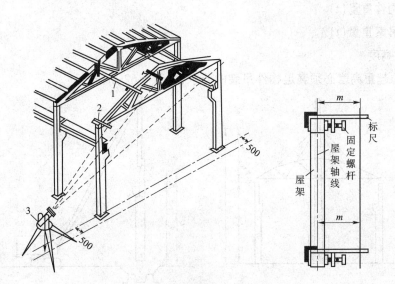

图7-61　屋架安装垂直度校正(尺寸单位:mm)
1-卡尺;2-屋架校正器;3-经纬仪

(四)天窗架、屋面板吊装

天窗架常单独吊装,也可与屋架拼装成整体同时吊装。单独吊装时,应待屋架两侧屋面板吊装后进行,采用两点或四点绑扎,并用工具式夹具或圆木进行临时加固。

屋面板四角一般都埋有吊环,用4根带吊钩的吊索吊升,吊索应等长且拉力相等。屋面板应保持水平,其吊装顺序应从两边檐口对称地铺向屋脊,以免屋架承受半边荷载的作用。

屋面板就位后应立即用电焊固定,每块屋面板可焊3点,最后一块只焊2点。

三、结构吊装方案

结构吊装方案用于解决起重机选择、结构吊装方法、起重机开行路线等相关问题。

(一)起重机选择

1. 起重机类型选择

(1)对于中小型厂房结构,宜采用自行式起重机安装。

(2)当厂房结构高度和长度较大时,可选用塔式起重机安装屋盖结构。

(3)大跨度的重型工业厂房,应结合设备安装选择起重机类型。

(4)当一台起重机无法吊装时,可选用2台起重机抬吊。

2. 起重机型号和起重臂长度选择

所选的起重机三个主要参数必须满足结构吊装要求。

(1)起重量

起重机的起重量必须满足下式要求:

$$Q \geqslant Q_1 + Q_2 \tag{7-9}$$

式中:Q——起重机的起重量(t);

Q_1——构件重量(t);

Q_2——吊索重量(t)。

(2)起重高度

起重机的起重高度必须满足构件吊装的要求,如图7-62所示。

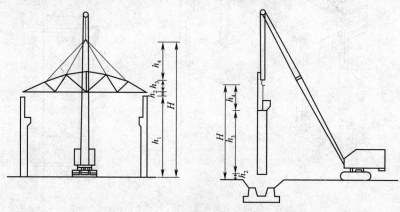

图7-62 履带式起重机起吊高度计算简图

$$H \geqslant h_1 + h_2 + h_3 + h_4 \tag{7-10}$$

式中:H——起重机的起重高度(m);

h_1——安装支座表面高度(从停机面算起)(m);

h_2——安装空隙,不小于0.3m;

h_3——绑扎点至构件吊起底面的距离(m);

h_4——索具高度,自绑扎点至吊钩底的距离(m)。

3. 起重半径

当起重机可以不受限制地开到所吊构件附近去吊装构件时,可不验算起重半径,而是查所选起重机性能曲线(或表格),在满足 Q、H 的一组值中所对应的 R 即为应采用的起重机半径。当起重机受到限制不能靠近安装位置去吊装构件时,则应验算起重半径为一定值时,起重量和起重高度是否满足吊装构件的要求。一般根据所需的起重量和起重高度值、初选起重机型号,再按下式计算吊装时所需的最小起重半径,如图 7-63 所示。

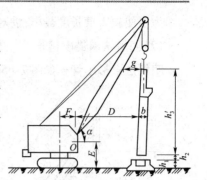

$$R_{\min} = F + D + 0.5b \tag{7-11}$$

图 7-63　起重半径计算简图

式中：F——起重臂枢轴中心至回转中心距离(m)；
　　　b——构件宽度(m)；
　　　D——起重臂枢轴中心至所吊构件边缘距离(m)；

$$D = g' + (h_1 + h_2 + h'_3 - E)\cot\alpha \tag{7-12}$$

　　　g——构件上口边缘与起重臂的水平间隙,不小于 0.5m；
　　　E——吊杆枢轴心距地面高度(m)；
　　　α——起重臂的倾角；
　　　h_1、h_2——含义同前；
　　　h'_3——所吊构件的高度(m)。

$R_{\min}$ 确定后,查所选起重机性能曲线(或表格),在满足 $R_{\min}$ 前提下,所对应的 Q、H 值均应满足要求。该组对应值中的 R 即为采用的起重半径。

4. 最小起重臂长度确定

(1)数解法求最小臂长

当起重机的起重臂需跨过屋架去安装屋面板时,为了不碰撞屋架,同时出于经济目的,应求出起重臂的最小杆长度。一般有数解法和图解法两种,下面介绍数解法。

最小起重臂长度 $L_{\min}$ 可按下式计算,如图 7-64 所示。

$$L_{\min} \geqslant L_1 + L_2 = \frac{f+g}{\cos\alpha} + \frac{h}{\sin\alpha} \tag{7-13}$$

式中：$L_{\min}$——起重臂最小长度(m)；
　　　h——起重臂下铰至屋面板吊装支座的高度(m)；

$$h = h_1 - E$$

　　　h_1——停机面至屋面板吊装支座的高度(m)；
　　　f——吊钩需跨过已安装好结构的距离(m)；
　　　g——起重臂轴线与已安装好结构间的水平距离,至少取 1m。

$$\alpha = \arctan\sqrt[3]{\frac{h}{f+g}} \tag{7-14}$$

将 α 值代入式(7-13)即求得 $L_{\min}$ 理论值。

为了使起重臂长度最小,需对式(7-13)进行一次微分求值。

(2)图解法求最小臂长

图解法求最小臂长如图7-65所示。

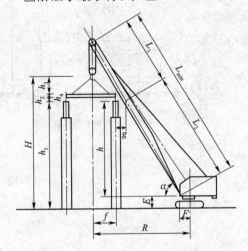
图7-64 数解法求起重机最小臂长示意图

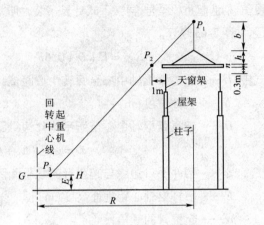
图7-65 图解法求起重机最小臂长示意图

(3)起重半径

可根据起重机最小臂长,选择起重机起重臂长度,按下式求得相应起重半径 R,最后仍按前述方法查曲线(或表格),确定吊装时采用的一组 R、Q、H 值。

$$R = F + L \cdot \cos\alpha \tag{7-15}$$

5. 起重机数量

按下式计算:

$$N = \frac{1}{TCK}\Sigma\frac{Q_i}{P_i} \tag{7-16}$$

式中:N——起重机台数;

T——工期;

C——每天工作班数;

K——时间利用系数,一般取 $0.8\sim0.9$;

Q_i——每种构件安装工程量(件或 t);

P_i——起重机相应的产量定额(件/台班或 t/台班)。

此外,在决定起重机数量时,还应考虑到构件装卸及就位工作的需要。如起重机数量已定,也可按式(7-16)计算所需工期或每天工作班数。

一般来说,吊装工程量较大的单层装配式结构宜选用履带式起重机;工程位于市区或工程量较小的装配式结构宜选用汽车式起重机;道路遥远或路况不佳的偏僻地区吊装工程则可考虑独脚或人字拔杆或桅杆式起重机等简易起重机械。

(二)结构安装方法

单层厂房的结构安装方法主要有分件安装法和综合安装法两种。

1. 分件安装法

分件安装法是指起重机在车间内每开行一次仅安装 1 种或 2 种构件,通常分三次开行。

第一次开行:安装全部柱子,并对柱子进行校正及最后固定。

第二次开行:安装全部吊车梁、连系梁以及柱间支撑。

第三次开行:分节间安装屋架、天窗架、屋面板及屋面支撑等。

分件安装法的优点:每次吊装同类构件不需经常更换吊具,操作程序基本相同,安装速度快,并有充分的时间校正;构件可分批进场,供应单一,平面布置较容易,现场不拥挤。

缺点:不能为后续工程及早提供工作面,起重机开行路线长。

装配式钢筋混凝土单层工业厂房多采用分件安装法。图 7-66 为分件安装法的顺序。

2. 综合安装法

综合安装法是指起重机在车间内的一次开行中,分节间安装所有各种类型的构件。其具体做法是先安装 4~6 根柱,立即校正和最后固定,接着安装吊车梁、连系梁、屋架、屋面板等构件。安装完一个节间所有构件后,再转入安装下一个节间。

综合安装法的优点:开行路线短,起重机停机点少,可为后期工程及早提供工作面。

缺点:一种机械同时吊装多类型构件,起重机生产效率低,构件供应、平面布置复杂,校正时间短且较困难。

图 7-67 为综合安装法的顺序。

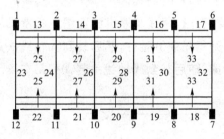

图 7-66 分件安装法的顺序

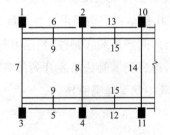

图 7-67 综合安装法的顺序

(三)起重机开行路线及停机位置

起重机的开行路线和停机位置与起重机的性能、构件尺寸和重量、构件的平面布置、构件的供应方式、安装方法等诸多因素有关。采用分件安装时,起重机的开行路线如下。

(1) 柱子吊装时应根据跨度大小、柱的尺寸、重量及起重机性能,沿跨中或跨边开行,如图 7-68、图 7-69 所示。

当起重半径 $R \geqslant L/2$(L 为厂房跨度)时,起重机在跨中开行,每个停机点吊 2 根柱子,如图 7-68a)所示。

当起重半径 $R \geqslant \sqrt{(L/2)^2 + (b/2)^2}$($b$ 为柱距时),起重机沿跨中开行,每个停机点安装 4

根柱子,如图 7-68b)所示。

当 $R < L/2$ 时,起重机沿跨边开行,每个停机点安装 1 根柱子,如图 7-69a)所示。

当 $R \geq \sqrt{a^2 + (b/2)^2}$ 时,(a 为开行路线到跨边距离),起重机在跨内靠边开行,每个停机点可吊 2 根柱子,如图 7-69b)所示。

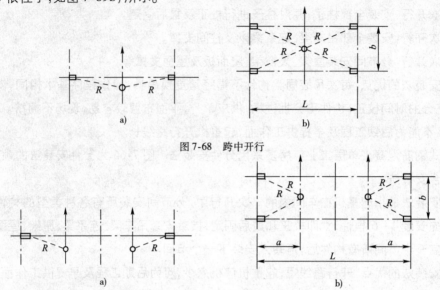

图 7-68 跨中开行

图 7-69 跨边开行

柱子布置在跨外时,起重机在跨外沿轴线开行,每个停机点可吊 1~2 根柱子。

(2)屋架扶直就位及屋盖系统吊装时,起重机在跨中开行。

图 7-70 是单跨厂房采用分件吊装法时起重机开行路线及停机位置图。起重机从Ⓐ轴线进场,沿跨外开行吊装Ⓐ轴柱,再沿Ⓑ轴线跨内开行吊装Ⓑ轴柱,然后转到Ⓐ轴线扶直屋架并将其就位,再转到Ⓑ轴线吊装Ⓑ列吊车梁、连系梁,随后转到Ⓐ轴线吊装Ⓐ列吊车梁、连系梁,最后转到跨中吊装屋盖系统。

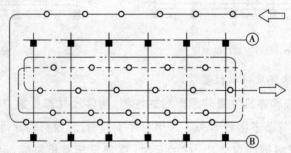

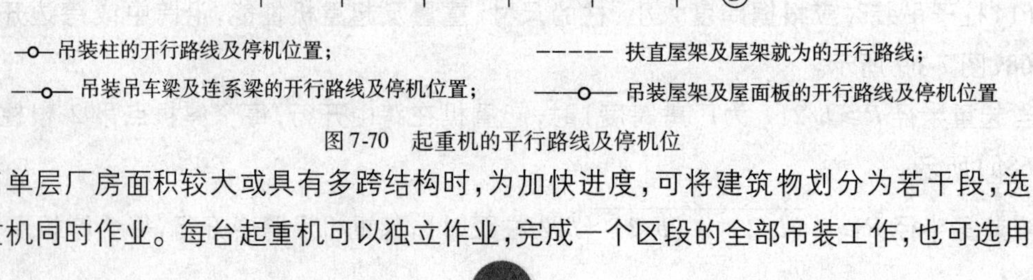

—○— 吊装柱的开行路线及停机位置; ----- 扶直屋架及屋架就位的开行路线;
—○— 吊装吊车梁及连系梁的开行路线及停机位置; —○— 吊装屋架及屋面板的开行路线及停机位置

图 7-70 起重机的平行路线及停机位

当单层厂房面积较大或具有多跨结构时,为加快进度,可将建筑物划分为若干段,选用多台起重机同时作业。每台起重机可以独立作业,完成一个区段的全部吊装工作,也可选用不同性能的起重机协同作业（有专门吊柱和屋盖系统结构的），组织大流水施工。总之，制定安装方案时，应尽可能使开行路线短，且能多次重复使用，以减少铺设枕木、钢板等设施，并应充分利用附近的永久性道路。

四、构件平面布置

单层厂房现场预制构件的布置是一项重要工作，布置合理可避免构件在场内的二次搬运，充分发挥起重机械的效率。

构件的平面布置与起重机性能、安装方法、构件制作方法有关。在选定起重机型号，确定施工方案后，可根据施工现场实际情况确定构件的平面布置。

（一）构件平面布置原则

（1）构件宜布置在本跨内，如场地狭窄布置有困难，也可布置在跨外便于安装的地方。

（2）构件的布置应便于支模和浇筑混凝土。对预应力构件需留有抽管、穿筋的操作场地。

（3）构件的布置要满足安装工艺的要求，尽可能在起重机的工作半径内，减少起重机"跑吊"的距离和起伏起重杆的次数。

（4）构件的布置要保证起重机、运输车辆的道路畅通。起重机回转时，机身不得与构件相碰。

（5）构件的布置要注意安装时朝向，以免在空中调向，影响施工进度和安全。

（6）构件的布置应在坚实地基上。在新填土上布置时，土要夯实，并采取一定措施防止下沉影响构件质量。

（二）预制阶段构件平面布置

1. 柱子的布置

柱子的布置方式与场地大小、安装方法有关，包括斜向布置、纵向布置和横向布置等三种。

（1）柱的斜向布置：采用旋转法吊装时，可按三点共弧斜向布置，如图 7-71 所示。构件预制位置可采用作图法确定，作图步骤如下：

①确定起重机开行路线到柱基中线的距离 L。L 与起重机吊装柱子时采用的起重半径 R 及起重机的最小起重半径 R_{min} 有关，要求 $R_{min} < L \leq R$。

同时，开行路线不要通过回填土地段，不要过分靠近构件，防止起重机回转时碰撞构件。

②确定起重机的停机位置。以柱基中心点 M 为

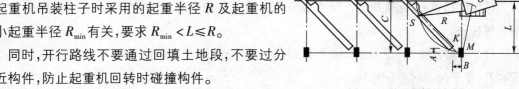

图 7-71 柱子的斜向布置

圆心，以所选的起重半径 R 为半径，画弧交开行路线于 O 点，则 O 点即为安装该柱的停机点。

③确定柱预制位置。以停机点 O 为圆心，OM 为半径画弧，在靠近柱基的弧上选点 K 作为柱脚中心点，再以 K 点为圆心，柱脚到吊点的长度为半径画弧，与 OM 半径所画的弧相交于 S，连 KS 线，即为柱中心线，进而可画出柱子的模板图，同时量出柱顶、柱脚中心点到柱列纵横轴线的距离 A、B、C、D，作为支模时的参考依据。

柱的布置应注意牛腿的朝向，以避免安装时在空中调头。当柱子布置在跨内时，牛腿应面

向起重机;布置在跨外时,牛腿应背向起重机。

若场地受限或柱过长,不易做到三点共弧时,可按两点共弧布置。一种方法是将杯口、柱脚中心点共弧,吊点放在起重半径 R 之外,如图 7-72a)所示。安装时,先用较大的工作幅度 R' 吊起柱子,并抬升起重臂,当工作幅度变为 R 后,即停止升臂,随后用旋转法吊装。另一种方法是将吊点与柱基中心共弧,柱脚可斜向任意方向,如图 7-72b)所示,吊装时可用滑行法。

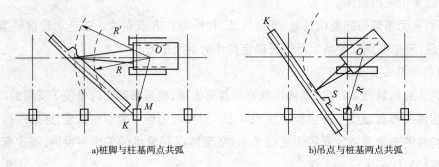

a)桩脚与柱基两点共弧　　　　　b)吊点与桩基两点共弧

图 7-72　两点共弧布置法

(2)柱的纵向布置:对一些较轻的柱,考虑到节约场地,方便构件制作,可顺柱列纵向布置,如图 7-73 所示。

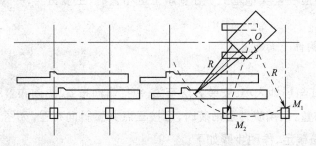

图 7-73　柱子的纵向布置

柱纵向布置时,起重机的停机点应安排在两柱基的中点,使 $OM_1 = OM_2$,这样每停机点可吊 2 根柱子。

柱子可叠浇生产,层间应涂刷隔离剂,上层柱子在吊点处需预埋吊环;下层柱宜在底模预留砂孔,便于起吊时穿钢丝绳。

柱的横向布置占地较大,一般较少采用。

2. 屋架的布置

屋架一般在跨内平卧叠浇预制,重叠 3~4 榀,布置方式主要采用正面斜向布置、正反斜向布置、正反纵向布置等三种,如 7-74 所示。其中正面斜向布置便于屋架扶直就位,应做先采用。只有当场地受限时,才采用其他方式。

屋架正面斜向布置时,下弦与厂房纵轴线的夹角 $\alpha = 10° \sim 20°$;预应力屋架的两端应留 $(l/2 + 3)$ m 的距离(l 为屋架跨度)。如用胶皮管预留孔道时,距离可适当缩短。屋架之间的间隙取 1m 左右,便于支模和浇筑混凝土。

在布置屋架的预制位置时,还应考虑到屋架的扶直排放要求及屋架扶直的先后次序,先扶直的应放在上层。对屋架两端朝向及预埋件的位置,亦应做出标记。

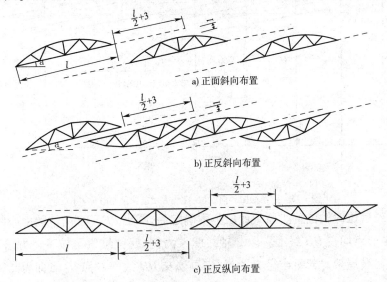

图 7-74 屋架预制时的几种布置方式(尺寸单位:m)

3. 吊车梁的位置

当吊车梁安排在现场预制时,可靠近柱基顺纵向轴线或略作倾斜布置,也可插在柱子的空档中预制。若有运输条件,也可在场外集中预制。

(三) 安装阶段构件就位布置及运输堆放

安装阶段的就位布置,是指柱子安装完后其他构件的就位位置,包括屋架的扶直就位,吊车梁、屋面板的运输就位等。

1. 屋架的扶直就位

屋架的就位方式有两种:一种是靠柱边斜向就位;另一种是靠柱边成组纵向就位。

(1) 斜向就位

可按作图法确定,具体步骤如下:

① 确定起重机安装屋架时的开行路线及停机位置。安装屋架时,起重机一般沿跨中开行,先在跨中画出平行于厂房纵轴线的开行路线。再以即将安装的某轴线(如②轴线)的屋架中心点 M_2 为圆心,以选好的工作幅度 R 为半径作弧,交开行路线于 O_2 点,则 O_2 即为安装②轴线屋架时的停机点,如图 7-75 所示。

② 确定屋架的就位范围。屋架一般靠柱边就位,但应离柱边不小于 0.2m,并可利用柱子作为屋架的临时支撑。当场地受限时,屋架的端头也可稍伸出跨外。根据以上原则,确定就位范围的外边界限 PP。起重机安装屋架及屋面板时,机身需要回转,设起重机尾部至机身回转中心的距离为 A,则在距开行路线为 $(A+0.5)$m 内不宜布置屋架和其他构件。依此可定出屋

架就位内边线 QQ。在两面边界线 PP、QQ 之间,即为屋架的就位范围。但有时厂房跨度大,这个范围过宽时,也可适当缩小。

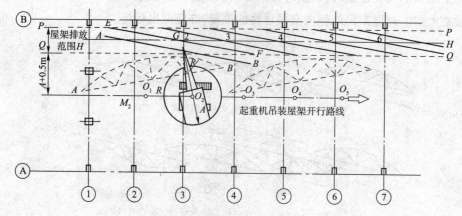

图 7-75 屋架同侧斜向就位(虚线表示屋架预制时位置)

③确定屋架就位时的位置。屋架就位范围确定后,画出 PP、QQ 两线的中心线 HH,屋架就位后,屋架的中心点均在 HH 线上。以②轴线屋架为例,就位位置可按下述方法确定:以停机点 O_2 为圆心、吊装屋架时起重半径 R 为半径,画弧交 HH 线于 G 点,G 点即为②轴线屋架就位后屋架的中点。再以 G 点为圆心、屋架跨度的 $1/2$ 为半径,画弧分别交 PP、QQ 两线于 E、F 两点,连接 EF,即为②轴线屋架就位的位置。其他屋架的就位位置均应平行于此屋架,端头相距 $6m$。但①轴线屋架由于抗风柱阻挡,需要退到②轴屋架的附近排放。

(2)成组纵向就位

屋架纵向就位,一般以 $4\sim5$ 榀为一组靠柱边顺轴线纵向排列。屋架与屋架之间的净距不小于 $0.2m$,相互之间应用铅丝和支撑拉紧撑牢。每组屋架之间应留 $3m$ 左右的间距作为横向通道。每组屋架就位中心线应安排在该组屋架倒数第二榀安装轴线之后 $2m$ 以外,这样在已安装好的屋架下绑扎和起吊屋架时,起吊后不会与已安装好的屋架相碰撞,如图 7-76 所示。

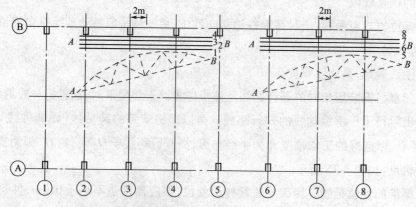

图 7-76 屋架的成组纵向排放(虚线表示屋架预制时的位置)

2. 吊车梁、连系梁、屋面板的运输、就位堆放

单层厂房除柱子、屋架外,其他构件如吊车梁、连系梁、屋面板均在预制厂或附近工地的露

天预制场所制作,再运到工地就位吊装,按编号及构件吊装顺序进行集中堆放。

吊车梁、连系梁的就位位置,一般在其吊装位置的柱列附近,跨内跨外均可。吊车梁、连车梁也可从运输车上直装,不需现场排放。屋面板吊装就位位置在跨内跨外均可,如图7-77所示。

根据起重机吊屋面板时所需的起重半径,当屋面板在跨内排放时,大约应后退3~4个节间开始排放;若在跨外排放,也应向后退1~2个节间再开始排放。

以上所介绍的构件预制位置和排放位置是通过作图确定出来的。但构件的平面布置因受众多因素影

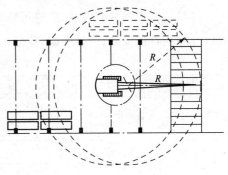

图7-77 屋面板吊装就位布置

响,要联系现场实际情况,确定出切实可行的构件平面布置图。排放构件时,可按比例将各类构件的外形用硬纸片剪成小模型,在同样比例的平面图上进行布置和调整。经研究可行后,再画出构件平面布置图。

图7-78为某车间预制构件平面布置图。

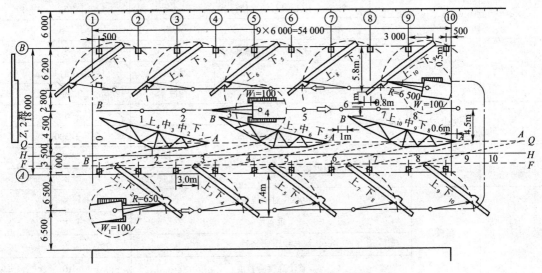

图7-78 某车间预制构件平面布置图(尺寸单位:mm)

3. 吊装前的构件堆放平面布置

五、安装工程施工质量要求及安全技术措施

(一)质量要求

(1)当混凝土强度达到设计强度的75%以上且预应力构件孔道灌浆的强度达到15MPa以上时,方可进行构件吊装。

(2)安装构件前,应对构件进行弹线、编号,并对结构及预制件平面位置、垂直度标高等进行校正。

(3)在吊装装配式框架结构时,只有当接头和接缝的混凝土强度大于10MPa时,方能吊装

上一层结构的构件。

（4）构件在吊装就位后，应进行临时固定，确保构件稳定。

（5）构件的安装，力求准确，保证构件的偏差在允许范围内，见表7-10。

安装构件时的允许偏差 表7-10

项目	名　称		允许偏差(mm)
1	杯形基础	中心线对轴线位移	10
		杯底标高	-10
2	柱	中心线对轴线的位移	5
		上下柱连接中心线位移	3
		垂直度　≤5m	5
		垂直度　>5m	10
		垂直度　≥10m且多节	高度的1‰
		牛腿顶面和柱顶标高　≤5m	-5
		牛腿顶面和柱顶标高　>5m	-8
3	梁或吊车梁	中心线对轴线位移	5
		梁顶标高	-5
4	屋架	下弦中心线对轴线位移	5
		垂直度　桁架	屋架高的1/250
		垂直度　薄腹梁	5
5	天窗架	构件中心线对定位轴线位移	5
		垂直度(天窗架高)	1/300
6	板	相邻两板板底平整　抹灰	5
		相邻两板板底平整　不抹灰	3
7	墙板	中心线对轴线位移	3
		垂直度	3
		每层山墙倾斜	2
		整个高度垂直度	10

（二）安全技术措施

1. 使用机械的安全要求

（1）吊装所用的钢丝绳，事先必须认真检查，表面磨损和腐蚀达钢丝绳直径10%时，不准使用。

（2）起吊重物的重心应位于吊钩正下方，严禁斜吊。

（3）起重机负重开行时，应缓慢行驶，且构件离地不得超过500mm。起重机在接近满荷时，不得同时进行两种操作动作。

（4）起重机工作时，严禁碰触高压电线。起重臂、钢丝绳、重物等与架空电线要保持一定的安全距离。

(5) 发现吊钩、卡环出现变形或裂纹时,不得再使用。

(6) 禁止在 5 级风以上的天气进行吊装作业。

(7) 起吊构件时,吊钩的升降要平稳,避免紧急制动和冲击。

(8) 起重机停止工作时,起动装置要关闭上锁。吊钩必须升高,防止摆动伤人,并不得悬挂物件。

(9) 对新到、修复或改装的起重机,在使用前必须进行检查、试吊,并要进行静动负荷试验。试验时,所吊重物为最大起重量的 125%,且离地面 1m,悬空 10min。

2. 操作人员的安全要求

(1) 从事安装工作人员要进行体格检查,心脏病或高血压患者,不得进行高空作业。

(2) 操作人员进入现场时,必须戴安全帽、手套。高空作业时还要系好安全带,所带的工具要用绳子扎牢或放入工具包内。

(3) 在高空进行电焊焊接时,要系安全带,带防护罩。在潮湿地点作业时,要穿绝缘胶鞋。

(4) 进行结构安装时,要听指挥,熟悉各种信号。

3. 现场安全设施

(1) 吊装现场的周围应设置临时栏杆,禁止非工作人员入内。地面操作人员应尽量避免在高空作业面的正下方停留或通过,也不得在起重机的起重臂或正在吊装的构件下停留或通过。

(2) 如需在悬空的屋架上弦行走时,应在其上设置安全栏杆。

(3) 配备悬挂或斜靠的轻便爬梯供人上下。

(4) 冬雨期施工必须采取防滑措施,如在屋架上捆绑麻袋或在屋面板上铺垫草袋等。

案 例

工 程 概 况

某厂金工车间,跨度 18m,长 54m,柱距 6m,共 9 个节间,建筑面积 1 002.36m²。主要承重结构采用装配式钢筋混凝土工字形柱,预应力混凝土折线形屋架,1.5m×6m 大型屋面板,T 形吊车梁。车间平面位置如图 7-79 所示,车间的结构平面图、剖面图如图 7-80 所示,主要承重结构数据见表 7-11。

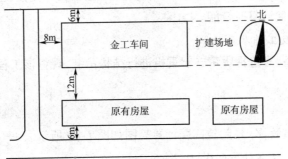

图 7-79 某厂金工车间平面位置图

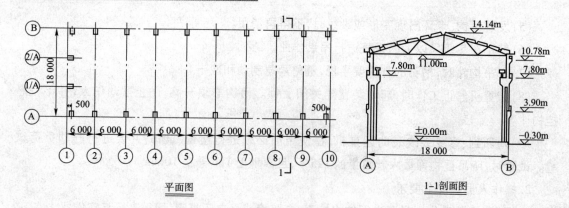

平面图　　　　　　　　　　　　　　　1—1剖面图

图 7-80　某厂金工车间结构平面及剖面图(尺寸单位:mm)

主要承重结构数据　　　　　　　　　　　　表 7-11

项次	跨度	轴线	构件名称及编号	构件数量	构件重量(t)	构件长度(m)	安装标高(m)
1	Ⓐ~Ⓑ	Ⓐ、Ⓑ	基础梁 YJL	18	1.13	5.97	
2	Ⓐ~Ⓑ	Ⓐ、Ⓑ ②~⑨ ①~② ⑨~⑩	连系梁 YLL_1 YLL_2	42 12	0.79 0.73	5.97 5.97	+3.90 +7.80 +10.78
3	Ⓐ~Ⓑ	Ⓐ、Ⓑ ②~⑨ ①~⑩ 1/Ⓐ、2/Ⓐ	柱 Z_1 Z_2 Z_3	16 4 2	6.00 6.00 5.4	12.25 12.25 14.4	−1.25 −1.25
4	Ⓐ~Ⓑ		屋架 YWY_{18-1}	10	4.28	17.70	+11.00
5	Ⓐ~Ⓑ	Ⓐ~Ⓑ ②~⑨ ①~② ⑨~⑩	吊车梁 $DCL_{6-4}Z$ $DCL_{6-4}B$	14 4	3.38 3.38	5.97 5.97	+7.80 +7.80
6	Ⓐ~Ⓑ		屋面板 YWB_1	108	1.10	5.97	+13.90
7	Ⓐ~Ⓑ	Ⓐ、Ⓑ	天沟	18	0.653	5.97	+14.60

制定安装方案前,先熟悉施工图,了解设计意图,将主要构件数量、重量、长度尺寸、安装标高分别算出,并列表以便计算时查阅。

(一)起重机选择及工作参数计算

根据现有起重设备,宜选择履带式起重机进行结构吊装,现将该工程各种构件相关工作参数计算如下。

1.柱子安装

采用斜吊绑扎法吊装,Z_1 柱起重高度计算简图如图 7-81 所示。

Z_1 柱起重量 $Q_{min} = Q_1 + Q_2 = 6.0 + 0.2 = 6.2(t)$

起重高度 $H_{min} = h_1 + h_2 + h_3 + h_4 = 0 + 0.3 + 8.55 + 2.0 = 10.85(m)$

Z_3 柱起重量 $Q_{min} = Q_1 + Q_2 = 5.4 + 0.2 = 5.6(t)$

起重高度 $H_{min} = h_1 + h_2 + h_3 + h_4 = 0 + 0.3 + 11.0 + 2.0 = 13.30(m)$

2. 屋架安装

屋架起重高度计算简图如图 7-82 所示。

起重量 $Q_{min} = Q_1 + Q_2 = 4.28 + 0.2 = 4.48(t)$

起重高度 $H_{min} = 11.3 + 0.3 + 1.12 + 6.0 = 18.74(m)$

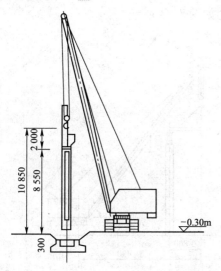

图 7-81　Z_1 柱起重高度计算简图(尺寸单位:mm)　　图 7-82　屋架起重高度计算简图(尺寸单位:mm)

3. 屋面板安装

起重量 $Q_{min} = 1.1 + 0.2 = 1.3(t)$

起重高度 $H_{min} = (11.30 + 2.64) + 0.3 + 0.24 + 2.50 = 16.98(m)$

安装屋面板时,起重机吊钩需跨过已安装的屋架3m,且起重臂轴线与已安装的屋架上弦中线最少需保持1m的水平间隙。所需最小杆长时的仰角为:

$$\alpha = \arctan\sqrt[3]{\frac{h}{f+g}} = \arctan\sqrt[3]{\frac{11.30 + 2.64 - 1.70}{3 + 1}} = 55°25'$$

代入公式(7-13)可得:

$$L_{min} = \frac{h}{\sin\alpha} + \frac{f+g}{\cos\alpha} = \frac{12.24}{\sin55°25'} + \frac{4.00}{\cos55°25'} = 21.95(m)$$

选用 W1-100 型起重机,采用杆长 $L = 23m$,设 $\alpha = 55°$,再对起重高度进行核算。

假定起重杆顶端至吊钩的距离 $d = 3.5m$,则实际的起重高度为:

$H = L\sin55° + E - d = 23\sin55° + 1.7 - 3.5 = 17.04m > 16.98m$

即 $d = 23\sin55° + 1.7 - 16.98 = 3.56m$,满足要求。

则此时起重机吊板的起重半径为:

$$R = F + L \cdot \cos\alpha = 1.3 + 23\cos55° = 14.49(m)$$

再以选定的23m长起重臂和 $\alpha = 55°$ 角,用作图法来校核是否满足吊装最边缘一块屋面板的要求。

在图纸中,以最边缘一块屋面板的中心 K 为圆心,以 $R = 14.49m$ 为半径画弧,交起重机开行路线于 O_1 点, O_1 点即为起重机吊装边缘一块屋面板的停机位置。用比例尺量 $KQ = 3.8m$,过 O_1K 按比例作2-2剖面,从2-2剖面可以看出,所选起重臂长及起重仰角可以满足吊装要求。

屋面板吊装工作参数计算及屋面板的就位布置图如图7-83所示。

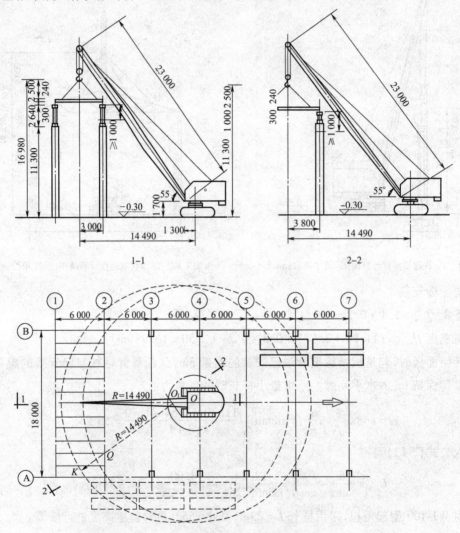

图7-83 屋面板吊装工作参数计算简图及屋面板的排放布置图(尺寸单位:mm)
(虚线表示当屋面板跨外布置时的位置)

根据以上各种吊装工作参数的计算,确定选用23m长度的起重臂,并查W1-100型起重机性能曲线,选择合适的起重半径 R,列出结构吊装工作参数表(见表7-12),作为制定构件平面布置图的依据。

结构吊装工作参数 表7-12

构件名称	Z_1柱			Z_2柱			屋架			屋面板		
吊装工作参数	Q(t)	H(m)	R(m)	Q(t)	H(m)	R(m)	Q(t)	H(m)	R(m)	Q(t)	H(m)	R(m)
计算所需同工作参数	6.2	10.85		5.6	13.3		4.48	18.74		1.3	16.94	
采用数值	7.2	19.0	7.0	6.0	19.0	8.0	4.9	19.0	2.3	17.30	14.49	

(二)结构安装方法及起重机开行路线

采用分件安装法进行安装。吊柱时所用起重半径 R 为7m,故应跨边开行,每一停机点安装1根柱。屋盖吊装则需沿跨中开行,具体布图如图7-84所示。

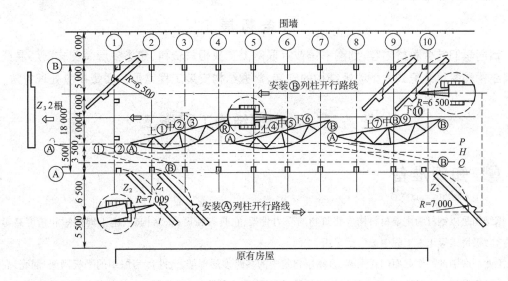

图7-84 某厂金工车间预制构件平面布置图(尺寸单位:mm)

起重机自Ⓐ轴线跨外进场,自西向东逐根安装Ⓐ轴柱列,开行路线距Ⓐ轴6.5m,距原有房屋5.5m,大于起重机回转中心至尾部距离3.2m,回转时不会碰撞墙。Ⓐ轴柱列安装完毕后,转入跨内,自东向西安装Ⓑ轴柱列,由于柱子在跨内预制,场地狭窄,安装时应适当缩小回转半径,取 $R=6.5$m,开行路线距Ⓑ轴线5m,距跨中4m,全部大于3.2m,回转时起重机尾部不会碰撞叠放的屋架,屋架的预制布置在跨中轴线以南。吊完Ⓑ轴柱列后,起重机自西向东扶直屋架及屋架就位,再转向安装Ⓑ轴吊车梁、连系梁,接着安装Ⓐ轴吊车梁、连系梁。

起重机自东向西沿跨中开行,安装屋架、屋面板及屋面支撑等。在安装①轴线的屋架前,应先安装西端头的两根抗风柱,再安装屋面板,之后起重机才可拆除起重杆退场。

(三)现场预制构件平面布置

(1)Ⓐ轴柱列。由于跨外场地较宽,宜采取跨外预制,用三点共弧的安装方法布置。

(2)Ⓑ轴柱列。距围墙较近,只能在跨内预制,因场地狭窄,不能用三点共弧法斜向布置,采用两点共弧法布置。

(3)屋架采用正面斜向布置,每3~4榀为一叠,靠Ⓐ轴线斜向就位。

任务要求

练一练：

1. 旋转法吊柱子要求柱脚、（　　）、（　　）三点共弧。
2. 屋架布置有三种方式，分别是正面斜向布置、（　　）、（　　），应优先采用（　　）布置。

想一想：

1. 试比较分件吊装法和综合吊装的优缺点。
2. 如何对柱进行固定和校正？

任务拓展

请同学们结合教材内容，到图书馆或互联网上查找相关资料，熟悉多层装配式钢筋混凝土框架结构和多层装配式大型墙板结构的安装，掌握结构安装工程常见的质量事故处理方法。

任务三　学会钢结构工程施工

知识准备

钢结构是以钢材为主要材料构成建筑物的受力骨架，它具有强度高、结构轻、施工周期短和精度高等特点，在建筑、桥梁等土木工程中被广泛采用。

工业厂房中的变截面门式刚架，多高层建筑中的多跨多层框架，大跨度房屋中的平板网架、网壳，高层建筑中的钢框架—支承结构、核心筒钢框架结构、钢筋混凝土结构、型钢混凝土结构等都是钢结构在建筑中的应用。

图 7-85 为单层厂房钢结构体系示意图

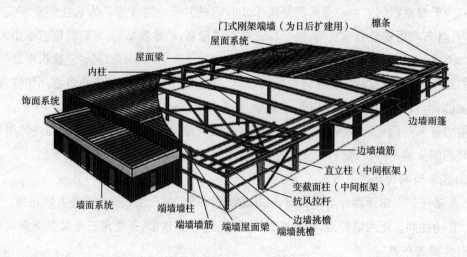

图 7-85　单层厂房钢结构体系示意图

一、钢结构所用材料

1. 钢材种类及要求

钢结构是由钢带、钢板、热轧型钢、钢管和冷加工成型的薄壁型钢制造而成。适用于钢结构的钢材要求具有强度高、塑性韧性好、加工性能好、可焊性好等优良性能。

承重结构宜采用 Q235、Q345、Q390 和 Q420 钢,应具有抗拉强度、伸长率、屈服强度和硫、磷含量的合格保证,对焊接结构尚应具有含碳量的合格保证。

主要焊接结构不能使用 Q235-A 级钢,因为 Q235-A 级钢的碳含量不作为交货条件,即不作为保证,质量不稳定。

焊接承重结构以及重要的非焊接承重结构,还应具有冷弯试验的合格保证。

图 7-86 ~ 图 7-91 分别为钢带、钢板、工字钢、槽钢、角钢、钢管。

图 7-86　钢带

图 7-87　钢板

图 7-88　工字钢

图 7-89　槽钢

2. 钢材进场验收

(1) 质量证明文件

钢材进场应有随货同行的质量合格证明文件,进口钢材应有国家商检部门的复验报告。

(2) 外观检查

钢材端边或断口处不应有分层、夹渣等缺陷。钢材表面有锈蚀、麻点或划痕等缺陷时,其深度不得大于该钢材厚度允许偏差值的 1/2,且锈蚀等级应在 C 级及 C 级以上。

图 7-90 角钢

图 7-91 钢管

(3) 抽样复验

国外进口钢材、钢材混批、板厚≥40mm 且有 Z 向性能要求的厚板、结构,其安全等级为一级。大跨度结构中主要受力构件采用的钢材、设计有复验要求的钢材、对质量有疑义的钢材,应进行抽样复验。

(4) 允许偏差

钢板厚度及允许偏差应符合其产品标准的要求;型钢的规格尺寸及允许偏差符合其产品标准的要求。每一品种、规格的钢材应抽查 5 处。

(5) 平直度验收

钢材矫正后应符合表 7-13 中的允许值。

钢板、型钢的局部挠曲矢高 f 表 7-13

项 目	允许偏差(mm)	
钢板、型钢的局部挠曲矢高 f	$l/1\,000$,且不应大于 5.0	
	厚度 t	矢高 f
	≤14	≤1.5
	≥14	≤1.0

二、钢结构施工工艺

(一) 构件制作

1. 工艺流程

备料→放样号料→切割下料→边缘加工→弯曲成型、折边→矫正→除锈、防腐与涂饰。

2. 操作要点

(1) 备料

根据设计图纸算出各种材质、规格的材料净用量,并根据构件的不同类型和供货条件,增加一定的损耗率(一般为实际所需量的 10%),提出材料预算计划。

(2) 放样、号料

先核对图纸安装尺寸和孔距,按 1∶1 的比例把产品或零、部件的实体画在放样台或平板上,求取实长并制成样板(此过程称之为放样),作为下料、弯制、铣、刨、制孔等加工的依据。

接着在样板平台上弹出构件的大样,可分段弹出。放样弹出的十字基准线,两线必须垂直。然后根据十字线逐一画出其他各点和线,在节点旁标注尺寸,以备复查检验。

(3) 切割下料

切割是将放样和套料的零件形状从原材料上进行下料分离。常用的切割方法有气割、机械剪切和等离子切割等方法。

①切割方法的选用应根据各种切割方法的设备能力、切割精度、切割面的质量情况和经济性等因素来选择。一般情况下,钢板厚度在12mm以下的直线型切割,通常采用机械剪切下料。机械剪切是通过冲剪、切削、摩擦等机械来实现。

冲剪切割:当钢板厚度不大于12cm时,采用剪板机、联合冲剪机切割钢材,速度快、效率高,但切口略粗糙。

切削切割:采用弓锯床、带锯机等切削钢材,精度较好。

摩擦切割:采用摩擦锯床、砂轮切割机等切割钢材,速度快,但切口不够光洁、噪声大。

②气割法是利用氧气与可燃气体混合产生的预热火焰加热金属表面使其达到燃烧温度并使金属发生剧烈的氧化,放出大量的热促使下层金属也自行燃烧,同时通以高压氧气射流,将氧化物吹除而形成一条狭小而整齐的割缝。气割法设备灵活、费用低廉、精度高,能切割各种厚度的钢材,尤其是带曲线的零件或厚钢板。目前已广泛采用了多头气割、仿型气割、数控气割、光电跟踪气割等自动切割技术。

③等离子切割下料是利用高温高速的等离子焰流将切口处金属及其氧化物熔化并吹掉来完成切割。等离子切割能切割任何金属,特别是熔点较高的不锈钢及有色金属铝、铜等。

(4) 边缘加工

边缘加工分刨边、铣边和铲边三种。有些构件如支座支承面、焊缝坡口和尺寸要求严格的加劲板、隔板、腹板、有孔眼的节点板等,需要进行边缘加工。

刨边是用刨边机切削钢材的边缘,加工质量高,但工效低,成本高。

铣边是用铣边机滚铣切削钢材的边缘,功效高、能耗少、操作维修方便、加工质量高,应尽可能用铣边代替刨边。

铲边分手工铲边和风镐铲边两种,对加工质量不高、工作量不大的加工边缘可以采用。

(5) 弯卷成型、折边

①钢板卷曲:钢板卷曲是通过旋转辊轴对板料进行连续三点弯曲所形成的。钢板卷曲包括预弯、对中和卷曲三个过程。

②型材弯曲:当构件的曲率半径较大时宜采用冷弯,当构件的曲率半径较小时宜采用热弯。

③钢管弯曲:钢管弯曲是在管中加入填充物(砂)或穿入芯棒进行弯曲或用滚轮和滑槽在管外进行弯曲。

④折边:把构件的边缘压弯成倾角或一定形状的操作过程称为折边。折边可提高构件的

强度和刚度。弯曲折边可以利用折边机进行。

⑤制孔:制孔包括铆钉孔、螺栓孔,可钻可冲。钻孔用钻孔机进行,能用于钢板、型钢的孔加工。冲孔用冲孔机进行,一般只能在较薄的钢板、型钢上加工,且孔径一般不小于钢材的厚度。施工现场的制孔可用电钻、风钻等加工。

(6) 构件矫正

钢材由于运输和对接焊接等原因产生翘曲时,在画线切割前需矫正平直。钢材的矫正,是通过外力或加热作用迫使钢材反变形,使钢材或构件达到技术标准要求的平直或几何形状。

①热矫:热矫是利用局部火焰加热方法矫正。当钢材型号超过矫正机负荷能力时,采用热矫。其原理是:钢材加热时会以 $1.2 \times 10^{-5}/℃$ 的线膨胀率向各个方向伸长,当冷却到原来温度时,除收缩到加热前的尺寸,还要按照 $1.48 \times 10^{-6}/℃$ 的收缩率进一步收缩,利用钢材的这种特性可以达到对钢材或钢构件进行外型矫正的目的。

②冷矫:一般用辊式型钢矫正机、机械顶直矫正机直接矫正。

(7) 除锈、防腐与涂饰

钢材除锈方法有喷砂、抛丸、酸洗以及钢丝刷人工除锈、现场砂轮打磨等。抛丸除锈是最理想的除锈方式。

防腐与涂饰采用施涂的方法,如刷涂法(油性基料的涂料)和喷涂法(快干性和挥发性强的涂料)

普通涂料的涂装遍数、涂层厚度应符合设计要求,钢材表面不应误涂、漏涂,涂层应均匀,无明显皱皮、流坠、针眼、气泡及脱皮和返锈等。防火涂料的涂层厚度应符合耐火极限的设计要求。

(二) 构件连接与拼装

构件的连接与拼装是把加工好的零件按照施工图的要求拼装成单个构件。钢构件的大小应根据运输道路、现场条件、运输和安装单位的机械设备能力以及结构受力的允许条件等来确定。钢构件的连接方法有焊接、紧固件连接(螺栓连接、射钉、自攻钉、拉铆钉)及铆接三种。

1. 钢结构构件焊接

焊接是钢结构使用最主要的连接方法之一。焊接的类型、特点和适用范围见表7-14。

钢结构常用焊接方法、特点及适用范围　　　　表7-14

焊接方法		特 点	适用范围
手工焊	交流焊机	设备简易,操作灵活,可进行各种位置的焊接	普通钢结构
	直流焊机	焊接电流稳定,适用于各种焊条	要求较高的钢结构
埋弧自动焊		生产效率高,焊接质量好,表面成型光滑美观,操作容易,焊接时无弧光,有害气体少	长度较长的对接或贴角焊缝
埋弧半自动焊		与埋弧自动焊基本相同,但操作较灵活	长度较短、弯曲焊缝
CO_2 气体保护焊		生产效率高,焊接质量好,成本低,易于自动化,可进行全位置焊接	薄钢板

(1) 手工电弧焊

如图 7-92 所示,手工电弧焊是采用交流弧焊机或直流弧焊机及焊条(如 E4303、E5015),利用电弧产生的高温、高热量进行焊接。焊接前应根据焊接部位的形状、尺寸、受力的不同,选择合适的接头类型。常见的接头形式有对接、搭接、T 形接和角接等,如图 7-93 所示。

(2) 埋弧自动焊

图 7-92　手工电弧焊

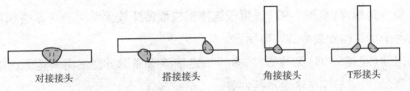

图 7-93　电弧焊常见的接头形式

如图 7-94 所示,埋弧自动焊是当今生产效率较高的机械化焊接方法之一,又称焊剂层下自动电弧焊。与药皮焊条电弧焊一样,埋弧自动焊是利用电弧热作为融化金属的热源,但与药皮焊条电弧焊不同的是焊丝表面无药皮,熔渣由覆盖在坡口区的焊剂形成。焊丝与母材之间施加电压并相互接触放弧后使焊丝端部及电弧区周围的焊剂及母材熔化,形成金属熔滴、熔池及熔渣。埋弧自动焊的缺点是适应能力差,只能在水平位置焊接长直焊缝或大直径的环焊缝。

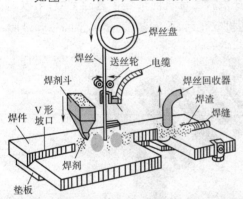

图 7-94　埋弧自动焊

(3) CO_2 气体保护焊

如图 7-95 所示,CO_2 气体保护焊施焊时,焊缝被保护,故焊缝金属纯度高、性能好;焊接加热集中,焊件变形小;电弧稳定性好,在小电流时电弧也能稳定燃烧,是一种高效率、低成本的焊接方法。CO_2 气体保护焊的缺点是焊缝熔深浅,只适合于焊接厚度小于 6mm 薄板。图 7-96 为气体保护焊设备。

图 7-95　CO_2 气体保护焊

图 7-96　气体保护焊设备

2. 钢结构紧固件连接

钢结构紧固件连接分为普通螺栓连接、高强度螺栓连接、自攻螺栓连接、钢拉铆钉连接、射钉连接。连接螺栓分为8级，即3.6、4.6、4.8、5.6、5.8、6.8、8.8、10.9S（如5.6S表示抗拉强度为500MPa，屈强比为60%），其中后两级为高强度螺栓，其余为普通螺栓。螺栓连接的特点是施工工艺简单，安装方便，适用于工地安装连接，工程进度、质量易于保证。

（1）普通螺栓连接

普通螺栓按外形有六角螺栓、双头螺栓和地脚螺栓三种。

①A、B级六角螺栓（见图7-97）适用于连接部位需传递较大剪力的重要结构的安装，C级六角螺栓适用于钢结构安装中的临时固定。

②双头螺栓（见图7-98）又称螺柱，多用于连接厚板或不方便使用六角螺栓连接的地方，如混凝土屋架、屋面梁悬挂单轨梁吊挂件等。

③地脚螺栓（见图7-99）分为一般地脚螺栓、直角地脚螺栓、锤头地脚螺栓和锚固地脚螺栓。一般地脚螺栓、直角地脚螺栓和锤头地脚螺栓是在混凝土浇筑前预埋在基础之中，用以固定钢柱。锚固地脚螺栓是在已成型混凝土基础上经钻机成孔后，再安装、灌浆固定的一种地脚螺栓。图7-100为钢柱与基础的地脚螺栓连接。

图7-97 六角螺栓

图7-98 双头螺栓

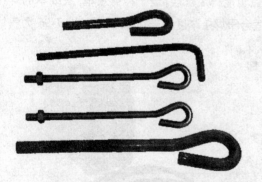

图7-99 地脚螺栓

图7-100 钢柱与基础的地脚螺栓连接

④普通螺栓连接要求。螺栓头和螺母的下面应放置平垫圈。螺母下面的垫圈不应多于2个，螺栓头部下面的垫圈不应多于1个。螺栓头和螺母应与结构构件的表面及垫圈密贴。倾

斜面的螺栓连接,应放置斜垫片垫平。动荷载或重要部位的螺栓,应放置弹簧垫圈。螺栓伸出螺母的长度应不小于两个完整螺纹的长度。

紧固轴力:螺栓紧固必须从中心开始,对称施拧;大型接头采用复拧,即两次紧固法。拧紧的真实性用塞尺检查,对接表面高差(不平度)不应超 0.5mm。

(2)高强螺栓连接

高强螺栓按受力机理分为摩擦型高强螺栓和承压型高强螺栓。摩擦型高强螺栓是靠连接板叠间的摩擦阻力传递剪力,以摩擦力刚好被克服作为连接承载力的极限状态。承压型高强螺栓是当剪力大于摩擦阻力后,以栓杆被剪断或连接板被挤坏作为承载力的极限状态。

高强螺栓从外形上可分为扭剪型高强螺栓和大六角头高强螺栓,如图 7-101、图 7-102 所示。

图 7-101 扭剪型高强螺栓

图 7-102 大六角头高强螺栓

①高强螺栓的保管及现场复验

高强度螺栓的包装、运输、现场保管过程要保持它的出厂状态,直到安装使用前才能开箱检查使用。扭剪型高强螺栓和高强大六角头螺栓出厂时应随箱带有扭矩系数和紧固轴力(预拉力)的检验报告,并按每验收批抽取 3 组试件复验连接面抗滑移系数。扭剪型高强螺栓每验收批抽取 8 套复验预拉力,高强大六角头螺栓每验收批抽取 8 套复验扭矩系数。

②高强螺栓的施工要点

a. 紧固前检查

螺栓紧固前,应对螺孔、被连接件的移位,不平度、不垂直度、磨光顶紧的贴合情况,以及板叠合处摩擦面的处理,连接间隙,孔眼的同心度,临时螺栓的布放等进行检查。

紧固施工:紧固顺序应从节点中心向边缘依次进行。紧固时,要分初拧和终拧两次紧固。对于大型节点,可分为初拧、复拧和终拧。初拧、复拧轴力宜为 60%~80% 的标准轴力,终拧轴力为标准轴力。

当天安装的螺栓要在当天终拧完毕,防止螺纹被沾污和生锈,进行引起扭矩系数值发生变化。

b. 紧固完毕检查

高强大六角头螺栓检查:检查施工扭矩值和是否有漏拧;施工扭矩值的检查在终拧完成1h后、48h内进行。

抽查量:抽查量为每个作业班组和每天终拧完毕数量的5%,其不合格的数量小于被抽查数量的10%且少于2个时方为合格,否则,应双倍抽检。如仍不合格,则应对当天终拧完毕的螺栓全部进行复验。

扭剪型高强螺栓检查时,只要观察其尾部被拧掉,即可判断螺栓终拧合格。对于由于某些原因无法使用专用电动扳手终拧掉梅花头时,则可参照高强大六角头螺栓的检查方法,采用扭矩法或转角法进行终拧并标记。

(3)自攻螺栓、钢拉铆钉、射钉连接

连接薄钢板用的自攻螺栓、钢拉铆钉、射钉等,其规格尺寸应与连接钢板相匹配,并紧固密贴,且其间距、边距应符合设计要求。

(三)构件组装

钢构件可按部件组装后出厂。对于复杂构件,为验证其安装质量,还要进行工厂预拼装,如图7-103、图7-104所示。

图7-103 平面桁架工厂预拼装

图7-104 钢管桁架工厂预拼装

(四)钢结构安装

1.施工准备

(1)技术准备

制定安装技术方案:单层钢结构工程宜采用分件安装法,屋盖系统宜采用综合安装法,多层钢结构工程一般采用综合安装法。

(2)施工机具及材料准备

包括吊装机械、各类辅助施工机具、钢构件、各类焊接材料及紧固件等。

(3)柱基检查

包括柱基找平和标高控制,复核轴线并弹好安装对位线,检查地脚螺栓轴线位置、尺寸及质量。

(4)构件清理

清理钢柱等先行吊装构件,编号并弹好安装就位线。

2.单层钢结构安装

(1) 钢柱安装

如图 7-105 所示,钢柱宜采用一点直吊绑扎法起吊,就位时对准地脚螺栓缓慢下落,对位后拧上螺帽将柱临时固定,校正其平面位置和垂直度。校正后终拧螺帽(见图 7-106),用垫板与柱底板焊牢,然后柱底灌浆固定。

注意:钢柱制造允许误差一般为 -1 ~ +5mm,为达到调整标高和垂直度的目的,临时接头上的螺栓孔应比螺栓直径大 4.0mm,这样螺栓孔扩大后能有足够的余量将钢柱校正准确。

图 7-105　钢柱安装

图 7-106　钢柱拧紧地脚螺栓

(2) 钢吊车梁安装

吊车梁采用两点绑扎法起吊。吊升时用溜绳控制吊升过程构件的空中姿态,以方便对位及避免碰撞。就位临时固定后,要校正吊车梁的垂直度、标高及纵横轴线位置。

钢梁安装时,同一列柱应从中间跨开始对称地向两端扩展;同一跨梁应先安上层梁再安中下层梁。

一节柱的各层梁安装好后,应先焊上层主梁后焊下层主梁,以使框架稳固,便于施工。

图 7-107、图 7-108 分别为低跨吊车梁吊装和双层吊车梁吊装。

图 7-107　低跨吊车梁吊装

图 7-108　双层吊车梁吊装

(3) 屋面系统安装

屋架安装(见图7-109)应在柱子校正并固定后进行。屋面系统可采用扩大组合拼装单元吊装,扩大组合拼装单元宜成为具有一定刚度的空间结构。檩条等构件安装(见图7-110)应在屋架调整定位后进行。

图7-109 屋架安装

图7-110 屋面檩条安装

3. 多层及高层钢结构安装

(1) 钢柱的安装与校正

钢柱的定位轴线应从地面控制线引测,不得从下层柱的定位轴线引测,以避免累积误差。

钢柱安装后,要进行垂直度、轴线、牛腿面标高的初验,柱间间距用液压千斤顶与钢楔或倒链与钢丝绳校正。

(2) 钢梁的安装与校正

钢梁安装前应检查钢柱牛腿标高和柱子间距,梁上装好扶手和通道钢丝绳,以保证施工人员的安全。吊点一般设在翼缘板开孔处,其位置取决于钢梁的跨度。钢梁安装后,要对标高及中心线进行反复校正,直至符合要求。

(3) 钢构件间的连接

钢柱间的连接常采用坡口焊连接;主梁与柱的连接以及一般翼缘用坡口焊连接,腹板间用高强螺栓连接,如图7-111、图7-112所示;次梁与主梁的连接基本上是在腹板处用高强螺栓连接,少数再在翼缘处用坡口焊连接。

图7-111 主梁与钢柱、腹板间连接

图7-112 翼缘坡口焊连接

(4) 施工顺序

柱与梁的焊接顺序：先焊顶部梁柱节点，再焊底部梁柱节点，最后焊中间部分的梁柱节点。

高强螺栓连接的紧固顺序：先主要构件，后次要构件。

工字形构件的紧固顺序：先上翼缘，再下翼缘，最后腹板。

同一节柱上各梁柱节点的紧固顺序：先上部的梁柱节点，再下部的梁柱节点，最后柱子中部的梁柱节点。

(五) 钢网架安装简介

1. 网架的分类及连接形式

网架结构广泛用作大跨度的屋盖结构，其特点是汇交于节点上的杆件数量较多，制作安装较平面结构复杂。网架结构节点有焊接球、螺栓球和钢板节点三种形式（见图7-113～图7-115）。网架结构根据杆件及节点布置可分为交叉桁架体系、四角锥体系和三角锥体系等（见图7-116～图7-118）。

图7-113 焊接球节点网架

图7-114 螺栓球节点网架

图7-115 钢板节点网架

图7-116 交叉桁架体系

图7-117 三角锥体系

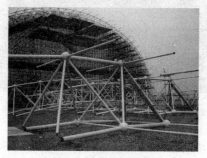

图7-118 四角锥体系

2. 网架的安装方法

（1）高空拼装法

如图7-119所示，先在设计位置处搭设拼装支架，用起重机把网架构件分件（或分块）吊至空中的设计位置，在支架上进行拼装。此法不需大型起重设备，但拼装支架用量大，高空作业多，适用于螺栓球节点的钢管网架。

（2）整体安装法

如图7-120所示，先将网架在地面上拼装成整体，再用起重设备将其整体提升到设计位置上加以固定。此法不需拼装支架，高空作业少，易保证焊接质量，但对起重设备要求高，技术较复杂，适用于球节点的钢网架。根据所用设备的不同，整体安装法又分为多机抬吊法、拔杆提升法、千斤顶提升法及千斤顶顶升法等。

图7-119　网架高空拼装法

图7-120　网架整体安装法

（3）整体提升法和整体顶升法

如图7-121、图7-122所示，利用电动螺杆提升机或顶升千斤顶，将在地面原位拼装好的钢网架整体提升或顶升至设计标高。

图7-121　网架整体提升法

图7-122　网架整体顶升法

（4）高空滑移法

高空滑移法按滑移方式分逐条滑移法和逐条累积滑移法两种；按摩擦方式分为滚动式滑

移法和滑动式滑移法两种。

北京五棵松体育馆屋顶结构为双向正交桁架体系,跨度为120m×120m,26榀钢桁架支撑于沿建筑物四周布置的20根混凝土柱上,柱顶标高为+29.3m,采用3组平行滑道和累积滑移的安装工艺,滑移总重量为3 300t,滑移距离为120m。

图7-123为馆外拼装胎架,图7-124为滑移施工。

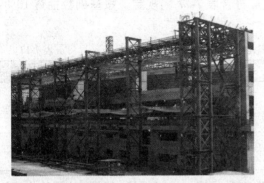
图7-123 馆外拼装胎架

图7-124 滑移施工

三、钢结构工程施工质量

(一)单层钢结构安装工程

(1)钢结构安装检验批应在进场验收和焊接连接、紧固件连接、制作等分项工程验收合格的基础上进行验收。

(2)安装的测量校正、高强度螺栓安装、负温度下施工及焊接工艺等,应在安装前进行工艺试验或评定,并在此基础上制订相应的施工工艺或方案。

(3)安装时,必须控制屋面、楼面、平台等的施工荷载。施工荷载和冰雪荷载等严禁超过梁、桁架、楼面板、屋面板、平台铺板等的承载能力。

(4)在形成空间刚度单元后,应及时对柱底板和基础顶面的空隙进行细石混凝土、灌浆料等二次浇灌。

(5)基础顶面直接作为柱的支承面和基础顶面预埋钢板或支座作为柱的支承面时,其支承面、地脚螺栓(锚栓)位置的允许偏差应符合表7-15的规定。按柱基数抽查10%,且不应少于3个。

支承面、地脚螺栓(锚栓)位置的允许偏差(单位:mm)　　　表7-15

项　目		允　许　偏　差
支承面	标高	±3.0
	水平度	$l/1\ 000$
地脚螺栓(锚栓)	螺栓中心偏移	5.0
	预留孔中心偏移	10.0

(6)采用座浆垫板时,座浆垫板的允许偏差应符合表7-16的规定。按照资料全数检查,柱基数抽查10%,且不应少于3个。

座浆垫板的允许偏差(单位:mm)　　　　　表 7-16

项　目	允　许　偏　差
顶面标高	0.0 -3.0
水平度	$l/1000$
位置	20.0

(7)采用杯口基础时,杯口尺寸的允许偏差应符合表 7-17 的规定。按基础数抽查 10%,且不应少于 4 处。

杯口尺寸的允许偏差(单位:mm)　　　　　表 7-17

项　目	允　许　偏　差
底面标高	0.0 -5.0
杯口深度 h	±5.0
杯口垂直度	$h/100$,且不应大于 10.0
位置	10.0

(8)地脚螺栓(锚栓)尺寸的偏差应符合表 7-18 的规定。地脚螺栓(锚栓)的螺纹应受到保护,按柱基数抽查 10%,且不应少于 3 个。

地脚螺栓(锚栓)尺寸的允许偏差(单位:mm)　　　　表 7-18

项　目	允　许　偏　差
螺栓(锚栓)露出长度	+30.0 0.0
螺纹长度	+30.0 0.0

(9)设计要求顶紧的节点,接触面不应少于 70% 紧贴面积,且边缘最大间隙不应大于 0.8mm。

(10)钢屋(托)架、桁架、梁及受压杆件的垂直度和侧向弯曲矢高的允许偏差应符合表 7-19 的规定。

钢屋(托)架、桁架、梁及受压杆件垂直度和侧向弯曲矢高的允许偏差(单位:mm)　表 7-19

项　目		允许偏差	图　例
跨中的垂直度		$h/250$,且不应大于 15.0	
侧向弯曲矢高 f	$l \leq 30\text{m}$	$l/1\,000$,且不应大于 10.0	
	$30\text{m} < l \leq 60\text{m}$	$l/1\,000$,且不应大于 30.0	
	$l > 60\text{m}$	$l/1\,000$,且不应大于 50.0	

(11)单层钢结构主体结构的整体垂直度和整体平面弯曲的允许偏差应符合表 7-20 的规定。对主要立面全部检查,对每个所检查的立面,除 2 列角柱外,尚应至少选取 1 列中间柱进行检查。

单层钢结构主体结构的整体垂直度和整体平面弯曲的允许偏差(单位:mm)　　表 7-20

项　目	允许偏差	图　例
主体结构的整体垂直度	$h/1\,000$,且不应大于 25.0	
主体结构的整体平面弯曲	$l/1\,500$,且不应大于 25.0	

(二)多层及高层钢结构安装工程

(1)建筑物的定位轴线、基础上柱的定位轴线和标高、地脚螺栓(锚栓)的规格和位置、地脚螺栓(锚栓)紧固应符合设计要求。当设计无要求时,应符合表 7-21 的规定。按柱基数抽查 10%,且不应少于 3 个。

建筑物定位轴线、基础上柱的定位轴线和标高、地脚螺栓(锚栓)的允许偏差(单位:mm)　　表 7-21

项　目	允许偏差	图　例
建筑物定位轴线	$l/20\,000$,且不应大于 3.0	
基础上柱的定位轴线	1.0	
基础上柱底标高	±2.0	

续上表

项 目	允许偏差	图 例
地脚螺栓(锚栓)位移	2.0	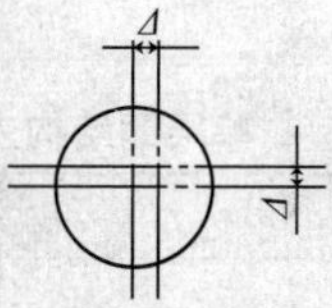

（2）多层柱子安装的允许偏差应符合表 7-22 的规定。标准柱全部检查，非标准柱抽查 10%，且不应少于 3 根。

柱子安装的允许偏差（单位：mm）　　　　　　表 7-22

项 目	允许偏差	图 例
底层柱柱底轴线对定位轴线偏移	3.0	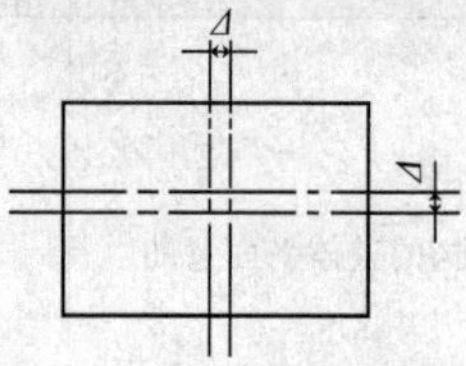
柱子定位轴线	1.0	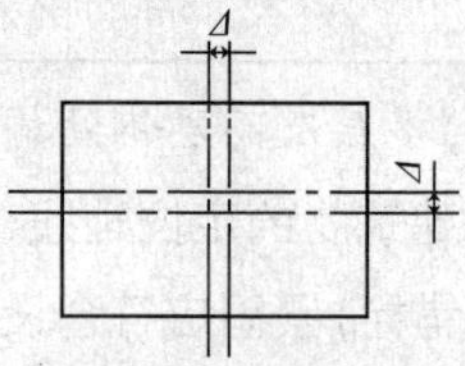
单节柱的垂直度	$h/1\,000$，且不应大于 10.0	

（3）多层及高层钢结构主体结构的整体垂直度和整体平面弯曲的允许偏差应符合表 7-23 的规定。对主要立面全部检查，对每个所检查的立面，除 2 列角柱外，尚应至少选取 1 列中间柱进行检查。

多层及高结构主体结构的整体垂直度和整体平面弯曲的允许偏差（单位：mm）　表 7-23

项 目	允许偏差	图 例
主体结构的整体垂直度	$(h/2\,500+10.0)$，且不应大于 50.0	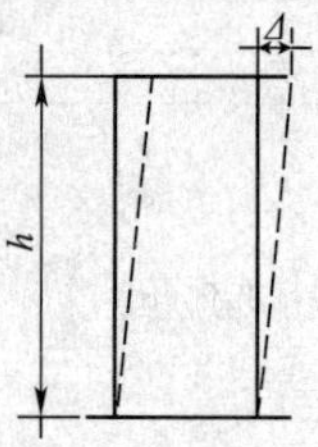

续上表

项　目	允许偏差	图　例
主体结构的整体平面弯曲	$l/1\ 500$，且不应大于 25.0	

(三) 钢网架结构安装工程

(1) 钢网架结构支座定位轴线的位置、支座锚栓的规格应符合设计要求。按支座数抽查 10%，且不应少于 4 处。

(2) 支承面顶板的位置、标高、水平度以及支座锚栓位置的允许偏差应符合表 7-24 的规定。

支承面顶板、支座锚栓位置的允许偏差（单位：mm）　　　　　表 7-24

项　目		允许偏差
支承面顶板	位置	15.0
	顶面标高	0 -3.0
	顶面水平度	$l/1\ 000$
支座锚栓	中心偏移	±5.0

(3) 小拼单元的允许偏差应符合表 7-25 的规定。按单元数抽查 5%，且不应少于 5 个。

小拼单元的允许偏差（单位：mm）　　　　　表 7-25

项　目			允许偏差
节点中心偏移			2.0
焊接球节点与钢管中心的偏移			1.0
杆件轴线的弯曲矢高			$l_1/1\ 000$，且不应大于 5.0
锥体形小拼单元	弦杆长度		±2.0
	锥体高度		±2.0
	上弦杆对角线长度		±3.0
平面桁架型小拼单元	跨长	≤24m	+3.0 -7.0
		>24m	+5.0 -10.0
	跨中高度		±3.0
	跨中拱度	设计要求起拱	±$l/5\ 000$
		设计未要求起拱	+10.0

注：l_1 为杆件长度，l 为跨长。

(4)中拼单元的允许偏差应符合表 7-26 的规定,按全数进行检查。

中拼单元的允许偏差(单位:mm)　　表 7-26

项　目		允许偏差
单元长度≤20m 的拼接长度	单跨	±10.0
	多跨连续	±5.0
单元长度>20m 的拼接长度	单跨	±20.0
	多跨连续	±10.0

(5)焊接球节点应按设计指定规格的球及其匹配的钢管焊接成试件,进行轴心拉、压承载力试验,其试验破坏荷载值大于或等于 1.6 倍设计承载力为合格。

(6)钢网架结构总拼完成后及屋面工程完成后,应分别测量其挠度值,且所测的挠度值不应超过相应设计值的 1.15 倍。跨度 24m 及 24m 以下钢网架结构测量下弦中央一点;跨度 24m 以上钢网架结构测量下弦中央一点及各向下弦跨度的四等分点。

(7)钢网架结构安装完成后,其安装的允许偏差应符合表 7-27 的规定。除杆件弯曲矢高按杆件数抽查 5% 外,其余全数检查。

钢网架结构安装的允许偏差(单位:mm)　　表 7-27

项　目	允许偏差	检验方法
纵向、横向长度	$l/2\,000$,且不应大于 30.0 $-l/2\,000$,且不应小于 -30.0	用钢尺实测
支座中心偏移	$l/3\,000$,且不应大于 30.0	用钢尺和经纬仪实测
周边支承网架相邻支座高差	$l/400$,且不应大于 15.0	用钢尺和水准仪实测
支座最大高差	30.0	
多点支承网架相邻支座高差	$l_1/800$,且不应大于 30.0	

注:l 为纵向或横向长度,l_1 为相邻支座间距。

案　例

某厂房钢结构工程施工

一、工程概况

某厂房长 228m,钢结构中间设置 2 道伸缩缝,1 号~12 号柱为三连跨 57m(18m + 24m + 15m),12 号~39 号柱为两连跨 42m(18m + 24m),柱间距 6m,柱顶标高 14.5m,其主体厂房采用天窗采光、排气,3 台行吊,其中 10t 2 台,5t 1 台;总装厂房行吊 3 台,其中 20t 2 台,5t 1 台;淋雨试验棚行吊 1 台(5t)。

厂房结构形式为实腹式门式钢架,钢材采用 16Mn、Q235 – AF 钢,高强度螺栓采用 H – T – B(10.9 级)承压型高强度螺栓。

屋面、墙体檩条均采用 C 型钢檩条，1.2m 以下采用 M5.0 混合砂浆砌筑黏土空心砖，从 1.2m 以上采用复合彩板围护。

基础采用打入钢筋混凝土预制方桩。

本工程钢结构部分在工厂制作，安装、围护在施工现场。

二、主构件制作

应用于本工程的钢立柱、吊车梁、牛腿的截面均为 H 形截面。焊接 H 型钢尺寸及焊接变形控制是技术关键。

（一）原材料检验

该工程钢柱、吊车梁材质为 16Mn 钢，其他构件材质为 Q235-AF 钢，均为甲供材料。材料进厂时，必须附有材料质检证明书、合格证（原件），并按国家现行有关标准的规定进行抽样检验，钢材表面有锈蚀、麻点和划痕等缺陷时，其深度不得大于该钢材厚度负偏差的 1/2，钢材表面锈蚀等级应符合《涂覆涂料前钢材表面处理　表面清洁度的目视评定　第 1 部分：未涂覆过的钢材表面和全面清除原有涂层后的钢材表面的锈蚀等级和处理等级》（GB/T 8923.1—2011）的规定。

（二）下料

构件下料按放样尺寸号料。

放样和号料应根据工艺要求预留制作时焊接收缩余量及切割边缘加工等加工余量。

气割前将钢材切割区域表面的铁锈、污物等清除干净，气割后应清除熔渣和飞溅物，且不应有明显的损伤划痕。钢板不平时，应预先校平后再进行切割。翼缘板、腹板需拼接时，应按长度方向进行拼接，然后下料。

构件上、下翼板以及等截面的腹板采用自动直条火焰切割机进行下料，变截面腹板采用半自动火焰切割机下料。

下料过程严格执行工艺卡，减少切割变形，以确保质量。此外，标志应清楚，割渣必须清理干净。下料尺寸允许偏差见表 7-28。

下料尺寸允许偏差（单位：mm）　　　　表 7-28

项　目	允许偏差
构件宽度、长度	±3.0
切割面平面度	0.05t（t 为切割面厚度）且不大于 2.0
割纹深度	0.2
局部缺口深度	1.0

（三）组立

构件组立在全自动组立机上进行，并检验 CO_2 气体的纯度，焊丝的规格、材质。先将腹板与翼板组立,点焊成 T 形,再点焊成 H 形。点焊采用 CO_2 气体保护焊。

腹板采用二次定位,先由机械系统粗定位,再由液压系统精确定位,以保证腹板的对中性。

构件组立允许偏差见表 7-29。

构件组立允许偏差(单位:mm)　　　　表 7-29

项　目	允　许　偏　差(mm)
翼板与腹板缝隙	1.5
对接间隙	±1.0
腹板偏移翼板中心	±3.0
对接错位	$t/10$ 且不大于 3.0
翼缘板垂直度	$b/100$(且≤3.0)(b 为翼板宽度)

构件组立后,须堆放平整,工序转移过程中慢起慢放,以减小构件变形。

(四)焊接

焊接工序是本工艺流程的一道重要工序,应严格控制焊接变形、焊接质量。焊接在自动龙门埋弧焊机上进行,操作人员必须经过培训,持证上岗。

焊接所用的焊丝、焊剂必须符合国家规范和设计要求,焊剂使用前应按要求烘烤。焊接前,应根据钢板的厚度选用焊接电流、焊接速度、焊丝的直径,根据材质选用焊丝的材质和焊剂的牌号。

(五)变形矫正

本工程焊接变形矫正在翼缘矫正机和压力机上进行。翼板对腹板的垂直度在翼缘矫正机上矫正。根据腹板和翼缘板的厚度选择矫正压力和压辊的直径。挠度矫正在压力机上进行。局部弯曲、扭曲用火焰校正。缓冷、加热温度根据钢材性能选定,但不得超过 900℃。工人必须持证上岗。矫正允许偏差见表 7-30。

矫正允许偏差　　　　表 7-30

项　目	允　许　偏　差
弯曲矢高	$l/1\,000$ 且≤5.0(l 为构件长度)
翼板对腹板的垂直度	$b/100$≤3.0(b 为翼板宽度)
扭曲	$h/250$ 且≤5.0(h 为腹板高度)

(六)端头板、肋板、墙托、檩托制作

端头板厚度一般在 12.00mm 以上,又因数量较大,选择使用仿形火焰切割机进行下料。墙托板、檩托板用剪板机下料。

切割前将钢材切割区域表面的铁锈、污物等清除干净,切割后清除熔渣和飞溅物。切割后,端头板长度、宽度误差必须在规范允许偏差内,见表 7-31。

端头板、肋板、墙托、檩托制作允许偏差(单位:mm)　　　　表 7-31

项　目	允许偏差
零件长度、宽度	±3.0
螺栓孔直径	+1.0
螺栓孔圆度	2.0
垂直度	0.03t 且 ≤2.0(t 为板厚)
同一组内任意两孔间距	±1.0
相邻两组端孔间距离	±1.5

(七)钢柱、屋架梁和吊车梁制作

将矫正好的 H 型钢在放好线的平台大样上进行端头板切割、修整,并将腹板、翼缘板按规范要求开坡口。采用端头切割机进行切割,切割尺寸依据设计文件和施工工艺卡进行控制,切割端面与 H 型钢中心线角度要严格控制,检测后如超出规范允许偏差范围,必须修整。立柱制作的允许偏差见表 7-32。吊车梁、屋面梁制作的允许偏差见表 7-33。

立柱制作的允许偏差(单位:mm)　　　　表 7-32

项　目	允许偏差
柱底面到柱端与屋面梁连接最上一个安装孔距离(l)	±l/15 000 ±15.0
柱底面到牛腿支承面距离(l_1)	±l_1/2 000 ±8.0
牛腿面的翘曲	2.0
柱脚底平面度	5.0
墙托的直线度	与 H 型钢中心偏差小于 2.0mm

吊车梁、屋面梁制作的允许偏差(单位:mm)　　　　表 7-33

项　目		允许偏差
梁长度(l)	端部有凸缘支座板	0 −0.5
	其他形式	±l/2 500 ±10.0
端部高度(h)		±2.0
两端最外侧安装孔距离(l_1)		±3.0
拱度		10.0 −5.0
吊车梁上,翼缘板与轨道接角面平面度		1.0

(八)试拼装

所有钢立柱、屋面梁、吊车梁在出厂前必须在自由状态经过试拼装,且要测量试拼装后的主要尺寸,以消除误差。预拼装检查合格后,进行中心线标注以及控制基准线等的标记,必要时设置定位器。吊车梁上的制动桁架安装孔用磁力钻进行钻孔。

构件拼装的允许偏差见表7-34。

构件试拼装的允许偏差(单位:mm)　　　　　　　　　　　　表7-34

项目	允许偏差
跨度最外端两安装孔与两端支承面最外侧距离	+5.0 -10.0
接口截面错位	2.0
拱度	$l/2\,000$(l为构件长度)
预拼装单元总长	±5.0
节点处杆件轴线错位	3.0

(九)抛丸除锈

本工程防腐要求较高,所有钢构件均采用全自动抛丸机进行喷丸除锈,表面应达到$Sa2.5$级。

抛丸除锈后,构件应在4h之内进行喷漆保护,喷漆为氯磺化聚乙烯防腐涂料,喷2道底漆。上一道油漆完全干后,方可喷下道漆,最后喷防火漆。油漆厚度必须达到设计要求。所有端头板、底板均不能喷漆,且应加以保护。涂料必须有质量证明书或试验报告。

三、钢结构安装

(一)安装准备

(1)组织作业人员学习有关安装图纸和有关安装的施工规范,依据施工组织平面图,做好现场建筑物的防护工作,并对作业范围内空中的电缆设明显标志。

(2)做好现场的三通一平工作。

(3)清扫立柱基础的灰土,若在雨季,还要排除施工现场的积水。

(二)定位测量

依据土建有关资料,安装队伍应对基础的水平标高、轴线、间距进行复测,符合国家规范后方可进行下道工序,并在基础表面标明纵横两轴线的十字交叉线,作为立柱安装的定位基准。支承面地脚螺栓的允许偏差见表7-35。

支承面地脚螺栓的允许偏差(单位:mm)　　　　　　　　　　　　表7-35

	项目	允许偏差
支承面	标高	±3.0
	水平度	$l/1\,000$(l为基础长度)
地脚螺栓	螺栓中心偏移	5.0
	螺栓露出长度	+20.0~0
	螺纹长度	+20.0~0

（三）构件进场

（1）依据安装顺序分单元成套供应。构件运输时根据长度、重量选用车辆。构件在运输车上要垫平、超长要设标志、绑扎要稳固、两端要伸出长度、绑扎方法要合适、构件与构件之间要垫块，保证构件运输不产生变形，不损伤涂层。装卸及吊装工作中，钢丝绳与构件之间均须垫块加以保护。

（2）依据现场平面图，将构件堆放到指定位置。构件存放场地须平整坚实、无积水。构件堆放底层须垫无油枕木。各层钢构件支点须在同一垂直线上，以防钢构件被压坏和变形。

（3）构件堆放后，设明显标牌，标明构件的型号、规格、数量，以便安装。以2榀钢架为一个单元，第一单元安装时应选择在靠近山墙且有柱间支撑处。

（四）立柱安装

（1）立柱安装前应对构件质量进行检查。变形、缺陷超差时，经处理后才能安装。

（2）安装前清除表面的油污、泥沙、灰尘等杂物。

（3）为消除立柱长度制造误差对立柱标高的影响，吊装前，从立柱顶端向下量出理论标高为1m的截面，并作一明显标记，以便于校正立柱标高时使用。

（4）在立柱下底板上表面，作通过立柱中心的纵横轴十字交叉线。

（5）安装前复核钢丝绳、吊具强度，并检查有无缺陷和安全隐患。

（6）安装时，由专人指挥。

（7）安装时，将立柱上十字交叉线与基础上十字交叉线重合，确定立柱位置，并拧上地脚螺栓。

（8）先用水平仪校正立柱的标高，再以立柱上"1m"标高处的标记为准校正立柱标高，之后用垫块垫实，并拧紧地脚螺丝。

（9）用两台经纬仪从两轴线校正立柱的垂直度，达到要求后，使用双螺帽将螺栓拧紧。

（10）对于单根不稳定结构的立柱，须加风缆临时保护措施。

（11）设计有柱间支撑处，须安装柱间支撑，以增强结构稳定性。

（五）吊车梁安装

（1）吊车梁安装前，应对梁进行检查。变形、缺陷超差时，经处理后才能安装。

（2）清除吊车梁表面的油污、泥沙、灰尘等杂物。吊车梁吊装采用单片吊装，在起吊前按要求配好调整板、螺栓，并在两端拉揽风绳。

（3）吊车梁吊装就位后应及时与牛腿螺栓连接，并将梁上缘与柱之间连接板连接，用水平仪和带线调正，符合规范后将螺丝拧紧。

（六）屋面梁安装

（1）屋面梁安装过程为先地面拼装，再检验，最后空中吊装。

（2）地面拼装前对构件进行检查。构件变形、缺陷超出允许偏差时，须进行处理，并检查高强度螺栓连接摩擦面，不得有泥沙等杂物，摩擦面必须平整、干燥。不得在雨中进行屋面梁安装作业。

（3）地面拼装时采用无油枕木将构件垫起，构件两侧用木杠支撑，以增强稳定性。

(4)连接用高强度螺栓须检查其合格证,并按出厂批号复验扭矩系数。高强度螺栓长度和直径须满足设计要求,且应自由穿入孔内,不得强行敲打,不得气割扩孔,穿入方向要一致。高强度螺栓由带有公斤数电动扳手从中央向外拧紧。拧紧时分初拧和终拧,初拧扭矩宜为终拧扭矩的50%。

终拧扭矩按下式计算:

$$T_c = K \cdot P_c \cdot d \quad (7\text{-}17)$$

$$P_c = P + \Delta P \quad (7\text{-}18)$$

式中:T_c——终拧扭矩(N·m);

P——高强度螺栓设计预拉力(kN);

ΔP——预拉力损失值(kN),约为10% P;

d——高强度螺栓螺纹直径;

K——扭矩系数。

在终拧1h以后,24h以内,检查螺栓扭矩,其值应在理论检查扭矩±10%以内。

(5)高强度螺栓接触面有间隙时,小于1.0mm间隙可不处理;1.0~3.0mm间隙,将高出的一侧磨成1:10斜面,打磨方向与受力方向垂直;大于3.0mm间隙加垫板,垫板处理方法与接触面相同。

(6)梁的拼接以两柱间可以安装为一单元,单元拼接后须检验以下参数:

①梁的直线度。

②与其他构件(如立柱)连接孔的间距尺寸。

当参数超出允许偏差时,在摩擦面用调整板加以调整。梁吊装时,两端拉揽风绳,制作专门吊具,以减小梁的变形。吊具要装拆方便。

(7)安装过程中,高强度螺栓连接与拧紧须符合规范要求。对于不稳定的单元,须加临时防护措施后,方可拆卸吊具。

(七)屋面檩条、墙檩条安装

(1)屋面檩条、墙檩条安装同时进行。

(2)檩条安装前,对构件进行检查,构件变形、缺陷超出允许偏差时,须进行处理。构件表面的油污、泥沙等杂物应清理干净。

(3)檩条安装须分清规格、型号,且必须与设计文件相符。

(4)屋面檩条采用相邻的数根檩条为一组,统一吊装,空中分散进行安装。同一跨安装完后,检测檩条坡度,须与设计的屋面坡度相符。檩条的直线度须控制在允许偏差范围内,超差的要加以调整。

(5)墙檩条安装后,检测其平面度、标高,超差的要加以调整。

(6)结构形成空间稳定性单元后,对整个单元安装偏差进行检测,超出允许偏差应时应立即调整。

(八)其他附件安装

其他附件主要有水平支撑、拉条、制动桁架、走道板、女儿墙、隅撑、门架、雨篷、爬梯等。

附件安装时,检查构件是否有超差变形、缺陷。构件规格、型号应与设计文件相同,且安装必须依据有关国家规范进行。

(九)复检调整、焊接、补漆

构件吊装完,对所有构件复检、调整,达到规范要求后,对需焊接部位进行现场施焊,对构件油漆损坏处应进行修补。

(十)彩板进场

(1)在现场的堆料场,用枕木垫起,上面用塑料布铺垫,将运到现场的彩板按规格分开堆放、标识。

(2)用吊车卸料,并用专用彩板的吊具,以防止外表油漆损伤和彩板变形。

(3)做好防护措施,防止行人踩和重物击落。

(十一)钢构件验收

(1)由于要进行下一道工序,组织本单位专业工程师、项目队长、班组长对钢构件进行自检,发现超差,及时调整。

(2)自检后写书面报告呈交建设单位,请求组织验收,验收合格,可进行屋面板安装。

(十二)屋面板安装

安装前复测屋面檩条的坡度,合格后才能施工。

1. 上板的垂直运输

彩板的重量较轻,故采用架设空中斜钢索的运输方案。具体做法:自制钢架固定在梁上高约 $1.5m$,用 6 根 $\phi 8$ 钢丝绳一头固定在钢架上,另一头固定在地面上,并在每个钢架上安一滑轮,用绞磨把面板运至屋面,由人工抬至施工部位。

2. 屋面板固定

(1)屋面板采用瓦楞组装,第一排屋面瓦应顺屋面坡度方向放线,檐口伸至檐沟内 $120mm$。屋面板檐口拉基准线施工,按规定打防水自攻螺丝。用防水盖盖好,再用道康宁胶密封。下一排屋面板扣在上排屋面板的波峰,并用自攻螺丝固定,纵向应用道康宁胶密封。金属板端部错位应控制在规范内,然后依次安装。屋脊盖板安装时,应保证屋脊直线度,两边用防水堵条,用防水铆钉铆接。

(2)屋檐包边板包边应保证直线度以及与屋脊的平行度,并用防水铆钉铆接。

(3)所有的自攻螺丝要横直竖平,并将屋面上铁屑及时处理干净。

任 务 要 求

练一练:

1. 承重结构宜采用( )、( )、( )、( )钢,应具有抗拉强度、伸长率、屈服强度和硫、磷含量的合格保证,对焊接结构尚应具有含碳量的合格保证。

2. 钢构件的连接方法有焊接、紧固件连接及( )三种。

想一想:

1. 钢结构焊接接头形式有哪些?对接接头为什么要留坡口?

2. 钢结构工程安装前有哪些施工准备工作？

<h2 style="text-align:center">任 务 拓 展</h2>

请同学们结合教材内容，到图书馆或互联网上查找相关资料，学习《钢结构工程施工质量验收规范》(GB 50205—2001)及最新钢结构工程施工规范征求意见稿，熟悉钢结构施工中常见的质量问题及处理办法。

任务四　结构安装工程施工施工实训

一、实训目的

（1）认识结构吊装使用的机械和索具设备，了解各种钢结构建筑的组成和形式、各种构件的节点连接及各种钢结构空间网壳结构。

（2）初步掌握结构安装工程方案设计的步骤和方法，巩固所学理论知识，并运用所学知识分析和解决单层工业厂房结构吊装中的问题。

（3）掌握单层工业厂房构件的安装程序及安装方法。

（4）掌握各构件安装工程质量检查标准，并具有一般结构安装工程质量验收的能力。

（5）深入认识自己所学专业，并具有编写实训报告的能力。

二、实训内容

（1）根据建设图纸和现有的生产条件等已知资料，分析吊装过程，合理选择起重机类型、型号。

（2）根据现场实际情况，确定柱子、吊车梁、屋架等主要结构构件的吊装工艺及起重机的开行路线。

（3）结合现场，对构件吊装各个环节进行质量控制、方法分析，并实际操作，绘制柱、屋架预制阶段布置图以及吊装阶段构件平面布置图。

（4）在车间参加钢结构的放样、切割、钻孔、剖口、焊接、矫正等工作，并参与钢结构的现场安装施工。

（5）学习钢结构工程的施工技术和施工组织管理方法，学习和应用有关工程施工规范及质量检验评定标准。

结构安装工程施工模块归纳总结

任务一　学习起重机械与设备

一、起重机械

介绍桅杆式起重机、自行式起重机、塔式起重机的性能和适用范围。

二、索具设备

介绍吊具、吊索、滑轮组、卷扬机的种类、性能及使用要求。

任务二 学会单层工业厂房结构安装

一、准备工作

内容包括构件检查与清理、构件弹线与编号、杯形基础准备、构件运输及构件堆放。

二、构件吊装工艺及技术要求

内容包括柱子吊装、吊车梁吊装、屋架吊装、天窗架和屋面板吊装。

三、结构吊装方案

内容包括起重机选择、结构构件安装方法、起重机开行路线及停机位置。

四、构件平面布置

内容包括构件平面布置原则、预制阶段构件平面布置、安装阶段构件就位布置及运输堆放。

五、安装工程施工质量要求及安全技术措施

内容包括安装工程施工质量要求、安全技术措施。

任务三 学会钢结构工程施工

一、钢结构所用材料

内容包括钢结构所用钢材的种类及要求、钢材进场验收。

二、钢结构施工工艺

内容包括构件制作、构件连接与拼装、构件组装、钢结构安装。

三、钢结构工程施工质量

内容包括单层钢结构安装工程、多层及高层钢结构安装工程、钢网架结构安装工程。

任务四 结构安装工程施工实训

一、实训目的

二、实训内容

参 考 文 献

[1] 杨澄宇、周和荣主编.建筑施工技术与机械[M].北京:高等教育出版社,2007.
[2] 郁伍芳、方兆伟主编.建筑施工技术[M].北京:中国建筑工业出版社,1995.
[3] 建筑工程冬期施工规程(JGJ/T 104—2011).北京:中国建筑工业出版社,2011.
[4] 张伟、徐淳主编.建筑施工技术[M].上海:同济大学出版社,2010.
[5] 洪哲.基槽(坑)检验——基础施工前的重要工作[J].黑龙江交通科技,2002.
[6] 魏瞿霖、王松成主编.建筑施工技术[M].北京:清华大学出版社,2006.
[7] 北京土木建筑学会编.砌体工程施工操作手册[M].北京:经济科学出版社,2006.
[8] 中华人民共和国国家标准 GB 50203—2011.砌体结构工程施工质量验收规范[S].北京:中国建筑工业出版社,2011.
[9] 徐有邻主编.混凝土结构工程施工质量验收规范应用指南[M].北京:中国建筑工业出版社,2006.
[10] 熊学玉主编.预应力工程设计施工手册[M].北京:中国建筑工业出版社,2003.
[11] 徐伟主编.现代钢结构工程施工[M].北京:中国建筑工业出版社.2006.
[12] 顾建平主编.建筑装饰施工技术[M].天津:天津科学技术出版社,2003.
[13] 江正荣主编.建筑施工工程师手册(第3版)[M].北京:中国建筑工业出版社.2009.
[14] 中华人民共和国国家标准 GB 50208—2011.地下防水工程施工质量验收规范[S].北京:中国建筑工业出版社,2011.
[15] 中华人民共和国国家标准 GB 50205—2001.钢结构工程施工质量验收规范[S].北京:中国计划出版社,2002.
[16] 中华人民共和国国家标准 GB 50207—2012.屋面工程施工质量验收规范[S].北京:中国建筑工业出版社,2012.